수능특강

과학탐구영역 물리학Ⅱ

KB214012

기획 및 개발

권현지(EBS 교과위원)
강유진(EBS 교과위원)
심미연(EBS 교과위원)
조은정(개발총괄위원)

감수

한국교육과정평가원

책임 편집

최난영

📄 정답과 해설은 EBSi 사이트(www.ebsi.co.kr)에서 다운로드 받으실 수 있습니다.

교재 내용 문의
교재 및 강의 내용 문의는
EBSi 사이트(www.ebsi.co.kr)의 학습 Q&A 서비스를
활용하시기 바랍니다.

교재 정오표 공지
발행 이후 발견된 정오 사항을
EBSi 사이트 정오표 코너에서 알려 드립니다.
교재 ▸ 교재 자료실 ▸ 교재 정오표

교재 정정 신청
공지된 정오 내용 외에 발견된 정오 사항이 있다면
EBSi 사이트를 통해 알려 주세요.
교재 ▸ 교재 정정 신청

수능특강

과학탐구영역 물리학Ⅱ

이 책의 **차례** Contents

학생

인공지능 **DANCHOO**
푸리봇 문|제|검|색

EBS*i* 사이트와 **EBS*i* 고교강의 APP** 하단의 **AI 학습도우미 푸리봇**을 통해 문항코드를 검색하면 푸리봇이 해당 문제의 해설과 해설 강의를 찾아 줍니다. **사진 촬영으로도 검색**할 수 있습니다.

문제별 문항코드 확인 → 문항코드 검색

[24027-0001]
1. 아래 그래프를 이해한 내용으로 가장 적절한 것은?

24027-0001

[24027-0001] 사진 촬영 검색

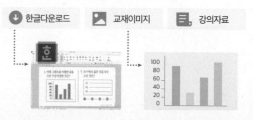

선생님

EBS 교사지원센터
교재 관련 자|료|제|공

교재의 문항 한글(HWP) 파일과
교재이미지, 강의자료를 무료로 제공합니다.

⬇ 한글다운로드   🖼 교재이미지   📋 강의자료

• 교사지원센터(teacher.ebsi.co.kr)에서 '교사인증' 이후 이용하실 수 있습니다.
• 교사지원센터에서 제공하는 자료는 교재별로 다를 수 있습니다.

이 책의 **구성과 특징** Structure

교육과정의 **핵심 개념 학습**과 **문제 해결 능력** 신장

[EBS 수능특강]은 고등학교 교육과정과 교과서를 분석·종합하여 개발한 교재입니다.

본 교재를 활용하여 대학수학능력시험이 요구하는 교육과정의 핵심 개념과 다양한 난이도의 수능형 문항을 학습함으로써 문제 해결 능력을 기를 수 있습니다. EBS가 심혈을 기울여 개발한 [EBS 수능특강]을 통해 다양한 출제 유형을 연습함으로써, 대학수학능력시험 준비에 도움이 되기를 바랍니다.

충실한 개념 설명과 보충 자료 제공

1. 핵심 개념 정리

주요 개념을 요약·정리하고 탐구 상황에 적용하였으며, 보다 깊이 있는 이해를 돕기 위해 보충 설명과 관련 자료를 풍부하게 제공하였습니다.

과학 돋보기

개념의 통합적인 이해를 돕는 보충 설명 자료나 배경 지식, 과학사, 자료 해석 방법 등을 제시하였습니다.

탐구자료 살펴보기

주요 개념의 이해를 돕고 적용 능력을 기를 수 있도록 시험 문제에 자주 등장하는 탐구 상황을 소개하였습니다.

2. 개념 체크 및 날개 평가

본문에 소개된 주요 개념을 요약·정리하고 간단한 퀴즈를 제시하여 학습한 내용을 갈무리하고 점검할 수 있도록 구성하였습니다.

단계별 평가를 통한 실력 향상

[EBS 수능특강]은 문제를 수능 시험과 유사하게 **수능 2점 테스트**와 **수능 3점 테스트**로 구분하여 제시하였습니다.

수능 2점 테스트는 필수적인 개념을 간략한 문제 상황으로 다루고 있으며, 수능 3점 테스트는 다양한 개념을 복잡한 문제 상황이나 탐구 활동에 적용하였습니다.

I 역학적 상호 작용

7. 그림과 같이 물체가 중심이 O이고 반지름이 R인 원형 트랙 위의 점 A를 속력 v로 지나 수평면상의 점 B를 통과하여 점 C까지 원운동을 한 후, 포물선 운동을 하여 최고점 D를 지나 수평면에 도달하였다. O와 C를 이은 선이 연직선과 이루는 각은 $60°$이고, D의 높이는 $\frac{17}{16}R$이다.

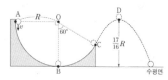

v는? (단, 중력 가속도는 g이고, 물체는 동일 연직면상에서 운동하며, 물체의 크기와 마찰은 무시한다.)

① $\sqrt{\dfrac{gR}{4}}$ ② $\sqrt{\dfrac{3gR}{8}}$ ③ $\sqrt{\dfrac{gR}{2}}$ ④ $\sqrt{\dfrac{5gR}{8}}$ ⑤ $\sqrt{\dfrac{3gR}{4}}$

03 ▸23070-0084

그림과 같이 수평면에 놓인 반지름이 R인 마찰이 없는 호 모양의 경사면 위의 점 A에 물체를 놓았더니 물체가 경사면을 따라 운동한 후, 호의 중심 O로부터 물체에 이은 선이 $60°$인 점 B에서 물체가 경사면을 벗어나 포물선 경로를 따라 운동하였다. 경사면의 최저점은 수평면의 높이와 같고 A는 수평면으로부터 높이가 R이며, 물체가 지나간 경로는 동일 연직면에 있다. 포물선 경로의 점 C는 물체가 지나는 포물선 경로에서 가장 높은 곳이다.

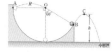

수평면으로부터 C까지의 높이 h는? (단, 물체의 크기와 공기 저항은 무시한다.)

① $\dfrac{5}{8}R$ ② $\dfrac{11}{16}R$ ③ $\dfrac{6}{8}R$ ④ $\dfrac{13}{16}R$ ⑤ $\dfrac{7}{8}R$

연계 분석 수능 7번 문항은 수능완성 44쪽 3번 문항과 연계하여 출제되었다. 두 문항 모두 물체가 원 궤도를 따라 운동하다가 궤도의 끝 지점부터 포물선 운동을 하는 상황이다. 수능 문항은 최고점의 높이 → C에서 속도의 연직 성분 → C에서 속력 → A에서의 속력을 구하는 순서로, 수능완성 문항은 B에서의 속력 → B에서 속도의 연직 성분 → 포물선 궤도상의 최고 높이 h를 구하는 순서로 해결할 수 있다. 동일한 내용을 풀이 순서만 바꿔 놓은 문항으로, 역학적 에너지 보존 법칙을 적용해야 하며, 포물선 운동을 시작하는 지점에서 운동 방향이 수평면과 $60°$방향이라는 것을 파악하는 것이 중요하다.

학습 대책 교과 내용으로는 포물선 운동과 역학적 에너지 보존 법칙이 포함되어 있다. 이러한 주요 내용에 대해서는 기본 개념을 정확하게 이해하고 적용할 수 있어야 한다는 것이 중요하다. 그리고 연계 교재의 문항을 풀 때 물어보는 값을 제시하고 제시된 값을 풀어보는 연습을 통해 변형 문항에 대비하면, 풀이 시간을 크게 단축시킬 수 있을 것이다.

2024학년도 대학수학능력시험 9번

9. 그림 (가)는 xy평면에서 원점 O를 중심으로 반지름이 각각 $2d$, d인 원 궤도를 따라 등속 원운동을 하는 물체 A, B가 시간 $t = 0$일 때 x축을 지나는 모습을 나타낸 것이다. 그림 (나)는 t에 따른 A, B의 속도의 x성분 v_x를 순서 없이 P, Q로 나타낸 것이다. A에 작용하는 구심력의 크기는 B에 작용하는 구심력의 크기의 2배이다.

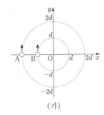 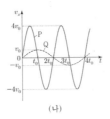

| (가) | (나) |

이에 대한 설명으로 옳은 것만을 〈보기〉에서 있는 대로 고른 것은? (단, 물체의 크기는 무시한다.) [3점]

─────〈보 기〉─────
ㄱ. P는 A의 v_x이다.
ㄴ. 가속도의 크기는 A가 B의 8배이다.
ㄷ. 질량은 A가 B의 $\frac{1}{4}$배이다.

① ㄱ   ② ㄴ   ③ ㄱ, ㄷ   ④ ㄴ, ㄷ   ⑤ ㄱ, ㄴ, ㄷ

2024학년도 EBS 수능특강 42쪽 2번

[23027-0044]

02 그림 (가)는 xy 평면에서 원점 O를 중심으로 등속 원운동을 하는 물체를, (나)는 이 물체의 속도의 x성분 v_x를 시간 t에 따라 나타낸 것이다.

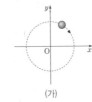 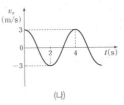

| (가) | (나) |

물체의 운동에 대한 설명으로 옳은 것만을 〈보기〉에서 있는 대로 고른 것은?

─── 보기 ───
ㄱ. 원운동의 주기는 4초이다.
ㄴ. 1초일 때, 속도의 y성분의 크기는 3 m/s이다.
ㄷ. 4초일 때, 가속도의 방향은 $-y$ 방향이다.

① ㄱ   ② ㄷ   ③ ㄱ, ㄴ   ④ ㄴ, ㄷ   ⑤ ㄱ, ㄴ, ㄷ

연계 분석 수능 9번 문항은 수능특강 42쪽 2번 문항과 연계하여 출제되었다. 두 문항 모두 등속 원운동 하는 물체의 속도의 x성분 v_x를 그래프로 제시하고, 그래프를 해석해서 물어보는 내용에 답해야 하는 풀이 과정이 거의 동일하다. 그래서 v_x의 최댓값이 원운동 속력이고, v_x의 최댓값이 나타나는 t의 간격이 원운동 주기라는 것을 파악하는 것이 중요하다. 수능특강 문항에 비해 수능 문항에서는 $a = \dfrac{v^2}{r}$을 이용하여 가속도의 비를 구한 후, $F = ma$를 적용하여 질량의 비를 구하는 내용이 추가되어 있다.

학습 대책 이번 수능에서는 그래프 해석이 8문항 출제되었고 그 중 운동 그래프 해석이 4문항이다. 표나 그래프를 사용하여 탐구 결과를 정리하는 것은 매우 일반적이며, 특히 그 관계를 한눈에 알아볼 수 있도록 하는 그래프는 매우 중요하므로, 그래프를 해석하는 연습을 충분히 해야 한다. 또한 그래프의 가로축, 세로축, 기울기, 밑넓이 등의 의미를 정확하게 이해해야 하며, 그래프가 극값을 갖는 경우에는 극값의 의미를 파악하는 것이 중요하다.

01 힘과 평형

I. 역학적 상호 작용

개념 체크

● **스칼라량**: 크기만으로 나타낼 수 있는 물리량
● **벡터량**: 크기와 방향을 함께 나타내는 물리량

1. 변위, 속도, 힘 등과 같이 크기와 방향을 함께 표시해야 하는 물리량을 (　　)이라고 한다.

2. $-3\vec{A}$의 크기는 $\vec{A}$의 크기의 (　　)배이고, $-3\vec{A}$와 $\vec{A}$의 방향은 (같다 , 반대이다).

3. 그림과 같이 물체에 크기가 6 N인 힘과 크기가 8 N인 힘이 수직으로 작용할 때, 물체에 작용하는 합력의 크기는 (　　) N이다.

1 힘의 합성과 분해

(1) 스칼라량과 벡터량

① **스칼라량**: 길이, 질량, 시간, 이동 거리, 속력, 에너지 등과 같이 크기만으로 표시할 수 있는 물리량을 스칼라(scalar)량이라고 한다.

② **벡터량**: 1차원 직선이나 2차원 평면이나 3차원 공간에서의 운동을 표시하기 위해서는 크기와 방향을 함께 표시해야 한다. 이와 같이 크기뿐만 아니라 방향을 함께 나타내는 물리량을 벡터(vector)량이라고 한다.
  • 벡터량의 예: 변위, 속도, 가속도, 힘, 운동량 등
  • 벡터량의 표시: 벡터량을 표시할 때에는 일반적으로 A와 같이 굵은 글씨로 나타내거나, $\vec{A}$와 같이 문자 위에 화살표를 붙여서 나타낸다.
  • 벡터량의 크기: $\vec{A}$의 크기는 $|\vec{A}|$와 같이 절댓값으로 나타내거나 A와 같이 화살표를 쓰지 않고 나타낸다.

과학 돋보기 | 벡터의 여러 가지 특징

• 벡터는 화살표로 나타낸다.
• 벡터는 크기와 방향이 같으면 동일한 벡터이다. 따라서 벡터를 평행 이동하여도 처음 벡터와 같은 벡터이다.
• $2\vec{A}$는 $\vec{A}$와 방향은 같고, 크기는 2배이다.
• $-\vec{B}$는 $\vec{B}$와 크기는 같고, 방향은 반대이다.

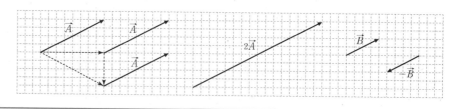

(2) 벡터의 합성: 둘 이상의 벡터를 같은 효과를 갖는 하나의 벡터로 나타내는 것을 벡터의 합성이라고 한다.

① **평행사변형법**: 두 벡터 $\vec{A}$와 $\vec{B}$를 이웃한 두 변으로 하는 평행사변형을 그리면, 평행사변형의 대각선 $\vec{C}$가 벡터의 합이 된다. 즉, 합성 벡터의 방향은 대각선의 방향과 같고, 크기는 대각선의 길이와 같다.

② **삼각형법**: $\vec{B}$의 시작점을 $\vec{A}$의 끝점으로 평행 이동시키면, $\vec{A}$의 시작점과 $\vec{B}$의 끝점을 연결한 화살표 $\vec{C}$가 벡터의 합이 된다.

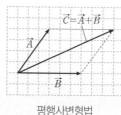
평행사변형법

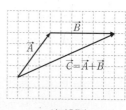
삼각형법

정답
1. 벡터량
2. 3, 반대이다
3. 10

6 EBS 수능특강 물리학 Ⅱ

③ **여러 벡터의 합성**: 세 개 이상의 벡터를 합성하는 경우에는 두 벡터를 합성하는 방법을 반복하여 벡터의 합을 구한다.

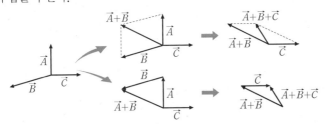

④ **벡터의 차**: $\vec{A}$에서 $\vec{B}$를 빼는 것은 $\vec{A}$에 $-\vec{B}$를 더하는 것과 같다.

$$\vec{A} \ - \ \vec{B} \ = \ \vec{A} \ + \ -\vec{B} \ = \ \vec{A}-\vec{B} \ \vec{A} \ -\vec{B}$$

(3) 벡터의 분해: 벡터의 합성과는 반대로 한 개의 벡터를 두 개 이상의 벡터로 나누는 것을 벡터의 분해라고 한다.

① 벡터의 합성을 만족하는 임의 방향으로 벡터를 분해할 수 있지만, 일반적으로 직교 좌표축을 이용하여 서로 수직인 벡터로 분해한다.

② **벡터의 성분**: $\vec{A}$를 $\vec{A}_x+\vec{A}_y$로 나타낼 때 $\vec{A}_x$, $\vec{A}_y$를 $\vec{A}$의 성분 벡터라 하고, A_x, A_y를 각각 $\vec{A}$의 x성분, y성분이라고 한다. 따라서 $\vec{A}$가 x축과 이루는 각이 θ일 때, 다음 관계가 성립한다.

$$A_x=A\cos\theta, \ A_y=A\sin\theta, \ A=\sqrt{A_x^{\ 2}+A_y^{\ 2}}$$

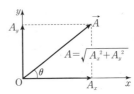

② 돌림힘

(1) 돌림힘: 물체의 회전 운동을 변화시키는 원인을 돌림힘 또는 토크라고 한다.

① **돌림힘의 크기**: 회전 팔의 길이를 r, 회전 팔에 수직으로 작용한 힘의 크기를 F라고 하면, 돌림힘의 크기 τ는 다음과 같다.

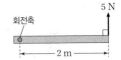

$$\tau=r\times F \ [단위: \text{N·m}]$$

② **지레와 축바퀴**: 지레나 축바퀴를 이용하면 작은 힘으로 무거운 물체를 들 수 있다.

지레	축바퀴

물체를 올려놓은 막대가 수평을 유지하고 있는 동안 돌림힘의 합이 0이다.	추를 일정한 속도로 끌어올리는 동안 돌림힘의 합이 0이다.
$l_1mg=l_2F+l_3m_0g \Rightarrow F=\dfrac{l_1m-l_3m_0}{l_2}g$	$aF=bmg \Rightarrow F=\dfrac{b}{a}mg$

개념 체크

○ **벡터의 분해**: 한 개의 벡터를 두 개 이상의 벡터로 나누는 것
○ **돌림힘**: 물체의 회전 운동을 변화시키는 원인
○ **돌림힘의 크기**: 회전 팔의 길이와 회전 팔에 수직 방향으로 작용하는 힘의 크기에 각각 비례한다.
$$\tau=r\times F$$

1. $\vec{A}$에서 $\vec{B}$를 빼는 것은 $\vec{A}$에 (　　)를 더하는 것과 같다.

2. 그림과 같이 막대의 회전축으로부터 2 m 떨어진 지점에 5 N의 힘이 작용한다.

회전축을 회전 중심으로 하여 막대에 작용하는 5 N의 힘에 의한 돌림힘의 크기는 (　　) N·m이다.

정답

1. $-\vec{B}$
2. 10

개념 체크

◑ **물체의 평형 조건**: 물체에 작용하는 알짜힘이 0이고, 물체에 작용하는 돌림힘의 합이 0일 때이다.

1. 물체의 회전 운동을 변화시키는 원인을 (　　)이라고 한다.

[2~3] 그림과 같이 질량을 무시할 수 있는 막대가 수평을 이루며 정지해 있다. 막대에는 물체 A와 B가 받침대로부터 각각 0.2 m, 0.4 m만큼 떨어져 정지해 있다. A의 질량은 2 kg이다. (단, 중력 가속도는 10 m/s²이다.)

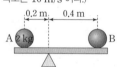

2. 받침대가 막대를 받치는 점을 회전 중심으로 하는 A의 무게에 의한 돌림힘의 크기는 (　　)N·m이고, B의 질량은 (　　)kg이다.

3. 받침대가 막대를 받치는 힘의 크기는 (　　)N이다.

정답
1. 돌림힘
2. 4, 1
3. 30

✎ **과학 돋보기** | **회전 팔의 길이와 돌림힘의 크기**

회전 팔의 길이가 길면 작은 힘으로도 필요한 돌림힘을 낼 수 있으며, 회전 팔의 길이가 길수록 같은 힘을 작용할 때 더 큰 돌림힘을 얻을 수 있다.

드라이버	팔씨름
드라이버의 손잡이가 두꺼우면 회전 팔의 길이가 길기 때문에 같은 힘을 작용할 때 더 큰 돌림힘을 얻을 수 있다. 따라서 쉽게 나사를 조이거나 풀 수 있다.	팔목을 잡고 팔씨름을 하면, 회전축으로부터 힘점까지의 거리가 짧아진다. 따라서 돌림힘이 작아져서 불리하다.

3 물체의 평형

(1) 평형 상태: 물체에 작용하는 힘들이 평형 조건을 만족하면, 물체가 평형 상태에 있다고 한다.

① 평형 조건
  • 힘의 평형: 물체에 작용하는 알짜힘이 0이다.
  • 돌림힘의 평형: 물체에 작용하는 돌림힘의 합이 0이다.
② 평형 상태에서 가능한 운동: 정지, 등속 직선 운동

🧪 **탐구자료 살펴보기** ▷ **막대 수평 맞추기**

과정

(1) 일정한 간격으로 눈금이 매겨진 막대의 중심을 스탠드에 걸어 막대를 수평으로 맞춘다.
(2) 막대의 왼쪽 부분의 눈금에 매달린 추의 개수와 위치를 변화시켰을 때 막대를 수평으로 유지하기 위한 막대의 오른쪽 눈금에 매달 추의 개수와 위치를 알아본다.

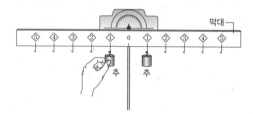

결과

눈금	막대의 왼쪽					막대의 오른쪽				
	5	4	3	2	1	1	2	3	4	5
(가)	—	—	—	1개	1개	—	—	1개	—	—
(나)	—	2개	—	—	—	—	—	1개	—	1개
(다)	—	—	1개	—	1개	—	2개	—	—	—

• 막대 왼쪽의 (눈금×추의 개수)의 합과 막대 오른쪽의 (눈금×추의 개수)의 합이 같을 때 막대는 수평을 유지한다.

point

• 막대가 수평을 유지할 때 막대에 작용하는 돌림힘의 합은 0이다.

(2) **무게중심**: 물체를 구성하는 입자들의 평균 위치

① 균일한 물질로 이루어진 공이나 정육면체의 무게중심은 중앙에 있다.

② 무게중심을 받치면 물체 전체를 떠받칠 수 있다.

③ **무게중심 찾기**: 물체의 가장자리를 실에 매달면 무게중심은 실의 연장선에 있다. 따라서 $\overline{AB}$ 와 $\overline{CD}$가 만나는 점이 무게중심이다.

(3) **구조물의 안정성**

① **구조물이 안정적으로 정지해 있기 위한 조건**: 구조물이 안정한 평형 상태에 있어야 한다.

② **구조물의 안정성**: 바닥이 넓고 무게중심이 낮을수록 구조물의 안정성이 높다.

③ **실생활에서 구조물의 안정성**

• 모빌이나 오뚝이는 안정한 평형 상태에 있다. 따라서 한쪽으로 기울였다 놓으면 흔들리다 가 처음과 같은 평형 상태로 되돌아온다.

• 아치형 다리는 위에서 누르는 힘을 아치를 이루는 돌들에 잘 분산시키며, 힘이 작용할수록 아치를 이루는 돌들이 강하게 끼게 되어 안정성이 증가한다.

모빌   오뚝이   아치형 다리

🔍 **과학 돋보기** **안정한 평형과 불안정한 평형**

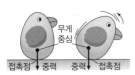

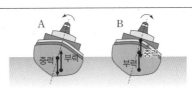

오뚝이의 무게중심 위치는 낮기 때문에 오뚝이가 기울어 지면 무게중심이 위로 올라간다. 따라서 오뚝이를 밀었 다 놓으면 접촉점을 축으로 하는 중력에 의한 돌림힘이 오뚝이를 원래 상태로 돌아가게 한다.

A와 같이 무게중심이 낮은 배는 조금 기울어지면 무게 중심을 회전 중심으로 하는 부력에 의한 돌림힘이 배를 원래 상태로 돌아가게 한다. B와 같이 무게중심이 높은 배는 조금 기울어져도 무게중심을 회전 중심으로 하는 부력에 의한 돌림힘이 배를 더 기울어지게 한다. 따라서 A는 안정한 평형 상태에 있고, B는 불안정한 평형 상태 에 있다.

01 그림은 수평면과 이루는 각이 θ인 빗면에 있는 삼각형 모양의 물체에 수평 방향으로 힘 $\vec{F}$를 가할 때, 물체가 정지해 있는 것을 나타낸 것이다. 물체의 질량은 m이다.

[24027-0001]

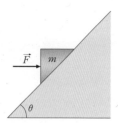

이에 대한 설명으로 옳은 것만을 〈보기〉에서 있는 대로 고른 것은? (단, 중력 가속도는 g이고, 물체의 크기, 모든 마찰은 무시한다.)

┌─● 보기 ●─────────────────────────
ㄱ. 물체는 평형 상태에 있다.
ㄴ. $\vec{F}$의 크기는 $mg\sin\theta$이다.
ㄷ. 빗면이 물체에 작용하는 힘의 크기는 $\dfrac{mg}{\cos\theta}$이다.
└──────────────────────────────────

① ㄴ　　② ㄷ　　③ ㄱ, ㄴ　　④ ㄱ, ㄷ　　⑤ ㄱ, ㄴ, ㄷ

02 그림과 같이 질량이 각각 $3m$, $2m$인 직육면체 모양의 물체 A, B가 실로 연결되어 정지해 있다. 빗면이 수평면과 이루는 각은 θ이다.

[24027-0002]

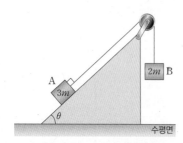

$\cos\theta$는? (단, 실의 질량, 모든 마찰은 무시한다.)

① $\dfrac{2}{3}$　　② $\dfrac{\sqrt{2}}{3}$　　③ $\dfrac{\sqrt{5}}{3}$

④ $\dfrac{\sqrt{5}}{5}$　　⑤ $\dfrac{2\sqrt{5}}{5}$

03 그림은 수평인 천장에 연결된 실 A, B에 질량이 m인 물체가 매달려 정지해 있는 것을 나타낸 것이다. A, B가 물체를 당기는 힘의 크기는 각각 F_A와 F_B이고, A, B가 천장과 이루는 각은 각각 $45°$, $60°$이다.

[24027-0003]

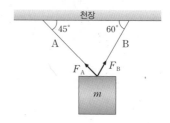

이에 대한 설명으로 옳은 것만을 〈보기〉에서 있는 대로 고른 것은? (단, 중력 가속도는 g이고, 실의 질량은 무시한다.)

┌─● 보기 ●─────────────────────────
ㄱ. $F_A > F_B$이다.
ㄴ. $F_A + F_B > mg$이다.
ㄷ. A가 물체를 당기는 힘과 B가 물체를 당기는 힘의 합력의 방향은 연직 위 방향이다.
└──────────────────────────────────

① ㄱ　　② ㄷ　　③ ㄱ, ㄴ　　④ ㄴ, ㄷ　　⑤ ㄱ, ㄴ, ㄷ

04 그림과 같이 질량이 각각 m_A, m_B인 물체 A, B가 실 p, q, r에 연결되어 정지해 있다. p, q, r가 연직 방향과 이루는 각은 각각 $30°$, $45°$, $30°$이다.

[24027-0004]

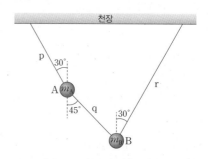

$\dfrac{m_B}{m_A}$는? (단, 실의 질량은 무시한다.)

① $1+\sqrt{2}$　　② $1+\sqrt{3}$　　③ $2+\sqrt{2}$

④ $2+\sqrt{3}$　　⑤ $3+\sqrt{2}$

05 그림과 같이 질량이 m인 ㄱ자 모양의 물체가 수평인 바닥과 수직인 벽에 접촉하여 정지해 있다. 물체의 가로 부분의 길이와 세로 부분의 길이는 각각 $2L$, L이고, 벽이 물체에 작용하는 힘은 수평 방향으로 크기가 F이다.

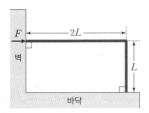

이에 대한 설명으로 옳은 것만을 〈보기〉에서 있는 대로 고른 것은? (단, 중력 가속도는 g이고, 물체의 밀도는 균일하며, 물체의 두께와 폭은 무시한다.)

┌─ 보기 ────────────────────────────
│ ㄱ. 물체에 작용하는 알짜힘은 0이다.
│ ㄴ. 물체에 작용하는 돌림힘의 총합은 0이다.
│ ㄷ. $F = \dfrac{2}{3}mg$이다.
└──────────────────────────────────

① ㄱ ② ㄷ ③ ㄱ, ㄴ ④ ㄴ, ㄷ ⑤ ㄱ, ㄴ, ㄷ

06 그림과 같이 질량이 m이고 길이가 $9d$인 막대가 실 p, q에 매달려 수평으로 정지해 있다. 막대에는 질량이 M인 물체가 매달려 정지해 있으며, 실이 막대를 당기는 힘의 크기는 p가 q의 3배이다.

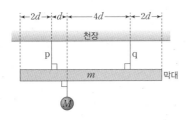

M은? (단, 막대의 밀도는 균일하고, 막대의 두께와 폭, 실의 질량은 무시한다.)

① $2m$ ② $3m$ ③ $4m$
④ $5m$ ⑤ $6m$

07 그림과 같이 길이가 $10l$인 막대가 받침대 p, q 위에 수평을 이루며 정지해 있다. 막대 위에는 질량이 m인 물체가 놓여 있고, 막대 왼쪽 끝에서 물체의 무게중심까지 수평 거리는 $3l$이며, p, q가 막대에 작용하는 힘의 크기는 같다.

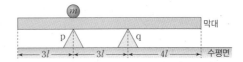

막대의 질량은? (단, 막대의 밀도는 균일하고, 막대의 두께와 폭은 무시한다.)

① m ② $2m$ ③ $3m$
④ $4m$ ⑤ $5m$

08 그림과 같이 질량이 m이고 길이가 $10l$인 막대 P, Q가 실 a~d에 연결되어 수평으로 정지해 있다. Q에는 질량이 $4m$인 물체가 실 e에 매달려 있으며, a, b, d가 막대를 당기는 힘의 크기는 같다.

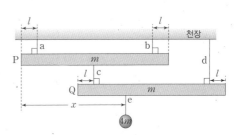

P의 왼쪽 끝에서 e까지 떨어진 수평 거리 x는? (단, 막대의 밀도는 균일하고, 막대의 두께와 폭, 실의 질량은 무시한다.)

① $7l$ ② $7.5l$ ③ $8l$
④ $8.5l$ ⑤ $9l$

빗면이 수평면과 이루는 각이 θ이면 가속도의 크기는 $a=g\sin\theta$이고, 가속도의 수평 성분과 연직 성분의 크기는 각각 $a_x=a\cos\theta=g\sin\theta\cos\theta$, $a_y=a\sin\theta=g\sin^2\theta$이다.

[24027-0009]

01 그림과 같이 시간 $t=0$일 때 물체 A, B를 각각 빗면의 점 p, q에 가만히 놓았더니, $t=t_0$일 때 A가 점 r를, B가 점 s를 통과하였다. A, B가 운동하는 빗면이 수평면과 이루는 각은 각각 $30°$, $60°$이다.

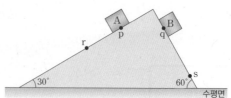

$t=0$에서 $t=t_0$까지 A, B의 운동에 대한 설명으로 옳은 것만을 〈보기〉에서 있는 대로 고른 것은? (단, 물체의 크기, 모든 마찰과 공기 저항은 무시한다.)

● 보기 ●
ㄱ. 가속도의 크기는 B가 A의 $\sqrt{3}$배이다.
ㄴ. 평균 속력은 B가 A의 $\sqrt{3}$배이다.
ㄷ. 변위의 수평 성분의 크기는 B가 A보다 크다.

① ㄱ ② ㄷ ③ ㄱ, ㄴ ④ ㄴ, ㄷ ⑤ ㄱ, ㄴ, ㄷ

A의 질량을 m_A, (가), (나)에서 p가 A를 당기는 힘의 크기를 각각 T_1, T_2라고 하면, $T_1-\frac{m_Ag}{2}=m_Aa$, $\frac{m_Ag}{2}-T_2=m_Aa$가 성립한다.

[24027-0010]

02 그림 (가)는 실 p, q로 연결된 물체 A, B, C가 등가속도 직선 운동을 하는 것을, (나)는 (가)의 상태에서 q가 끊어진 후 A, B가 등가속도 직선 운동을 하는 것을 나타낸 것이다. 빗면이 수평면과 이루는 각은 $30°$이고 B, C의 질량은 각각 $2m$, $5m$이며, (가), (나)에서 A의 가속도의 크기는 a로 같다.

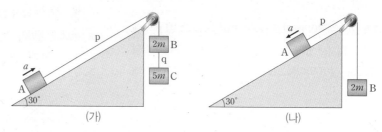

(가)　　　　　　　　　(나)

이에 대한 설명으로 옳은 것만을 〈보기〉에서 있는 대로 고른 것은? (단, 중력 가속도는 g이고, 실의 질량, 모든 마찰은 무시한다.)

● 보기 ●
ㄱ. A의 질량은 $7m$이다.
ㄴ. $a=\frac{1}{5}g$이다.
ㄷ. p가 A를 당기는 힘의 크기는 (가)에서가 (나)에서의 3배이다.

① ㄱ ② ㄴ ③ ㄱ, ㄴ ④ ㄱ, ㄷ ⑤ ㄴ, ㄷ

[24027-0011]

03 그림 (가), (나)와 같이 수평면과 나란하게 직선 운동을 하는 버스의 천장에 질량이 m으로 같은 물체 A, B가 매달려 있다. A, B의 운동 방향은 같고 A, B를 매단 실이 연직 방향과 이루는 각은 각각 $30°$, $45°$로 일정하다.

물체에 작용하는 힘은 중력과 실이 당기는 힘이며, 가속도의 방향은 두 힘의 합력의 방향과 같다.

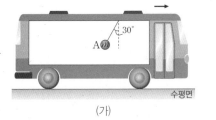
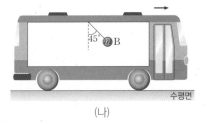

(가)   (나)

이에 대한 설명으로 옳은 것만을 〈보기〉에서 있는 대로 고른 것은? (단, 실의 질량은 무시한다.)

> **● 보기 ●**
> ㄱ. 버스의 가속도 방향은 (가), (나)에서 서로 반대이다.
> ㄴ. 버스의 가속도의 크기는 (나)에서가 (가)에서의 $\sqrt{3}$배이다.
> ㄷ. 실이 물체를 당기는 힘의 크기는 (나)에서가 (가)에서의 $\sqrt{2}$배이다.

① ㄱ   ② ㄷ   ③ ㄱ, ㄴ   ④ ㄴ, ㄷ   ⑤ ㄱ, ㄴ, ㄷ

[24027-0012]

04 그림과 같이 물체 A, B가 실 p, q, r에 연결되어 정지해 있다. q는 수평이고, p, r가 연직 방향과 이루는 각은 각각 $45°$, $60°$이다.

A, B에 작용하는 알짜힘이 0이므로, p가 A를 당기는 힘과 r가 B를 당기는 힘은 수평 성분의 크기가 같다.

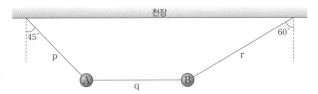

이에 대한 설명으로 옳은 것만을 〈보기〉에서 있는 대로 고른 것은? (단, 실의 질량은 무시한다.)

> **● 보기 ●**
> ㄱ. 질량은 A가 B의 $\sqrt{3}$배이다.
> ㄴ. q가 A를 당기는 힘의 크기는 q가 B를 당기는 힘의 크기보다 크다.
> ㄷ. p가 A를 당기는 힘의 크기는 r가 B를 당기는 힘의 크기의 $\sqrt{3}$배이다.

① ㄱ   ② ㄴ   ③ ㄷ   ④ ㄱ, ㄴ   ⑤ ㄱ, ㄷ

[24027-0013]

05 그림과 같이 질량이 m이고 길이가 $6l$인 막대가 실 p, q에 매달려 수평으로 정지해 있다. 막대에는 질량이 각각 $2m$, $3m$인 물체 A, B가 실 r, s에 매달려 정지해 있다. p, q, r의 위치는 고정되어 있으며, 막대가 수평을 유지하는 범위 내에서 s의 위치를 변화시킨다.

x가 최솟값일 때와 최댓값일 때, p 또는 q가 막대를 당기는 힘은 0이다.

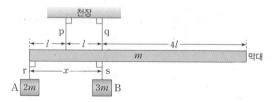

r와 s 사이의 간격을 x라고 할 때, x의 최댓값과 최솟값의 차는? (단, 막대의 밀도는 균일하고, 막대의 두께와 폭, 실의 질량은 무시한다.)

① $1.5l$ ② $2l$ ③ $2.5l$ ④ $3l$ ⑤ $3.5l$

[24027-0014]

06 그림 (가)와 같이 질량이 m인 물체가 놓여있는 길이가 $10d$인 막대가 실과 받침대로부터 힘을 받으며 수평으로 정지해 있다. 물체의 무게중심은 받침점의 연직 위쪽에 있다. 그림 (나)는 물체의 무게중심의 위치가 막대의 왼쪽 끝으로부터 수평 방향으로 길이 $9d$가 되도록 물체를 이동시킨 것을 나타낸 것이다. (가), (나)에서 받침대가 막대를 떠받치는 힘의 크기는 F 또는 $2F$이다.

받침대의 위치를 돌림힘의 기준으로 하면, 물체가 막대를 누르는 힘에 의한 돌림힘의 크기는 (나)에서가 (가)에서보다 크다.

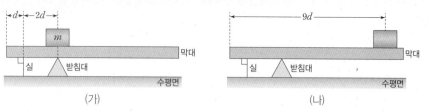

(가)   (나)

이에 대한 설명으로 옳은 것만을 〈보기〉에서 있는 대로 고른 것은? (단, 중력 가속도는 g이고, 막대의 밀도는 균일하며, 막대의 두께와 폭은 무시한다.)

● 보 기 ●

ㄱ. (가)에서 받침대가 막대를 떠받치는 힘의 크기는 $2F$이다.

ㄴ. 막대의 질량은 m이다.

ㄷ. (나)에서 실이 막대를 당기는 힘의 크기는 $3mg$이다.

① ㄱ   ② ㄴ   ③ ㄱ, ㄴ   ④ ㄱ, ㄷ   ⑤ ㄴ, ㄷ

07 [24027-0015]
그림 (가)와 같이 질량이 $3m$이고 길이가 $10d$인 막대가 실 p, q에 매달려 수평으로 정지해 있다. p의 연직 아래에는 질량이 m인 물체 A가 매달려 있고, p, q가 막대를 당기는 힘의 크기는 F로 같다. 그림 (나)는 (가)의 상태에서 A의 위치를 q의 연직 아래로 이동시킨 것을 나타낸 것이다.

p, q가 막대를 당기는 힘의 합력의 크기는 막대의 무게와 A의 무게를 더한 값과 같다.

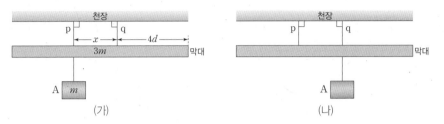

(가)   (나)

이에 대한 설명으로 옳은 것만을 〈보기〉에서 있는 대로 고른 것은? (단, 중력 가속도는 g이고, 막대의 밀도는 균일하며, 막대의 두께와 폭, 실의 질량은 무시한다.)

┌─ 보기 ─────────────────────────────────┐
ㄱ. $F = 2mg$이다.
ㄴ. $x = 2.5d$이다.
ㄷ. (나)에서 실이 막대를 당기는 힘의 크기는 q가 p의 3배이다.
└──────────────────────────────────────┘

① ㄱ   ② ㄷ   ③ ㄱ, ㄴ   ④ ㄱ, ㄷ   ⑤ ㄴ, ㄷ

08 [24027-0016]
그림과 같이 질량이 m이고 길이가 $10d$인 막대 A, B가 수평으로 정지해 있다. B 위에는 질량이 $2m$인 물체 X가 놓여 있으며, 받침대 r로부터 X의 무게중심까지 수평 거리는 x이다. 받침대 q, s가 막대를 떠받치는 힘의 크기는 각각 F, $3F$이다.

r가 p의 연직 위쪽에 있으므로, p의 위치를 돌림힘의 기준으로 하면 r가 A를 누르는 힘에 의한 돌림힘이 0이다.

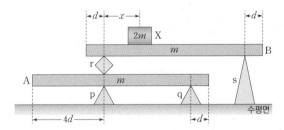

F와 x로 옳은 것은? (단, 중력 가속도는 g이고, 막대의 밀도는 균일하며, 막대의 두께와 폭, 받침대의 질량은 무시한다.)

	F	x		F	x
①	$\frac{1}{4}mg$	$\frac{1}{5}d$	②	$\frac{1}{4}mg$	$\frac{2}{5}d$
③	$\frac{1}{5}mg$	$\frac{2}{5}d$	④	$\frac{1}{5}mg$	$\frac{3}{5}d$
⑤	$\frac{2}{5}mg$	$\frac{1}{5}d$			

[24027-0017]

막대에 연직 위쪽으로 작용하는 힘은 받침대가 받치는 힘뿐이고, 막대에 연직 아래쪽으로 작용하는 힘은 실이 당기는 힘, 막대에 작용하는 중력, A가 누르는 힘이다.

09 그림과 같이 실과 받침대에 의해 질량이 m이고 길이가 $10l$인 막대가 수평을 이루며 정지해 있다. 표는 받침대로부터 학생 A의 무게중심까지의 수평 거리 x가 변할 때, 실과 받침대가 각각 막대에 작용하는 힘의 크기 F_1, F_2를 나타낸 것이다.

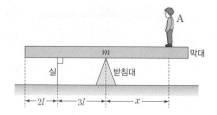

x	F_1	F_2
x_0	㉠	$\dfrac{8}{3}F_0$
x_0+l	F_0	$3F_0$

이에 대한 설명으로 옳은 것만을 〈보기〉에서 있는 대로 고른 것은? (단, 막대의 밀도는 균일하고, 막대의 두께와 폭은 무시한다.)

⎯● 보 기 ●⎯
ㄱ. ㉠은 $0.5F_0$이다.
ㄴ. x_0은 $2l$이다.
ㄷ. A의 질량은 m이다.

① ㄱ   ② ㄷ   ③ ㄱ, ㄴ   ④ ㄴ, ㄷ   ⑤ ㄱ, ㄴ, ㄷ

[24027-0018]

r의 위치를 돌림힘의 기준으로 하면, A의 돌림힘 평형식에서 r가 A를 당기는 힘은 고려할 필요가 없으므로 계산이 쉽다.

10 그림과 같이 질량이 m이고 길이가 $10l$인 막대 A, B가 실 p, q, r, s에 연결되어 수평으로 정지해 있다. B에는 물체 X가 놓여 있고, r에서 X의 무게중심까지 수평 거리는 x이다. p, q가 A를 당기는 힘의 크기는 같고, B를 당기는 힘의 크기는 s가 r의 2배이다.

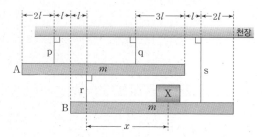

이에 대한 설명으로 옳은 것만을 〈보기〉에서 있는 대로 고른 것은? (단, 막대의 밀도는 균일하고, 막대의 두께와 폭, 실의 질량은 무시한다.)

⎯● 보 기 ●⎯
ㄱ. X의 질량은 $2m$이다.
ㄴ. $x=6l$이다.
ㄷ. s가 B를 당기는 힘의 크기는 p가 A를 당기는 힘의 크기의 2배이다.

① ㄱ   ② ㄴ   ③ ㄷ   ④ ㄱ, ㄷ   ⑤ ㄴ, ㄷ

02 물체의 운동(1)

1 속도와 가속도

(1) **변위**: 물체의 위치 변화량을 나타내는 물리량이다.

① **위치 벡터**: 물체의 위치를 나타내는 벡터이다. $\vec{r_1}$, $\vec{r_2}$는 점 P, Q의 위치를 나타내는 위치 벡터이다.

② **변위**: 위치 변화량을 변위라고 한다. 따라서 P에서 Q까지 연결한 화살표 $\vec{\Delta r}$는 P에서 Q까지의 변위이다.

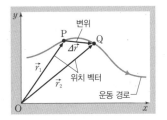

(2) **속도**

① **평균 속도**: 변위를 걸린 시간으로 나눈 값이다. 따라서 P에서 Q까지 걸린 시간이 Δt이면 평균 속도 $\vec{v}_\text{평}$은 다음과 같다.

$$\vec{v}_\text{평} = \frac{\vec{\Delta r}}{\Delta t}$$

② **순간 속도**: 시간 간격 Δt가 거의 0일 때의 평균 속도를 순간 속도라고 한다. 따라서 순간 속도의 방향은 운동 경로의 접선 방향과 같다.

(3) **가속도**

① **속도 변화량**: P, Q에서의 속도가 각각 $\vec{v_1}$, $\vec{v_2}$이면, P에서 Q까지의 속도 변화량은 $\vec{\Delta v} = \vec{v_2} - \vec{v_1}$이다.

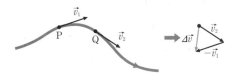

② **평균 가속도**: 속도 변화량을 걸린 시간으로 나눈 값이 가속도이다. 따라서 P에서 Q까지 걸린 시간이 Δt이면 평균 가속도 $\vec{a}_\text{평}$은 다음과 같다.

$$\vec{a}_\text{평} = \frac{\vec{\Delta v}}{\Delta t}$$

③ **순간 가속도**: 시간 간격 Δt가 거의 0일 때의 평균 가속도를 순간 가속도라고 한다.

④ **등가속도 운동**: 가속도가 일정한 운동이다.
 • 속도가 일정하게 증가하거나 감소한다.
 • 등가속도 직선 운동의 공식: 직선상에서 가속도 a로 등가속도 운동을 하는 물체의 처음 속도가 v_0이면 시간 t일 때의 속도 v와 변위 s는 다음과 같은 관계가 있다.

$$v = v_0 + at$$
$$s = v_0 t + \frac{1}{2}at^2$$
$$v^2 - v_0^2 = 2as$$

개념 체크

○ **변위**: 물체의 위치 변화량
○ **속도($\vec{v}$)**: 물체의 위치 변화량($\vec{\Delta r}$)을 걸린 시간(Δt)으로 나눈 값

$$\vec{v} = \frac{\vec{\Delta r}}{\Delta t}$$

○ **가속도($\vec{a}$)**: 물체의 속도 변화량($\vec{\Delta v}$)을 걸린 시간(Δt)으로 나눈 값

$$\vec{a} = \frac{\vec{\Delta v}}{\Delta t}$$

1. 동쪽으로 10 m/s로 운동하던 물체가 일정한 힘을 받아 5초 후 북쪽으로 10 m/s로 운동한다. 이 물체의 가속도의 방향은 (　　)쪽이고, 가속도의 크기는 (　　)이다.

[2~3] 그림은 xy 평면에서 운동하는 물체의 운동 경로를 나타낸 것이다. 운동 경로상의 점 p, q에서 물체의 속력은 각각 3 m/s, 4 m/s이고, 방향은 각각 $-y$방향, $+x$방향이다. 물체가 p에서 q까지 이동하는 데 걸린 시간은 5초이다.

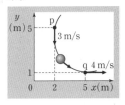

2. p에서 q까지 물체의 평균 속도의 크기는 (　　) m/s이다.

3. p에서 q까지 물체의 평균 가속도의 크기는 (　　) m/s²이다.

정답

1. 북서, $2\sqrt{2}$ m/s²
2. 1
3. 1

1. 운동 방향이 변하는 등가속도 운동을 하는 물체는 ( ) 경로를 따라 운동한다.

[2~3] 그림과 같이 질량이 2 kg인 물체가 경사각이 30°인 빗면을 따라 등가속도 직선 운동을 한다. (단, 중력 가속도는 10 m/s²이고, 마찰은 무시한다.)

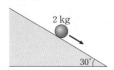

2. 빗면이 물체를 떠받치는 힘의 크기는 ( ) N이고, 물체에 작용하는 알짜힘의 크기는 ( ) N이다.

3. 물체의 가속도의 크기는 ( ) m/s²이다.

과학 돋보기 | 기울기가 일정한 빗면 위에서의 운동

그림과 같이 질량이 m인 물체가 수평면과의 각이 θ이고 마찰이 없는 빗면을 미끄러져 내려가는 동안 물체는 등가속도 직선 운동을 한다. 물체에 작용하는 힘은 중력 mg와 수직 항력 N이다. 물체의 운동을 분석하기 위해 중력 mg는 빗면에 나란한 방향의 성분과 빗면에 수직인 방향의 성분으로 나누어 각각의 방향으로 운동을 생각한다.

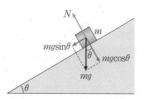

- 빗면에 나란한 방향으로 작용하는 힘의 크기: $mg\sin\theta$
- 빗면에 수직인 방향으로 작용하는 힘의 크기: $N - mg\cos\theta$

물체에 작용하는 알짜힘은 빗면에 나란한 방향이므로 물체의 가속도의 크기가 a일 때 $ma = mg\sin\theta$에서 물체의 가속도의 크기는 $a = g\sin\theta$이다. 빗면에 수직인 방향으로 작용하는 알짜힘은 0이므로 $N - mg\cos\theta = 0$에서 수직 항력 $N = mg\cos\theta$이다.

탐구자료 살펴보기 > 등가속도 운동

과정

(1) 그림과 같이 빗면에서 직선 운동을 하는 수레를 디지털 카메라로 동영상 촬영한다.

(2) 동영상 분석 프로그램을 사용하여 수레의 한 점 P가 기준선을 통과하는 순간부터 0.1초 간격으로 P의 위치를 기록하여 속도와 가속도를 구한다.

(3) 빗면의 경사각을 바꾸어 과정 (1), (2)를 반복한다.

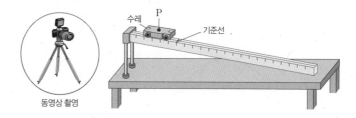

동영상 촬영

결과

- 빗면의 경사각이 작을 때

시간(s)	0	0.1	0.2	0.3	0.4	0.5
위치(cm)	0	6	14	24	36	50
속도(m/s)		0.6	0.8	1.0	1.2	1.4
가속도(m/s²)			2	2	2	2

- 빗면의 경사각이 클 때

시간(s)	0	0.1	0.2	0.3	0.4	0.5
위치(cm)	0	8	20	36	56	80
속도(m/s)		0.8	1.2	1.6	2.0	2.4
가속도(m/s²)			4	4	4	4

point

- 수레는 등가속도 운동을 한다.
- 빗면의 경사각이 클수록 수레의 가속도의 크기는 크다.

2 평면에서 등가속도 운동

(1) 평면에서 등가속도 운동: 운동 방향이 변하는 등가속도 운동에서 가속도와 나란한 방향으로는 등가속도 운동을, 가속도와 수직인 방향으로는 등속도 운동을 한다.

(2) 평면에서 등가속도 운동의 분석

① 가속도가 일정하므로 가속도의 크기와 방향이 변하지 않는다.

② 가속도에 나란한 방향과 가속도에 수직인 방향으로 분해하면 운동을 쉽게 파악할 수 있다.

③ 가속도 방향을 x방향으로 정하면 가속도의 y성분은 0이다. 따라서 y방향으로는 속도가 변하지 않는 등속도 운동을 하고, x방향으로는 등가속도 운동을 한다.

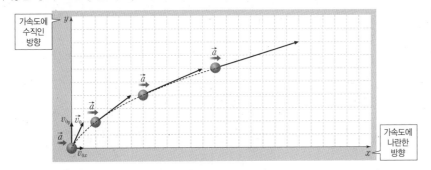

④ 처음 위치를 원점으로 할 때, 물체의 가속도가 $\vec{a}=(a, 0)$이고 처음 속도가 $\vec{v_0}=(v_{0x}, v_{0y})$이면, 시간 t일 때 속도 $\vec{v}=(v_x, v_y)$와 위치 $\vec{r}=(x, y)$는 다음과 같다.

• x방향: $v_x=v_{0x}+at$, $x=v_{0x}t+\dfrac{1}{2}at^2$

• y방향: $v_y=v_{0y}=$ 일정, $y=v_{0y}t$

(3) 평면에서 등가속도 운동의 경로

① $y=v_{0y}t$에서 $t=\dfrac{y}{v_{0y}}$이다. 이 관계를 $x=v_{0x}t+\dfrac{1}{2}at^2$에 대입하면 다음 관계가 성립한다.

$$x=\dfrac{v_{0x}}{v_{0y}}y+\dfrac{a}{2v_{0y}{}^2}y^2$$

② **운동 경로:** x와 y의 관계식이 $x=py+qy^2$ 형태이다. 따라서 평면 위에서 운동 방향이 변하는 등가속도 운동을 하는 물체는 포물선 경로를 따라 운동한다.

3 중력장에서의 직선 운동

(1) 자유 낙하 운동

① **자유 낙하 운동:** 가만히 놓은 물체가 중력의 영향만으로 낙하하는 운동이다.

② **중력 가속도:** 진공에서 낙하하는 물체는 약 $9.8\ \mathrm{m/s^2}$의 가속도로 등가속도 운동을 하는데, 이 값을 중력 가속도라 하고 g로 표시한다.

③ **속도와 낙하 거리:** 물체를 가만히 놓은 후 시간 t 후의 속도 v, 낙하 거리 h는 다음 관계를 만족한다.

$$v=gt,\ h=\dfrac{1}{2}gt^2,\ v^2=2gh$$

④ 시간에 따른 속도와 낙하 거리 그래프

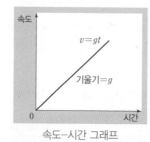
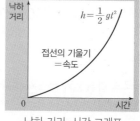

속도−시간 그래프　　　　낙하 거리−시간 그래프

○ **자유 낙하 운동과 연직 아래로 던진 물체의 운동:** 물체에 일정하게 작용하는 중력에 의해 물체의 속도가 1초에 약 9.8 m/s씩 변하는 등가속도 직선 운동을 한다.

1. 그림은 수평면으로부터 높이 20 m인 지점에서 가만히 놓은 물체가 등가속도 직선 운동을 하는 모습을 나타낸 것이다. (단, 중력 가속도는 10 m/s²이다.)

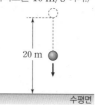

물체를 가만히 놓은 순간부터 수평면에 도달할 때까지 걸린 시간은 (　　)초이고, 수평면에 도달하는 순간 속력은 (　　)m/s이다.

2. 그림과 같이 수평면으로부터 10 m 높이에서 물체를 연직 아래 방향으로 5 m/s로 던졌다. 물체는 등가속도 직선 운동을 한다. (단, 중력 가속도는 10 m/s²이다.)

물체를 던진 순간부터 수평면에 도달할 때까지 걸린 시간은 (　　)초이고, 수평면에 도달하는 순간 속력은 (　　)m/s이다.

정답

1. 2, 20
2. 1, 15

과학 돋보기　**자유 낙하 하는 물체에 대한 생각**

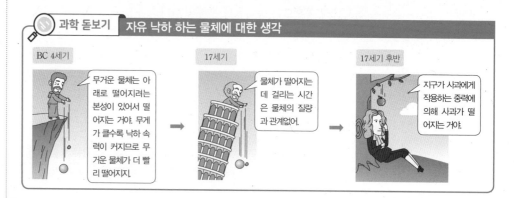

(2) 연직 아래로 던진 물체의 운동: 연직 아래 방향을 (+)방향으로 정하고 물체를 던진 속도를 v_0이라고 하면, 물체는 처음 속도가 v_0이고 가속도가 g인 등가속도 직선 운동을 한다.

$$v=v_0+gt, \ h=v_0t+\frac{1}{2}gt^2, \ v^2-v_0{}^2=2gh$$

(3) 연직 위로 던진 물체의 운동: 연직 위 방향을 (+)방향으로 정하고 물체를 던진 속도를 v_0이라고 하면, 물체는 처음 속도가 v_0이고 가속도가 $-g$인 등가속도 직선 운동을 한다.

$$v=v_0-gt, \ h=v_0t-\frac{1}{2}gt^2, \ v^2-v_0{}^2=-2gh$$

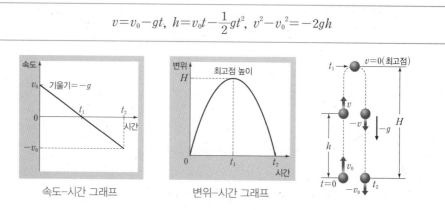

속도−시간 그래프　　변위−시간 그래프

① 최고점까지 올라가는 데 걸리는 시간 t_1: 최고점에서 속력이 0이므로, $v=v_0-gt$에서 $v=0$, $t=t_1$이다.

$$t_1=\frac{v_0}{g}$$

② 출발점으로 되돌아올 때까지 걸리는 시간 t_2: 출발점으로 되돌아오면 올라간 높이가 0이므로, $h = v_0 t - \frac{1}{2}gt^2$에서 $h=0$, $t=t_2$이다.

$$t_2 = \frac{2v_0}{g} = 2t_1$$

③ **최고점 높이 H**: 물체가 올라가는 최고점 높이 H는 다음과 같다.

$$H = \frac{v_0^2}{2g}$$

• $v^2 - v_0^2 = -2gh$에서 $v=0$, $h=H$를 대입하면 $H = \frac{v_0^2}{2g}$이다.

• H는 시간 $t_1 = \frac{v_0}{g}$ 동안 자유 낙하 하는 높이와 같으므로 $H = \frac{1}{2}gt_1^2 = \frac{1}{2}g\left(\frac{v_0}{g}\right)^2 = \frac{v_0^2}{2g}$이다.

• 역학적 에너지가 보존되므로 $\frac{1}{2}mv_0^2 = mgH$에서 $H = \frac{v_0^2}{2g}$이다.

4 포물선 운동

(1) 수평 방향으로 던진 물체의 운동: 물체를 수평 방향으로 던지면, 물체는 수평 방향으로는 등속도 운동을 하고 연직 방향으로는 가속도가 g인 등가속도 운동(자유 낙하 운동)을 한다.

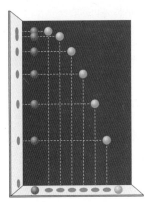
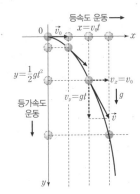

① **가속도**: 공기 저항을 무시하면 물체에 작용하는 힘은 중력뿐이므로 $\vec{F} = m\vec{a} = m\vec{g}$에서 $\vec{a} = \vec{g}$이다. 따라서 가속도는 연직 아래 방향으로 크기가 g이다.

[수평 방향의 운동] 등속도 운동	[연직 방향의 운동] 자유 낙하 운동
가속도: $a_x = 0$	가속도: $a_y = g$
속도: $v_x = v_0$	속도: $v_y = gt$
변위: $x = v_0 t$	변위: $y = \frac{1}{2}gt^2$

② **낙하 시간 T**: 높이 H에서 수평 방향으로 던진 물체가 바닥에 떨어질 때까지 걸리는 시간은 $H = \frac{1}{2}gT^2$에서 다음과 같다.

$$T = \sqrt{\frac{2H}{g}}$$

개념 체크

◐ **연직 위로 던진 물체의 운동**: 올라갈 때는 속력이 일정하게 감소하고, 내려올 때는 속력이 일정하게 증가하는 등가속도 운동이다.

◐ **수평 방향으로 던진 물체의 운동**: 수평 방향으로는 등속도 운동을 하고, 연직 방향으로는 자유 낙하와 같은 등가속도 운동을 한다.

1. 그림과 같이 물체를 수평면에서 연직 위 방향으로 10 m/s의 속력으로 던진다. 물체는 등가속도 운동을 한다. (단, 중력 가속도는 10 m/s²이고, 물체의 크기는 무시한다.)

물체가 최고점까지 올라가는 데 걸린 시간은 (　　)초이고, 수평면으로부터 올라가는 최고점 높이는 (　　)m이다.

2. 그림과 같이 수평면으로부터 높이가 5 m인 지점에서 물체를 수평 방향으로 5 m/s의 속력으로 던졌다. 물체는 포물선 운동을 한다. (단, 중력 가속도는 10 m/s²이다.)

던진 순간부터 수평면에 도달할 때까지 걸린 시간은 (　　)초이고, 수평면에 도달하는 순간 속도의 수평 성분은 (　　)m/s이고, 속도의 연직 성분은 (　　)m/s이다.

정답

1. 1, 5
2. 1, 5, 10

1. 그림과 같이 수평면으로부터 같은 높이에서 물체 A, B를 수평 방향으로 각각 v, $2v$의 속력으로 던진다. A, B는 포물선 운동을 한다.

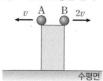

수평 도달 거리는 B가 A의 (   )배이다.

[2~3] 그림과 같이 물체를 수평 방향과 30°의 각을 이루며 20 m/s의 속력으로 던진다. 물체는 포물선 운동을 한다. (단, 중력 가속도는 10 m/s² 이다.)

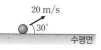

2. 수평면에서 던지는 순간 속도의 수평 성분의 크기는 (   ) m/s이고, 연직 성분의 크기는 (   ) m/s이다.

3. 물체가 수평면에서 최고점까지 이동하는 데 걸린 시간은 (   )초이다.

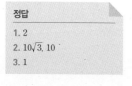
정답
1. 2
2. $10\sqrt{3}$, 10
3. 1

③ **수평 도달 거리 R:** 속도의 수평 성분이 v_0으로 일정하므로 수평 도달 거리는 다음과 같다.

$$R = v_0 T = v_0\sqrt{\frac{2H}{g}}$$

④ **운동 경로:** $x = v_0 t$와 $y = \frac{1}{2}gt^2$에서 t를 소거하여 정리하면 다음과 같다.

$$y = \frac{g}{2v_0{}^2}x^2$$

• y가 x에 대한 2차식이다. 따라서 운동 경로는 포물선이다.

🧪 **탐구자료 살펴보기**　▶ **수평 방향으로 던진 동전의 운동 관찰**

과정

(1) 그림과 같이 자와 동전을 놓고, 손가락으로 자의 중심을 누른다.
(2) 자의 한쪽 끝을 손가락으로 튕겨서, A는 자유 낙하 운동시키고, B는 수평 방향으로 던진다.
(3) A, B 중 어느 동전이 바닥에 먼저 떨어지는지 관찰한다.
(4) 자를 튕기는 속도를 변화시키면서 과정 (3)을 반복한다.

결과

• (3)의 결과: A, B가 동시에 바닥에 떨어진다.
• (4)의 결과: 자를 튕기는 속도를 변화시켜도 A, B가 동시에 바닥에 떨어진다.

point

• 수평으로 던진 물체는 수평 방향으로는 등속도 운동을, 연직 방향으로는 자유 낙하와 같은 운동을 한다.

(2) 비스듬히 던진 물체의 운동: 비스듬히 던진 물체에도 중력만 작용하므로 가속도는 중력 가속도와 같다. 따라서 수평 방향으로는 등속도 운동을, 연직 방향으로는 가속도가 $-g$인 등가속도 운동(연직 위로 던진 물체의 운동)을 한다.

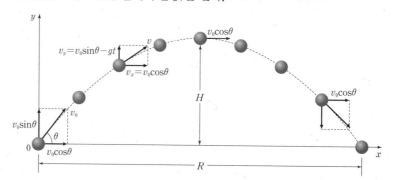

① **처음 속도:** 물체를 속력 v_0으로 수평면과 θ의 각으로 던지면, 처음 속도 $\vec{v_0}$의 x성분 v_{0x}와 y성분 v_{0y}는 각각 다음과 같다.

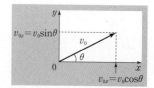

$$v_{0x} = v_0\cos\theta$$
$$v_{0y} = v_0\sin\theta$$

② x방향으로는 $v_0\cos\theta$의 일정한 속도로 등속도 운동을 하고, y방향으로는 $v_0\sin\theta$의 속도로 연직 위로 던진 물체와 같은 운동을 한다.

[x방향의 운동] 등속도 운동	[y방향의 운동] 연직 위로 던진 물체의 운동
가속도: $a_x=0$	가속도: $a_y=-g$
속도: $v_x=v_0\cos\theta=$ 일정	속도: $v_y=v_0\sin\theta-gt$
변위: $x=(v_0\cos\theta)t$	변위: $y=(v_0\sin\theta)t-\dfrac{1}{2}gt^2$

③ 운동 경로: $x=v_0t\cos\theta$와 $y=v_0t\sin\theta-\dfrac{1}{2}gt^2$에서 t를 소거하여 정리하면 다음과 같다.

$$y=x\tan\theta-\frac{g}{2v_0^2\cos^2\theta}x^2$$

• y가 x에 대한 2차 다항식이므로, 운동 경로는 포물선이다.

④ 최고점 도달 시간 t_1: 최고점에서 속도의 y성분이 0이다. 따라서 $v_y=v_0\sin\theta-gt$에서 $0=v_0\sin\theta-gt_1$이므로 최고점 도달 시간 t_1은 다음과 같다.

$$t_1=\frac{v_0\sin\theta}{g}$$

⑤ 처음 높이에 도달하는 시간 t_2: 처음 던진 높이에 도달하는 순간 $y=0$이므로, $0=(v_0\sin\theta)t_2$ $-\dfrac{1}{2}gt_2^2$에서 처음 높이에 도달하는 시간 t_2는 다음과 같다.

$$t_2=\frac{2v_0\sin\theta}{g}$$

• 최고점까지 올라가는 데 걸리는 시간과 최고점에서 바닥까지 떨어지는 데 걸리는 시간이 같다.
• 올라가는 궤도와 내려오는 궤도가 정확하게 대칭이다.

⑥ 최고점 높이 H: $0^2-v_0^2\sin^2\theta=-2gH$에서 물체가 올라가는 최고점 높이 H는 다음과 같다.

$$H=\frac{(v_0\sin\theta)^2}{2g}$$

⑦ 수평 도달 거리 R: 속도의 수평 성분이 $v_x=v_0\cos\theta$이므로, 수평 도달 거리는

$R=v_xt_2=\dfrac{2v_0^2\sin\theta\cos\theta}{g}$인데 $2\sin\theta\cos\theta=\sin2\theta$이므로 수평 도달 거리 R는 다음과 같다.

$$R=\frac{v_0^2\sin2\theta}{g}$$

• $2\theta=90°$일 때 $\sin2\theta$가 최대이므로 R가 최대이다. 따라서 던지는 각이 45°일 때 수평 도달 거리가 최대이다.
• $\sin2\theta=\sin(180°-2\theta)=\sin2(90°-\theta)$이므로, 던지는 각이 θ일 때와 $90°-\theta$일 때 수평 도달 거리가 같다.

○ 비스듬히 던진 물체의 최고점 높이와 수평 도달 거리: 물체를 속력 v_0으로 수평 방향과 θ의 각으로 던지면 물체의 최고점 높이 H와 수평 도달 거리 R는 다음과 같다.

$$H=\frac{(v_0\sin\theta)^2}{2g}$$
$$R=\frac{v_0^2\sin2\theta}{g}$$

[1~2] 그림과 같이 물체를 수평 방향과 45°의 각을 이루며 $10\sqrt{2}$ m/s의 속력으로 던진다. 물체는 포물선 운동을 하여 수평면에 도달한다. (단, 중력 가속도는 10 m/s²이다.)

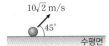

1. 물체가 최고점에 도달한 순간 속력은 (   ) m/s 이다.

2. 물체의 최고점 높이는 (   ) m이고, 수평 도달 거리는 (   ) m이다.

정답

1. 10
2. 5, 20

개념 체크

● **비스듬히 던진 물체의 속력:** 물체가 수평면에서 속력 v로 각 θ를 이루며 발사된 순간으로부터 t만큼의 시간이 지났을 때, 수평 방향의 속력은 $v\cos\theta$이고 연직 방향의 속력은 $v\sin\theta - gt$이다.

[1~3] 그림과 같이 수평면에서 물체를 수평 방향과 60°의 각을 이루며 $20\sqrt{3}$ m/s의 속력으로 던진다. 물체는 포물선 운동을 한다. (단, 중력 가속도는 10 m/s²이다.)

1. 수평면에서 물체를 던진 순간으로부터 2초가 지난 순간 물체의 속도의 수평 성분의 크기는 ( ) m/s이고, 속도의 연직 성분의 크기는 ( ) m/s이다.

2. 물체가 수평면으로부터 올라가는 최고점 높이는 ( ) m이다.

3. 물체를 수평면에서 던진 순간부터 물체가 수평면에 도달할 때까지 걸린 시간은 ( )초이다.

정답
1. $10\sqrt{3}$, 10
2. 45
3. 6

과학 돋보기 | 원숭이 인형 맞히기

원숭이 인형을 잡고 있던 집게에서 인형이 떨어지는 순간, A가 장난감 총을 발사한다. 이때 A는 어디를 겨냥해야 인형을 맞힐 수 있을까?
총알은 날아가면서 포물선 운동을 하고, 인형은 자유 낙하 한다. 이때 총알과 인형의 가속도가 같으므로, 인형의 입장에서 보면 총알은 등속 직선 운동을 한다. 따라서 A는 인형의 처음 위치를 겨냥해야 떨어지는 인형을 맞힐 수 있다.

탐구자료 살펴보기 | 비스듬히 던진 물체의 운동 동영상 분석

과정
(1) 모눈이 그려진 칠판과 디지털 카메라를 고정한다.
(2) 공을 비스듬히 던지고 공의 운동을 촬영한다.
(3) 촬영한 파일을 동영상 분석 프로그램으로 재생한다.
(4) 0.1초 간격으로 수평 방향 위치와 연직 방향 위치를 기록한다.

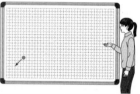

결과

시간(s)	0	0.1	0.2	0.3	0.4	0.5	0.6
수평 위치(m)	0	0.5	1	1.5	2	2.5	3
연직 위치(m)	0	0.245	0.392	0.441	0.392	0.245	0

결과 분석
• 수평 방향

시간(s)	0		0.1		0.2		0.3		0.4		0.5		0.6
위치(m)	0		0.5		1		1.5		2		2.5		3
구간 거리(m)		0.5		0.5		0.5		0.5		0.5		0.5	
구간 속도(m/s)		5		5		5		5		5		5	

➡ 수평 방향으로는 5 m/s의 일정한 속도로 운동한다.
• 연직 방향

시간(s)	0		0.1		0.2		0.3		0.4		0.5		0.6
위치(m)	0		0.245		0.392		0.441		0.392		0.245		0
구간 변위(m)		0.245		0.147		0.049		−0.049		−0.147		−0.245	
구간 속도(m/s)		2.45		1.47		0.49		−0.49		−1.47		−2.45	
가속도(m/s²)			−9.8		−9.8		−9.8		−9.8		−9.8		

➡ 연직 방향으로는 −9.8 m/s²으로 등가속도 운동을 한다.

point
• 수평 방향으로는 등속도 운동을 한다.
• 연직 방향으로는 중력 가속도로 등가속도 운동을 한다.

01 그림과 같이 다람쥐가 점 p, q를 지나는 점선을 따라 일정한 속력 v로 이동한다. p에서 q까지 변위의 x성분과 y성분의 크기는 각각 4 m, 3 m이고, p에서 q까지 이동하는 데 걸린 시간은 2초이다.

[24027-0019]

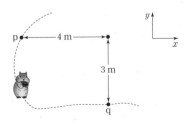

p에서 q까지 다람쥐의 운동에 대한 설명으로 옳은 것만을 〈보기〉에서 있는 대로 고른 것은?

● 보기 ●
ㄱ. 변위의 크기는 5 m이다.
ㄴ. $v > 2.5$ m/s이다.
ㄷ. 속도가 일정한 운동을 한다.

① ㄱ   ② ㄷ   ③ ㄱ, ㄴ   ④ ㄱ, ㄷ   ⑤ ㄴ, ㄷ

02 그림 (가)와 같이 xy 평면에서 운동하는 물체 A의 위치가 시간 $t=0$인 순간 (2 m, 4 m)에서 측정되었다. 그림 (나), (다)는 A의 속도의 x성분 v_x와 y성분 v_y를 t에 따라 나타낸 것이다.

[24027-0020]

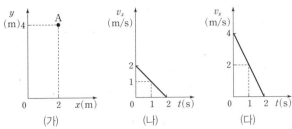

(가)   (나)   (다)

A의 운동에 대한 설명으로 옳은 것만을 〈보기〉에서 있는 대로 고른 것은?

● 보기 ●
ㄱ. 가속도의 크기는 $\sqrt{5}$ m/s²이다.
ㄴ. $t=2$초일 때, 원점을 지난다.
ㄷ. 포물선 경로를 따라 운동한다.

① ㄱ   ② ㄷ   ③ ㄱ, ㄴ   ④ ㄱ, ㄷ   ⑤ ㄴ, ㄷ

03 xy 평면에서 운동하는 물체가 t초일 때 점 $(X\text{ m}, Y\text{ m})$를 지난다. 다음은 X, Y를 t에 따라 나타낸 것이다.

[24027-0021]

- $X = t + \dfrac{3}{2}t^2$
- $Y = 2t^2$

물체의 운동에 대한 설명으로 옳은 것만을 〈보기〉에서 있는 대로 고른 것은?

● 보기 ●
ㄱ. 가속도의 크기가 증가하는 운동을 한다.
ㄴ. 0초일 때 운동 방향은 $+x$방향이다.
ㄷ. 1초일 때 운동 방향이 $+x$방향과 이루는 각은 45°이다.

① ㄱ   ② ㄴ   ③ ㄷ   ④ ㄱ, ㄷ   ⑤ ㄴ, ㄷ

04 그림은 시간 $t=0$일 때, 물체 A와 B를 속력 10 m/s로 발사하는 것을 나타낸 것이다. A는 수평면에서 연직 위쪽으로, B는 수평면으로부터 높이 H인 곳에서 수평 방향으로 발사하였다. A, B는 $t=1$초일 때 충돌한다.

[24027-0022]

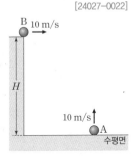

이에 대한 설명으로 옳은 것만을 〈보기〉에서 있는 대로 고른 것은? (단, 중력 가속도는 10 m/s² 이고, A, B의 크기와 공기 저항은 무시한다.)

● 보기 ●
ㄱ. $H = 10$ m이다.
ㄴ. $t=0$부터 $t=1$초까지 속도 변화량의 크기는 A가 B보다 크다.
ㄷ. $t=0$부터 $t=1$초까지 평균 속도의 크기는 B가 A의 $\sqrt{5}$배이다.

① ㄱ   ② ㄴ   ③ ㄱ, ㄷ   ④ ㄴ, ㄷ   ⑤ ㄱ, ㄴ, ㄷ

05 [24027-0023] 그림 (가), (나)와 같이 높이가 각각 H, $2H$인 지점에서 수평 방향으로 각각 v_1, v_2의 속력으로 물체 A, B를 발사했더니, A, B가 포물선 운동을 하여 수평인 바닥에 충돌할 때까지 변위의 수평 성분이 L로 같았다. A, B가 바닥에 충돌하는 속력은 같다.

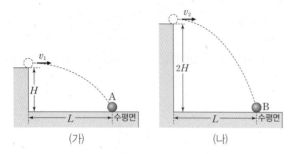

(가)　　　　(나)

이에 대한 설명으로 옳은 것만을 〈보기〉에서 있는 대로 고른 것은? (단, 물체의 크기는 무시한다.)

● 보 기 ●
ㄱ. 포물선 운동을 한 시간은 B가 A의 2배이다.
ㄴ. $v_1=\sqrt{2}v_2$이다.
ㄷ. $L=2\sqrt{2}H$이다.

① ㄱ　② ㄷ　③ ㄱ, ㄴ　④ ㄴ, ㄷ　⑤ ㄱ, ㄴ, ㄷ

06 [24027-0024] 그림은 수평면으로부터 높이 H인 곳에서 수평 방향으로 속력 v_0으로 던진 공이 포물선 운동을 하여 수평면에 속력 $3v_0$으로 도달하는 것을 나타낸 것이다. 포물선 운동을 하는 동안 공의 변위의 수평 성분은 X이다.

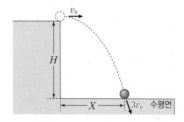

$\dfrac{H}{X}$는?

① 2　　② $\sqrt{2}$　　③ $\sqrt{3}$

④ $\dfrac{3}{2}$　　⑤ $\dfrac{\sqrt{3}}{2}$

07 [24027-0025] 그림은 수평면의 점 p에서 속력 v로 수평면과 각각 $30°$, θ의 각으로 물체 A, B를 발사하는 것을 나타낸 것이다. A, B는 포물선 경로를 따라 운동하여 수평면의 점 q에 도달한다.

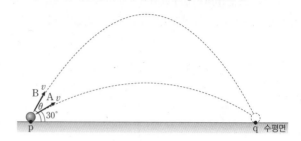

A, B가 포물선 운동을 하는 동안, 이에 대한 설명으로 옳은 것만을 〈보기〉에서 있는 대로 고른 것은? (단, 물체의 크기는 무시한다.)

● 보 기 ●
ㄱ. $\theta=60°$이다.
ㄴ. 최고점에서 속력은 A가 B의 $\sqrt{3}$배이다.
ㄷ. 물체가 올라가는 최고 높이는 B가 A의 3배이다.

① ㄴ　② ㄷ　③ ㄱ, ㄴ　④ ㄱ, ㄷ　⑤ ㄱ, ㄴ, ㄷ

08 [24027-0026] 그림과 같이 수평면으로부터 높이가 L인 지점에서 공 A, B를 속력 v로 각각 수평 방향, 수평 방향에 대하여 $45°$ 아래 방향으로 던졌더니, 수평면에 도달할 때까지 A, B의 변위의 수평 성분이 각각 L, L'이었다.

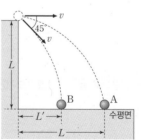

L'는? (단, 물체의 크기와 공기 저항은 무시한다.)

① $\dfrac{1}{2}L$　　② $\dfrac{1}{3}L$　　③ $\dfrac{2}{3}L$

④ $\dfrac{1}{4}L$　　⑤ $\dfrac{3}{4}L$

[24027-0027]

09 그림과 같이 수평면의 점 O에서 수평면과 이루는 각 θ로 속력 v로 던진 물체가 포물선 경로를 따라 운동하여 점 P, Q를 지난다. P에서 Q까지 변위의 수평 성분의 크기는 X이고, P, Q의 높이는 $\frac{3}{4}X$로 같으며, 수평면으로부터 최고점까지의 높이는 X이다.

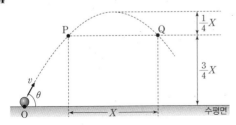

$\tan\theta$는? (단, 물체의 크기는 무시한다.)

① 1   ② 2   ③ $\frac{3}{2}$ ④ $\frac{5}{2}$ ⑤ $\frac{5}{3}$

[24027-0029]

11 그림은 물체 A를 수평면에 대하여 30°기울어진 빗면에서 수평 방향으로 속력 v_0으로 발사하는 것을 나타낸 것이다. A는 포물선 경로를 따라 이동하다가 빗면에 충돌한다.

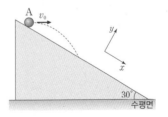

빗면에 나란한 아래 방향을 x방향, 빗면에 수직인 위쪽 방향을 y방향으로 정할 때, A의 운동에 대한 설명으로 옳은 것만을 〈보기〉에서 있는 대로 고른 것은? (단, 중력 가속도는 g이다.)

〈 보기 〉
ㄱ. 발사 속도의 x성분의 크기는 $0.5v_0$이다.
ㄴ. 가속도의 y성분의 크기는 $0.5g$이다.
ㄷ. 빗면에 충돌하는 순간, 속도의 y성분의 크기는 $0.5v_0$이다.

① ㄴ   ② ㄷ   ③ ㄱ, ㄴ   ④ ㄱ, ㄷ   ⑤ ㄴ, ㄷ

[24027-0028]

10 그림과 같이 수평인 x축의 $x=0$인 지점과 $x=10d_0$인 지점에서 x축과 각각 60°, 30° 방향으로 물체 A, B를 동시에 발사했더니, A, B가 x축의 $x=d$인 지점에 동시에 도달하였다.

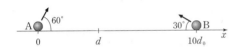

d는? (단, 물체의 크기와 공기 저항은 무시한다.)

① $2d_0$ ② $3d_0$ ③ $\frac{3}{2}d_0$

④ $\frac{5}{2}d_0$ ⑤ $\frac{7}{3}d_0$

[24027-0030]

12 그림과 같이 빗면을 따라 직선 운동을 하던 물체가 빗면의 점 p를 지난 후, 점 O에서 속력 $\sqrt{2}v$로 포물선 운동을 시작하여 빗면의 점 q에 도달한다. p, q의 높이는 같고 양쪽 빗면이 수평면과 이루는 각은 45°이다.

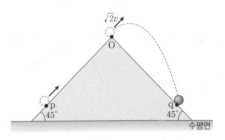

p에서 물체의 속력은? (단, 물체의 크기, 모든 마찰은 무시한다.)

① $2v$ ② $3v$ ③ $2\sqrt{2}v$

④ $3\sqrt{2}v$ ⑤ $\sqrt{10}v$

가속도의 x성분, y성분은 각각 (가), (나)에서 그래프의 기울기와 같다.

01 그림 (가), (나)는 xy 평면에서 등가속도 운동을 하는 물체의 속도의 x성분 v_x와 y성분 v_y를 시간 t에 따라 나타낸 것이다. $t=0$일 때 물체는 원점을 통과한다.

[24027-0031]

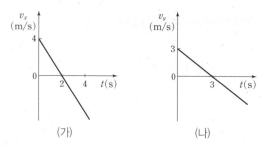

(가)　　　　(나)

물체의 운동에 대한 설명으로 옳은 것만을 〈보기〉에서 있는 대로 고른 것은?

●─ 보기 ●
ㄱ. 가속도의 크기는 $\sqrt{5}$ m/s²이다.
ㄴ. $t=1$초일 때, 운동 방향이 $+x$방향과 이루는 각은 45°이다.
ㄷ. $t=4$초일 때, y축의 $y=4$ m인 점을 통과한다.

① ㄱ　　　② ㄷ　　　③ ㄱ, ㄴ　　　④ ㄴ, ㄷ　　　⑤ ㄱ, ㄴ, ㄷ

B가 $y=2d$에 대칭인 포물선 경로를 따라 운동한다.

02 그림과 같이 xy 평면에서 가속도 $\vec{a}$로 등가속도 운동을 하는 물체 A, B가 점 p, q를 동시에 통과한 후 점 r에 동시에 도달한다. p, q, r의 위치는 각각 $(0, 0)$, $(4d, 0)$, $(4d, 4d)$이고, p에서 A의 속도는 $+y$방향으로 크기가 v이며, q에서 B의 운동 방향이 $-x$방향과 이루는 각은 45°이다.

[24027-0032]

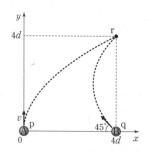

A, B의 운동에 대한 설명으로 옳은 것만을 〈보기〉에서 있는 대로 고른 것은? (단, 물체의 크기는 무시한다.)

●─ 보기 ●
ㄱ. r에서 속력은 A가 B보다 크다.
ㄴ. $\vec{a}$의 방향은 $+x$방향이다.
ㄷ. $\vec{a}$의 크기는 $\dfrac{3v^2}{4d}$이다.

① ㄱ　　　② ㄷ　　　③ ㄱ, ㄴ　　　④ ㄴ, ㄷ　　　⑤ ㄱ, ㄴ, ㄷ

03 그림과 같이 xy 평면에서 등가속도 운동을 하는 물체가 시간 $t=0$일 때 점 **p**를 $+y$방향으로, $t=t_0$일 때 점 **q**를 $+x$방향으로 통과한 후, 점 **r**를 지난다. **p**, **q**, **r**의 위치는 각각 $(-d_0, 0)$, $(0, d_0)$, $(d, 0)$이고, **p**, **q**에서 속력은 v_0으로 같다.

[24027-0033]

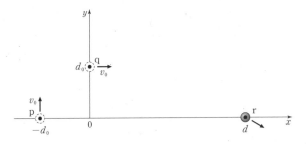

가속도의 y성분이 일정하고 q에서 속도의 y성분이 0이다. 따라서 속도의 y성분의 변화량의 크기는 p에서 q까지와 q에서 r까지가 같다.

물체의 운동에 대한 설명으로 옳은 것만을 〈보기〉에서 있는 대로 고른 것은? (단, 물체의 크기는 무시한다.)

● 보 기 ●

ㄱ. $d=3d_0$이다.

ㄴ. **r**에서 속력은 $\sqrt{3}v_0$이다.

ㄷ. $t=0$과 $t=t_0$ 사이에서 속력의 최솟값은 $\frac{\sqrt{3}}{2}v_0$이다.

① ㄱ　　　　② ㄷ　　　　③ ㄱ, ㄴ　　　　④ ㄱ, ㄷ　　　　⑤ ㄴ, ㄷ

04 그림 (가), (나)와 같이 수평면에서 물체 A, B를 발사하였다. A를 발사하는 속도의 수평 성분과 연직 성분은 각각 v, $2v$이고 B를 발사하는 속도의 수평 성분과 연직 성분은 각각 $2v$, v이다. A, B는 포물선 운동을 하여 다시 수평면에 도달한다.

[24027-0034]

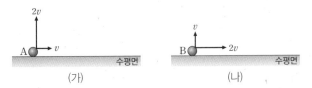

속도의 수평 성분은 일정하고, 속도의 연직 성분 크기의 최솟값은 0이다.

포물선 운동을 하는 동안, 물체의 운동에 대한 설명으로 옳은 것만을 〈보기〉에서 있는 대로 고른 것은? (단, 물체의 크기는 무시한다.)

● 보 기 ●

ㄱ. 수평면으로부터 최고점까지의 높이는 A가 B의 2배이다.

ㄴ. 속력의 최솟값은 B가 A의 2배이다.

ㄷ. 발사한 순간부터 다시 수평면에 도달할 때까지 변위의 크기는 B가 A보다 크다.

① ㄱ　　　　② ㄴ　　　　③ ㄱ, ㄴ　　　　④ ㄱ, ㄷ　　　　⑤ ㄴ, ㄷ

q에서 속도를 $\vec{v_q}=(v,\ v_y)$라고 하면, p에서 q까지 평균 속도는 $\vec{v_{평}}=\left(v,\ \frac{1}{2}v_y\right)$이다.

[24027-0035]

05 그림과 같이 수평면으로부터 높이가 $3H$인 점 p에서 수평 방향으로 속력 v로 던진 물체가 수평면으로부터 높이가 $2H$인 점 q를 속력 $\sqrt{2}v$로 지난 후, 수평면의 점 r에 도달하였다.

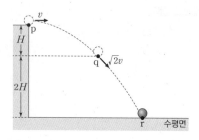

물체의 운동에 대한 설명으로 옳은 것만을 〈보기〉에서 있는 대로 고른 것은? (단, 공기 저항, 물체의 크기는 무시한다.)

─● 보 기 ●─

ㄱ. p에서 q까지 변위의 크기는 $\sqrt{5}H$이다.

ㄴ. r에 도달하는 속력은 $2v$이다.

ㄷ. 중력 가속도는 $\dfrac{v^2}{H}$이다.

① ㄴ   ② ㄷ   ③ ㄱ, ㄴ   ④ ㄱ, ㄷ   ⑤ ㄱ, ㄴ, ㄷ

$v\cos\theta=\dfrac{\sqrt{3}}{3}v$이므로, $\cos\theta=\dfrac{\sqrt{3}}{3}$이다.

[24027-0036]

06 그림과 같이 수평면의 점 p에서 수평면과 각 θ, 속력 v로 발사한 물체가 점 q를 지난 후, 최고점 r를 속력 $\dfrac{\sqrt{3}}{3}v$로 통과한다. p에서 q까지 높이는 Y이고, p에서 r까지 변위의 수평 성분과 연직 성분은 각각 X, $2Y$이다.

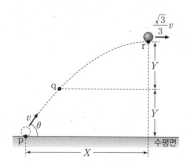

이에 대한 설명으로 옳은 것만을 〈보기〉에서 있는 대로 고른 것은? (단, 공기 저항, 물체의 크기는 무시한다.)

─● 보 기 ●─

ㄱ. $\tan\theta=\sqrt{2}$이다.

ㄴ. $\dfrac{Y}{X}=\dfrac{\sqrt{2}}{4}$이다.

ㄷ. q에서 물체의 운동 방향은 수평면과 45° 방향이다.

① ㄱ   ② ㄷ   ③ ㄱ, ㄴ   ④ ㄴ, ㄷ   ⑤ ㄱ, ㄴ, ㄷ

07 그림과 같이 시간 $t=0$일 때 점 O에서 A, B를 각각 수평 방향과 수평 방향에 대하여 $30°$ 각으로 발사했더니, A, B가 포물선 운동을 하여 $t=t_0$일 때 각각 점 P, Q를 통과한다. O와 Q는 높이가 같고, P와 Q는 같은 연직선상의 점이며, P와 Q의 높이 차는 H이다.

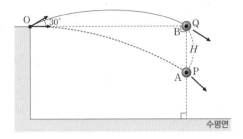

A의 발사 속력을 v라고 하면, B의 발사 속도는 $\vec{v}_{B0}=(v, v\tan30°)=\left(v, \dfrac{\sqrt{3}}{3}v\right)$이다.

이에 대한 설명으로 옳은 것만을 〈보기〉에서 있는 대로 고른 것은? (단, 물체의 크기는 무시한다.)

 보 기

ㄱ. A의 발사 속력은 $\dfrac{\sqrt{2H}}{t_0}$이다.

ㄴ. $t=t_0$일 때 속력은 A가 B의 $\dfrac{\sqrt{5}}{2}$배이다.

ㄷ. 중력 가속도는 $\dfrac{2H}{t_0^{\,2}}$이다.

① ㄱ   ② ㄷ   ③ ㄱ, ㄴ   ④ ㄱ, ㄷ   ⑤ ㄴ, ㄷ

---

08 그림과 같이 점 p, q에서 물체 A, B를 각각 수평 방향으로 속력 v, 수평면과 θ인 방향으로 속력 $2v$로 동시에 발사했더니, A, B가 충돌하였다. p와 q의 높이 차는 $\sqrt{3}L$이고, 수평 거리는 $2L$이다.

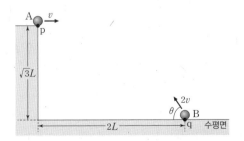

A, B의 발사 속도를 각각 $\vec{v}_{A0}=(v, 0)$, $\vec{v}_{B0}=(v_x, v_y)$라고 하면, 시간 t일 때 A, B의 속도는 각각 $\vec{v}_A=(v, -gt)$, $\vec{v}_B=(v_x, v_y-gt)$이다. 따라서 A에 대한 B의 속도는 $\vec{v}_{AB}=\vec{v}_B-\vec{v}_A=(v_x-v, v_y)$로 일정하다.

$\cos\theta$는? (단, A, B는 동일한 연직면상에서 운동하며, 물체의 크기 및 공기 저항은 무시한다.)

① $\dfrac{1}{2}$ ② $\dfrac{1}{3}$ ③ $\dfrac{2}{3}$ ④ $\dfrac{\sqrt{2}}{2}$ ⑤ $\dfrac{\sqrt{3}}{2}$

0부터 t_0까지 A, B의 변위의 연직 성분의 크기가 같으므로, 평균 속도의 연직 성분의 크기가 같다.

[24027-0039]

09 그림은 시간 $t=0$일 때 점 p에서 물체 A를 가만히 놓는 순간, 수평면의 점 q에서 수평면에 대하여 θ의 각으로 물체 B를 속력 v로 발사하는 것을 나타낸 것이다. p, q의 높이 차와 수평 거리는 $2H$로 같고, A, B는 $t=t_0$일 때 높이가 H인 점 r에서 충돌한다.

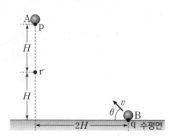

이에 대한 설명으로 옳은 것만을 〈보기〉에서 있는 대로 고른 것은? (단, 물체의 크기, 공기 저항은 무시한다.)

─● 보 기 ●─
ㄱ. $\tan\theta=1$이다.
ㄴ. $t_0=\dfrac{4H}{v}$이다.
ㄷ. 충돌하는 순간 A, B의 속력은 같다.

① ㄱ　　　　② ㄴ　　　　③ ㄱ, ㄴ　　　　④ ㄱ, ㄷ　　　　⑤ ㄴ, ㄷ

A, B의 가속도의 크기는 각각 $a_A=g$, $a_B=g\sin 45°=\dfrac{1}{\sqrt{2}}g$ 이다.

[24027-0040]

10 그림과 같이 점 p에서 수평면과 이루는 각 θ로 물체 A를 비스듬히 던지는 동시에, 빗면의 점 q에 물체 B를 가만히 놓았더니, A, B가 점 r에 동시에 도달하였다.

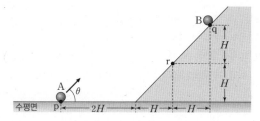

이에 대한 설명으로 옳은 것만을 〈보기〉에서 있는 대로 고른 것은? (단, A, B는 동일 연직면에서 운동하고, 물체의 크기, 모든 마찰과 공기 저항은 무시한다.)

─● 보 기 ●─
ㄱ. $\theta=45°$이다.
ㄴ. r에 도달하는 속력은 A가 B보다 크다.
ㄷ. A를 던진 순간부터 A가 r에 도달할 때까지, 가속도의 크기는 A가 B의 $\sqrt{2}$배이다.

① ㄱ　　　　② ㄴ　　　　③ ㄱ, ㄷ　　　　④ ㄴ, ㄷ　　　　⑤ ㄱ, ㄴ, ㄷ

[24027-0041]

11 그림과 같이 수평면과 이루는 각이 **60°**인 빗면 위의 점 **p**를 속력 $3v$로 통과한 물체가 직선 운동을 하다가 점 **q**에서 속력 v로 포물선 운동을 시작한 후, 수평면과 이루는 각이 **30°**인 빗면 위의 점 **r**에 도달하였다.

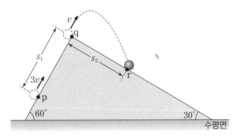

p에서 q까지와 q에서 r까지 변위의 크기를 각각 s_1, s_2라고 할 때, $\dfrac{s_2}{s_1}$는? (단, 물체의 크기, 모든 마찰은 무시한다.)

① $\dfrac{\sqrt{2}}{2}$ ② $\dfrac{\sqrt{2}}{3}$ ③ $\dfrac{\sqrt{3}}{2}$ ④ $\dfrac{\sqrt{3}}{3}$ ⑤ $\dfrac{\sqrt{3}}{6}$

오른쪽 빗면을 $y=0$이라고 하면, q, r 모두 $y=0$상의 점이다. 그런데 가속도의 y성분이 일정하므로, q, r에서 속도의 y성분의 크기가 같다.

[24027-0042]

12 그림과 같이 수평면과 이루는 각이 **30°**인 빗면의 점 **p**에서 수평 방향과 **30°** 방향으로 속력 v로 물체 **A**를 발사하였더니, **A**가 포물선 경로를 따라 운동하다가 빗면의 점 **q**에 도달하였다.

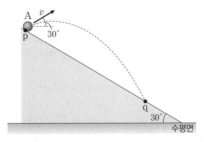

p에서 q까지 변위의 크기는? (단, 중력 가속도는 g이고, A의 크기는 무시한다.)

① $\dfrac{v^2}{g}$ ② $\dfrac{2v^2}{g}$ ③ $\dfrac{3v^2}{g}$ ④ $\dfrac{3v^2}{2g}$ ⑤ $\dfrac{5v^2}{2g}$

p에서 운동 방향이 빗면과 이루는 각이 $30°+30°=60°$이다. 따라서 빗면을 $y=0$이라고 하면 p에서 속도는 $\vec{v_p}=(v\cos60°,\ v\sin60°)=\left(\dfrac{1}{2}v,\ \dfrac{\sqrt{3}}{2}v\right)$이다.

1 등속 원운동

(1) 등속 원운동: 원 궤도를 따라 일정한 속력으로 회전하는 운동이다.

(2) 주기와 진동수

① **주기:** 등속 원운동 하는 물체가 한 바퀴 회전하는 데 걸리는 시간이다.

② **진동수:** 1초 동안 회전하는 횟수이다. 단위는 Hz(헤르츠)이다.

③ **주기와 진동수의 관계:** 주기가 0.1초이면 1초 동안 10바퀴 회전한다. 이와 같이 주기 T와 진동수 f는 서로 역수 관계이다.

$$f=\frac{1}{T}, \quad T=\frac{1}{f}$$

(3) 각속도: 1초 동안 회전하는 중심각의 변화이다. 단위는 rad/s이다.

① 회전 반지름이 정해지면 회전한 각만 이용하여 물체의 위치를 나타낼 수 있다.

② 시간 t 동안 회전하는 중심각이 θ이면 각속도 ω는 다음과 같다.

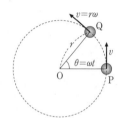

$$\omega=\frac{\theta}{t}, \quad \theta=\omega t$$

③ **속력과 각속도:** P에서 Q까지 호의 길이가 $l=r\theta$이다. 속력은 $v=\dfrac{l}{t}$이고, $\dfrac{l}{t}=r\dfrac{\theta}{t}$이므로 다음 관계가 성립한다.

$$v=r\omega, \quad \omega=\frac{v}{r}$$

④ **주기, 진동수와 각속도:** 1초 동안 f바퀴 회전하면 중심각은 $2\pi f$만큼 회전한다. 따라서 다음 관계가 성립한다.

$$\omega=2\pi f=\frac{2\pi}{T}$$

> **🔍 과학 돋보기** | **등속 원운동에서 물체의 위치와 속도**
>
> 그림과 같이 시간 $t=0$일 때 x축의 $x=r$를 통과한 물체가 xy 평면에서 반지름 r, 각속도 $\omega=\dfrac{\theta}{t}$로 등속 원운동을 하고 있다.
>
> 위치의 x성분은 $x=r\cos\theta=r\cos\omega t$이고 y성분은 $y=r\sin\theta=r\sin\omega t$이다. 속도의 x성분은 $v_x=-\omega r\sin\omega t$이고 y성분은 $v_y=\omega r\cos\omega t$이다.
>
>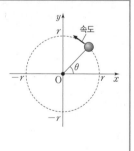
>
>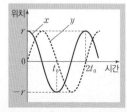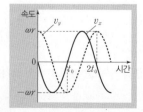

2 구심 가속도와 구심력

(1) 구심 가속도

① **속도 변화량 $\Delta\vec{v}$**: 그림 (가)와 같이 점 P, Q에서의 속도가 각각 $\vec{v_1}$, $\vec{v_2}$이면, (나)와 같이 속도 변화량은 $\Delta\vec{v}=\vec{v_2}-\vec{v_1}$이다.

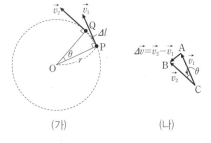

(가)   (나)

- P에서 Q까지 중심각이 θ이므로 (나)에서 $\vec{v_1}$과 $\vec{v_2}$가 이루는 각은 θ이다.
- $\vec{v_1}$, $\vec{v_2}$의 크기가 같으므로 △ABC는 이등변삼각형이다. 따라서 ∠CAB=∠CBA이다.
- 걸린 시간이 매우 짧도록 P, Q를 가까이하면 θ가 매우 작아진다. 따라서 물체의 속력이 v일 때, $|\Delta\vec{v}|\approx v\theta$, ∠CAB=∠CBA≈90°이다.
- 순간 속도의 크기와 방향: 걸린 시간이 거의 0이 되도록 극한을 취하면, $|\Delta\vec{v}|=v\theta$이고 ∠CAB=∠CBA=90°이다.

② **가속도 $\vec{a}$**: $\vec{a}=\dfrac{\Delta\vec{v}}{t}$이므로, 가속도의 크기와 방향은 다음과 같다.

- 크기: $|\vec{a}|=\dfrac{|\Delta\vec{v}|}{t}=\dfrac{v\theta}{t}$이다. $\dfrac{\theta}{t}=\omega$이고, $\omega=\dfrac{v}{r}$이므로 가속도의 크기는
$$a=v\omega=\frac{v^2}{r}=r\omega^2$$이다.

- 방향: $\Delta\vec{v}$의 방향은 운동 방향에 수직이다. 원에서 그은 법선은 원의 중심을 지나므로, 가속도 $\vec{a}$의 방향은 원의 중심을 향한다.

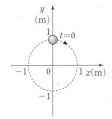

③ **구심 가속도**: 등속 원운동 하는 물체의 가속도의 방향은 항상 원의 중심을 향한다. 따라서 등속 원운동의 가속도를 구심 가속도라고 한다.

- 크기: $a=v\omega=\dfrac{v^2}{r}=r\omega^2$이다.
- 방향: 원운동의 중심 방향이다.

[1~2] 그림은 xy 평면에서 시계 방향으로 등속 원운동하는 물체의 $t=0$인 순간의 모습을 나타낸 것이다. 원운동의 반지름은 1 m이고, 주기는 4초이다.

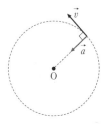

1. 물체의 속력은 (   )m/s 이다.

2. $t=3$초일 때 물체의 가속도의 방향은 (   ) 방향이고, 가속도의 크기는 (   )m/s²이다.

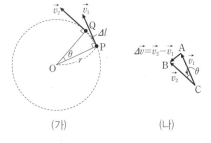

과학 돋보기 **자동차가 곡선 도로를 안전하게 주행하기 위한 도로의 경사각**

곡선 도로에서 자동차의 속력을 줄이지 않고 주행하게 되면 도로 바깥쪽으로 미끄러져 위험할 수 있다. 이때 곡선 도로면을 경사지게 만들면 도로가 미끄럽더라도 자동차가 안전하게 주행할 수 있다. 질량이 m인 자동차가 곡선 도로의 반지름이 R이고 수평면과 경사면이 이루는 각이 θ인 도로를 따라 속력 v로 운동할 때 경사면에 수직 방향으로 경사면이 자동차를 미는 힘의 크기를 N이라 하고, 경사면과 나란한 방향의 마찰을 무시하면, 자동차에 작용하는 힘은 다음과 같다.

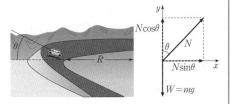

$N\sin\theta=ma_x$ ··· ①, $N\cos\theta-mg=0$에서 $N=\dfrac{mg}{\cos\theta}$ ··· ②

②를 ①에 대입하여 정리하면, $ma_x=\dfrac{mg}{\cos\theta}\times\sin\theta=mg\tan\theta$이다. $a_x=\dfrac{v^2}{R}$이므로 $\tan\theta=\dfrac{v^2}{gR}$이다. 즉, 최대 속력이 V인 곡선 도로를 안전하게 주행하기 위해서는 $\tan\theta ≒ \dfrac{V^2}{gR}$으로 경사각도를 설계해야 한다.

개념 체크

○ **구심력(F):** 등속 원운동 하는 물체에 작용하는 구심력의 방향은 원의 중심 방향이고, 크기는 $F = \dfrac{mv^2}{r} = mr\omega^2$이다.

1. 등속 원운동을 하는 물체에 작용하는 힘을 (　　) 이라고 하며, 이 힘은 원의 (중심을 , 바깥을) 향하는 방향이다.

[2~3] 그림과 같이 반지름이 100 m인 원형 도로를 따라 질량 1000 kg인 자동차가 20 m/s의 일정한 속력으로 달리고 있다.

2. 자동차의 가속도의 크기는 (　　)이다.

3. 자동차에 작용하는 구심력의 크기는 (　　)이다.

정답

1. 구심력, 중심을
2. 4 m/s²
3. 4000 N

과학 돋보기 │ 미분법을 이용한 구심 가속도 계산

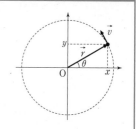

• 위치 $\vec{r}$는 다음과 같다.
$$\vec{r} = (r\cos\theta,\ r\sin\theta) = (r\cos\omega t,\ r\sin\omega t)$$

• 속도 $\vec{v}$는 위치 $\vec{r}$를 시간에 대하여 미분한 값과 같다.
$$\vec{v} = \frac{d\vec{r}}{dt} = \omega r(-\sin\omega t,\ \cos\omega t)$$

• 가속도 $\vec{a}$는 속도 $\vec{v}$를 시간에 대하여 미분한 값과 같다.
$$\vec{a} = \frac{d\vec{v}}{dt} = -\omega^2 r(\cos\omega t,\ \sin\omega t) = -\omega^2 \vec{r}$$

> • $\vec{a}$의 크기는 $\omega^2 r = \dfrac{v^2}{r}$이다.
> • $\vec{a}$의 방향은 $-\vec{r}$ 방향이다. 따라서 원의 중심을 향한다.

(2) 구심력: $\vec{F} = m\vec{a}$이므로 등속 원운동 하는 물체에 작용하는 힘의 방향은 가속도의 방향과 같이 원의 중심을 향한다. 이와 같이 등속 원운동 하는 물체에 작용하는 힘은 원의 중심 방향을 향하므로 구심력이라고 한다.

① 크기: $F = ma = \dfrac{mv^2}{r} = mr\omega^2$

② 방향: 원운동의 중심 방향이다.

탐구자료 살펴보기 ▶ 구심력

과정

(1) 그림과 같이 플라스틱 관에 나일론 실을 통과시킨 후, 실의 한쪽 끝에는 쇠고리를, 반대쪽 끝에는 고무마개를 연결한다.

(2) 고무마개가 회전 반지름이 일정한 등속 원운동을 하도록 회전시키면서 고무마개가 10회 회전하는 시간을 측정하여 주기를 구한다.

(3) 회전 반지름을 일정하게 유지한 후, 쇠고리의 개수를 변화시키면서 주기를 측정한다.

결과

쇠고리의 개수(개)	10회 회전하는 시간(초)	주기(초)	$\dfrac{1}{주기^2}\left(\dfrac{1}{초^2}\right)$
10	4.0	0.40	6.25
20	2.8	0.28	12.8
30	2.3	0.23	18.9

• 쇠고리의 개수와 $\left(\dfrac{1}{주기}\right)^2$은 비례한다.

• 반지름이 일정하므로 속력은 주기에 반비례한다. 따라서 쇠고리의 개수는 (속력)²에 비례한다.

point

• 회전 반지름이 일정할 때, 구심력의 크기는 속력의 제곱에 비례한다. ➡ $F \propto v^2$

3 케플러 법칙

(1) 천동설과 지동설

① **천동설(지구 중심설)**: 지구가 우주의 중심에 있고, 모든 천체들이 지구 주위를 회전한다는 우주론이다.

② **지동설(태양 중심설)**: 지구를 비롯한 행성들이 태양 주위를 회전한다는 우주론이다. 16세기 중엽 천체의 운동을 쉽게 설명하기 위해 코페르니쿠스가 제안하였다.

③ **브라헤의 관측**: 브라헤는 수십 년간 행성의 운동을 정밀하게 측정하였다.

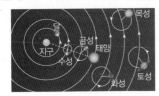

천동설: 지구가 우주의 중심이고 행성이나 태양, 별들이 지구 둘레를 완벽한 원 모양으로 돌고 있다는 설

지동설: 지구를 포함한 행성들이 태양 주위를 돌고 있다는 설

(2) 케플러 법칙: 케플러는 브라헤로부터 물려받은 방대한 자료를 분석하여, 행성 운동에 관한 세 가지 법칙을 발견하였다.

① **타원 궤도 법칙(케플러 제1법칙)**: 태양계 내의 모든 행성들은 태양을 한 초점으로 하는 타원 궤도를 따라 공전한다.

- **타원과 초점**: 평면 위에서 고정된 두 점으로부터 거리의 합이 일정한 점들의 집합을 타원이라 하고, 고정된 두 점을 초점이라고 한다.
- **긴반지름**: 두 초점을 연결한 직선이 타원과 만나는 두 점 사이의 거리가 긴지름이고, 긴지름의 절반이 긴반지름이다.
- **짧은반지름**: 두 초점을 연결한 선분의 수직이등분선이 타원과 만나는 두 점 사이의 거리가 짧은지름이고, 짧은지름의 절반이 짧은반지름이다.
- **원일점과 근일점**: 태양 주위를 도는 천체의 위치 중 태양과 가장 먼 지점이 원일점이고, 가장 가까운 지점이 근일점이다.

개념 체크

○ **타원 궤도 법칙(케플러 제1법칙)**: 태양계 내의 모든 행성들은 태양을 한 초점으로 하는 타원 궤도를 따라 공전한다.

[1~2] 그림과 같이 행성이 태양을 한 초점으로 하는 타원 궤도를 따라 운동한다. 점 O는 타원의 중심이고, A, B, C는 타원 궤도상의 점이며, A, C는 태양의 중심과 타원의 초점을 잇는 직선상에 있다.

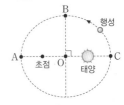

1. 근일점은 (A , B , C)이고, 원일점은 (A , B , C)이다.

2. 타원 궤도의 긴반지름은 ($\overline{AB}$, $\overline{OA}$, $\overline{AC}$, $\overline{OB}$)이다.

🧪 **탐구자료 살펴보기** ▶ **타원 궤도 그리기**

과정

(1) 그림과 같이 모눈종이 위에 압정을 꽂고 거리를 측정한다.

(2) 실을 적당한 길이로 자른 후, 양 끝을 묶는다.

(3) 실을 압정에 걸고 연필로 팽팽하게 당기면서 타원을 그린다.

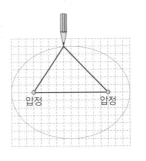

결과

- 실의 길이가 일정하므로, 연필심에서 두 압정까지 거리의 합이 일정하다.

point

- 타원은 평면 위의 두 초점으로부터 거리의 합이 일정한 점들의 집합이다.

정답

1. C, A

2. $\overline{OA}$

◐ 면적 속도 일정 법칙(케플러 제 2법칙): 태양과 행성을 연결하는 선분이 같은 시간 동안 쓸고 지나가는 면적은 일정하다.

◐ 조화 법칙(케플러 제3법칙): 행성의 공전 주기의 제곱은 긴반지름의 세제곱에 비례한다.

[1~2] 그림과 같이 위성이 행성을 한 초점으로 하는 타원 궤도를 따라 운동하고 있다. p, q, r는 궤도상의 점이며, O는 타원 궤도의 중심이다.

1. 위성이 p에서 q까지 이동하는 데 걸리는 시간은 q에서 r까지 이동하는 데 걸리는 시간보다 (작다 , 크다).

2. 위성의 속력은 p에서가 r에서보다 (작다 , 크다).

3. 위성 A, B가 동일한 행성을 한 초점으로 하는 타원 궤도를 따라 운동하고 있다. A, B의 타원 궤도의 긴반지름이 각각 r, $2r$일 때, 공전 주기는 B가 A의 ( )배이다.

정답
1. 작다
2. 크다
3. $2\sqrt{2}$

---

② 면적 속도 일정 법칙(케플러 제2법칙): 태양과 행성을 연결하는 선분이 같은 시간 동안 쓸고 지나가는 면적은 일정하다.

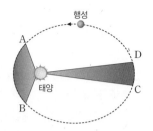

- 그림에서 두 부채꼴의 면적이 같으면 AB의 길이가 CD의 길이보다 길다. 따라서 근일점 근처에서가 원일점 근처에서보다 속력이 빠르다.
- 행성이 태양으로부터 가까울 때는 속력이 크고, 멀 때는 속력이 작다. 따라서 행성의 속력은 근일점에서 최대이고, 원일점에서 최소이다.
- 행성이 태양에 가까워지는 동안에는 속력이 증가하고, 멀어지는 동안에는 속력이 감소한다. 따라서 원일점에서 근일점으로 이동하는 동안에는 속력이 증가하고, 근일점에서 원일점으로 이동하는 동안에는 속력이 감소한다.

③ 조화 법칙(케플러 제3법칙): 행성의 공전 주기의 제곱은 긴반지름의 세제곱에 비례한다. 따라서 행성의 공전 주기를 T, 긴반지름을 a라고 하면 다음 관계가 성립한다.

$$T^2 \propto a^3 \ \Rightarrow \ T^2 = ka^3 \ (k: \text{비례 상수})$$

- 공전 궤도의 긴반지름이 길수록 공전 주기가 길다.
- 긴반지름의 길이가 2배, 3배, 4배, … 증가하면, 공전 주기는 $2\sqrt{2}$배, $3\sqrt{3}$배, $4\sqrt{4}=8$배, … 증가한다.

🧪 **탐구자료 살펴보기** ▷ **조화 법칙 알아보기**

과정

제시된 자료를 이용하여 표의 빈칸을 채우고, 주기와 긴반지름의 관계를 쉽게 파악할 수 있는 그래프를 그려 보자.

행성	공전 주기 T(년)	긴반지름 a(AU)	T^2	a^3
수성	0.241	0.387		
금성	0.615	0.723		
지구	1.000	1.000		
화성	1.880	1.520		
목성	11.900	5.200		
토성	29.400	9.580		

[출처] 미국항공우주국(NASA)

결과

행성	T^2	a^3
수성	0.058	0.058
금성	0.378	0.378
지구	1.000	1.000
화성	3.534	3.512
목성	141.61	140.61
토성	864.36	879.22

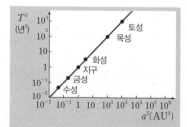

point
- 행성의 공전 주기의 제곱은 긴반지름의 세제곱에 비례한다.

4 중력 법칙

(1) **뉴턴 중력 법칙의 발견 과정**: 뉴턴은 케플러 법칙을 분석하여 중력 법칙을 발견하였다.

① 행성이 태양 주위를 도는 가속도 운동을 하는 까닭은 태양이 행성을 당기는 힘이 작용하기 때문이다.

② 뉴턴은 태양과 행성뿐만 아니라 질량이 있는 모든 물체 사이에 당기는 힘이 작용한다고 생각하였으며, 이 힘을 중력이라고 하였다.

(2) **뉴턴 중력 법칙**: 두 물체 사이에 작용하는 중력은 질량의 곱에 비례하고 떨어진 거리의 제곱에 반비례한다. 따라서 질량이 각각 m_1, m_2이고, 떨어진 거리가 r인 두 물체 사이에 작용하는 중력의 크기 F는 다음과 같다.

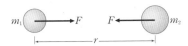

$$F=G\frac{m_1 m_2}{r^2}\ (G: 중력\ 상수)$$

① 중력은 항상 당기는 방향으로 작용한다.

② 중력은 천체의 운동에 결정적인 영향을 미치는 힘이다.

③ 두 물체 사이의 거리가 2배, 3배, 4배, … 로 멀어지면, 중력의 크기는 $\frac{1}{4}$배, $\frac{1}{9}$배, $\frac{1}{16}$배 … 가 된다.

과학 돋보기 중력 상수 측정

중력 법칙이 발표된 지 약 100년 후, 영국의 물리학자 캐번디시는 비틀림 저울을 이용한 실험을 통하여 중력 상수 G를 측정하였다.

$$G=6.67\times10^{-11}\ N\cdot m^2/kg^2$$

[중력 상수 측정 과정]
· 줄에 연결된 막대의 양 끝에 질량이 m인 공을 고정시키고, 질량이 m'인 공을 가까이 가져간다.
· 공 사이의 중력에 의해 줄이 약간 비틀리면서 거울에서 반사하는 빛의 방향이 약간 변한다.
· 반사하는 빛의 방향 변화로부터 줄이 비틀린 정도를 측정하여 중력을 구한다.
· 두 공의 질량, 두 공 사이의 거리, 두 공 사이에 작용하는 중력의 크기를 정확히 측정하여 중력 상수를 구한다.

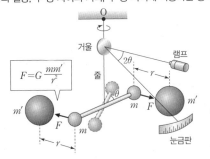

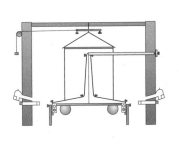

○ **뉴턴 중력 법칙**: 두 물체 사이에 작용하는 중력의 크기는 두 물체의 질량의 곱에 비례하고 떨어진 거리의 제곱에 반비례한다.

$$F=G\frac{m_1 m_2}{r^2}$$

[1~3] 그림과 같이 위성이 행성을 한 초점으로 하는 타원 궤도를 따라 운동하고 있다. p, q는 각각 위성이 행성과 기장 가까운 전과 가장 먼 점으로 행성의 중심으로부터 각각 r, $2r$만큼 떨어져 있다.

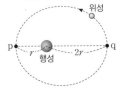

1. 위성이 q에서 p까지 이동하는 동안 위성의 속력은 (감소 . 증가)한다.

2. 행성이 위성에 작용하는 중력의 크기는 p에서가 q에서의 (　　)배이다.

3. 위성의 가속도의 크기는 p에서가 q에서의 (　　)배이다.

정답
1. 증가
2. 4
3. 4

◉ **중력 가속도**: 반지름이 R이고, 질량이 M인 행성의 지표면 근처에서 중력 가속도의 크기는 $\dfrac{GM}{R^2}$이다.

1. 그림과 같이 위성 A, B가 행성을 중심으로 하는 동일한 원 궤도를 따라 운동하고 있다. A, B의 질량은 각각 m, $2m$이다.

행성이 A에 작용하는 중력의 크기가 F_0일 때, A가 행성에 작용하는 중력의 크기는 (　　　)이고, 행성이 B에 작용하는 중력의 크기는 (　　　)이다.

2. 표는 행성 P, Q의 질량과 반지름을 나타낸 것이다.

행성	질량	반지름
P	M	$2R$
Q	$2M$	R

행성의 표면에서 중력 가속도의 크기는 P에서가 Q에서의 (　　　)배이다.

🔍 **과학 돋보기** | **중력 법칙 유도**

뉴턴은 태양계의 행성뿐만 아니라 태양 주위를 도는 모든 천체들이 케플러 제3법칙을 따른다고 생각하였다. 따라서 반지름 r, 속력 v, 주기 T로 등속 원운동을 하는 질량 m인 가상의 천체도 케플러 제3법칙을 따른다.

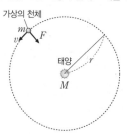

등속 원운동을 하므로 이 천체에 작용하는 알짜힘의 크기는 $F=\dfrac{mv^2}{r}$이고, 이 힘에 의해 천체가 등속 원운동을 한다.

$T=\dfrac{2\pi r}{v}$에서 $v^2=\dfrac{4\pi^2 r^2}{T^2}$이므로 $F=\dfrac{4\pi^2 mr}{T^2}$이고, 케플러 제3법칙에 따라 $T^2=kr^3$이므로 F는 다음과 같이 나타낼 수 있다.

$$F=\dfrac{4\pi^2 m}{kr^2}$$

힘이 천체의 질량 m에 비례하므로, 작용 반작용 법칙에 따라 힘은 태양의 질량 M에도 비례한다. 따라서 $F\propto \dfrac{Mm}{r^2}$과 같이 나타낼 수 있으며, 비례 상수를 G라고 하면 다음과 같다.

$$F=G\dfrac{Mm}{r^2}$$

뉴턴은 이러한 힘은 태양과 천체뿐만 아니라, 질량이 있는 모든 물체 사이에 작용한다고 생각하였다. 따라서 질량이 각각 m_1, m_2이고, 떨어진 거리가 r인 두 물체 사이에 작용하는 중력의 크기는 다음과 같다.

$$F=G\dfrac{m_1 m_2}{r^2}$$

(3) 중력 가속도: 천체 표면 근처에서 낙하하는 물체에 작용하는 힘이 천체의 중력뿐일 때의 가속도이다. 일반적으로 g로 표시하며, 질량이 m인 물체에 작용하는 중력의 크기는 mg이다.

① 지구의 질량이 M, 반지름이 R이면, 지표면에서 질량이 m인 물체에 작용하는 중력의 크기는 $F=G\dfrac{Mm}{R^2}$이다.

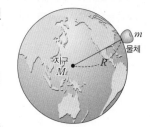

② 지표면에서 중력의 크기는 mg이므로, $\dfrac{GMm}{R^2}=mg$에서 중력 가속도는 다음과 같다.

$$g=\dfrac{GM}{R^2}$$

- 밀도가 ρ이면 $M=\dfrac{4}{3}\pi R^3 \rho$이므로, $g=\dfrac{4}{3}\pi \rho GR$이다.

- 밀도가 같으면 반지름이 클수록 중력 가속도가 크다.

- 달에서의 중력 가속도는 지구에서의 약 $\dfrac{1}{6}$배이다.

(4) 인공위성의 운동: 지구 주위를 등속 원운동 하는 인공위성에는 지구의 중력이 구심력으로 작용한다.

① 회전 속력: 지구의 중력이 구심력으로 작용하므로 $\dfrac{GMm}{r^2}=\dfrac{mv^2}{r}$에서 회전 속력은 회전 반지름의 제곱근에 반비례한다.

$$v=\sqrt{\dfrac{GM}{r}}$$

② 공전 주기: $v=\dfrac{2\pi r}{T}$이므로 $\dfrac{2\pi r}{T}=\sqrt{\dfrac{GM}{r}}$에서 공전 주기의 제곱은 반지름의 세제곱에 비례한다.

$$T^2=\dfrac{4\pi^2}{GM}r^3,\ T^2\propto r^3$$

(5) **탈출 속도**: 물체가 천체의 표면에서 탈출할 수 있는 최소한의 속도이다.

① **중력 퍼텐셜 에너지**: 질량이 m인 물체가 질량이 M인 천체의 중심으로부터 거리 r만큼 떨어져 있으면, 천체로부터 무한히 멀리 떨어진 지점을 중력 퍼텐셜 에너지의 기준으로 할 때 중력 퍼텐셜 에너지 E_p는 다음과 같다.

$$E_p=-\dfrac{GMm}{r}$$

② **탈출 조건**: 아무리 멀리 가도 속력이 0이 되지 않아야 하므로 역학적 에너지가 0보다 크거나 같아야 한다. 따라서 물체가 천체를 탈출하기 위해서는 천체의 표면에서 속력 v가 다음 조건을 만족해야 한다.

$$탈출\ 조건:\ \dfrac{1}{2}mv^2-\dfrac{GMm}{r}\geq 0\ \rightarrow\ v\geq\sqrt{\dfrac{2GM}{r}}$$

③ **탈출 속도**: 탈출 조건을 만족하는 최소한의 속도인 탈출 속도 v_e는 다음과 같다.

$$v_e=\sqrt{\dfrac{2GM}{r}}$$

④ 지구 표면에서의 탈출 속도는 약 11.2 km/s이다.

🔍 **과학 돋보기** **인공위성의 속력과 탈출 속도**

그림과 같이 지구 중심으로부터 r만큼 떨어진 지점에서 물체를 수평 방향으로 던질 때 물체의 속력이 특정한 조건을 만족하면 물체는 지구 주위를 계속 돌게 된다.

• 던진 속력이 v_1일 때: 수평 방향으로 던진 속력이 작아 지구 주위를 돌지 못하고 지표면으로 떨어진다.

• 던진 속력이 v_2일 때: 인공위성은 지구 중심으로부터 r만큼 떨어진 거리를 유지하며 계속 지구 주위를 돌게 된다.

➡ 지구 표면을 스치듯이 등속 원운동을 할 수 있는 속력은 $v=\sqrt{\dfrac{GM}{R}}$이다. 이 식에 중력 상수 $G=6.67\times10^{-11}$ N·m²/kg², 지구 질량 $M=6\times10^{24}$ kg, 지구 반지름 $R=6.4\times10^6$ m를 대입하면 $v≒7.9$ km/s이다.

• 던진 속력이 v_3일 때: 수평 방향의 속력이 어느 값보다 크면, 물체는 지구 중력을 벗어나 우주로 날아가게 된다.

➡ 지구 표면에서 지구를 탈출할 수 있는 속도는 $v_e=\sqrt{\dfrac{2GM}{R}}=\sqrt{2}v≒11.2$ (km/s)이다.

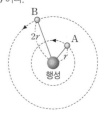
인공위성(m)

개념 체크

● 지구 주위를 등속 원운동 하는 인공위성의 속력(v): 지구가 인공위성에 작용하는 중력이 인공위성에는 구심력으로 작용한다.

$$v=\sqrt{\dfrac{GM}{r}}$$

● 탈출 속도(v_e): 물체가 천체의 표면에서 탈출할 수 있는 최소한의 속도로 다음과 같다.

$$v_e=\sqrt{\dfrac{2GM}{r}}$$

[1~2] 그림과 같이 위성 A, B가 행성을 중심으로 하는 원 궤도를 따라 운동하고 있다. 원 궤도의 반지름은 각각 r, $2r$이다.

1. 위성의 속력은 B가 A의 ( )배이다.

2. 위성의 공전 주기는 B가 A의 ( )배이다.

3. 표는 행성 P, Q의 질량과 반지름을 나타낸 것이다.

행성	질량	반지름
P	M	R
Q	$3M$	$2R$

행성의 표면에서 탈출 속도는 P에서가 Q에서의 ( )배이다.

정답

1. $\dfrac{1}{\sqrt{2}}$

2. $2\sqrt{2}$

3. $\sqrt{\dfrac{2}{3}}$

01 그림과 같이 일정한 주기로 회전하는 원판에 고정된 점 a, b가 각각 반지름 $2r$, $3r$로 등속 원운동을 한다.

[24027-0043]

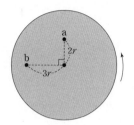

이에 대한 설명으로 옳은 것만을 〈보기〉에서 있는 대로 고른 것은?

● 보기 ●
ㄱ. 속력은 b가 a의 1.5배이다.
ㄴ. 가속도의 크기는 a가 b보다 크다.
ㄷ. a와 b의 가속도의 방향이 이루는 각은 90°이다.

① ㄱ   ② ㄴ   ③ ㄷ   ④ ㄱ, ㄴ   ⑤ ㄱ, ㄷ

02 그림과 같이 반지름이 각각 $2r$, $3r$인 원판 A, B가 컨베이어 벨트에 연결되어 시계 방향으로 등속 원운동을 한다. 시간 $t=0$일 때 A, B에 고정된 점 p, q는 A, B의 회전축을 연결한 선분을 통과하며, p, q의 원운동의 반지름은 각각 r, $2r$이다.

[24027-0044]

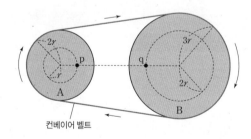

컨베이어 벨트

이에 대한 설명으로 옳은 것만을 〈보기〉에서 있는 대로 고른 것은?

● 보기 ●
ㄱ. 속력은 p가 q보다 크다.
ㄴ. 가속도의 크기는 p가 q보다 크다.
ㄷ. $t=0$일 때, p, q의 가속도의 방향은 같다.

① ㄱ   ② ㄴ   ③ ㄷ   ④ ㄱ, ㄴ   ⑤ ㄴ, ㄷ

03 그림과 같이 질량이 0.1 kg인 물체가 길이가 0.15 m인 실에 매달려 등속 원운동을 한다. 실이 연직 방향과 이루는 각은 $60°$이다.

[24027-0045]

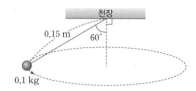

물체의 속력은? (단, 중력 가속도는 10 m/s^2이고, 물체의 크기는 무시한다.)

① 1 m/s   ② 1.5 m/s   ③ 2 m/s
④ 2.5 m/s   ⑤ 3 m/s

04 그림과 같이 질량이 m인 물체 A가 플라스틱 관을 통과한 실에 매달려 등속 원운동을 하며, 실의 반대쪽 끝에는 질량이 M인 추가 매달려 정지해 있다. 관의 위쪽 끝에서 물체와 원운동의 중심까지 떨어진 거리는 각각 l, h이다.

[24027-0046]

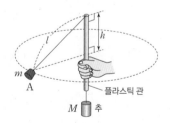

플라스틱 관
M 추

이에 대한 설명으로 옳은 것만을 〈보기〉에서 있는 대로 고른 것은? (단, 중력 가속도는 g이고, 물체의 크기, 관의 굵기, 실의 질량, 모든 마찰과 공기 저항은 무시한다.)

● 보기 ●
ㄱ. 실이 A를 당기는 힘의 크기는 Mg이다.
ㄴ. $\dfrac{m}{M} = \dfrac{\sqrt{l^2-h^2}}{l}$이다.
ㄷ. A에 작용하는 구심력의 크기는 $\dfrac{Mg\sqrt{l^2-h^2}}{l}$이다.

① ㄱ   ② ㄷ   ③ ㄱ, ㄴ   ④ ㄱ, ㄷ   ⑤ ㄴ, ㄷ

[24027-0047]

05 그림과 같이 반지름이 r인 고정되어 있는 반구 모양의 통 내부에서 질량이 m인 물체 A가 속력 v로 등속 원운동을 한다. 반구의 중심 O와 A를 연결한 직선이 연직 방향과 이루는 각은 45°로 일정하다.

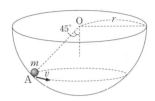

이에 대한 설명으로 옳은 것만을 〈보기〉에서 있는 대로 고른 것은? (단, 중력 가속도는 g이고, A의 크기는 무시한다.)

 보기
ㄱ. A에 작용하는 알짜힘의 크기는 mg이다.
ㄴ. A는 등가속도 운동을 한다.
ㄷ. $v^2 = \dfrac{gr}{2}$이다.

① ㄱ　　② ㄷ　　③ ㄱ, ㄴ　　④ ㄱ, ㄷ　　⑤ ㄴ, ㄷ

[24027-0048]

06 그림 (가), (나)와 같이 질량이 같은 물체 A, B가 마찰이 없는 수평면에서 실에 연결되어 각각 점 P, Q를 중심으로 등속 원운동을 한다. A, B의 원운동의 반지름은 각각 r, $2r$이고, 실이 A, B를 당기는 힘의 크기는 같다.

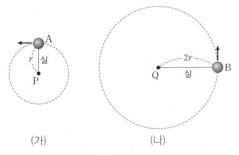

(가)　　　　　　(나)

이에 대한 설명으로 옳은 것만을 〈보기〉에서 있는 대로 고른 것은? (단, 물체의 크기는 무시한다.)

● 보기 ●
ㄱ. 가속도의 크기는 A가 B보다 크다.
ㄴ. 속력은 B가 A보다 크다.
ㄷ. 주기는 B가 A보다 작다.

① ㄴ　　② ㄷ　　③ ㄱ, ㄴ　　④ ㄱ, ㄷ　　⑤ ㄴ, ㄷ

[24027-0049]

07 그림은 행성 주위를 공전하는 위성의 공전 궤도의 일부를 나타낸 것이다. 점 p, q는 공전 궤도상의 점으로, 행성 중심에서 p, q까지 떨어진 거리는 각각 r, $2r$이다.

위성에 대한 설명으로 옳은 것만을 〈보기〉에서 있는 대로 고른 것은? (단, 위성에는 행성의 중력만 작용한다.)

● 보기 ●
ㄱ. 속력은 p에서가 q에서보다 크다.
ㄴ. 가속도의 크기는 p에서가 q에서의 2배이다.
ㄷ. 중력 퍼텐셜 에너지는 p에서가 q에서보다 크다.

① ㄱ　　② ㄴ　　③ ㄷ　　④ ㄱ, ㄴ　　⑤ ㄱ, ㄷ

[24027-0050]

08 그림과 같이 소행성 X가 점 p, q, r를 지나는 타원 궤도를 따라 태양 주위를 공전한다. p, r는 X가 태양으로부터 각각 가장 가까운 지점과 가장 먼 지점이고, q는 p, r의 수직 이등분선과 타원 궤도가 만나는 점이다.

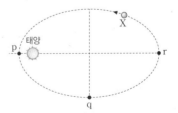

X가 한 바퀴 공전하는 동안 X의 운동에 대한 설명으로 옳은 것만을 〈보기〉에서 있는 대로 고른 것은?

● 보기 ●
ㄱ. 속력은 p에서가 q에서보다 크다.
ㄴ. 가속도의 크기는 p에서가 q에서보다 크다.
ㄷ. p에서 q까지와 q에서 r까지 평균 속력은 같다.

① ㄴ　　② ㄷ　　③ ㄱ, ㄴ　　④ ㄱ, ㄷ　　⑤ ㄱ, ㄴ, ㄷ

09 그림은 인공위성 A의 타원 공전 궤도를 xy 평면에 나타낸 것이다. p, q의 위치의 x좌표는 각각 $-d$, d이고, y좌표는 $1.5d$로 같다.

[24027-0051]

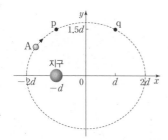

p, q에서 A의 가속도의 크기를 각각 a_p, a_q라고 할 때, $\dfrac{a_p}{a_q}$는? (단, 지구 중심의 위치는 x축상의 $x = -d$이다.)

① 1　　② $\dfrac{5}{3}$　　③ $\dfrac{5}{4}$　　④ $\dfrac{25}{9}$　　⑤ $\dfrac{25}{16}$

[24027-0052]

10 그림과 같이 인공위성 A가 점 p, q, r를 지나는 타원 궤도를 따라 지구 주위를 공전한다. q, r는 A가 지구로부터 각각 가장 가까운 지점과 가장 먼 지점이고, p는 q, r의 수직이등분선과 타원 궤도가 만나는 점이다. p에서 A의 속력과 가속도의 크기는 각각 v, a이다.

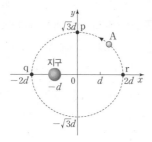

A가 한 바퀴 공전하는 동안 A의 운동에 대한 설명으로 옳은 것만을 〈보기〉에서 있는 대로 고른 것은? (단, 지구 중심의 위치는 x축상의 $x = -d$이다.)

보기
ㄱ. q에서 속력은 v보다 크다.
ㄴ. r에서 가속도의 크기는 $\dfrac{4}{9}a$이다.
ㄷ. q에서 r까지 걸리는 시간은 p에서 q까지 걸리는 시간의 2배이다.

① ㄴ　　② ㄷ　　③ ㄱ, ㄴ　　④ ㄱ, ㄷ　　⑤ ㄱ, ㄴ, ㄷ

[24027-0053]

11 그림은 질량이 M인 행성 주위를 공전하는 위성 A, B가 한 바퀴 공전하는 동안, A, B의 속력 v를 행성의 중심과 위성의 중심 사이의 거리 r에 따라 나타낸 것이다.

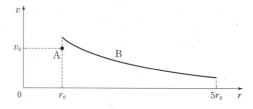

이에 대한 설명으로 옳은 것만을 〈보기〉에서 있는 대로 고른 것은? (단, 중력 상수는 G이고, A, B에는 행성의 중력만 작용한다.)

보기
ㄱ. A의 가속도의 크기는 $\dfrac{GM}{r_0^2}$이다.
ㄴ. 공전 주기는 B가 A의 $5\sqrt{5}$배이다.
ㄷ. B의 가속도의 크기의 최댓값은 최솟값의 5배이다.

① ㄱ　　② ㄷ　　③ ㄱ, ㄴ　　④ ㄱ, ㄷ　　⑤ ㄴ, ㄷ

[24027-0054]

12 그림은 지구를 중심으로 등속 원운동을 하는 인공위성 A, B를 나타낸 것이다. 지구 반지름은 R이고, A, B의 원운동의 반지름은 각각 $2R$, $3R$이며, A의 속력은 v이다.

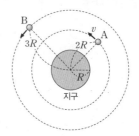

이에 대한 설명으로 옳은 것만을 〈보기〉에서 있는 대로 고른 것은? (단, A, B에는 지구의 중력만 작용한다.)

보기
ㄱ. 지표면에서 탈출 속력은 v보다 작다.
ㄴ. B의 가속도의 크기는 $\dfrac{2v^2}{9R}$이다.
ㄷ. B의 공전 주기는 $\dfrac{3\sqrt{3}\pi R}{v}$이다.

① ㄱ　　② ㄴ　　③ ㄷ　　④ ㄱ, ㄴ　　⑤ ㄴ, ㄷ

01 그림은 반지름이 $3r_0$인 반구 내부의 벽면을 따라 물체 A가 반지름 r로 등속 원운동을 하는 것을 나타낸 것이다.

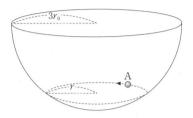

$r=r_0$, $r=2r_0$일 때 A의 가속도 크기를 각각 a_1, a_2라고 하면, $\dfrac{a_2}{a_1}$는? (단, A의 크기는 무시한다.)

① $\dfrac{\sqrt{5}}{2}$ ② $\dfrac{2\sqrt{5}}{5}$ ③ $\dfrac{4\sqrt{5}}{5}$ ④ $\dfrac{2\sqrt{10}}{5}$ ⑤ $\dfrac{4\sqrt{10}}{5}$

$r=r_0$과 $r=2r_0$일 때, 반구의 중심에서 물체까지 떨어진 거리는 $3r_0$으로 같다. 따라서 반구의 중심에서 물체까지 연결한 선분이 연직 아래 방향과 이루는 각을 θ라고 하면, $r=r_0$과 $r=2r_0$일 때 $\sin\theta$는 각각 $\dfrac{1}{3}$, $\dfrac{2}{3}$이다.

[24027-0055]

02 그림과 같이 물체 A가 한쪽 끝이 천장에 고정된 길이 l인 실에 매달려 일정한 속력 $\sqrt{2gl}$로 등속 원운동을 한다. 실이 연직 방향과 이루는 각은 θ이다.

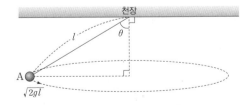

$\cos\theta$는? (단, g는 중력 가속도이고, 물체의 크기, 실의 질량은 무시한다.)

① $\dfrac{1}{2}$ ② $\dfrac{\sqrt{2}}{2}$ ③ $\sqrt{2}-1$ ④ $\dfrac{\sqrt{2}-1}{2}$ ⑤ $\dfrac{\sqrt{2}-1}{4}$

회전 반지름이 $l\sin\theta$이므로, A의 구심 가속도의 크기는 $a=\dfrac{v^2}{l\sin\theta}=\dfrac{2g}{\sin\theta}$이다.

[24027-0056]

A, B에서 자동차에 작용하는 구심력의 크기는 각각 $F_A = \dfrac{mv^2}{r}$, $F_B = \dfrac{mv^2}{2r}$이다.

03 그림과 같이 질량 m인 자동차가 점 p에서 점 q까지 일정한 속력 v로 도로면을 따라 운동하고 있다. 오목한 부분의 최하점 A는 반지름이 r인 원의 일부이고, 볼록한 부분의 최고점 B는 반지름이 $2r$인 원의 일부이다. A에서 도로면이 자동차를 연직 위 방향으로 미는 힘의 크기는 $\dfrac{5}{3}mg$이다.

[24027-0057]

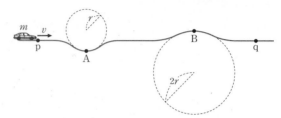

자동차의 운동과 자동차에 작용하는 힘에 대한 설명으로 옳은 것만을 〈보기〉에서 있는 대로 고른 것은? (단, 중력 가속도는 g이고, 자동차의 크기 및 공기 저항은 무시한다.)

─● 보기 ●─
ㄱ. $v = \sqrt{\dfrac{2gr}{3}}$이다.

ㄴ. 가속도의 크기는 A에서가 B에서의 2배이다.

ㄷ. B에서 도로면이 자동차를 연직 위 방향으로 미는 힘의 크기는 $\dfrac{2}{3}mg$이다.

① ㄱ   ② ㄴ   ③ ㄱ, ㄷ   ④ ㄴ, ㄷ   ⑤ ㄱ, ㄴ, ㄷ

운동 에너지 변화량은 알짜힘이 한 일과 같다. 따라서 X에 작용하는 중력이 한 일만큼 X의 운동 에너지가 증가한다.

04 그림과 같이 위성 X가 행성을 한 초점으로 하는 타원 궤도를 따라 운동하고 있다. X의 역학적 에너지는 $-\dfrac{E_0}{4}$으로 일정하고, 궤도 상의 점 p, q, r에서 X의 중력 퍼텐셜 에너지는 각각 $-\dfrac{E_0}{3}$, $-\dfrac{E_0}{2}$, $-E_0$이다.
이에 대한 설명으로 옳은 것만을 〈보기〉에서 있는 대로 고른 것은? (단, X에는 행성의 중력만 작용한다.)

[24027-0058]

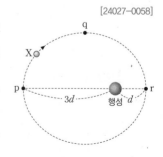

─● 보기 ●─
ㄱ. X가 p에서 q까지 이동하는 데 걸리는 시간과 q에서 r까지 이동하는 데 걸리는 시간은 같다.

ㄴ. 행성이 X에 작용하는 중력이 하는 일은 q에서 r까지가 p에서 q까지의 3배이다.

ㄷ. X의 운동 에너지는 r에서가 p에서의 3배이다.

① ㄴ   ② ㄷ   ③ ㄱ, ㄴ   ④ ㄱ, ㄷ   ⑤ ㄱ, ㄴ, ㄷ

[24027-0059]

05 그림은 행성 주위를 공전하는 위성의 궤도를 xy 평면에 나타낸 것이다. 타원은 x축과 y축에 대하여 대칭이고, A, B, C는 타원 궤도와 x, y축이 만나는 점들이며, 타원의 면적은 S, 색칠한 삼각형의 면적은 $\frac{1}{8}S$이다.

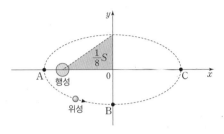

위성이 A에서 B까지 이동하는 데 걸리는 시간을 t_1, B에서 C까지 이동하는 데 걸리는 시간을 t_2라고 할 때, $\frac{t_2}{t_1}$는?

① 2 　　　② 2.5 　　　③ 3 　　　④ 3.5 　　　⑤ 4

행성 중심과 위성 중심을 연결한 선분이 같은 시간 동안 쓸고 지나가는 면적이 일정하다.

[24027-0060]

06 그림은 행성 P 주위를 타원 운동을 하는 위성 A, B의 공전 궤도를 xy 평면에 나타낸 것이다. P의 중심으로부터 A까지 떨어진 거리의 최솟값은 d이고, B까지 떨어진 거리의 최댓값은 ㉠이다. 표는 A, B의 가속도 크기의 최댓값 $a_{최대}$와 최솟값 $a_{최소}$를 측정한 자료이다.

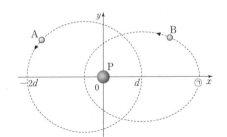

	$a_{최대}$	$a_{최소}$
A	㉡	a
B	$16a$	$\frac{16}{25}a$

이에 대한 설명으로 옳은 것만을 〈보기〉에서 있는 대로 고른 것은? (단, A, B에는 P의 중력만 작용한다.)

●보 기●

ㄱ. ㉠은 $3d$이다.

ㄴ. ㉡은 $4a$이다.

ㄷ. 공전 주기는 B가 A보다 크다.

① ㄱ 　　　② ㄴ 　　　③ ㄱ, ㄴ 　　　④ ㄱ, ㄷ 　　　⑤ ㄴ, ㄷ

케플러 제3법칙에 따라 P 주위를 타원 운동 하는 위성의 공전 주기를 T, 공전 궤도의 긴반지름을 a라고 하면, $\frac{T^2}{a^3} = k$(상수)가 성립한다.

B의 타원 궤도의 긴반지름은 $\dfrac{3r_0 + r_0}{2} = 2r_0$이다.

07 그림은 지구 주위를 각각 원 궤도와 타원 궤도를 따라 공전하는 인공위성 A, B의 궤도를 xy 평면에 나타낸 것이다. A의 속력은 v로 일정하고, 점 p, q는 B가 지구 중심으로부터 각각 가장 가까운 지점과 가장 먼 지점이다.

[24027-0061]

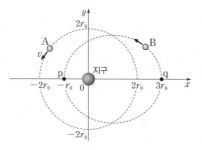

B의 운동에 대한 설명으로 옳은 것만을 〈보기〉에서 있는 대로 고른 것은? (단, A, B에는 지구의 중력만 작용한다.)

● 보기 ●
ㄱ. 가속도 크기의 최댓값은 $\dfrac{2v^2}{r_0}$이다.

ㄴ. 공전 주기는 $\dfrac{4\pi r_0}{v}$보다 짧다.

ㄷ. 역학적 에너지는 p에서가 q에서보다 크다.

① ㄱ   ② ㄷ   ③ ㄱ, ㄴ   ④ ㄴ, ㄷ   ⑤ ㄱ, ㄴ, ㄷ

P의 속력을 v라고 하면, P의 공전 주기는 $T_{\mathrm{P}} = \dfrac{2\pi \times 2d}{v}$이다.

08 그림은 지구 주위를 각각 원 궤도와 타원 궤도를 따라 공전하는 인공위성 P, Q의 궤도를 xy 평면에 나타낸 것이다. P의 가속도의 크기는 a로 일정하고, Q가 지구 중심으로부터 떨어진 거리의 최댓값은 $7d$이다.

[24027-0062]

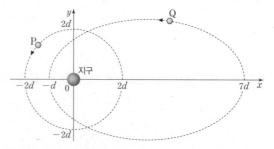

Q의 공전 주기는? (단, P, Q에는 지구의 중력만 작용한다.)

① $2\sqrt{\dfrac{d}{a}}$ ② $8\sqrt{\dfrac{d}{a}}$ ③ $2\pi\sqrt{\dfrac{d}{a}}$ ④ $4\pi\sqrt{\dfrac{d}{a}}$ ⑤ $8\pi\sqrt{\dfrac{d}{a}}$

09 그림 (가)는 행성 표면에서 발사한 물체가 연직 위로 운동하는 것을, (나)는 구형의 행성 A, B, C의 질량과 반지름을 나타낸 것이다.

[24027-0063]

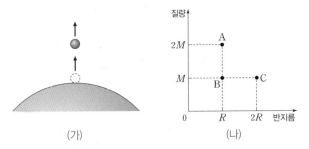

(가)

(나)

이에 대한 설명으로 옳은 것만을 〈보기〉에서 있는 대로 고른 것은? (단, 행성의 운동 및 공기 저항은 무시한다.)

> **보기**
> ㄱ. (가)에서 물체의 역학적 에너지는 증가한다.
> ㄴ. 행성 내부의 평균 밀도는 A가 B의 2배이다.
> ㄷ. 행성 표면에서 탈출 속도의 크기는 B가 C의 2배이다.

① ㄱ   ② ㄴ   ③ ㄷ   ④ ㄱ, ㄴ   ⑤ ㄴ, ㄷ

물체가 행성으로부터 탈출하기 위해서는 역학적 에너지가 0보다 같거나 커야 한다. 이때 중력 퍼텐셜 에너지의 기준은 행성으로부터 무한히 떨어진 점이다.

---

10 그림은 태양, 지구, 탐사 위성 A, B를 나타낸 것이다. A, B는 태양과 지구 중력에 의해 지구와 같은 주기로 태양을 중심으로 등속 원운동을 한다. A, B의 질량은 같고, 태양 중심, 지구 중심, A, B는 동일한 직선상에 있다.

[24027-0064]

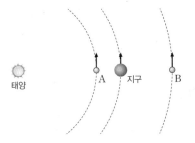

이에 대한 설명으로 옳은 것만을 〈보기〉에서 있는 대로 고른 것은? (단, A, B에는 태양과 지구에 의한 중력만 작용한다.)

> **보기**
> ㄱ. 가속도의 크기는 A가 B보다 크다.
> ㄴ. 태양과 지구 중력의 합력의 크기는 A가 B보다 크다.
> ㄷ. A가 태양으로부터 받는 중력의 크기는 A가 지구로부터 받는 중력의 크기보다 크다.

① ㄱ   ② ㄴ   ③ ㄷ   ④ ㄱ, ㄷ   ⑤ ㄴ, ㄷ

태양과 지구의 중력에 의해 탐사 위성이 지구와 같은 주기로 공전할 수 있는 지점이 있는데, 이 점을 라그랑주 점이라고 한다. 라그랑주 점은 5개가 있는데, 그 중 두 점의 위치가 그림과 같다.

04 일반 상대성 이론

1. 지면에 대하여 속도가 변하는 버스 안에 고정된 좌표계는 (　　　) 좌표계이다.

2. 등가속도 운동을 하는 버스 안의 관찰자가 버스에 대해 정지해 있는 물체를 관측할 때 물체에 작용하는 알짜힘은 (　　　)이다.

3. 등가속도 운동을 하는 버스 안의 관찰자에게 작용하는 관성력의 방향은 버스의 가속도의 방향과 (　　　) 방향이다.

1 가속 좌표계와 관성력

(1) 가속 좌표계

① **좌표계**: 관찰이나 측정을 위해 특정한 위치를 원점으로 하여 특정 방향의 축을 정하고, 좌표로 물체의 위치를 나타내는 기준틀을 말한다. **예** 직교 좌표계, 극 좌표계

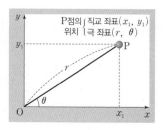

② **관성 좌표계**: 관찰자가 위치한 기준계가 정지 또는 등속도로 움직이는 좌표계를 말하며, 이 계에 있는 모든 물체는 알짜힘이 0이면 정지해 있거나 등속도 운동을 한다. 즉, 뉴턴 운동 법칙이 성립하는 좌표계를 관성 좌표계라고 한다.

③ **가속 좌표계**: 가속도 운동을 하는 좌표계이다. **예** 속도가 변하는 버스, 회전하는 놀이 기구

(2) 관성력: 가속 좌표계에서 뉴턴 운동 제2법칙을 적용하기 위해 도입한 가상의 힘으로, 가속도가 $\vec{a}$인 가속 좌표계에서 질량이 m인 물체에 작용하는 관성력의 크기는 ma이고, 방향은 계의 가속도와 반대 방향이다.

$$\vec{F}_\text{관} = -m\vec{a}$$

① **가속도 운동을 하는 버스**

- **버스 밖의 관찰자**: 그림 (가)에서 관찰자는 중력 $m\vec{g}$와 줄이 추를 당기는 힘 $\vec{T}$의 합력에 의해 추가 버스와 같은 가속도 $\vec{a}$로 운동하는 것으로 관측한다.

$$m\vec{g} + \vec{T} = m\vec{a}$$

- **버스 안의 관찰자**: 그림 (나)에서 관찰자는 추에 작용하는 중력 $m\vec{g}$, 줄이 추를 당기는 힘 $\vec{T}$, 버스의 가속 운동에 의한 관성력 $\vec{F}_\text{관}$이 평형을 이루어 추가 정지한 것으로 관측한다.

$$m\vec{g} + \vec{T} + \vec{F}_\text{관} = 0$$

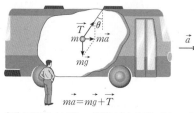

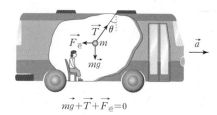

(가) 지면에 서 있는 사람이 본 추의 가속도 운동　　　(나) 버스 안에 정지한 사람이 본 힘의 평형

② **가속도 운동을 하는 엘리베이터**

- **엘리베이터 밖의 관찰자**: 그림 (가)에서 관찰자는 용수철의 탄성력 $\vec{F}_\text{k}$와 중력 $m\vec{g}$의 합력 $\vec{F}$에 의해 추가 엘리베이터와 같은 가속도 $\vec{a}$로 운동을 하는 것으로 관측한다.

$$m\vec{g} + \vec{F}_\text{k} = \vec{F} = m\vec{a}$$

- **엘리베이터 안의 관찰자**: 그림 (나)에서 관찰자는 용수철의 탄성력 $\vec{F}_\text{k}$, 중력 $m\vec{g}$, 엘리베이터의 가속 운동에 의한 관성력 $\vec{F}_\text{관}$이 평형을 이루어 추가 정지한 것으로 관측한다.

$$m\vec{g} + \vec{F}_\text{k} + \vec{F}_\text{관} = 0$$

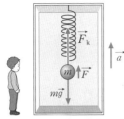
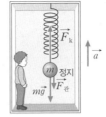

(가) 엘리베이터 밖에 정지한 사람이 본 추의 가속도 운동 　　(나) 엘리베이터 안에 정지한 사람이 본 힘의 평형

개념 체크

○ **원심력**: 원운동 하는 좌표계 안에서 관측할 때 물체에 작용하는 것으로 보이는(관측되는) 관성력을 원심력이라고 한다.

탐구자료 살펴보기 ▷ 엘리베이터에서 몸무게 변화 분석

과정

엘리베이터가 위로 가속될 때, 정지 또는 등속노 운동을 힐 때, 아레로 가속될 때 엘리베이터 안에서 체중계의 측정값을 확인한다.

결과

가속도	크기가 a이고, 위 방향일 때	없음	크기가 a이고, 아래 방향일 때
엘리베이터 운동 상태	중력 mg ↓ 　관성력 ma ↓　a↑	중력 mg ↓	중력 mg ↓ 　관성력 ma ↑　a↓
	위로 올라가면서 속력 증가, 아래로 내려가면서 속력 감소	정지해 있을 때, 등속도 운동을 할 때	위로 올라가면서 속력 감소, 아래로 내려가면서 속력 증가
관성력	크기: ma, 방향: 아래쪽	작용하지 않음	크기: ma, 방향: 위쪽
체중계의 측정값	$mg+ma$	mg	$mg-ma$

point

- 엘리베이터의 가속도의 방향이 위쪽이면 체중계의 측정값이 더 크게 측정되고, 엘리베이터의 가속도의 방향이 아래쪽이면 체중계의 측정값이 더 작게 측정된다.
- 가속도의 크기가 a인 가속 좌표계에서 질량이 m인 물체에 작용하는 관성력의 크기는 ma이고, 방향은 계의 가속도와 반대 방향이다.

1. 정지해 있는 엘리베이터의 바닥에 물체가 놓여 있을 때 물체가 바닥을 누르는 힘의 크기는 엘리베이터가 속력이 일정하게 감소하며 연직 위 방향으로 운동할 때 물체가 바닥을 누르는 힘의 크기보다 (　).

2. 가속도의 크기가 a인 엘리베이터가 연직 아래 방향으로 운동할 때, 엘리베이터 안의 질량이 m인 물체에 작용하는 관성력의 크기는 (　)이다.

3. 원운동을 하는 좌표계 안에서 나타나는 관성력을 (　)이라고 한다.

③ 원운동을 하는 버스

- **버스 밖의 관찰자**: 그림 (가)에서 관찰자는 중력 $\vec{mg}$와 줄이 추를 당기는 힘 $\vec{T}$의 합력 $\vec{F}$를 구심력으로 하여 버스와 같은 가속도로 추가 원운동을 하는 것으로 관측한다.

$$\vec{mg}+\vec{T}=\vec{F}=m\vec{a}$$

- **버스 안의 관찰자**: 그림 (나)에서 관찰자는 추에 작용하는 중력 $\vec{mg}$, 줄이 추를 당기는 힘 $\vec{T}$, 관성력인 원심력 $\vec{F}_{관}$이 평형을 이루어 추가 정지해 있는 것으로 관측한다.

$$\vec{mg}+\vec{T}+\vec{F}_{관}=0$$

- **원심력**: 원운동을 하는 좌표계 안에서 나타나는 관성력을 원심력이라고 한다.

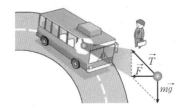
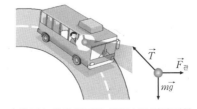

(가) 지면에 서 있는 사람이 본 추의 가속도 운동 　　(나) 버스 안에 정지한 사람이 본 힘의 평형

정답
1. 크다
2. ma
3. 원심력

2 등가 원리와 일반 상대성 이론

(1) 등가 원리: 관성력과 중력은 근본적으로 구별할 수 없다는 원리이다.

① 그림 (가)와 같이 중력이 작용하는 지표면에 정지해 있는 우주선 안에서 물체를 수평 방향으로 던지면 물체는 중력 가속도 g로 포물선 운동을 하며 낙하한다.

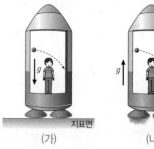

② 그림 (나)와 같이 텅 빈 우주 공간에서 일정한 가속도 g로 운동하는 우주선 안에서 물체를 수평 방향으로 던지면 우주선 안의 관찰자에게 물체는 가속도 g로 포물선 운동을 하며 낙하하는 것으로 관찰된다.

➡ 우주선 안의 관찰자는 물체의 낙하 운동이 중력에 의한 것인지, 우주선의 가속도 운동에 의한 것인지 구별할 수 없으며, 중력과 관성력을 구별할 수 없다는 것이 등가 원리이다.

(2) 관성 질량과 중력 질량

① **관성 질량**: $F=ma$에 나타나는 질량 m을 관성 질량이라고 한다.

② **중력 질량**: 물체가 중력장에 놓여 있을 때 받는 중력의 크기를 중력 가속도(=단위 질량이 받는 중력)의 크기로 나눈 값을 중력 질량이라고 한다. 즉, 두 물체 사이의 중력 $F=G\dfrac{m_1 m_2}{r^2}$에서 m_1, m_2를 중력 질량이라고 한다.

③ **관성 질량과 중력 질량의 관계**: 중력 가속도의 크기가 g인 중력장에 놓은 물체에 작용하는 중력은 $F=m_g g$ (m_g: 중력 질량)이고, 중력에 의한 뉴턴 운동 제2법칙은 $F=m_i a$ (m_i: 관성 질량)이다. 따라서 가속도는 $a=\dfrac{m_g}{m_i}g$이다. 중력장 내에서 물체들은 모두 동일한 가속도 g를 가진다는 사실로부터 중력 질량(m_g)과 관성 질량(m_i)은 같다. 이것은 중력에 의한 현상과 관성력에 의한 현상을 구별할 수 없다는 등가 원리로 설명될 수 있다.

(3) 시공간의 휘어짐과 일반 상대성 이론

① **일반 상대성 이론**: 아인슈타인은 등가 원리를 바탕으로 뉴턴의 중력 이론과는 다른 새로운 중력 이론인 일반 상대성 이론을 발전시켰다.

➡ 아인슈타인은 중력을 힘으로 간주하지 않고 시공간의 휘어짐과 관련이 있다고 제안하였다.

② **질량과 시공간의 휘어짐**: 태양 주위의 행성들이 궤도 운동을 하는 것은 태양의 질량에 의해 휘어져 있는 주위의 시공간을 따라 행성들이 운동을 한다는 것이다.

➡ 질량에 의해 태양 주위의 시공간이 휘어져 있다.

③ **일반 상대성 이론의 증거**

• 수성의 세차 운동: 수성의 근일점은 100년에 574″만큼 변하는 것으로 관측되었는데, 뉴턴의 중력 법칙을 적용하여 계산할 경우 근일점이 100년에 531″만큼 변하는 것으로 예측되어 43″라는 관측값과의 오차를 설명하지 못한다. 반면, 태양의 질량에 의해 시공간이 휘어져 있다는 일반 상대성 이론을 적용하여 계산하면 오차를 설명할 수 있다.

- 빛의 휨: 태양 주위의 시공간이 휘어져 있다면 그 근처를 지나는 빛도 휘어질 것으로 예측하였다. 영국의 과학자 에딩턴은 1919년 일식이 일어났을 때 태양 주위에서 관측한 별의 위치와 반년 전 관측한 별의 위치를 비교하여 태양 근처에서 빛

이 휘어지는 각도는 대략 1.75″로 매우 작지만 관측값에 차이가 있음을 발견하였고, 이는 일식 때 태양 근처를 지나는 별빛이 휘어지면서 지구에 도달한다는 일반 상대성 이론의 예측이 옳음을 증명한 것이다.

- 중력에 의한 시간 지연: 일반 상대성 이론에 의하면 중력의 영향으로 시공간이 휘어지는데, 시공간이 많이 휘어진 곳일수록 시간이 느리게 간다. GPS 위성에서 시간 정보를 지구로 송신할 때 지표면으로부터의 높이 차에 의한 중력 차를 고려하여 시간 지연을 보정한 값으로 보낸다.

- 중력파: 질량에 의해 시공간이 휘어져 있으므로 초신성 폭발과 같은 현상이 발생하여 질량의 공간적 분포에 변화가 있게 되면 주위의 시공간이 요동을 치게 되고, 이 흔들림이 파동으로 퍼져 나가는 것을 중력파라고 한다.

🔍 **과학 돋보기** | **중력파 검출**

최근 라이고(LIGO, Laser Interferometer Gravational-wave Observatory)에서는 중력파 검출 장치를 통해 100여년 전 아인슈타인이 일반 상대성 이론에서 예언한 중력파 검출에 성공하였다. 이 장치는 4 km 의 터널을 빛이 수백 번 왕복하면서 중력파에 의한 시공간의 미세한 변화를 측정하게 되는데, 두 블랙홀이 병합하면서 시공간이 일그러지면 광학 기기와 거울을 이용하여 합쳐진 두 빛의 간섭이 평소와 다르게 관측되어 중력파를 검출한다.

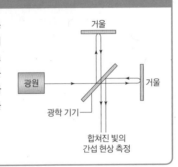

---

❸ 중력 렌즈 효과

(1) 빛의 휘어짐

① **가속도 운동하는 우주선**: 그림 (가)와 같이 가속도 운동하는 우주선의 한쪽 벽면에서 방출된 빛은 우주선 안의 관찰자가 볼 때 휘어져 진행하게 된다.

② **중력장에 있는 우주선**: 그림 (나)와 같이 지구 표면에 정지해 있는 우주선의 한쪽 벽면에서 방출된 빛도 등가 원리에 의해 (가)에서 가속하는 경우와 같이 휘어져 진행하게 된다.

➡ 빛은 지구의 질량에 의해 휘어진 시공간을 따라 진행한다.

(가)

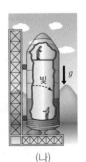
(나)

개념 체크

◐ **중력 렌즈 효과**: 중력 렌즈 효과에 의한 상의 수와 모양, 위치는 은하나 별까지의 거리, 은하의 질량 분포, 은하의 상대적 위치 등에 따라 다르게 나타난다.

1. 중력 렌즈 효과란 먼 곳에 있는 밝은 별로부터 나온 빛이 지구에 도달할 때 중간에 질량이 매우 큰 천체에 의해 빛이 휘어지는 것이다. (○ , ×)

2. 먼 곳에 있는 밝은 별로부터 나온 빛이 중력 렌즈 효과에 의해 지구에 도달할 때, 지구에서 관측한 별의 위치는 실제 별의 위치와 (　　　).

(2) 중력 렌즈 효과

① **중력 렌즈 효과**: 먼 곳에 있는 밝은 별로부터 나온 빛이 지구에 도달할 때 중간에 질량이 매우 큰 천체가 있으면 빛은 휘어져 별의 상이 여러 개로 보일 수 있다. 이처럼 중력이 렌즈처럼 빛을 휘게 하는 것을 중력 렌즈 효과라고 한다.

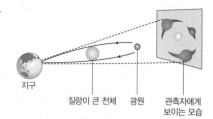

② **아인슈타인의 십자가와 아인슈타인의 고리**: 퀘이사와 같이 지구로부터 매우 멀리 떨어진 광원으로부터 나온 빛이 은하단과 같은 질량이 큰 천체 주위를 지나 지구의 관찰자에게 도달할 때, 은하단의 중력 렌즈 효과로 인해 빛의 상이 여러 개로 보이거나 다양한 형태로 나타난다. 중력 렌즈 역할을 하는 은하단의 질량 분포, 광원-렌즈-관찰자의 상대적 위치 등에 따라 '아인슈타인의 십자가'와 같은 상이나 '아인슈타인의 고리'와 같은 원형의 상을 관측할 수 있다.

아인슈타인의 십자가

아인슈타인의 고리

🧪 **탐구자료 살펴보기**　　**중력 렌즈 효과 실험**

과정

(1) 유리잔 받침대를 잘라 렌즈를 만들고 스탠드에 고정한다.
(2) 유리잔 렌즈를 촛불 앞에 놓고 렌즈로 촛불을 관찰한다.
(3) 렌즈를 움직이면서 렌즈를 통해 보이는 다양한 촛불의 모습을 관찰한다.

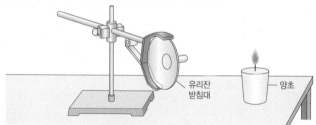

결과

point

• 중력 렌즈 역할을 하는 천체에 의해 먼 별에서 지구로 오는 별 빛이 다양한 형태로 보이는 것처럼 불균일한 유리잔 렌즈를 통해 다양한 촛불의 상을 관측할 수 있다.

정답

1. ○
2. 다르다

4 블랙홀

(1) 천체 표면에서의 탈출 속력

① **탈출 속력**: 물체가 천체의 중력을 벗어나 무한히 먼 곳까지 가기 위한 최소한의 속력을 탈출 속력이라고 한다.

② 천체의 질량이 M, 반지름이 R인 천체 표면에서의 탈출 속력은 $\sqrt{\dfrac{M}{R}}$에 비례한다. 만약 천체의 질량이 일정한데 반지름이 매우 작아지면 탈출 속력은 300,000 km/s보다 커질 수 있으며, 이런 천체는 빛조차 빠져나가지 못하게 한다.

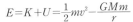

> **과학 돋보기** **탈출 속력(Escape Velocity)**
>
> 천체로부터 무한히 먼 곳에서 물체의 중력 퍼텐셜 에너지를 0으로 정하면, 반지름 R, 질량 M인 천체의 중심에서 거리 r만큼 떨어진 곳에 있는 질량 m인 물체의 중력 퍼텐셜 에너지는 $U = -\dfrac{GMm}{r}$ (G: 중력 상수)이다. 따라서 천체의 중심으로부터 거리 r인 곳에서 속력 v로 운동하는 물체의 역학적 에너지는 다음과 같다.
>
> 초기 속력이 탈출 속력보다 크면 물체가 행성을 탈출할 수 있다.
>
> 초기 속력이 탈출 속력보다 작으면 물체가 행성을 탈출할 수 없다.
>
> $$E = K + U = \frac{1}{2}mv^2 - \frac{GMm}{r}$$
>
> 천체 표면에서 탈출 속력 v_e로 발사된 물체는 천체로부터 멀어져 무한히 먼 곳에서는 속력이 0이 되고, 물체의 중력 퍼텐셜 에너지도 0이므로 $E \geq 0$이면 물체는 천체의 중력을 벗어나 무한히 먼 곳으로 탈출할 수 있게 된다. 천체 표면에서 속력 v_e로 발사된 물체의 역학적 에너지는 $E = \dfrac{1}{2}mv_e^2 - \dfrac{GMm}{R} = 0$이므로 탈출 속력은 $v_e = \sqrt{\dfrac{2GM}{R}}$이다. 이 식을 이용하여 계산한 지구 표면에서의 탈출 속력은 약 11.2 km/s이다.

(2) 블랙홀: 질량이 아주 큰 별이 진화의 마지막 단계에서 자체 중력이 매우 커서 스스로 붕괴되어 빛조차도 탈출할 수 없는 천체를 블랙홀이라고 한다.

➡ 중력이 클수록 시간이 느리게 가며, 블랙홀의 어떤 경계에서는 시간이 멈춘 것처럼 보이는데, 이를 사건의 지평선이라고 한다.

① **항성의 밀도 변화에 따른 시공간의 휘어짐**: 일반 상대성 이론에 따르면 질량이 큰 천체일수록 주변의 시공간을 휘게 하는 정도가 크며, 중력에 의한 수축으로 극도로 밀도가 큰 천체는 시공간을 극단적으로 휘게 만든다.

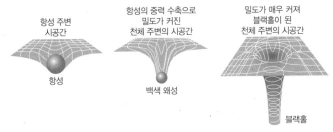

② **블랙홀의 형성**: 별이 핵융합 과정을 끝내고 초신성 폭발 이후 남은 질량이 태양 질량의 약 3배~4배를 넘으면 별은 계속 붕괴하여 밀도가 무한히 커지며 결국 블랙홀이 된다.

③ **블랙홀의 발견**: 블랙홀 주변의 물질이 블랙홀로 빨려 들어갈 때 매우 높은 온도로 가열되어 X선을 방출하는데, 이 X선을 관측하여 블랙홀을 발견할 수 있다.

01 그림은 회전 기구에 고정되어 등속 원운동을 하는 인형 P와 책상에 정지해 있는 인형 Q에 대해 학생 A, B, C가 대화하는 모습을 나타낸 것이다.

[24027-0065]

학생 A: P의 좌표계는 가속 좌표계야.

학생 B: Q의 좌표계에서 P에 작용하는 알짜힘은 0이야.

학생 C: P의 좌표계에서 P에 작용하는 관성력의 방향은 구심력의 방향과 같아.

제시한 내용이 옳은 학생만을 있는 대로 고른 것은?

① A ② C ③ A, B ④ B, C ⑤ A, B, C

02 다음은 등가 원리에 대한 설명이다.

[24027-0066]

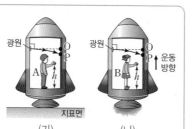

그림 (가), (나)와 같이 지표면에 정지해 있는 우주선 안의 관찰자 A와 텅 빈 우주 공간에서 등가속도 운동을 하는 동일한 우주선 안의 관찰자 B가 관측할 때, 광원에서 점 O를 향해 방출된 빛이 O로부터 같은 거리만큼 떨어진 점 P에 각각 도달하고 A와 B가 우주선의 운동 상태를 알 수 없다면 빛이 휘어지는 까닭이 중력 때문인지 우주선의 가속 운동 때문인지를 구별할 수 없다. 이를 ⑤ 라 하며, (가)와 (나)에서 우주선의 수평인 바닥으로부터 높이 h인 지점에서 물체를 가만히 놓은 순간부터 물체가 바닥에 닿을 때까지 걸린 시간을 각각 $t_{(가)}$, $t_{(나)}$라 하면 ⑥ 이다.

이에 대한 설명으로 옳은 것만을 〈보기〉에서 있는 대로 고른 것은? (단, 공기 저항은 무시한다.)

● 보기 ●

ㄱ. ⑤은 '등가 원리'가 적절하다.

ㄴ. (나)에서 우주선의 가속도의 방향은 우주선의 운동 방향과 같다.

ㄷ. ⑥은 $t_{(가)} > t_{(나)}$이다.

① ㄱ ② ㄷ ③ ㄱ, ㄴ ④ ㄴ, ㄷ ⑤ ㄱ, ㄴ, ㄷ

03 그림과 같이 수평면에서 $+x$방향으로 운동하는 버스의 바닥에 고정된 빗면 위에 용수철과 연결된 물체가 놓여 정지해 있다. 용수철의 원래 길이는 L_0이고 버스가 운동하는 동안 용수철의 길이는 L_0으로 일정하다. 관찰자 A는 버스에 대해, 관찰자 B는 수평면에 대해 각각 정지해 있다.

[24027-0067]

이에 대한 설명으로 옳은 것만을 〈보기〉에서 있는 대로 고른 것은? (단, 버스 바닥은 수평면과 나란하고, 용수철의 질량, 빗면과 물체 사이의 마찰은 무시한다.)

● 보기 ●

ㄱ. A의 좌표계에서 물체에 작용하는 알짜힘은 0이다.

ㄴ. B의 좌표계에서 버스의 가속도의 방향은 $+x$방향이다.

ㄷ. 버스의 가속도의 크기만 증가하면 A의 좌표계에서 용수철의 길이는 L_0보다 크다.

① ㄱ ② ㄴ ③ ㄱ, ㄷ ④ ㄴ, ㄷ ⑤ ㄱ, ㄴ, ㄷ

04 그림 (가)와 같이 $+y$방향으로 운동하는 엘리베이터 안에 질량이 2 kg인 물체가 실에 매달려 정지해 있다. 그림 (나)는 실이 물체를 당기는 힘의 크기를 시간에 따라 나타낸 것이다.

[24027-0068]

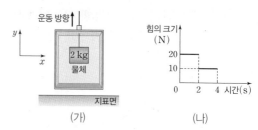

3초일 때, 엘리베이터의 가속도의 방향과 크기로 옳은 것은? (단, 중력 가속도는 10 m/s^2이고, 물체에 작용하는 중력의 방향은 $-y$방향이다.)

	방향	크기		방향	크기
①	$+y$	5 m/s^2	②	$+y$	10 m/s^2
③	$-y$	2.5 m/s^2	④	$-y$	5 m/s^2
⑤	$-y$	10 m/s^2			

05 다음은 은하단의 중력에 의해 관측되는 웃는 은하에 대한 설명이다.

> 웃는 은하는 중앙의 밝은 은하가 마치 두 개의 눈처럼 보이고, 웃는 입과 같은 모양은 별에서 방출된 빛이 ㉠은하단을 지나며 만들어진 빛의 고리이다. 이처럼 지구에서 매우 멀리 떨어진 광원으로부터 나온 빛이 ㉡은하단과 같은 질량이 큰 천체 주위를 지나 지구의 관측자에게 도달할 때, ㉢은하단의 중력으로 인해 빛이 휘어지는 현상이 나타난다.

이에 대한 설명으로 옳은 것만을 〈보기〉에서 있는 대로 고른 것은?

┌─── ● 보기 ●───
│ ㄱ. 지구에서 관측할 때 ㉠은 실제 별의 위치이다.
│ ㄴ. ㉡의 시공간은 휘어져 있다.
│ ㄷ. ㉢은 중력 렌즈 효과로 설명할 수 있다.
└────

① ㄱ   ② ㄴ   ③ ㄷ   ④ ㄱ, ㄴ   ⑤ ㄴ, ㄷ

[24027-0070]

06 다음은 두 블랙홀이 병합하면서 발생하는 중력파를 검출하는 원리에 대한 설명이다.

> 광학 기기와 거울을 이용하여 합쳐진 두 빛의 위상에 의해 간섭이 일어나게 되는데, 만일 두 블랙홀이 병합하면서 시공간이 일그러지면 빛의 위상이 변하게 되므로 위상에 의한 간섭이 평소와 다르게 관측되어 중력파를 검출할 수 있게 된다.

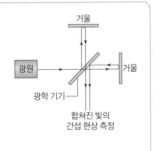

이에 대한 설명으로 옳은 것만을 〈보기〉에서 있는 대로 고른 것은?

┌─── ● 보기 ●───
│ ㄱ. 블랙홀의 질량이 클수록 블랙홀 주변의 시공간은 더 많이 휘어진다.
│ ㄴ. 블랙홀에서는 빛조차도 탈출할 수 없다.
│ ㄷ. 중력파는 일반 상대성 이론의 증거이다.
└────

① ㄱ   ② ㄷ   ③ ㄱ, ㄴ   ④ ㄴ, ㄷ   ⑤ ㄱ, ㄴ, ㄷ

[24027-0071]

07 그림은 행성 A, B, C의 반지름과 행성 표면에서의 탈출 속력을 나타낸 것이다.
이에 대한 설명으로 옳은 것만을 〈보기〉에서 있는 대로 고른 것은?

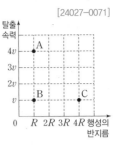

┌─── ● 보기 ●───
│ ㄱ. A의 표면에서 물체를 $3v$의 속력으로 발사시키면 물체는 A의 중력을 벗어나 무한히 먼 곳에 도달할 수 있다.
│ ㄴ. 행성의 질량은 B가 C보다 작다.
│ ㄷ. 일반 상대성 이론에 의하면 행성 표면에서의 시공간이 휘어진 정도는 A에서가 B에서보다 작다.
└────

① ㄱ   ② ㄴ   ③ ㄷ   ④ ㄱ, ㄴ   ⑤ ㄴ, ㄷ

[24027-0072]

08 그림은 천체 A, B, C 주변의 시공간을 나타낸 것이다. 천체 주변의 시공간이 휘어진 정도는 A에서가 B에서보다 작고, C에서는 중력이 매우 커서 빛조차도 탈출할 수 없다.

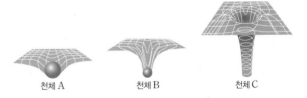

천체 A   천체 B   천체 C

이에 대한 설명으로 옳은 것만을 〈보기〉에서 있는 대로 고른 것은?

┌─── ● 보기 ●───
│ ㄱ. A 주변의 시공간이 휘어진 현상은 일반 상대성 이론으로 설명할 수 있다.
│ ㄴ. 천체의 중심으로부터 떨어진 거리가 같은 지점에서 빛이 휘어지는 정도는 A에서가 B에서보다 크다.
│ ㄷ. C는 블랙홀이다.
└────

① ㄱ   ② ㄴ   ③ ㄱ, ㄷ   ④ ㄴ, ㄷ   ⑤ ㄱ, ㄴ, ㄷ

[24027-0073]

물체에 작용하는 관성력의 방향은 버스의 가속도의 방향과 반대 방향이다.

01 그림과 같이 수평면에서 속력이 일정하게 감소하며 +x방향으로 운동을 하는 버스 안에 실 **p**, **q**와 연결된 질량이 m인 물체가 실에 매달려 정지해 있다. 버스가 운동하는 동안 **p**가 물체를 수평 방향으로 당기는 힘의 크기는 $2\sqrt{3}mg$이고 **q**와 연직 방향이 이루는 각은 $60°$로 일정하다. 관찰자 A는 버스에 대해, 관찰자 B는 수평면에 대해 각각 정지해 있다.

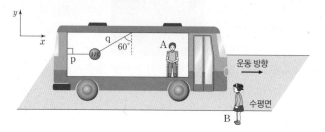

이에 대한 설명으로 옳은 것만을 〈보기〉에서 있는 대로 고른 것은? (단, 중력 가속도는 g이고, **p**와 **q**는 버스의 운동 방향과 나란한 동일 연직면상에 위치하며, 실의 질량은 무시한다.)

• 보기 •

ㄱ. A의 좌표계에서 물체에 작용하는 관성력의 방향은 +x방향이다.

ㄴ. B의 좌표계에서 물체에 작용하는 알짜힘은 0이다.

ㄷ. A의 좌표계에서 물체에 작용하는 관성력의 크기는 $\dfrac{\sqrt{3}}{2}mg$이다.

① ㄱ   ② ㄷ   ③ ㄱ, ㄴ   ④ ㄴ, ㄷ   ⑤ ㄱ, ㄴ, ㄷ

[24027-0074]

등속 원운동을 하는 물체에 작용하는 관성력의 방향은 구심 가속도의 방향과 반대 방향이다.

02 그림과 같이 인공 중력 장치에서 수평면과 나란하게 우주 비행사 A, B가 서로 마주 보며 등속 원운동을 한다. 회전축으로부터 A와 B까지 떨어진 거리는 같고, A와 B의 질량은 각각 m, $2m$이다. A, B는 각각의 인공 중력 장치에 대해, 우주 비행사 C는 수평면에 대해 정지해 있다.

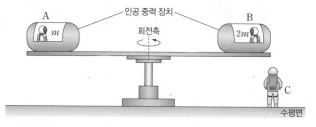

이에 대한 설명으로 옳은 것만을 〈보기〉에서 있는 대로 고른 것은? (단, 우주 비행사의 크기는 무시한다.)

• 보기 •

ㄱ. A의 좌표계에서 A에 작용하는 관성력의 방향은 회전축을 향하는 방향이다.

ㄴ. A의 좌표계에서 A에 작용하는 관성력의 크기는 B의 좌표계에서 B에 작용하는 관성력의 크기의 2배이다.

ㄷ. C의 좌표계에서 A와 B의 가속도의 방향은 서로 반대이다.

① ㄱ   ② ㄴ   ③ ㄷ   ④ ㄱ, ㄷ   ⑤ ㄴ, ㄷ

03 그림 (가)는 관찰자 A가 탄 우주선이 지표면에 정지해 있는 모습을, (나)와 (다)는 관찰자 B, C가 탄 우주선이 텅 빈 우주 공간에서 우주선의 바닥에 수직인 방향으로 운동하는 모습을 각각 나타낸 것이다. A, B, C가 우주선의 수평인 바

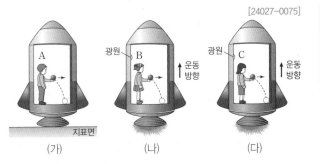

[24027-0075]

닥으로부터 같은 높이에서 동일한 물체를 바닥과 나란한 방향으로 같은 속력으로 각각 던졌더니 물체는 포물선 운동을 하여 바닥에 도달한다. 관찰자가 측정한 물체의 수평 이동 거리는 (가)에서와 (나)에서가 같고 (다)에서 가장 크다. (나)와 (다)에서 우주선의 가속도의 방향은 우주선의 운동 방향과 나란하다.

이에 대한 설명으로 옳은 것만을 〈보기〉에서 있는 대로 고른 것은? (단, 물체의 크기는 무시한다.)

┌─── ● 보기 ●
│ ㄱ. (나)에서 우주선의 가속도의 크기는 (가)의 지표면에서 중력 가속도의 크기와 같다.
│ ㄴ. (다)에서 우주선의 가속도의 방향은 우주선의 운동 방향과 같다.
│ ㄷ. (나)와 (다)의 광원에서 우주선의 바닥과 나란한 방향으로 빛이 방출될 때, 빛이 휘어진 정
│   도는 B가 관측할 때가 C가 관측할 때보다 크다.
└

① ㄱ   ② ㄷ   ③ ㄱ, ㄴ   ④ ㄴ, ㄷ   ⑤ ㄱ, ㄴ, ㄷ

우주선의 가속도의 방향과 반대 방향으로 관찰자에게는 관성력이 작용하고, 등가 원리에 의해 중력과 관성력은 구별할 수 없다.

[24027-0076]

04 그림 (가)는 수평면에서 일정한 방향으로 운동하는 기차 안에서 관찰자 A가 기차 바닥에 놓인 물체를 잡고 있는 모습을 나타낸 것이고, (나)는 관찰자 B의 좌표계에서 측정한 기차의 속력을 시간에 따라 나타낸 것이다. A는 기차에 대해, B는 수평면에 대해 각각 정지해 있고, 1초일 때 물체를 가만히 놓으면 A의 좌표계에서 물체는 $-x$방향으로 운동한다.

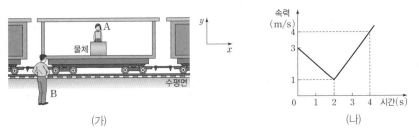

(가)   (나)

A의 좌표계는 가속 좌표계이고, B의 좌표계는 관성 좌표계이다.

이에 대한 설명으로 옳은 것만을 〈보기〉에서 있는 대로 고른 것은? (단, 기차 바닥은 수평면과 나란하고, 기차 바닥과 물체 사이의 마찰과 공기 저항은 무시한다.)

┌─── ● 보기 ●
│ ㄱ. B의 좌표계에서 기차의 운동 방향은 $-x$방향이다.
│ ㄴ. 3초일 때 A의 좌표계에서 물체에 작용하는 관성력의 방향은 $+x$방향이다.
│ ㄷ. A의 좌표계에서 물체에 작용하는 관성력의 크기는 1초일 때가 3초일 때의 $\frac{2}{3}$배이다.
└

① ㄱ   ② ㄷ   ③ ㄱ, ㄴ   ④ ㄴ, ㄷ   ⑤ ㄱ, ㄴ, ㄷ

[24027-0077]

물체에 작용하는 탄성력의 크기가 물체의 중력의 크기보다 작으면 엘리베이터의 가속도의 방향은 운동 방향과 같은 방향이고, 물체에 작용하는 탄성력의 크기가 물체의 중력의 크기보다 크면 엘리베이터의 가속도의 방향은 운동 방향과 반대 방향이다.

05 그림과 같이 정지해 있는 엘리베이터 안에 질량이 m인 물체가 용수철에 매달려 있다. 표는 엘리베이터가 크기가 각각 a_1, a_2인 가속도로 $-y$방향으로 운동하는 동안 용수철이 원래 길이에서 늘어나 물체가 엘리베이터에 대해 계속 정지해 있을 때 물체에 작용하는 탄성력의 크기를 나타낸 것이다.

가속도의 크기	탄성력의 크기
a_1	$\frac{1}{2}mg$
a_2	$3mg$

이에 대한 설명으로 옳은 것만을 〈보기〉에서 있는 대로 고른 것은? (단, 중력 가속도는 g이고, 용수철의 질량은 무시한다.)

• 보 기 •
ㄱ. 엘리베이터의 가속도의 방향은 a_1일 때와 a_2일 때가 같다.
ㄴ. $a_1=\frac{1}{2}g$이다.
ㄷ. 엘리베이터의 좌표계에서 물체에 작용하는 관성력의 크기는 a_1일 때가 a_2일 때의 $\frac{1}{3}$배이다.

① ㄱ   ② ㄴ   ③ ㄷ   ④ ㄱ, ㄷ   ⑤ ㄴ, ㄷ

[24027-0078]

천체의 질량이 클수록 중력 렌즈 효과는 크게 나타난다.

06 그림은 별에서 빛이 방출되는 모습을 나타낸 것이고, 표는 모양과 크기가 동일한 천체 A, B가 각각 점 O에 위치할 때 별에서 방출된 빛이 a를 지난 후 통과하는 점을 나타낸 것이다. 별, O, 점 p, q는 동일 직선상에 있고, O로부터 떨어진 거리는 p가 q보다 작다.

천체	통과하는 점
A	q
B	p

이에 대한 설명으로 옳은 것만을 〈보기〉에서 있는 대로 고른 것은?

• 보 기 •
ㄱ. O에 A가 위치할 때 a를 지난 빛이 q까지 진행하는 동안 A 주변의 휘어진 시공간을 따라 진행한다.
ㄴ. O에 B가 위치할 때 a를 지난 빛이 p를 통과하는 것은 일반 상대성 이론으로 설명할 수 있다.
ㄷ. 천체의 질량은 A가 B보다 크다.

① ㄱ   ② ㄷ   ③ ㄱ, ㄴ   ④ ㄴ, ㄷ   ⑤ ㄱ, ㄴ, ㄷ

07 다음은 일반 상대성 이론에 따른 시공간의 휘어짐을 알아보기 위한 실험이다.

[24027-0079]

[실험 과정]

(가) 면의 중심이 점 O인 푹신한 매트리스와 크기와 모양이 동일하고 질량이 각각 1 kg, 2 kg인 공 A, B를 준비한 후, 매트리스의 끝부분으로부터 각각

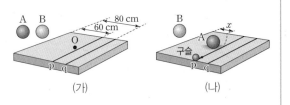
(가)   (나)

60 cm, 80 cm 떨어진 곳에 기준선 p, q를 나란하게 긋는다.

(나) O에 A 또는 B를 올려놓고 p, q를 따라 2 m/s의 속력으로 구슬을 각각 발사한 후 매트리스의 끝부분부터 구슬이 통과하는 지점까지의 거리 x를 측정한다.

(다) A를 B로 바꾸고 (나)를 반복한다.

[실험 결과]

공	p일 때 x	q일 때 x
A	52 cm	76 cm
B	㉠	72 cm

공을 천체로, 구슬을 빛으로 생각할 때, 이에 대한 설명으로 옳은 것만을 〈보기〉에서 있는 대로 고른 것은? (단, 구슬의 크기, 모든 마찰은 무시한다.)

● **보기** ●

ㄱ. 빛은 휘어진 시공간을 따라 진행한다.

ㄴ. 천체에 가까울수록 시공간이 휘어지는 정도가 작다.

ㄷ. ㉠은 52 cm보다 작다.

① ㄱ   ② ㄴ   ③ ㄷ   ④ ㄱ, ㄷ   ⑤ ㄴ, ㄷ

[24027-0080]

08 다음은 초신성 폭발에 대한 설명이다.

천체의 질량에 의해 시공간이 휘어져 있으므로 그림과 같은 초신성 폭발과 같은 현상이 발생하여 질량의 공간적 분포에 변화가 생기게 되면 주위의 시공간이 요동을 치게 되고, 이 흔들림이 파동으로 퍼져 나가는 것을 ㉠ 이라고 한다.

이에 대한 설명으로 옳은 것만을 〈보기〉에서 있는 대로 고른 것은?

● **보기** ●

ㄱ. ㉠은 중력파이다.

ㄴ. 천체의 질량이 작을수록 시공간이 휘어진 정도는 크다.

ㄷ. ㉠은 뉴턴의 중력 법칙으로 설명할 수 있다.

① ㄱ   ② ㄷ   ③ ㄱ, ㄴ   ④ ㄴ, ㄷ   ⑤ ㄱ, ㄴ, ㄷ

질량이 큰 공(천체)일수록, 공(천체)에 가까울수록 시공간이 휘어진 정도는 크다.

아인슈타인은 뉴턴의 중력 법칙과는 다른 새로운 이론인 일반 상대성 이론에서 중력을 힘으로 간주하지 않고 시공간의 휘어짐으로 설명하였다.

물체의 속력이 행성의 표면에서의 탈출 속력보다 작으면 행성의 중력에 의해 행성의 표면으로 되돌아온다.

[24027-0081]

09 그림은 행성 A, B의 표면에서 물체 P, Q를 연직 위 방향으로 각각 v, $4v$의 속력으로 발사하는 모습을 나타낸 것이다. 표는 A, B의 질량, 반지름, 표면에서의 탈출 속력을 나타낸 것이다.

행성 A   행성 B

행성	질량	반지름	탈출 속력
A	M	R	$\frac{3}{2}v$
B	$2M$	$\frac{R}{2}$	v_1

이에 대한 설명으로 옳은 것만을 〈보기〉에서 있는 대로 고른 것은?

● 보기 ●

ㄱ. P는 A의 중력에 의해 A의 표면으로 되돌아온다.

ㄴ. $v < v_1$이다.

ㄷ. Q는 B의 중력을 벗어나 무한히 먼 곳에 도달할 수 있다.

① ㄱ   ② ㄷ   ③ ㄱ, ㄴ   ④ ㄴ, ㄷ   ⑤ ㄱ, ㄴ, ㄷ

등속 원운동을 하는 우주선의 좌표계에서는 우주선의 구심 가속도의 방향과 반대 방향으로 관성력이 작용하며 우주선의 회전 속력이 클수록 구심 가속도의 크기는 크다.

[24027-0082]

10 다음은 일반 상대성 이론을 소재로 다룬 어느 영화의 한 장면에 대한 설명이다.

주인공은 ㉠등속 원운동을 하며 회전하는 우주선을 타고 새로운 행성을 찾아 우주 여행을 한다. 하지만 거대한 ㉡블랙홀을 만나게 되고 ㉢블랙홀에 가까운 지점일수록 더욱 빠르게 블랙홀로 빨려 들어가게 된다.

우주선과 블랙홀

이에 대한 설명으로 옳은 것만을 〈보기〉에서 있는 대로 고른 것은?

● 보기 ●

ㄱ. ㉠의 좌표계에서 ㉠의 회전 속력이 클수록 주인공에게 작용하는 관성력의 크기는 작다.

ㄴ. ㉡은 중력이 매우 커서 빛조차도 탈출할 수 없다.

ㄷ. ㉢일수록 시공간이 휘어진 정도는 작다.

① ㄱ   ② ㄴ   ③ ㄷ   ④ ㄱ, ㄷ   ⑤ ㄴ, ㄷ

05 일과 에너지

1 일과 운동 에너지

(1) **일**: 물체가 일직선을 따라 거리 s만큼 움직이는 동안 크기가 F인 일정한 힘이 운동 방향과 θ의 각을 이루며 작용했을 때, 그 힘이 물체에 한 일은 다음과 같다.

$$W = Fs\cos\theta \quad [\text{단위}: \text{N}\cdot\text{m} = \text{J(줄)}]$$

(2) **일·운동 에너지 정리**

① **일·운동 에너지 정리**: 질량 m인 물체에 일정한 알짜 힘(합력) F를 작용하여 힘의 방향으로 거리 s만큼 이동시킬 때, 알짜힘 F가 한 일은 다음과 같이 구한다.

$$W = Fs = mas \cdots \text{①}, \quad 2as = v^2 - v_0^2 \cdots \text{ⓛ}$$

ⓛ에서 $as = \dfrac{v^2 - v_0^2}{2}$이므로 ①에 대입하면 W는 다음과 같다.

$$W = Fs = \frac{1}{2}mv^2 - \frac{1}{2}mv_0^2 = \Delta E_k$$

➡ 물체에 작용한 알짜힘이 한 일은 물체의 운동 에너지 변화량(ΔE_k)과 같다. 이를 일·운동 에너지 정리라고 한다.

② 물체에 작용한 알짜힘의 방향이 물체의 운동 방향과 같으면 물체의 운동 에너지는 증가하고, 알짜힘의 방향이 물체의 운동 방향과 반대이면 물체의 운동 에너지는 감소한다.

🔍 과학 돋보기 2차원에서 일·운동 에너지 정리

일·운동 에너지 정리는 작용하는 힘이 일정하지 않거나 경로가 직선이 아닌 일반적인 경우에도 성립한다. 그림과 같이 xy 평면에서 x축에 대해 θ의 각을 이루며 처음 속력 v_0으로 운동하는 질량 m인 물체에 x축과 나란하게 일정한 알짜힘 $\vec{F}$가 작용할 때, 알짜힘이 물체에 한 일을 구해 보자.

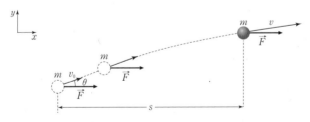

① 물체가 x축 방향으로 거리 s만큼 이동했을 때 속력을 v, 이때 x축 방향의 속도 성분을 v_x, 가속도의 크기를 a라고 하면 x축 방향의 물체의 처음 속도 성분은 $v_0\cos\theta$이므로 등가속도 직선 운동에서 $2as = v_x^2 - (v_0\cos\theta)^2$이다.

② y축 방향의 속도 성분 v_y는 물체의 이동 거리와 관계없이 $v_0\sin\theta$로 일정하다. 따라서 $v^2 = v_x^2 + v_y^2 = (v_0\cos\theta)^2 + 2as + (v_0\sin\theta)^2 = v_0^2 + 2as$가 성립한다.

③ 가속도 법칙에서 $a = \dfrac{F}{m}$이므로 ②의 식에 대입하면 $v^2 = v_0^2 + 2\dfrac{F}{m}s$이고, 정리하면 $Fs = \dfrac{1}{2}mv^2 - \dfrac{1}{2}mv_0^2$이 되어 2차원에서도 알짜힘이 물체에 한 일이 물체의 운동 에너지 변화량과 같다는 일·운동 에너지 정리가 성립함을 알 수 있다.

개념 체크

○ **일·운동 에너지 정리**: 알짜힘이 한 일만큼 물체의 운동 에너지가 변한다.

1. 물체에 작용하는 알짜힘이 물체에 한 일은 물체의 ( ) 에너지 변화량과 같다.

2. 물체에 작용하는 알짜힘의 방향이 물체의 운동 방향과 같으면 물체의 운동 에너지는 ( )한다.

3. 마찰이 없는 수평면에 정지해 있는 질량이 1 kg인 물체에 2 N의 알짜힘이 수평 방향으로 1 m 작용하였다면, 물체가 1 m 이동하였을 때 물체의 속력은 ( ) m/s이다. (단, 물체의 크기와 공기 저항은 무시한다.)

정답

1. 운동
2. 증가
3. 2

○ **중력이 한 일**: 물체가 자유 낙하 할 때, 중력이 물체에 일을 해 준만큼 물체의 운동 에너지가 증가한다.

1. 공기 저항이 없을 때 자유 낙하 하는 물체에 작용하는 알짜힘은 물체의 (　　) 이다.

2. 정지해 있던 질량이 m인 물체가 h만큼 낙하하였을 때 중력이 물체에 한 일은 (　　)이다. (단, 중력 가속도는 g이다.)

3. 공기 저항이 없을 때 자유 낙하 하는 물체에 작용하는 중력이 물체에 한 일은 물체의 운동 에너지 증가량보다 크다.　(○, ×)

② 힘이 하는 일

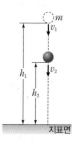

(1) **중력이 한 일**: 질량 m인 물체가 자유 낙하 할 때 물체에는 크기가 mg인 일정한 중력이 알짜힘으로 작용한다.

① 물체가 자유 낙하 하여 $(h_1 - h_2)$를 이동하는 동안 물체에 작용하는 중력이 한 일은 $W = mg(h_1 - h_2)$이다.

② 지표면으로부터 물체의 높이가 h_1, h_2가 되었을 때 속력을 각각 v_1, v_2라고 하면, 등가속도 운동에서 $2g(h_1 - h_2) = v_2^2 - v_1^2$이므로 물체에 작용하는 중력이 한 일은 다음과 같다.

$$W = mg(h_1 - h_2) = \frac{1}{2}mv_2^2 - \frac{1}{2}mv_1^2 = \Delta E_k$$

➡ 자유 낙하 하는 물체에 작용하는 중력이 한 일은 물체의 운동 에너지 증가량과 같다.

🧪 **탐구자료 살펴보기** ▷ **일과 에너지의 관계 확인**

과정

(1) 책상면으로부터 높이가 h인 곳에서 수레를 가만히 놓아 막대자에 충돌시켜 막대자가 이동하는 거리를 측정한다.

(2) 수레의 높이 h는 일정하게 하고 수레에 추를 올려 수레의 전체 질량을 증가시킨 후, 수레를 가만히 놓아 막대자에 충돌시켜 막대자가 이동하는 거리를 측정한다.

(3) 수레의 질량은 일정하게 하고 수레의 높이 h를 증가시킨 후, 수레를 가만히 놓아 막대자에 충돌시켜 막대자가 이동하는 거리를 측정한다.

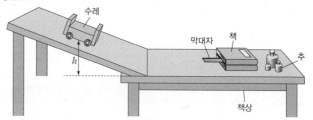

결과

• 수레의 전체 질량이 증가할수록 막대자의 이동 거리가 크다.
• 수레의 높이가 증가할수록 막대자의 이동 거리가 크다.

point

• 수레의 질량과 수레의 높이가 증가할수록 빗면에서 수레에 작용하는 알짜힘이 한 일은 크다.
• 수레에 작용하는 알짜힘이 한 일이 클수록 책상면에서 막대자와 충돌하기 전 수레의 운동 에너지는 크다.
• 책과 막대자 사이의 마찰력이 한 일이 클수록 책상면에서 수레가 막대자와 충돌하는 동안 수레의 운동 에너지 감소량은 크다.

(2) **마찰력이 한 일**: 수평면에서 속력 v_0으로 운동하던 질량 m인 물체에 크기가 f로 일정한 마찰력이 알짜힘으로 작용한다.

① 물체가 거리 s만큼 이동하는 동안 마찰력이 한 일은 $W = -fs$이다.

② 물체가 s만큼 이동하였을 때 속력을 v, 가속도의 크기를 a라고 하면, 등가속도 운동에서 $-2as = v^2 - v_0{}^2$이다. $a = \dfrac{f}{m}$이므로 $W = -fs = \dfrac{1}{2}mv^2 - \dfrac{1}{2}mv_0{}^2 = \Delta E_k$이다.

➡ 물체에 작용하는 마찰력이 한 일은 물체의 운동 에너지 변화량과 같다.

◆ **마찰력이 한 일**: 물체에 작용하는 마찰력이 알짜힘일 때, 마찰력이 물체에 해 준 일만큼 물체의 운동 에너지가 변한다.

1. 물체에 작용하는 마찰력이 물체의 알짜힘일 때 마찰력이 한 일만큼 물체의 운동 에너지가 변한다.

(○ , ×)

2. 수평면과 이루는 각이 θ인 마찰이 없는 빗면에서 질량이 m인 물체를 가만히 놓았을 때 물체에 작용하는 알짜힘의 크기는 ( )이다. (단, 중력 가속도는 g이고, 공기 저항은 무시한다.)

3. 물체가 포물선 운동을 하는 동안 물체의 운동 에너지와 물체의 중력 퍼텐셜 에너지의 합은 일정하다.

(○ , ×)

🧪 **탐구자료 살펴보기** ▷ **경사각이 다른 빗면에서 물체에 작용하는 힘이 한 일**

자료

그림과 같이 질량이 m으로 같은 물체 A, B를 경사각이 다른 빗면의 기준선 P에 가만히 놓았더니 A, B가 빗면을 따라 각각 $3d$, $2d$만큼 운동하여 기준선 Q를 지난다. P, Q의 높이 차는 h이고, 중력 가속도는 g이다.

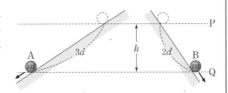

분석

(1) 마찰이 없는 경우

		알짜힘의 크기	알짜힘의 방향으로 이동한 직선 거리	알짜힘이 물체에 한 일	운동 에너지의 변화량
자유 낙하 할 때		mg	h	mgh	mgh
빗면을 따라 운동할 때	A	F_A	$3d$	$3F_A d$	mgh
	B	F_B	$2d$	$2F_B d$	mgh

➡ $F_A : F_B = 2 : 3$이라는 것을 알 수 있다.

(2) A에 크기가 f로 일정한 마찰력이 작용하여 운동 에너지의 변화량이 $\dfrac{2}{3}mgh$인 경우

		알짜힘의 크기	알짜힘의 방향으로 이동한 직선 거리	알짜힘이 물체에 한 일	운동 에너지의 변화량
빗면을 따라 운동할 때	A	$F_A - f$	$3d$	$3(F_A - f)d$	$\dfrac{2}{3}mgh$
	B	F_B	$2d$	$2F_B d$	mgh

➡ 마찰에 의한 역학적 에너지 감소량은 $\dfrac{1}{3}mgh$임을 알 수 있다.

point

• 경사각이 주어지지 않았을 때 두 빗면의 길이의 비를 알면 가속도의 크기 비를 알 수 있고, 두 빗면의 가속도의 크기 비를 알면 빗면의 길이의 비를 알 수 있다.

---

③ 포물선 운동과 역학적 에너지

(1) 포물선 운동을 하는 물체의 역학적 에너지: 포물선 운동을 하는 물체는 운동하는 동안 매 순간의 역학적 에너지가 같다.

① **발사 지점에서 역학적 에너지 E_0**: 수평면에서 질량 m인 물체를 속력 v_0, 발사 각도 θ로 발사하여 물체가 포물선 운동을 한다고 하자. 물체를 발사한 수평면을 중력 퍼텐셜 에너지의 기준면으로 하면, 발사 지점에서 물체의 역학적 에너지(E_0)는 다음과 같다.

$$E_0 = K_0 + U_0 = \dfrac{1}{2}mv_0{}^2 + 0 = \dfrac{1}{2}m(v_{0x}{}^2 + v_{0y}{}^2)$$

정답

1. ○
2. $mg\sin\theta$
3. ○

○ **포물선 운동을 하는 물체의 역학적 에너지**: 포물선 운동을 하는 물체의 운동 에너지와 중력 퍼텐셜 에너지의 합은 위치에 관계없이 일정하다.

[1~2] 그림과 같이 수평면과 $60°$의 각을 이루며 v의 속력으로 던져진 질량이 m인 물체가 포물선 운동을 하여 최고점을 지나 운동한다. (단, 중력 가속도는 g이고, 수평면에서 물체의 중력 퍼텐셜 에너지는 0이며 물체의 크기는 무시한다.)

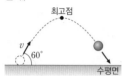

1. 수평면에서 물체의 역학적 에너지는 (   )이다.

2. 최고점의 높이는 (   )이다.

② 임의의 시간 t일 때 운동 에너지 $K(t)$: 시간 t일 때 속도의 수평 방향 성분을 v_x, 연직 방향 성분을 v_y라고 할 때 v_x, v_y는 각각 다음과 같다.

$$v_x = v_{0x} = v_0\cos\theta,\quad v_y = v_{0y} - gt = v_0\sin\theta - gt$$

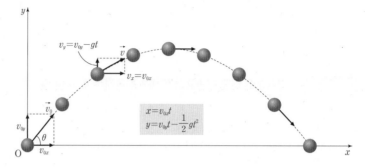

따라서 물체의 운동 에너지 $K(t)$는 다음과 같다.

$$K(t) = \frac{1}{2}mv^2 = \frac{1}{2}m(v_x{}^2 + v_y{}^2) = \frac{1}{2}m\{(v_0\cos\theta)^2 + (v_0\sin\theta - gt)^2\}$$

③ 임의의 시간 t일 때 중력 퍼텐셜 에너지 $U(t)$: 시간 t일 때 연직 방향 변위는

$y = (v_0\sin\theta)t - \frac{1}{2}gt^2$이고, 중력 퍼텐셜 에너지 $U(t)$는 연직 방향의 변위에만 의존하므로 $U(t)$는 다음과 같다.

$$U(t) = mgy = mg\{(v_0\sin\theta)t - \frac{1}{2}gt^2\}$$

④ 임의의 시간 t일 때 역학적 에너지 $E(t)$: 시간 t일 때 물체의 역학적 에너지 $E(t)$는 운동 에너지 $K(t)$와 중력 퍼텐셜 에너지 $U(t)$의 합으로 주어진다.

$$E(t) = K(t) + U(t) = \frac{1}{2}mv^2 + mgy$$

$$= \frac{1}{2}m\{(v_0\cos\theta)^2 + (v_0\sin\theta - gt)^2\} + mg\{(v_0\sin\theta)t - \frac{1}{2}gt^2\}$$

$$= \frac{1}{2}mv_0{}^2 = E_0$$

➡ 수평면에서 발사하는 순간의 운동 에너지와 같고, 시간에 의존하지 않는 상수이다. 따라서 포물선 운동에서 역학적 에너지는 보존된다.

(2) 포물선 운동의 에너지−시간 그래프와 에너지−수평 위치 그래프

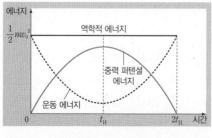

에너지−시간 그래프

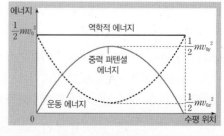

에너지−수평 위치 그래프

4 단진자와 역학적 에너지

(1) 단진자의 역학적 에너지

① **단진자 운동과 역학적 에너지:** 질량을 무시할 수 있는 줄에 작은 물체를 매달고 연직 방향에 대해 줄을 기울였다가 놓으면 물체가 연직면에서 왕복 운동하는데, 이를 단진자라고 한다. 공기 저항과 마찰을 무시하면 단진자의 역학적 에너지는 보존된다.

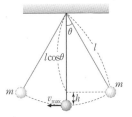

➡ 그림과 같이 진자가 출발점에서 진동의 중심을 향해 아래 방향으로 운동할 때 운동 에너지의 증가량은 중력 퍼텐셜 에너지의 감소량과 같고, 진동의 중심을 지나 출발점과 높이가 같은 지점에 도달하는 동안 운동 에너지의 감소량은 중력 퍼텐셜 에너지의 증가량과 같다.

- 진동의 중심(최저점): 복원력과 수평 방향으로의 가속도가 0이고, 속력은 최대이다.
  ➡ 속력이 최대이므로 운동 에너지는 최대이고, 중력 퍼텐셜 에너지는 최소이다.
- 진동의 양 끝(최고점): 복원력과 수평 방향으로의 가속도의 크기가 최대이고, 속력은 0이다.
  ➡ 속력이 0이므로 운동 에너지는 0이고, 중력 퍼텐셜 에너지는 최대이다.

② **최저점에서 진자의 속력 v_{max}:** 그림과 같이 길이 l, 질량 m인 단진자를 진폭 θ로 진동시킬 때, 최저점에서 중력 퍼텐셜 에너지를 0으로 하면, 최저점과 최고점의 높이 차가 h이므로 최고점에서 역학적 에너지는 $mgh=mgl(1-\cos\theta)$이고, 최저점에서 역학적 에너지는 $\frac{1}{2}mv_{max}^2$이므로 $\frac{1}{2}mv_{max}^2=mgl(1-\cos\theta)$에서 $v_{max}=\sqrt{2gl(1-\cos\theta)}$이다.

🔍 **과학 돋보기** **진자에 작용하는 힘이 한 일과 역학적 에너지**

1. **역학적 에너지가 보존될 때 진자에 작용하는 힘:** 공기 저항이나 마찰을 무시하면 단진자에 작용하는 힘은 중력과 줄이 물체를 당기는 힘(장력)뿐이다.
① **중력이 한 일:** 진자가 최저점을 향해 내려갈 때는 중력의 운동 방향 성분과 운동 방향이 같은 방향이므로 중력은 진자에 양(+)의 일을 한다. 반대로 진자가 최저점을 지나 올라갈 때는 중력의 운동 방향 성분과 운동 방향이 반대 방향이므로 중력은 진자에 음(-)의 일을 한다.
② **줄이 물체를 당기는 힘(장력)이 한 일:** 장력은 항상 진자의 운동 방향과 수직으로 작용한다. 따라서 장력이 진자에 하는 일은 0이다. ➡ 공기 저항이나 마찰이 없을 때는 중력이 진자에 한 일만 고려하면 된다. 진자가 한 번 진동하는 동안 중력이 진자에 한 양(+)의 일과 음(-)의 일이 상쇄되므로 중력이 진자에 한 일은 0이다. 따라서 진자의 역학적 에너지는 보존된다.
2. **공기 저항력이 한 일:** 공기 저항력은 항상 운동 방향과 반대 방향으로 작용하므로 공기 저항력이 진자에 한 일은 항상 음(-)이다. 따라서 공기 저항력이 작용할 때 진자의 역학적 에너지는 보존되지 않는다.

공기 저항력이 없을 때

공기 저항력이 작용할 때

개념 체크

○ **복원력:** 계가 평형점으로부터 벗어났을 때 원래의 상태로 되돌아가려는 힘이다.

○ **단진자 운동에서의 역학적 에너지:** 단진자 운동에서 물체가 최고점에서 출발하는 순간에 중력 퍼텐셜 에너지가 최대이고, 운동 에너지는 0이다. 물체가 최저점을 지나는 순간에는 운동 에너지가 최대이고 중력 퍼텐셜 에너지는 최소가 된다.

[1~3] 그림과 같이 길이가 l인 실에 연결된 물체를 연직 방향과 실이 이루는 각을 θ로 하여 가만히 놓았더니 물체가 단진동을 한다. (단, 중력 가속도는 g이고, 물체의 크기와 실의 질량은 무시한다.)

1. 최고점에서 물체의 역학적 에너지와 최저점에서 물체의 역학적 에너지는 같다.
(○ , ×)

2. 최고점과 최저점의 높이 차는 ( )이다.

3. 최저점에서 물체의 속력은 ( )이다.

정답

1. ○
2. $l(1-\cos\theta)$
3. $\sqrt{2gl(1-\cos\theta)}$

1. 길이가 l인 실에 연결된 물체가 단진동을 할 때 주기는 (　　)이다. (단, 중력 가속도는 g이고, 물체의 크기는 무시한다.)

2. 길이가 l인 실에 연결된 질량이 m인 물체가 단진동을 할 때 주기를 T라 하면, 길이가 $4l$인 실에 연결된 질량이 $2m$인 물체가 단진동을 할 때 주기는 (　　)이다. (단, 물체의 크기는 무시한다.)

(2) 단진자 운동의 에너지-시간 그래프: 진자의 최저점에서 진자의 중력 퍼텐셜 에너지를 0이라고 하면, 주기가 T인 단진자에 대해 시간에 따른 역학적 에너지는 다음과 같다.

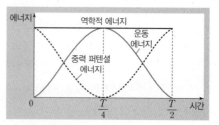

(3) 단진동하는 단진자의 주기: 진폭 θ가 매우 작은 경우 단진자의 주기는 진자의 길이에만 의존한다.

① **추에 작용하는 힘:** θ가 매우 작으므로 그림에서 $\sin\theta = \dfrac{x}{l}$이다.

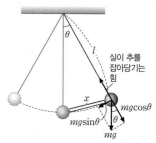

추에 작용하는 접선 방향의 힘은 $F = -mg\sin\theta = -\dfrac{mg}{l}x$

이다. 여기서 (−)부호는 복원력이 변위와 반대 방향임을 의미한다.

② **진자의 주기(T):** $\omega^2 = \dfrac{g}{l}$, $\omega = \dfrac{2\pi}{T}$이므로 주기는 $T = 2\pi\sqrt{\dfrac{l}{g}}$이다.

③ **진자의 등시성:** 단진자의 주기는 추의 질량이나 진폭에 관계없이 진자의 길이에만 관계가 있다.

탐구자료 살펴보기 ▷ **단진자의 주기 측정**

과정

(1) 추를 매단 실의 끝을 스탠드에 고정하여 추가 진동할 수 있게 장치한다.

(2) 추가 10회 왕복하는 데 걸린 시간으로부터 진자의 주기를 측정한다.

(3) 추의 질량을 0.3 kg, 진폭을 10°로 하고 진자의 길이를 각각 1.0 m, 0.5 m, 0.25 m로 바꾸어 가면서 과정 (2)를 반복한다.

(4) 추의 질량을 0.3 kg, 진자의 길이를 1.0 m로 하고 진폭을 각각 5°, 15°, 30°로 바꾸어 가면서 과정 (2)를 반복한다.

(5) 진자의 길이를 1.0 m, 진폭을 10°로 하고 추의 질량을 각각 0.1 kg, 0.2 kg, 0.3 kg으로 바꾸어 가면서 과정 (2)를 반복한다.

결과

(3)의 결과

진자의 길이	주기
1.0 m	2.01 s
0.5 m	1.42 s
0.25 m	1.00 s

(4)의 결과

진폭	주기
5°	2.00 s
15°	2.01 s
30°	2.02 s

(5)의 결과

추의 질량	주기
0.1 kg	1.99 s
0.2 kg	2.00 s
0.3 kg	2.01 s

point

• 단진자 주기 식에 의한 예상값 $T = 2\pi\sqrt{\dfrac{l}{g}}$과 실험 측정값이 거의 일치한다.

• 진자의 길이가 길어질수록 진자의 주기는 길어진다.

• 진자의 주기는 진폭과 질량에 관계없이 일정하다.

정답

1. $2\pi\sqrt{\dfrac{l}{g}}$

2. $2T$

5 열과 일의 전환

(1) 온도와 열

① **온도:** 물체의 차고 더운 정도를 수치로 나타낸 것을 온도라고 한다. 물체를 구성하고 있는 입자들의 평균 운동 에너지가 클수록 물체의 온도가 높다.

② **열:** 에너지의 한 형태로, 물체 사이의 온도 차에 의해 이동하는 에너지이다.
- 열은 자연적으로 고온에서 저온으로 이동한다.
- 고온의 물체에서 저온의 물체로 이동한 열에너지의 양을 열량이라고 한다.
- 열량의 단위는 kcal 또는 J을 사용한다.

③ **비열과 열용량**
- 비열(c): 어떤 물질 1 kg의 온도를 1 K 높이는 데 필요한 열량을 의미한다.
  - 대체로 액체의 비열은 크고, 고체의 비열은 작다.
  - 비열의 단위 : J/kg·K, J/kg·℃, kcal/kg·K, kcal/kg·℃

금속	비열(kcal/kg·℃)	비금속	비열(kcal/kg·℃)
알루미늄	0.215	물	1.00
철	0.107	바닷물	0.93
구리	0.092	에틸 알코올	0.58
은	0.056	얼음(−10 ℃)	0.53
수은	0.033	유리	0.20
납	0.031	실리콘	0.17

실온에서 여러 가지 물질의 비열

- 열용량(C): 어떤 물체의 온도를 1 K 높이는 데 필요한 열량을 의미한다.
  - 질량 m인 물체의 열용량 C와 비열 c의 관계는 다음과 같다. ➡ $C = cm$
  - 열용량의 단위 : J/K, J/℃, kcal/K, kcal/℃

④ **열평형**
- 열평형 상태: 온도가 서로 다른 두 물체 A, B를 접촉시켜 놓으면 얼마 후 A, B의 온도가 같아지는데, 이때 A, B는 열평형 상태에 도달했다고 한다. 이는 접촉면을 통해 고온인 물체 A에서 저온인 물체 B로 열에너지가 이동하여 평형 상태가 되기 때문이다.
- 열량 보존 법칙: 열평형 상태에 도달할 때까지 고온의 물체 A가 잃은 열량은 저온의 물체 B가 얻은 열량과 같은데, 이를 열량 보존 법칙이라고 한다. 이때 물체가 서로 주고받은 열량 Q는 다음과 같다.

$$Q = cm \Delta T = C \Delta T \ (c: 비열, m: 질량, C: 열용량, \Delta T: 온도 변화량)$$

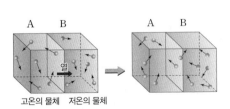

분자 운동과 열의 이동

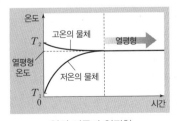

열의 이동과 열평형

1. 찌그러진 탁구공을 뜨거운 물속에 넣었을 때 탁구공이 원래 모양으로 되돌아가는 현상은 (㉠)이 (㉡)으로 전환되는 예이고, 사포로 물체를 문지를 때 열이 발생하는 현상은 (㉡)이 (㉠)으로 전환되는 예이다.

2. 기체가 외부로부터 열을 공급받아 ΔU만큼 내부 에너지가 변하고 기체가 외부로 W만큼 일을 했다면 기체가 공급받은 열량은 ( )이다.

(2) 열과 일의 전환

① 열이 일로 전환되는 예

• 주전자에 물을 담고 끓일 때 주전자 뚜껑이 달그락거린다. ➡ 물이 끓을 때 발생된 수증기의 열에너지가 주전자의 뚜껑을 밀어 올리는 일을 하여 뚜껑이 달그락거린다.

• 찌그러진 탁구공을 뜨거운 물속에 넣으면 탁구공이 원래 모양으로 돌아온다. ➡ 뜨거운 물에 의해 탁구공 안에 있는 기체는 열을 공급받고 이로 인해 분자 운동이 활발해진 기체가 탁구공 안쪽 표면을 밀어내는 일을 하여 원래 모양으로 펴진다.

• 증기 기관, 자동차, 제트기의 엔진과 같이 열기관에서 열이 일로 전환된다.

 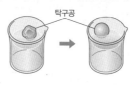 

② 일이 열로 전환되는 예

• 사포로 물체를 문지를 때 열이 발생된다.

• 망치로 못을 내리치면 망치와 못의 온도가 올라간다.

• 모래가 들어 있는 통을 여러 번 흔들면 모래의 온도가 올라간다.

• 추운 겨울에 손을 비비면 마찰에 의해 열이 발생하여 손이 따뜻해진다.

(3) 내부 에너지

① 내부 에너지(U): 물체를 구성하는 입자들의 운동 에너지와 퍼텐셜 에너지의 총합이다.

② 일과 내부 에너지의 관계

• 망치로 못을 내리칠 때 망치와 못의 온도가 올라가는 까닭: 망치와 못의 충돌로 인해 망치와 못을 구성하는 분자들의 운동이 활발해지면서 내부 에너지가 증가한 것이므로 망치의 역학적 에너지가 내부 에너지로 전환한 것이다.

• 모래가 들어 있는 통을 여러 번 흔들었을 때 모래의 온도가 올라가는 까닭: 모래 사이의 충돌과 마찰로 인해 모래의 내부 에너지가 증가한 것이므로 통의 흔들림에 의한 역학적 에너지가 내부 에너지로 전환한 것이다.

③ 이상 기체의 내부 에너지: 이상 기체의 경우 분자들 사이의 상호 작용이 없으므로 이상 기체의 내부 에너지는 분자들의 운동 에너지의 총합과 같다.

(4) 열역학 제1법칙

① 외부에서 계에 가해 준 열량(Q)은 계의 내부 에너지의 변화량(ΔU)과 계가 외부에 해 준 일(W)의 합과 같다.

$$Q = \Delta U + W$$

② 열역학 제1법칙은 역학적 에너지와 열을 포함하는 에너지 보존 법칙의 또 다른 표현이다.

③ 열역학 제1법칙에서 부호의 의미: 계가 일을 받으면 $W < 0$, 일을 하면 $W > 0$, 주위로 열을 방출하면 $Q < 0$, 주위로부터 열을 흡수하면 $Q > 0$이다.

물리량	(+)	(−)
Q	열 흡수	열 방출
ΔU	내부 에너지 증가	내부 에너지 감소
W	외부에 일을 함	외부에서 일을 받음

6 열의 일당량

(1) 줄의 실험 장치와 에너지 전환

① **줄의 실험 장치**: 영국의 물리학자인 줄(Joule)은 외부와 열의 이동이 없도록 차단한 용기에 있는 물에 역학적으로 일을 해 주었을 때 물의 온도가 변하는 것을 보여줌으로써 열이 에너지의 한 형태라는 것을 증명하였다.

② **줄의 실험 장치에서 에너지 전환**: 추의 중력 퍼텐셜 에너지 → 회전 날개의 운동 에너지 → 회전 날개와 물의 마찰로 인한 열에너지

(2) 열의 일당량 J: 추가 낙하하는 동안 중력이 추에 한 일 W와 열량계 속에서 회전 날개와 물의 마찰로 발생한 열량 Q 사이에는 다음 관계가 성립한다.

$$W=JQ$$

① 비례 상수 J를 열의 일당량이라고 하며, 그 값은 $J=4.2 \times 10^3$ J/kcal이다.
② 1 kcal의 열에너지가 4.2 kJ의 역학적 에너지에 해당함을 의미한다.

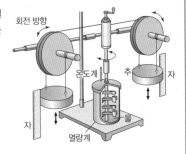

🧪 **탐구자료 살펴보기** ▶ **줄의 실험과 열의 일당량**

과정

1843년 줄은 추가 낙하하는 동안 중력이 추에 해 준 일과, 그로 인해 열량계 속에 들어 있는 회전 날개가 회전하면서 물과 마찰에 의해 발생하는 열 사이의 관계를 측정하였다.

질량이 15 kg인 추 2개를 1.5 m만큼 낙하시키는 실험을 20회 반복하였더니 질량이 5 kg인 물의 온도가 약 0.42 ℃ 높아졌을 때, 추가 낙하하는 동안 감소한 역학적 에너지와 마찰에 의해 발생한 열량을 구해 보자. (단, 중력 가속도는 9.8 m/s², 물의 비열 c는 1 kcal/kg·℃이다.)
- 추 1개의 질량(M): 15 kg
- 추가 낙하한 거리(h): 1.5 m
- 추의 낙하 횟수(N): 20회
- 물의 질량(m): 5 kg
- 물의 온도 변화(ΔT): 0.42 ℃

결과

- 추 2개가 1번 낙하하는 동안 중력 퍼텐셜 에너지 감소량은 $\Delta U = 2Mgh = 441$(J)이다.
- 추 2개가 20번 낙하하는 동안 감소한 역학적 에너지는 $\Delta E = 20 \times \Delta U = 8820$(J)이다.
- 회전 날개와 물의 마찰로 인해 발생한 열량(=물이 얻은 열량)은 $Q = cm\Delta T = 2.1$(kcal)이다.

point

- 추가 낙하하는 동안 감소한 역학적 에너지는 중력이 한 일과 같고, 중력이 추에 한 일 W는 열량계에서 회전 날개와 물의 마찰로 인해 발생한 열량 Q와 같다.
- 1 kcal의 열량에 해당하는 역학적 에너지는 4.2×10^3 J이다.

개념 체크

◉ **열의 일당량**: 열 1 cal에 해당하는 일의 양은 4.2 J이다.

[1~3] 그림은 추가 일정한 속력으로 낙하하며 추의 중력 퍼텐셜 에너지 변화량이 모두 물의 온도 변화에만 사용되는 줄의 실험 장치를 나타낸 것이다.

1. 추의 중력 퍼텐셜 에너지는 회전 날개의 운동 에너지로 전환되었다가 회전 날개와 물의 마찰로 인한 열에너지로 전환된다.

(○ , ×)

2. 추의 질량이 클수록 물의 온도 변화량은 ( ).

3. 추가 낙하하는 동안 중력이 추에 한 일 W와 열량계 속에서 회전 날개와 물의 마찰로 발생한 열량 Q 사이에는 $W=JQ$의 관계가 성립하고 J를 ( )이라 한다.

정답

1. ○
2. 크다
3. 열의 일당량

01 다음은 일과 운동 에너지에 대한 설명이다.

[24027-0083]

정지해 있는 질량이 2 kg인 물체에 크기가 10 N으로 일정한 힘이 수평면과 나란한 방향으로 작용하여 물체가 힘의 방향으로 2 m 이동하였다면, 크기가 10 N으로 일정한 힘이 물체에 한 일은 물체의 ⃞ ㉠ 변화량과 같으므로 물체의 이동 거리가 2 m일 때 물체의 속력은 ⃞ ㉡ 이다.

㉠과 ㉡으로 옳은 것은? (단, 물체의 크기, 공기 저항과 모든 마찰은 무시한다.)

	㉠	㉡
①	운동 에너지	$\sqrt{5}$ m/s
②	운동 에너지	$2\sqrt{5}$ m/s
③	운동 에너지	$3\sqrt{5}$ m/s
④	중력 퍼텐셜 에너지	$\sqrt{5}$ m/s
⑤	중력 퍼텐셜 에너지	$2\sqrt{5}$ m/s

02 그림은 수평면과 30°의 각을 이루는 빗면 위에 정지해 있던 질량 m인 물체에 빗면과 나란한 방향으로 크기가 mg인 일정한 힘을 가해 물체가 높이 h인 빗면 위의 점 p를 지나는 모습을 나타낸 것이다.

[24027-0084]

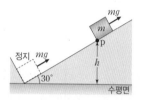

p에서 물체의 속력은? (단, 중력 가속도는 g이고, 물체의 크기, 공기 저항과 모든 마찰은 무시한다.)

① $\dfrac{\sqrt{gh}}{2}$ ② $\sqrt{\dfrac{gh}{2}}$ ③ $\sqrt{gh}$ ④ $\sqrt{2gh}$ ⑤ $2\sqrt{gh}$

03 그림과 같이 질량이 m인 물체 A와 실로 연결된 질량이 $2m$인 물체 B를 가만히 놓았더니 A, B가 등가속도 운동을 한다.

이에 대한 설명으로 옳은 것만을 〈보기〉에서 있는 대로 고른 것은? (단, 중력 가속도는 g이고, 실의 질량, 물체의 크기, 모든 마찰은 무시한다.)

[24027-0085]

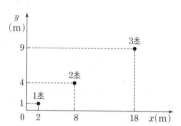

┌─ 보 기 ─────────────────────
ㄱ. A가 h만큼 이동하였을 때, 운동 에너지는 B가 A의 2배이다.

ㄴ. A가 h만큼 이동하였을 때, A의 속력은 $\sqrt{\dfrac{2gh}{3}}$이다.

ㄷ. B가 등가속도 운동을 하는 동안, B에 작용하는 알짜힘의 크기는 $\dfrac{2}{3}mg$이다.
──────────────────────────────

① ㄱ ② ㄷ ③ ㄱ, ㄴ ④ ㄴ, ㄷ ⑤ ㄱ, ㄴ, ㄷ

04 그림은 xy 평면에서 원점에 정지해 있던 질량이 2 kg인 물체가 xy 평면과 나란한 방향으로 일정한 크기의 힘을 받아 xy 평면에서 등가속도 운동을 할 때 물체의 위치를 1초 간격으로 나타낸 것이다.

[24027-0086]

3초일 때 물체의 속력은?

① $3\sqrt{5}$ m/s ② $6\sqrt{5}$ m/s ③ $6\sqrt{10}$ m/s

④ $9\sqrt{5}$ m/s ⑤ $9\sqrt{10}$ m/s

05 그림은 물체 A와 실로 연결되어 정지해 있던 물체 B를 전동기가 일정한 크기의 힘으로 당겨 연직 방향으로 이동시키는 모습을 나타낸 것이다. A, B의 질량은 각각 2 kg, 1 kg이고 A가 정지 상태에서 5 m 이동하였을 때 A의 운동 에너지는 100 J이다.

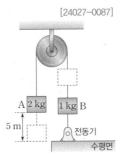

이에 대한 설명으로 옳은 것만을 〈보기〉에서 있는 대로 고른 것은? (단, 중력 가속도는 10 m/s²이고, 물체의 크기, 실의 질량, 모든 마찰과 공기 저항은 무시한다.)

● 보기 ●
ㄱ. A가 정지 상태에서 5 m 이동하였을 때, B의 속력은 10 m/s이다.
ㄴ. A가 5 m 이동하는 동안 실이 A를 당기는 힘의 크기는 30 N이다.
ㄷ. A가 5 m 이동하는 동안 전동기가 한 일은 250 J이다.

① ㄱ ② ㄷ ③ ㄱ, ㄴ ④ ㄴ, ㄷ ⑤ ㄱ, ㄴ, ㄷ

[24027-0088]

06 그림과 같이 높이가 $3h$인 수평 구간에서 등속도 운동을 하던 물체가 궤도상의 점 p, q, r, s를 지난다. q에서 r까지 물체가 운동하는 동안 물체에 일정한 크기의 힘이 운동 방향과 반대 방향으로 작용하여 물체는 등속도 운동을 하였고, q와 r의 높이 차는 h이며, 물체의 운동 에너지는 p, r, s에서 각각 E_0, $2E_0$, $3E_0$이다.

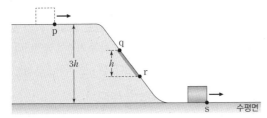

이에 대한 설명으로 옳은 것만을 〈보기〉에서 있는 대로 고른 것은? (단, 물체는 동일 연직면상에서 운동하고, 수평면에서 중력 퍼텐셜 에너지는 0이며, 물체의 크기, 모든 마찰은 무시한다.)

● 보기 ●
ㄱ. p와 q의 높이 차는 h이다.
ㄴ. q에서 r까지 물체의 역학적 에너지 감소량은 E_0이다.
ㄷ. p에서 물체의 역학적 에너지는 $5E_0$이다.

① ㄱ ② ㄷ ③ ㄱ, ㄴ ④ ㄴ, ㄷ ⑤ ㄱ, ㄴ, ㄷ

[24027-0089]

07 다음은 역학적 에너지 보존에 대한 설명이다.

수평면과 θ의 각을 이루며 v의 속력으로 던져진 질량이 m인 물체는 포물선 운동을 한다. 물체는 수평 방향으로는 　⊙　 운동을 하므로 높이가 h인 최고점에서 물체의 속도의 크기는 　ⓒ　이다. 또한 중력 가속도를 g라 하면, 물체의 　ⓒ　은 수평면에서 던져진 순간과 최고점에서가 같으므로 $\frac{1}{2}mv^2 = \frac{1}{2}m(\boxed{ⓒ})^2 + mgh$이다.

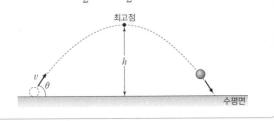

이에 대한 설명으로 옳은 것만을 〈보기〉에서 있는 대로 고른 것은? (단, 물체의 크기는 무시한다.)

● 보기 ●
ㄱ. ⊙은 '등속도'가 적절하다.
ㄴ. ⓒ은 $v\sin\theta$이다.
ㄷ. ⓒ은 '역학적 에너지'가 적절하다.

① ㄱ ② ㄴ ③ ㄱ, ㄷ ④ ㄴ, ㄷ ⑤ ㄱ, ㄴ, ㄷ

[24027-0090]

08 그림과 같이 수평면상의 점 p에서 $2v$의 속력으로 수평면에 대해 비스듬히 던져진 물체가 높이가 h인 최고점 q를 지나 점 r를 $\sqrt{2}v$의 속력으로 수평 방향과 45°의 각을 이루며 통과하는 포물선 운동을 한다.

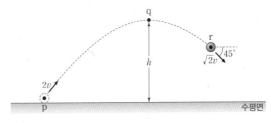

r의 높이는? (단, 물체의 크기는 무시한다.)

① $\frac{5}{9}h$ ② $\frac{4}{7}h$ ③ $\frac{3}{5}h$ ④ $\frac{2}{3}h$ ⑤ $\frac{3}{4}h$

09 [24027-0091]
그림과 같이 점 p에서 수평 방향으로 던져진 물체가 포물선 운동을 하여 점 q, r를 지나 수평면상의 점 s에 도달한다. 표는 p, q, r, s에서 물체의 운동 에너지를 나타낸 것이다.

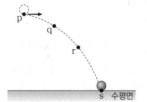

점	운동 에너지
p	E_0
q	$2E_0$
r	$5E_0$
s	$10E_0$

이에 대한 설명으로 옳은 것만을 〈보기〉에서 있는 대로 고른 것은? (단, 수평면에서 중력 퍼텐셜 에너지는 0이고, 물체의 크기는 무시한다.)

● 보기 ●
ㄱ. 물체의 중력 퍼텐셜 에너지는 p에서가 r에서의 $\frac{9}{5}$배이다.
ㄴ. 물체의 속력은 s에서가 q에서의 $\sqrt{5}$배이다.
ㄷ. 물체의 수평 이동 거리는 p에서 q까지와 r에서 s까지가 같다.

① ㄱ   ② ㄷ   ③ ㄱ, ㄴ   ④ ㄴ, ㄷ   ⑤ ㄱ, ㄴ, ㄷ

10 [24027-0092]
다음은 단진자의 역학적 에너지에 대한 설명이다.

물체가 단진동을 하는 동안 물체의 역학적 에너지는 보존된다. 물체가 최고점에서 최저점으로 운동하는 동안 물체의 ⟨ ㉠ ⟩ 은 물체의 운동 에너지로 전환된다. 물체의 질량을 m, 중력 가속도를 g, 실의 길이를 l, 연직선과 실이 이루는 각의 최댓값을 θ라 할 때, 최저점에서 물체의 운동 에너지는 ⟨ ㉡ ⟩ 이다.

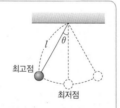
최고점
최저점

이에 대한 설명으로 옳은 것만을 〈보기〉에서 있는 대로 고른 것은? (단, 물체의 크기와 실의 질량은 무시한다.)

● 보기 ●
ㄱ. ㉠은 '중력 퍼텐셜 에너지'가 적절하다.
ㄴ. l이 클수록 단진동의 주기는 작다.
ㄷ. ㉡은 $\frac{mgl}{1-\cos\theta}$이다.

① ㄱ   ② ㄷ   ③ ㄱ, ㄴ   ④ ㄴ, ㄷ   ⑤ ㄱ, ㄴ, ㄷ

11 [24027-0093]
그림과 같이 물체가 실에 연결되어 단진동을 한다. 표는 단진자 A, B, C가 단진동을 할 때 A, B, C에서 물체의 질량, 실의 길이, 연직 방향과 실이 이루는 각의 최댓값을 나타낸 것이다.

실
물체

단진자	물체의 질량	실의 길이	각의 최댓값
A	m_0	l_0	θ_0
B	$2m_0$	l_0	$2\theta_0$
C	m_0	$2l_0$	θ_0

단진자가 단진동을 하는 동안, 이에 대한 설명으로 옳은 것만을 〈보기〉에서 있는 대로 고른 것은? (단, 물체의 크기와 실의 질량은 무시한다.)

● 보기 ●
ㄱ. 물체의 최고점과 최저점의 높이 차는 A가 B보다 작다.
ㄴ. 단진동의 주기는 B가 C의 $\sqrt{2}$배이다.
ㄷ. 물체의 속력의 최댓값은 A가 C의 $\sqrt{2}$배이다.

① ㄱ   ② ㄴ   ③ ㄱ, ㄷ   ④ ㄴ, ㄷ   ⑤ ㄱ, ㄴ, ㄷ

12 [24027-0094]
그림과 같이 길이가 l인 실에 연결된 질량이 m인 물체를 연직 방향과 실이 이루는 각을 60°로 하여 가만히 놓았더니 물체가 점 O를 중심으로 왕복 운동을 한다. 점 p는 공이 운동하는 경로상의 점이고, O와 p의 높이 차는 $\frac{3}{8}l$이다.

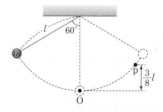
l 60°
p $\frac{3}{8}l$
O

p에서 물체의 속력은? (단, 중력 가속도는 g이고, 물체의 크기, 실의 질량, 마찰과 공기 저항은 무시한다.)

① $\frac{\sqrt{gl}}{3}$ ② $\frac{\sqrt{gl}}{2}$ ③ $\sqrt{gl}$ ④ $2\sqrt{gl}$ ⑤ $3\sqrt{gl}$

13 다음은 열과 일이 서로 전환되는 과정에 대한 설명이다.
[24027-0095]

> 나무를 서로 마찰시키면 ⑦ 이 ⑥ 으로 전환되어 불을 피울 수 있다. 또한 열기관처럼 열이 기체에 공급되어 기체의 부피가 팽창되면 ⑥ 이 ⑦ 으로 전환되어 동력을 얻을 수 있다.

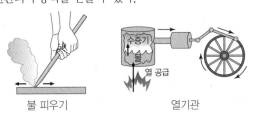

불 피우기   열기관

이에 대한 설명으로 옳은 것만을 〈보기〉에서 있는 대로 고른 것은?

> **● 보기 ●**
> ㄱ. ⑦은 일이다.
> ㄴ. ⑥은 고온에서 저온으로 저절로 이동한다.
> ㄷ. 뜨거운 물에 넣은 찌그러진 탁구공이 펴지는 것은 ⑦ 이 ⑥으로 전환된 것이다.

① ㄱ ② ㄷ ③ ㄱ, ㄴ ④ ㄴ, ㄷ ⑤ ㄱ, ㄴ, ㄷ

14 그림은 단열된 실린더에 들어 있는 이상 기체에 30 cal의 열을 서서히 공급하였을 때 기체가 250 N/m²의 일정한 압력을 유지하며 부피가 증가한 모습을 나타낸 것이다. 표는 열을 공급하기 전과 후 피스톤이 정지해 있을 때 기체의 부피를 나타낸 것이다.
[24027-0096]

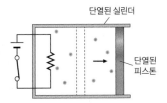

	부피(m³)
공급 전	0.2
공급 후	0.4

열을 공급하는 과정에서 기체의 내부 에너지 증가량은? (단, 열의 일당량은 4.2 J/cal이고, 피스톤의 마찰은 무시한다.)

① 64 J ② 68 J ③ 72 J ④ 76 J ⑤ 80 J

15 다음은 줄의 실험 장치에 대한 설명이다.
[24027-0097]

> 줄의 실험 장치에서 추가 일정한 속력으로 낙하하는 동안 중력이 추에 한 일 W 는 ⑦ 과 같고, 추의 ⑦ 이 모두 액체의 온도 변화에만 사용된다면, ⑦ 은 액체가 얻은 열량 Q 와 같다. 따라서 열의 일당량을 J 라 하면 $J =$ ⑥ 이다.

온도계
추
열량계
액체

이에 대한 설명으로 옳은 것만을 〈보기〉에서 있는 대로 고른 것은? (단, 실의 질량은 무시한다.)

> **● 보기 ●**
> ㄱ. ⑦은 '추의 중력 퍼텐셜 에너지 감소량'이 적절하다.
> ㄴ. ⑥은 $\frac{W}{Q}$ 이다.
> ㄷ. 추의 질량이 클수록 액체의 온도 변화는 크다.

① ㄱ ② ㄷ ③ ㄱ, ㄴ ④ ㄴ, ㄷ ⑤ ㄱ, ㄴ, ㄷ

16 그림은 줄의 실험 장치에서 추를 일정한 속력으로 낙하시키는 모습을 나타낸 것이고, 표는 이 장치를 이용한 실험 A, B, C에서 측정한 액체의 질량, 추의 질량, 추의 낙하 거리를 나타낸 것이다.
[24027-0098]

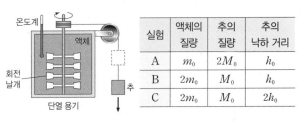

온도계
액체
회전
날개
단열 용기
추

실험	액체의 질량	추의 질량	추의 낙하 거리
A	m_0	$2M_0$	h_0
B	$2m_0$	M_0	h_0
C	$2m_0$	M_0	$2h_0$

A, B, C에서 액체의 비열은 같고 액체의 온도 변화량을 각각 ΔT_A, ΔT_B, ΔT_C라 할 때, ΔT_A, ΔT_B, ΔT_C의 대소 관계를 옳게 비교한 것은? (단, 실의 질량은 무시하고, 추의 중력 퍼텐셜 에너지 변화량은 모두 액체의 온도 변화에만 사용된다.)

① $\Delta T_A > \Delta T_B > \Delta T_C$ ② $\Delta T_A > \Delta T_C > \Delta T_B$
③ $\Delta T_B > \Delta T_A > \Delta T_C$ ④ $\Delta T_B > \Delta T_C > \Delta T_A$
⑤ $\Delta T_C > \Delta T_B > \Delta T_A$

물체에 작용하는 알짜힘이 0이면 물체는 등속도 운동을 한다.

[24027-0099]

01 그림 (가)와 같이 수평면과 30°의 각을 이루는 빗면에서 물체 A와 실로 연결된 물체 B에 크기가 mg인 일정한 힘이 빗면과 나란한 방향으로 작용하여 A, B가 속력 v로 등속도 운동을 하다가 A가 점 p를 지나는 순간 실이 끊어진다. 그림 (나)는 실이 끊어진 순간부터 A가 L만큼 이동하였을 때 A가 최고점에 도달하여 정지한 순간을 나타낸 것이다. B의 질량은 m이다.

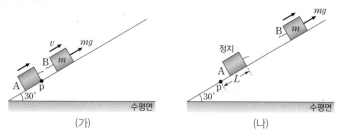

(가)   (나)

이에 대한 설명으로 옳은 것만을 〈보기〉에서 있는 대로 고른 것은? (단, 중력 가속도는 g이고, 물체의 크기, 실의 질량, 모든 마찰은 무시한다.)

● 보기 ●

ㄱ. A의 질량은 m이다.
ㄴ. A가 정지한 순간, B의 운동 에너지는 $3mv^2$이다.
ㄷ. A가 p를 지나는 순간부터 A가 정지한 순간까지 B의 이동 거리는 $2L$이다.

① ㄱ   ② ㄷ   ③ ㄱ, ㄴ   ④ ㄴ, ㄷ   ⑤ ㄱ, ㄴ, ㄷ

[24027-0100]

B에 작용하는 알짜힘이 B에 한 일은 B의 운동 에너지 변화량과 같다.

02 그림과 같이 물체 A, C와 연결된 물체 B를 수평면상의 $x=0$인 지점에서 가만히 놓았더니 A, B, C가 등가속도 운동을 한다. B의 질량은 m이다. 표는 B가 $x=L$인 지점을 지나는 순간 A, B, C의 운동 에너지를 나타낸 것이다.

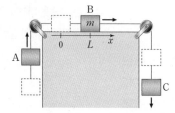

물체	운동 에너지
A	㉠
B	$\frac{1}{4}mgL$
C	$\frac{1}{2}mgL$

이에 대한 설명으로 옳은 것만을 〈보기〉에서 있는 대로 고른 것은? (단, 중력 가속도는 g이고, 물체의 크기, 실의 질량, 모든 마찰은 무시한다.)

● 보기 ●

ㄱ. B가 $x=L$인 지점을 지나는 순간, B의 속력은 $\sqrt{\dfrac{gL}{2}}$이다.
ㄴ. 질량은 A가 C의 $\frac{1}{2}$배이다.
ㄷ. ㉠은 $\frac{1}{2}mgL$이다.

① ㄱ   ② ㄷ   ③ ㄱ, ㄴ   ④ ㄴ, ㄷ   ⑤ ㄱ, ㄴ, ㄷ

03 그림 (가)는 $x=0$에 정지해 있던 물체가 $x=0$에서 $x=4d$까지 크기가 F_1인 일정한 힘을 전동기로부터 수평 방향으로 받아 운동하는 모습을 나타낸 것이다. 물체는 크기가 F_1인 일정한 힘을 전동기로부터 받아 운동하는 동안, $x=2d$에서 $x=4d$까지 운동 방향과 나란한 방향으로 크기가 F_2인 일정한 힘을 추가로 받는다. 그림 (나)는 (가)에서 물체의 운동 에너지를 이동 거리 x에 따라 나타낸 것이다.

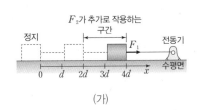

(가)

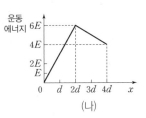

(나)

$x=2d$에서 $x=4d$까지 F_1과 F_2의 합력이 물체에 작용하는 알짜힘이고, 알짜힘이 한 일은 물체의 운동 에너지 변화량과 같다.

이에 대한 설명으로 옳은 것만을 〈보기〉에서 있는 대로 고른 것은? (단, 물체의 크기, 실의 질량, 모든 마찰은 무시한다.)

● 보기 ●
ㄱ. 크기가 F_2인 힘의 방향은 물체의 운동 방향과 반대 방향이다.
ㄴ. $F_1 = \dfrac{3}{4}F_2$이다.
ㄷ. 물체의 속력은 $x=2d$에서가 $x=4d$에서의 $\sqrt{\dfrac{3}{2}}$배이다.

① ㄱ   ② ㄷ   ③ ㄱ, ㄴ   ④ ㄴ, ㄷ   ⑤ ㄱ, ㄴ, ㄷ

04 다음은 일과 에너지를 알아보기 위한 실험이다.

[실험 과정]
(가) 실험대 끝에 놓인 질량이 $1\ \mathrm{kg}$인 수레에 질량이 $0.2\ \mathrm{kg}$인 추를 매달아 수레를 가만히 놓는다.
(나) 수레가 속력 측정기 A와 B를 지날 때 속력을 측정한다.

[실험 결과]

A가 측정한 속력	B가 측정한 속력
$1\ \mathrm{m/s}$	$2\ \mathrm{m/s}$

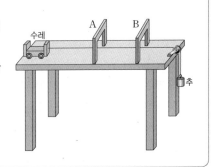

추에 작용하는 중력은 수레와 추를 한 물체로 생각할 때, 한 물체에 작용하는 알짜힘이다.

이에 대한 설명으로 옳은 것만을 〈보기〉에서 있는 대로 고른 것은? (단, 중력 가속도는 $10\ \mathrm{m/s^2}$이고, 수레의 크기, 실의 질량, 속력 측정기의 두께, 모든 마찰과 공기 저항은 무시한다.)

● 보기 ●
ㄱ. 추에 작용하는 중력이 한 일은 수레의 운동 에너지 증가량과 같다.
ㄴ. 수레에 작용하는 알짜힘의 크기는 $2\ \mathrm{N}$이다.
ㄷ. A와 B 사이의 거리는 $0.9\ \mathrm{m}$이다.

① ㄱ   ② ㄷ   ③ ㄱ, ㄴ   ④ ㄴ, ㄷ   ⑤ ㄱ, ㄴ, ㄷ

[24027–0103]

05 그림은 수평면의 점 a에 정지해 있던 질량이 m인 물체가 점 b까지 크기가 F_1인 수평 방향의 일정한 힘을 받아 운동하여 점 c, d를 지나 높이가 h인 지점에서 정지한 순간의 모습을 나타낸 것이다. c에서 d 사이에는 물체가 운동하는 동안 크기가 F_2인 일정한 힘이 물체의 운동 방향과 항상 반대 방향으로 작용한다. a에서 b까지, c에서 d까지의 거리는 h로 같고, 물체의 속력은 b에서가 d에서의 2배이다.

F_1이 한 일은 물체의 운동 에너지 증가량과 같고, F_2가 한 일은 물체의 운동 에너지 감소량과 같다.

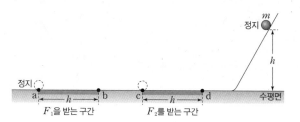

이에 대한 설명으로 옳은 것만을 〈보기〉에서 있는 대로 고른 것은? (단, 중력 가속도는 g이고, 물체는 동일 연직면상에서 운동하며, 물체의 크기, 모든 마찰과 공기 저항은 무시한다.)

─● 보 기 ●─
ㄱ. $F_1 = 4mg$이다.
ㄴ. b에서 물체의 속력은 $\sqrt{2gh}$이다.
ㄷ. 높이 h인 지점에서 다시 내려온 물체는 d에서 $\frac{1}{2}h$만큼 이동하여 정지한다.

① ㄱ   ② ㄷ   ③ ㄱ, ㄴ   ④ ㄴ, ㄷ   ⑤ ㄱ, ㄴ, ㄷ

[24027–0104]

06 그림과 같이 수평면에서 속력 $5v$로 등속도 운동을 하던 물체가 연직면상에 있는 궤도를 따라 운동하여 높이가 $4h$인 수평 구간에서 속력 $2v$로 등속도 운동을 한다. 빗면 구간 S_1, S_2에서 물체가 운동하는 동안 물체에 일정한 크기의 힘이 각각 운동 방향으로 작용하여 물체는 S_1, S_2에서 각각 등속도, 등가속도 운동을 하였고, S_1과 S_2에서 역학적 에너지가 각각 E_1, E_2만큼 증가하였다. 수평면으로부터 S_1의 시작점까지의 높이는 h, S_1의 끝점과 S_2의 시작점의 높이 차는 h, S_2의 끝점과 높이 $4h$인 수평 구간의 높이 차는 h이다. S_2에서 물체의 운동 에너지 증가량과 물체의 중력 퍼텐셜 에너지 증가량은 같다.

수평면에서 물체의 역학적 에너지와 $2v$로 등속도 운동을 하는 수평 구간에서 물체의 역학적 에너지의 차이는 $E_1 + E_2$이다.

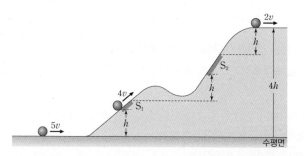

$E_1 : E_2$는?

① 1 : 3   ② 1 : 4   ③ 2 : 7   ④ 2 : 9   ⑤ 3 : 10

[24027-0105]

07 그림과 같이 수평면과 $45°$의 각을 이루며 v의 속력으로 던져진 질량이 1 kg인 물체가 포물선 운동을 한다. 최고점에서 물체의 역학적 에너지는 50 J이다.

수평면에서 물체의 운동 에너지는 물체의 역학적 에너지와 같다.

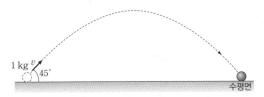

이에 대한 설명으로 옳은 것만을 〈보기〉에서 있는 대로 고른 것은? (단, 중력 가속도는 10 m/s^2이고, 수평면에서 중력 퍼텐셜 에너지는 0이며, 물체의 크기는 무시한다.)

─● 보기 ●─
ㄱ. $v=10 \text{ m/s}$이다.
ㄴ. 최고점에서 물체의 운동 에너지는 물체의 중력 퍼텐셜 에너지보다 크다.
ㄷ. 최고점의 높이는 5 m이다.

① ㄱ   ② ㄷ   ③ ㄱ, ㄴ   ④ ㄴ, ㄷ   ⑤ ㄱ, ㄴ, ㄷ

[24027-0106]

08 그림과 같이 수평면과 각각 $45°$, $30°$의 각을 이루며 던져진 물체 A, B가 각각 포물선 운동을 한다. A, B의 최고점의 높이는 각각 $2h$, h이고, A의 최고점에서 A의 중력 퍼텐셜 에너지와 B의 최고점에서 B의 중력 퍼텐셜 에너지는 같다.

물체의 중력 퍼텐셜 에너지는 물체의 질량과 물체의 높이에 각각 비례한다.

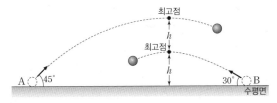

이에 대한 설명으로 옳은 것만을 〈보기〉에서 있는 대로 고른 것은? (단, 수평면에서 중력 퍼텐셜 에너지는 0이고, 물체의 크기는 무시한다.)

─● 보기 ●─
ㄱ. 질량은 B가 A의 2배이다.
ㄴ. 역학적 에너지는 A가 B의 2배이다.
ㄷ. B의 최고점에서 B의 운동 에너지는 B의 중력 퍼텐셜 에너지의 3배이다.

① ㄱ   ② ㄴ   ③ ㄱ, ㄷ   ④ ㄴ, ㄷ   ⑤ ㄱ, ㄴ, ㄷ

물체를 던진 순간 속력이 B가 A의 2배이므로 물체를 던진 순간 운동 에너지는 B가 A의 4배이다.

09 그림과 같이 높이가 $3h$인 지점에서 물체 A를 수평 방향으로 속력 v로 던진 후, 수평면에서 물체 B를 연직 위 방향으로 속력 $2v$로 던졌다. A, B는 각각 포물선 운동, 등가속도 직선 운동을 하여 높이가 $2h$인 점 p에서 만난다. A와 B의 질량은 같고, p에서 A와 B의 운동 에너지는 같다.

[24027-0107]

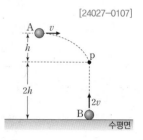

이에 대한 설명으로 옳은 것만을 〈보기〉에서 있는 대로 고른 것은? (단, 수평면에서 중력 퍼텐셜 에너지는 0이고, 물체의 크기는 무시한다.)

● 보기 ●
ㄱ. 역학적 에너지는 A와 B가 같다.
ㄴ. p에서 B의 운동 에너지는 B의 중력 퍼텐셜 에너지보다 크다.
ㄷ. p에서 A의 속도의 연직 방향 성분의 크기는 v이다.

① ㄱ ② ㄴ ③ ㄱ, ㄷ ④ ㄴ, ㄷ ⑤ ㄱ, ㄴ, ㄷ

물체의 운동 에너지는 A에서 최댓값을 가지고 물체의 중력 퍼텐셜 에너지는 B에서 최댓값을 가진다.

10 그림 (가)는 질량이 m인 물체가 실에 연결되어 단진동을 하는 모습을 나타낸 것이다. 점 A, B는 각각 물체의 최저점과 최고점이다. 그림 (나)는 물체가 A를 지나는 순간부터 물체의 중력 퍼텐셜 에너지를 시간에 따라 나타낸 것이다.

[24027-0108]

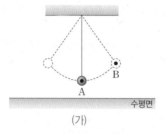

(가)

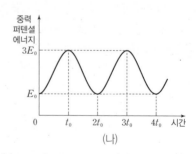

(나)

이에 대한 설명으로 옳은 것만을 〈보기〉에서 있는 대로 고른 것은? (단, 수평면에서 물체의 중력 퍼텐셜 에너지는 0이고, 물체의 크기와 실의 질량은 무시한다.)

● 보기 ●
ㄱ. 단진동의 주기는 $4t_0$이다.
ㄴ. $2t_0$일 때 물체의 속력은 $\sqrt{\dfrac{4E_0}{m}}$이다.
ㄷ. A와 B의 높이 차는 A의 높이의 2배이다.

① ㄱ ② ㄷ ③ ㄱ, ㄴ ④ ㄴ, ㄷ ⑤ ㄱ, ㄴ, ㄷ

11 [24027-0109]

그림 (가), (나)와 같이 질량이 각각 $2m$, m인 물체가 실에 연결되어 단진동을 한다. 연직 방향과 실이 이루는 각의 최댓값은 (가)에서와 (나)에서가 θ로 같고, 물체의 최저점에서 물체의 운동 에너지는 (나)에서가 (가)에서의 2배이다.

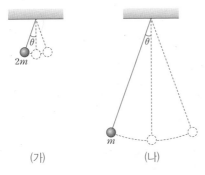

(가)   (나)

물체의 운동 에너지는 물체의 질량에 비례하고, 물체의 속력의 제곱에 비례한다.

이에 대한 설명으로 옳은 것만을 〈보기〉에서 있는 대로 고른 것은? (단, 물체의 크기와 실의 질량은 무시한다.)

 보기

ㄱ. 물체의 최저점에서 물체의 속력은 (나)에서가 (가)에서의 2배이다.
ㄴ. 물체의 최저점에서 최고점까지의 높이 차는 (나)에서가 (가)에서의 4배이다.
ㄷ. 단진동의 주기는 (나)에서가 (가)에서의 $\sqrt{2}$배이다.

① ㄱ   ② ㄷ   ③ ㄱ, ㄴ   ④ ㄴ, ㄷ   ⑤ ㄱ, ㄴ, ㄷ

12 [24027-0110]

그림 (가)는 실에 연결되어 최저점을 중심으로 왕복 운동을 하는 물체 A가 최저점을 v의 속력으로 지나는 순간, 물체 B가 수평면에서 연직 위 방향으로 $\sqrt{2}v$의 속력으로 던져진 모습을 나타낸 것이다. 그림 (나)는 (가) 이후 처음으로 A가 최고점에 도달했을 때 B도 최고점에 도달하여 A와 B가 각각 속력이 0이 된 순간을 나타낸 것으로, A와 연결된 실이 연직 방향과 이루는 각은 60°이고 수평면으로부터 B의 최고점까지의 높이는 h이다.

(가)에서 (나)로 A, B가 각각 운동하는 동안 A, B 각각의 역학적 에너지는 보존된다.

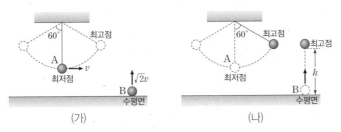

(가)   (나)

A와 연결된 실의 길이를 l이라 할 때, l은? (단, 물체의 크기, 실의 질량, 마찰과 공기 저항은 무시한다.)

① $\frac{5}{8}h$ ② $\frac{3}{4}h$ ③ $\frac{7}{8}h$ ④ h ⑤ $\frac{9}{8}h$

[24027-0111]

13 그림과 같이 두 개의 단열된 실린더에 이상 기체 A, B가 들어 있고, 단면적이 동일한 단열된 두 피스톤이 정지해 있다. A에 열량 Q를 공급하였더니 피스톤이 천천히 이동하여 다시 정지하였다. 정지한 피스톤이 이동하여 다시 정지할 때까지 내부 에너지 증가량은 A가 B의 2배이고 B가 받은 일은 84 J이다.

Q는 A의 내부 에너지 증가량과 A가 한 일의 합과 같고, A가 한 일은 B의 온도를 높이는 데 사용된다.

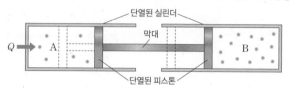

피스톤이 이동하여 다시 정지할 때까지, 이에 대한 설명으로 옳은 것만을 〈보기〉에서 있는 대로 고른 것은? (단, 열의 일당량은 4.2 J/cal이고, 피스톤의 마찰은 무시한다.)

─● 보 기 ●─
ㄱ. A가 일을 하는 동안 B의 온도는 증가한다.
ㄴ. A의 내부 에너지 증가량은 168 J이다.
ㄷ. Q=60 cal이다.

① ㄱ   ② ㄷ   ③ ㄱ, ㄴ   ④ ㄴ, ㄷ   ⑤ ㄱ, ㄴ, ㄷ

[24027-0112]

14 그림 (가)는 이상 기체가 들어 있는 단열된 실린더에서 질량이 5 kg인 물체가 놓인 단열된 피스톤이 정지해 있는 모습을 나타낸 것이다. 그림 (나)는 (가)의 이상 기체에 열량 Q를 공급하였더니 기체의 압력이 일정하게 유지되며 피스톤이 위로 1 m만큼 서서히 이동하여 정지한 모습을 나타낸 것이다. (가)에서 (나)로 피스톤이 이동하는 동안 기체의 내부 에너지 증가량은 76 J이다.

기체가 한 일은 물체의 중력 퍼텐셜 에너지 증가량과 같다.

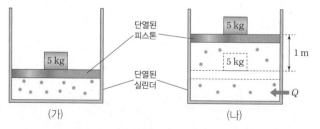

(가)   (나)

Q는? (단, 중력 가속도는 10 m/s²이고 열의 일당량은 4.2 J/cal이며, 대기압과 피스톤의 질량, 피스톤의 마찰, 물체의 크기는 무시한다.)

① 15 cal   ② 20 cal   ③ 25 cal   ④ 30 cal   ⑤ 35 cal

속력─시간 그래프에서 그래프와 시간축이 만드는 면적은 물체의 이동 거리이다.

[24027-0113]

15 그림 (가)는 줄의 실험 장치에서 질량이 21 kg인 추를 가만히 놓았더니 추가 낙하하는 모습을 나타낸 것이다. 액체의 질량은 500 g이고, 액체의 비열은 1 cal/g·℃이다. 그림 (나)는 (가)에서 추의 속력을 시간에 따라 나타낸 것이다.

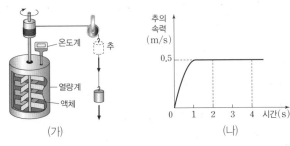

(가)   (나)

이에 대한 설명으로 옳은 것만을 〈보기〉에서 있는 대로 고른 것은? (단, 중력 가속도는 10 m/s², 열의 일당량은 4.2 J/cal이고, 실의 질량은 무시하며, 추의 중력 퍼텐셜 에너지 변화량은 모두 액체의 온도 변화에만 사용된다.)

● 보 기 ●

ㄱ. 2초부터 4초까지, 추의 중력 퍼텐셜 에너지 감소량은 210 J이다.

ㄴ. 2초부터 4초까지, 액체가 얻은 열량은 25 cal이다.

ㄷ. 2초부터 4초까지, 액체의 온도는 0.2 ℃만큼 증가한다.

---

① ㄱ   ② ㄷ   ③ ㄱ, ㄴ   ④ ㄴ, ㄷ   ⑤ ㄱ, ㄴ, ㄷ

[24027-0114]

16 그림 (가)는 줄의 실험 장치에서 전동기가 실을 수평 방향으로 힘 **F**를 작용하여 당기는 모습을 나타낸 것이다. 액체의 질량은 m, 액체의 비열은 c이다. 그림 (나)는 **F**의 크기를 실 위의 점 p의 이동 거리 x에 따라 나타낸 것이다.

전동기가 한 일은 액체가 얻은 열량과 같다.

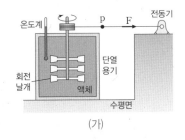 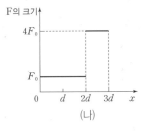

(가)   (나)

실을 당기기 전 액체의 온도는 T_0이고, p가 $3d$만큼 이동하여 회전 날개가 멈추고 충분한 시간이 지난 후 액체의 온도를 T_1이라고 할 때, T_1-T_0은? (단, 열의 일당량은 J이고, 실의 질량은 무시하며, 전동기가 한 일은 모두 액체의 온도 변화에만 사용된다.)

① $\dfrac{4F_0 d}{Jmc}$ ② $\dfrac{6F_0 d}{Jmc}$ ③ $\dfrac{8F_0 d}{Jmc}$ ④ $\dfrac{4F_0 dJ}{mc}$ ⑤ $\dfrac{6F_0 dJ}{mc}$

Ⅱ 전자기장

6. 그림 (가)는 전압이 V로 일정한 전원에 극판의 면적이 서로 같고 극판 사이의 간격이 d로 같은 평행판 축전기 A, B가 연결되어 완전히 충전된 모습을, (나)는 (가)에서 B의 극판 사이의 간격을 $2d$로 바꾸고 유전율이 $2\varepsilon_0$인 유전체를 채워 A, B가 완전히 충전된 모습을 나타낸 것이다.

이에 대한 설명으로 옳은 것만을 <보기>에서 있는 대로 고른 것은? (단, ε_0은 진공의 유전율이다.)

---보 기---
ㄱ. (가)에서, A와 B에 충전된 전하량은 서로 같다.
ㄴ. (나)에서, 전기 용량은 A가 B의 2배이다.
ㄷ. (나)에서, A와 B에 저장된 전기 에너지는 서로 같다.

① ㄱ   ② ㄴ   ③ ㄱ, ㄷ   ④ ㄴ, ㄷ   ⑤ ㄱ, ㄴ, ㄷ

04 ▸23070-0130

그림 (가)는 극판 면적이 같고, 극판 간격이 d인 평행판 축전기 A, B를 전압이 V로 일정한 전원에 연결한 후 스위치를 닫아 A, B를 완전히 충전한 모습을 나타낸 것이다. 점 p는 A와 B 사이 도선상의 점이다. 그림 (나)는 (가)에서 스위치를 연 후 B의 극판 사이의 간격을 $2d$로 서서히 증가시켜, A, B가 완전히 충전된 상태를 나타낸 것이다.

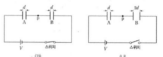

이에 대한 설명으로 옳은 것을 <보기>에서 있는 대로 고른 것은? (단, A, B의 내부는 진공이다.)

<보기>
ㄱ. A에 충전된 전하량은 (가)와 (나)에서 같다.
ㄴ. B에 저장된 전기 에너지는 (나)에서가 (가)에서의 2배이다.
ㄷ. (가) → (나) 과정에서 p에는 B에서 A 방향으로 전류가 흐른다.

① ㄱ   ② ㄷ   ③ ㄱ, ㄴ   ④ ㄴ, ㄷ   ⑤ ㄱ, ㄴ, ㄷ

연계 분석 수능 6번 문항은 수능완성 67쪽 4번 문항과 연계하여 출제되었다. 두 문항 모두 그림 (가)에서는 두 개의 축전기를 직렬로 연결하여 완전히 충전된 상태에 대하여 묻고, (나)에서는 하나의 축전기에 전기 용량의 변화를 주었다는 점에서 높은 유사성을 보인다. 축전기를 직렬연결한 상태에서 각 축전기에 충전된 전하량을 묻는 것, 축전기에 저장된 전기 에너지를 묻는 것은 평가 요소가 같다는 점에서 연계성이 매우 높다. 수능 문항에서는 두 축전기의 전기 용량을 비교하였고, 수능완성 문항에서는 두 축전기 사이에서 전류의 흐름을 물었다는 차이가 있다.

학습 대책 수능 6번 문항은 수능완성 4번 문항의 축전기 연결을 그대로 이용하여 축전기에 충전된 전하량, 축전기의 전기 용량, 축전기에 저장된 전기 에너지를 물음으로써 축전기에 대한 평가 요소를 이해하고 있는가를 평가하고 있다. 따라서 축전기의 두 극판의 면적, 두 극판 사이의 간격, 축전기 내부를 채우고 있는 유전체에 따른 전기 용량의 변화와 축전기에 저장되는 전기 에너지의 변화를 깊이 있게 학습해야 한다. 또한 축전기를 이용한 회로에서 축전기를 직렬로 연결할 때와 병렬로 연결할 때의 차이점, 축전기를 완전히 충전시킨 후 전원과 연결된 스위치를 닫은 상태와 연 상태에서 축전기의 전기 용량을 변화시킬 때의 차이점 등을 학습함으로써 난이도 높은 문항에 대해서도 대비해야 한다.

2024학년도 대학수학능력시험 18번

18. 그림과 같이 점전하 A, B, C가 xy 평면에서 각각 y 축상의 $y = 2d$와 x 축상의 $x = -\sqrt{3}d$, $x = \sqrt{3}d$에 고정되어 있다. y 축상의 $y = d$인 점에서 전기장의 크기는 E이고, 방향은 $-x$방향이다. A, B의 전하의 종류와 전하량의 크기는 같다.

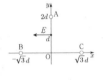

이에 대한 설명으로 옳은 것만을 〈보기〉에서 있는 대로 고른 것은? [3점]

<보 기>
ㄱ. A는 양(+)전하이다.
ㄴ. 전하량의 크기는 C가 A의 7배이다.
ㄷ. 원점 O에서 전기장의 x성분은 $-\sqrt{3}E$이다.

① ㄴ ② ㄷ ③ ㄱ, ㄴ ④ ㄱ, ㄷ ⑤ ㄱ, ㄴ, ㄷ

2024학년도 EBS 수능특강 96쪽 3번

[23027-0129]
03 그림과 같이 x축상의 $x = -\sqrt{3}d$인 지점과 $x = \sqrt{3}d$인 지점에 점전하 A, B를 고정시키고 y축상의 $y = d$인 지점에 점전하 C를 고정시켰다. B의 전하량은 $+q$이다. C가 A와 B로부터 받는 전기력의 방향은 $-y$ 방향이고 전기력의 크기는 F이다.

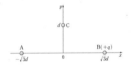

이에 대한 설명으로 옳은 것만을 〈보기〉에서 있는 대로 고른 것은?

「 보기
ㄱ. C는 음(−)전하이다.
ㄴ. B와 C 사이에 작용하는 전기력의 크기는 F이다.
ㄷ. B의 전하량이 $-q$가 되면 C가 A, B로부터 받는 전기력의 방향은 $-x$ 방향이다.

① ㄱ ② ㄴ ③ ㄱ, ㄴ ④ ㄴ, ㄷ ⑤ ㄱ, ㄴ, ㄷ

연계 분석　수능 18번 문항은 수능특강 96쪽 3번 문항과 연계하여 출제되었다. 두 문항 모두 세 개의 점전하를 x축상에 두 개, y축 상에 한 개를 고정한 상황이고, 세 점전하 중 하나의 전하의 종류를 물었다는 점에서 높은 유사성을 보인다. 수능 문항에서는 y축상의 한 지점에서 전기장의 크기와 방향을 제시하였고, 수능특강 문항은 y축상에 고정된 점전하가 받는 전기력의 크기와 방향을 제시한 차이가 있으나 전기장의 방향과 전기력의 방향이 같다는 것에서 유사한 조건을 제시한 것으로 볼 수 있다. 수능특강 문항은 두 점전하 사이에 작용하는 전기력의 크기를 묻고, 점전하를 바꾸었을 때 y축에 고정된 점전하가 받는 전기력을 물었다면, 수능 문항에서는 두 점전하의 전하량의 크기를 비교하고, 원점에서 세 점전하에 의한 전기장의 한 성분을 물었다는 차이가 있다.

학습 대책　전기력, 전기장과 관련된 문제는 2차원 평면에서 벡터의 합성을 이용하기 때문에 벡터의 합성이 익숙해지도록 충분히 연습하여 난도가 높은 문항을 대비해야 한다. 특히 한 지점에서 여러 점전하에 의한 전기장의 방향과 세기, 전기력의 방향과 크기를 제시하여 점전하의 종류, 크기를 추론하는 능력을 키워야 한다. 전기력의 크기, 전기장의 세기는 정량적 계산을 요구하기 때문에 전하의 종류에 따른 정량적 계산을 빠르고 정확하게 할 수 있도록 충분한 연습을 해야 한다.

06 전기장과 정전기 유도

1. 물질이 가지고 있는 전하의 양을 (   )이라고 하고 전자나 양성자의 전하량의 크기를 (   )이라고 하며 e로 표기한다.

2. 물체가 양(+)전하와 음(−)전하의 양이 같으면 전기적으로 (   )을 띤다. 전하의 이동에 의하여 물체가 전기를 띠는 현상을 (   )이라고 한다.

3. 전기적으로 중성인 두 물체 A와 B를 서로 마찰시켰을 때 A가 양(+)전하를 띠면 B는 (   )전하를 띤다.

1 전기장과 전기력선

(1) 쿨롱 법칙

① **전하**: 모든 전기 현상의 근원으로, 양(+)전하와 음(−)전하가 있다. 전하의 흐름을 전류라고 한다.

② **전하량**: 물질이 가지고 있는 전하의 양을 전하량이라고 하며, 전하량의 단위는 C(쿨롬)을 사용한다.
  • 1 C: 도선에 1 A의 전류가 흐를 때 1초 동안 도선의 한 단면을 지나가는 전하량이다.

③ **기본 전하량**: 전하량은 일반적으로 전자나 양성자의 전하량의 정수배가 되는 불연속적인 값만 갖는다. 전자나 양성자의 전하량의 크기를 기본 전하량이라고 하며, e로 표시한다.
  • 기본 전하량 $e = 1.602 \times 10^{-19}$ C

④ **대전체**: 보통 물체는 양(+)전하와 음(−)전하의 양이 같아 전기적으로 중성을 띠고 있지만 전하의 이동에 의하여 양(+)전하나 음(−)전하를 띠게 된 물체를 대전체라고 한다. 물체가 전기를 띠는 현상을 대전이라고 한다.

⑤ **마찰 전기**: 서로 다른 재질의 두 물체를 마찰시켰을 때 전자가 에너지를 얻어 이동하면 각 물체는 전기를 띠게 되는데, 이것을 마찰 전기라고 한다. 이때 전자를 잃은 물체는 양(+)전하를 띠게 되고, 전자를 얻은 물체는 음(−)전하를 띠게 된다.
  예 유리 막대와 명주 헝겊을 마찰시키면, 유리 막대에서 명주 헝겊 쪽으로 전자가 이동하여 유리 막대는 양(+)전하를 띠고 명주 헝겊은 음(−)전하를 띤다.

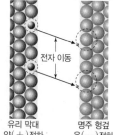

전자 이동

유리 막대
양(+)전하

명주 헝겊
음(−)전하

⑥ **전기력**: 전하와 전하 사이에 상호 작용 하는 힘을 말하며, 양(+)전하와 양(+)전하 또는 음(−)전하와 음(−)전하 사이에는 밀어내는 방향으로 전기력이 작용하고, 양(+)전하와 음(−)전하 사이에는 끌어당기는 방향으로 전기력이 작용한다.

🔍 **과학 돋보기** | 전기 현상과 자기 현상의 발견 및 발전 과정

• 중국 문헌에 따르면 자기 현상은 이미 기원전 2000년경에 관찰되었으며, 고대 그리스에서도 기원전 700년경에 전기와 자기 현상을 관찰하였다. 그리스 사람들은 천연 자철광에 철이 붙는 것을 보고 자기력에 관하여 알았다.

• electricity라는 단어는 '호박'을 뜻하는 그리스 단어 elektron에서 비롯된 것이고, magnetism이라는 단어는 자철광이 처음 발견된 지방의 이름 Magnesia에서 비롯된 것이다.

• 1799년 마찰을 통해 얻은 정전기 외에 전류를 지속적으로 공급할 수 있는 볼타 전지가 발명되어 전기 현상에 관한 실험이 폭발적으로 발전하게 되었다.

• 전기와 자기 현상은 고대부터 알려져 있었지만 19세기 초까지 과학자들은 전기와 자기 현상이 서로 관련된 것임을 알지 못했다.

• 1820년 외르스테드는 전류가 흐르는 회로 근처에서 나침반 바늘이 움직이는 것을 발견하였고, 1831년 거의 동시에 패러데이와 헨리는 자석 근처에서 도선을 움직이거나 도선 근처에서 자석을 움직이면 도선에 전류가 생성되는 것을 발견하였다.

• 1865년 맥스웰은 알려진 사실과 실험적 사실을 기초로 현재 우리가 알고 있는 전자기학 법칙을 만들어 냈다.

⑦ **쿨롱 법칙**: 두 점전하 사이에 작용하는 전기력의 크기는 두 점전하의 전하량의 크기의 곱에 비례하고, 두 점전하가 떨어진 거리의 제곱에 반비례한다. 전하량의 크기가 각각 q_1, q_2인 두 점전하 사이의 거리가 r일 때 두 점전하에 작용하는 전기력의 크기 F는 다음과 같다.

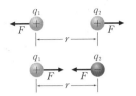

$$F=k\frac{q_1q_2}{r^2}$$

k는 쿨롱 상수로, 진공에서 $k=8.99 \times 10^9 \ N \cdot m^2/C^2$이다.

🔍 과학 돋보기 | 비틀림 저울

비틀림 저울은 자기력, 전기력, 중력 등 작은 크기의 힘을 측정하는 기구이다. 물체 사이의 상호 작용에 의해 저울 축에 비틀림이 생기는데, 저울 축이 비틀리는 각도는 힘이 클수록 커지므로 회전 각도를 측정하여 전기력이나 자기력, 중력의 크기를 구한다.
프랑스의 물리학자 쿨롱은 전하 A를 저울 축에 매달아 평형을 이루게 한 후, 다른 전하 B를 가까이할 때 전기력을 측정하였다. A, B 사이의 거리, A, B의 전하량에 따라 저울 축이 비틀어지는 각도를 측정하여 전기력의 크기를 구하였다.
한편 영국의 물리학자인 캐번디시는 비틀림 저울을 이용하여 중력 상수를 측정하는 데 성공하였다.

(2) 전기장: 전하 주위에 다른 전하를 놓으면 두 전하 사이에는 전기력이 작용한다. 이는 전하가 주변 공간에 전기장을 만들기 때문이다. 전기장은 전하뿐만 아니라 시간에 따라 변하는 자기장에 의해서도 생성된다.

① **전기장의 세기**: 전기장이 형성된 공간에 놓인 단위 양전하(+1 C)당 작용하는 전기력의 크기를 전기장의 세기라고 한다. 전하량의 크기가 q인 전하에 작용하는 전기력의 크기가 F일 때 전기장의 세기 E는 다음과 같다.

$$E=\frac{F}{q} \ [단위: N/C]$$

② **전기장의 방향**: 전기장 내에서 양(+)전하가 받는 힘(전기력)의 방향이다.

③ **점전하 주위의 전기장**: 전하량의 크기가 Q인 점전하로부터 떨어진 거리가 r인 곳에서 전하량의 크기가 q인 전하에 작용하는 전기력의 크기는 $F=k\dfrac{Qq}{r^2}$이다. 따라서 전하량의 크기가 Q인 점전하로부터 떨어진 거리가 r인 곳에서 전기장의 세기 E는 다음과 같다.

$$E=\frac{F}{q}=k\frac{Q}{r^2}$$

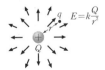

양(+)전하 주위의 전기장   음(−)전하 주위의 전기장

개념 체크

◐ **쿨롱 법칙**: 두 점전하 사이에 작용하는 전기력의 크기는 두 점전하의 전하량의 크기의 곱에 비례하고, 두 전하 사이 거리의 제곱에 반비례한다.

◐ **전기장**: 전하 주변에는 전기장이 형성되어 다른 전하에 전기력이 작용한다.

1. 전하량의 크기가 각각 $2q$, $3q$인 점전하 A, B가 d만큼 떨어져 있을 때 A, B 사이에 작용하는 전기력의 크기는 ( )이다. (단, 쿨롱 상수는 k이다.)

2. 전기장의 방향은 ( )에 작용하는 전기력의 방향과 같고, 전기장의 세기는 ( )당 작용하는 전기력의 크기이다.

3. 전하량의 크기가 $3q$인 점전하로부터 $2r$만큼 떨어진 곳에서 점전하에 의한 전기장의 세기 E=( )이다. (단, 쿨롱 상수는 k이다.)

정답

1. $k\dfrac{6q^2}{d^2}$

2. 양(+)전하, 단위 양전하 (+1 C)

3. $k\dfrac{3q}{4r^2}$

(3) 전기력선

① **전기력선**: 전기장에 있는 양(+)전하에 작용하는 전기력의 방향을 공간에 따라 연속적으로 연결한 선을 전기력선이라고 한다. 전기력선의 방향은 양(+)전하가 받는 전기력의 방향과 같다.

② 전기력선의 특징
   • 양(+)전하에서 나오는 방향, 음(−)전하로 들어가는 방향이다.
   • 서로 교차하거나 도중에 갈라지거나 끊어지지 않는다.
   • 전기력선 위의 한 점에서 그은 접선의 방향이 그 점에서의 전기장의 방향이다.
   • 전기장에 수직인 단위 면적을 지나는 전기력선의 수(밀도)는 전기장의 세기에 비례한다.

③ 여러 가지 전기력선
   • 전하량이 같은 두 전하에 의한 전기력선은 좌우 대칭인 모양을 띤다.
   • 전기장이 0인 지점은 전하의 종류가 같을 때는 두 전하 사이에 있고, 전하의 종류가 다를 때는 전하량이 작은 전하의 바깥쪽에 있다.

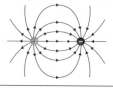
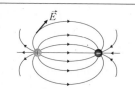
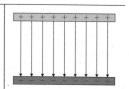

개념 체크

◐ **전기력선**: 전기장 안에 양(+)전하를 놓았을 때, 양(+)전하에 작용하는 전기력의 방향을 연속적으로 연결한 가상의 선이다.

1. 전기력선의 방향은 (　　)가 받는 전기력의 방향과 같다.

2. 전기력선 위의 한 점에서 그은 (　　)의 방향이 그 점에서의 전기장의 방향이다.

3. 전하의 종류와 전하량의 크기가 다른 두 전하에 의한 전기장이 0인 지점은 전하량의 크기가 (작은 , 큰) 전하의 바깥쪽에 있다.

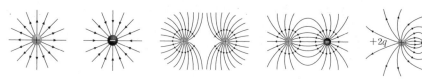

탐구자료 살펴보기 　 전기장을 전기력선으로 표현

자료

다음은 전기력선을 그릴 때 적용해야 할 내용이다.

전기력선은 양(+)전하에서 나와서 음(−)전하로 들어간다. 단, 무한대에서 나오거나 들어가는 경우도 있다.	어떤 위치에서 전기장의 방향은 그 점에서 전기력선의 접선 방향이며, 전기력선이 조밀할수록 전기장이 세다.	균일한 전기장은 등간격의 전기력선으로 나타낸다.
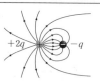		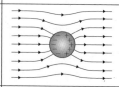
전하에서 나오거나 전하로 들어가는 전기력선의 수(밀도)는 전하량에 비례한다.	전기력선은 도체 표면에 수직인 방향으로 나오거나 들어간다.	전기력선은 도체 안에는 존재하지 않는다.

분석 및 point
• 전기력선은 양(+)전하에서 나오는 방향, 음(−)전하로 들어가는 방향이다.
• 전기력선은 분리되거나 교차되지 않는다.

정답
1. 양(+)전하
2. 접선
3. 작은

탐구자료 살펴보기 ▶ 전기장의 모양 알아보기

과정

(1) 페트리 접시에 베이비오일을 넣은 다음, 털실을 1 mm 이하의 길이로 잘라 오일에 넣고 유리 막대로 잘 저어 준다.

(2) 2개의 전극을 고전압 전원 장치의 (+)단자와 (−)단자에 도선으로 연결하고 베이비오일 속에 담근 상태에서 전원을 켠 다음, 전압을 높이면서 털실 조각의 배열을 관찰한다.

(3) 2개의 전극을 고전압 전원 장치의 (+)단자와 (+)단자에 도선으로 연결하고 베이비오일 속에 담근 상태에서 전원을 켠 다음, 전압을 높이면서 털실 조각의 배열을 관찰한다.

(4) 2개의 금속판을 고전압 전원 장치의 (+)단자와 (−)단자에 도선으로 연결하고 평행하게 마주 보도록 하여 베이비오일 속에 넣어 전원을 켠 다음, 전압을 높이면서 털실 조각의 배열을 관찰한다.

고전압 전원 장치

페트리 접시

결과

• (+), (−)전극 사이의 털실 조각은 두 극을 연결하는 모양으로 배열된다.
• (+), (+)전극 사이의 털실 조각은 두 극 사이에서 서로 밀어내는 모양으로 배열된다.
• 평행한 (+), (−)극판 사이에서 털실 조각은 균일하게 두 극판에 수직으로 배열된다.

(+), (−)전극 사이의 털실 조각

(+), (+)전극 사이의 털실 조각

(+), (−)극판 사이의 털실 조각

point

• 털실 조각들은 전기력선의 모양으로 배열된다.

2 정전기 유도와 유전 분극

(1) 도체와 절연체

① **도체:** 비저항이 작아 전류가 잘 흐르는 물질을 도체라고 한다.

　　예 구리, 알루미늄, 금과 같은 금속 등

　• 도체 내부에서 전기장은 0이다.
　• 도체가 대전되면 전하는 표면에만 분포한다.
　• 도체에는 특정 원자에 속박되지 않고 여러 원자 사이를 자유롭게 이동할 수 있는 자유 전자가 많다.

② **절연체:** 비저항이 커서 전류가 잘 흐르지 못하는 물질을 절연체 또는 부도체라고 한다.

　　예 유리, 종이, 고무, 나무, 순수한 물 등

　• 절연체의 전자들은 대부분 원자에 속박되어 있으며, 자유 전자가 거의 없다.
　• 절연체에도 열 또는 강한 전기장을 가하거나 불순물을 첨가하면 전류를 흐르게 할 수 있다.

(2) 정전기 유도와 유전 분극

① **도체에서의 정전기 유도:** 대전되지 않은 도체에 대전체를 가까이하면 도체 내의 자유 전자의 이동에 의해 대전체와 가까운 쪽에는 대전체와 다른 종류의 전하가 유도되고, 먼 쪽에는 대전체와 같은 종류의 전하가 유도되는 현상이다.

개념 체크

◑ **도체와 절연체:** 도체에는 여러 원자 사이를 자유롭게 이동할 수 있는 자유 전자가 많고, 절연체에는 자유 전자가 거의 없다.

◑ **도체에서의 정전기 유도:** 도체에 대전체를 가까이하면 전기력에 의한 자유 전자의 이동에 의해 대전체와 가까운 쪽에는 대전체와 다른 종류의 전하가 유도되고, 대전체와 먼 쪽에는 대전체와 같은 종류의 전하가 유도된다.

1. 도체 내부에서 전기장은 (　　)이고, 도체가 대전되면 전하는 도체의 (　　)에만 분포한다.

2. 그림과 같이 대전되지 않은 금속 막대에 양(+)전하로 대전된 대전체를 가까이 하였을 때 대전체 쪽으로 (㉠)가 이동하여 대전체와 가까운 쪽은 (㉡)를 띤다.

대전체　　　금속 막대

정답

1. 0, 표면
2. ㉠ 자유 전자, ㉡ 음(−)전하

개념 체크

◉ **유전 분극**: 절연체에는 자유 전자가 없지만 원자나 분자에 속박되어 있는 전자가 전기력을 받아 분극되는 현상이다.

1. 절연체 내부에는 ( )가 없기 때문에 분자나 원자 내부에서 전기력에 의해 분극되는 ( ) 현상이 일어난다.

2. 그림과 같이 음(−)전하로 대전된 대전체를 금속판에 가까이하고 손가락을 금속판에 접촉하면 손가락을 통해 (ⓐ)가 이동한다.

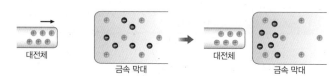

② **절연체에서의 유전 분극**: 절연체 내부에는 자유 전자가 없기 때문에 도체와 같이 전자의 이동에 의한 정전기 유도 현상은 일어나지 않지만 분자나 원자 내부에서 전기력에 의하여 분극되는 현상이 일어난다. 따라서 절연체에 대전체를 가까이하면 절연체의 양쪽 끝에 대전체와 같은 종류와 다른 종류의 전하가 각각 배열된다. 이를 유전 분극이라고 한다.

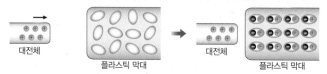

🔍 **과학 돋보기** | 전자레인지와 유전 분극

전자레인지에서 음식물이 가열되는 원리는 유전 분극 현상과 관련이 있다. 전자레인지에서 마이크로파가 방출되면 전자레인지 내부에 전기장이 생긴다. 이 전기장의 방향에 맞춰 음식에 포함된 물 분자가 정렬되는데, 이때 전기장의 방향이 계속 변하므로 물 분자의 정렬 방향이 계속 변하면서 물 분자가 진동하여 열이 발생한다.

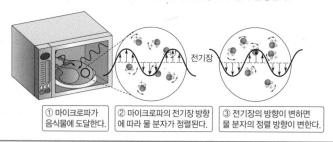

① 마이크로파가 음식물에 도달한다. ② 마이크로파의 전기장 방향에 따라 물 분자가 정렬된다. ③ 전기장의 방향이 변하면 물 분자의 정렬 방향이 변한다.

(3) 정전기 유도 현상의 이용

① **전기 집진기**: 발전소나 보일러에서 연소 후 배출되는 배기가스 중에서 오염된 먼지를 제거하는 기구이다. 집진기 내에 대전된 극판을 배열시키고 방전 극과 집진 극 사이에 높은 전압을 걸어주면 방전 극에서 발생한 전자에 의해 먼지가 음(−)전하로 대전되어 (+)극인 집진 극으로 끌려가 모인다.

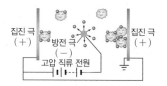

② **정전 도장**: 자동차와 같은 금속을 도색할 때, 도색을 할 물체를 접지시키고 페인트를 뿌리는 분무 장치에 강한 음극을 걸어 페인트 입자를 음(−)전하로 대전시킨다. 음(−)전하로 대전된 페인트의 정전기 유도 효과로 접지된 물체는 양(+)전하로 대전되고 전기적 인력이 작용하여 페인트가 물체 뒷면까지 달라붙는다.

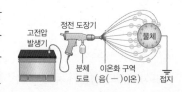

정답

1. 자유 전자, 유전 분극
2. 자유 전자

③ **음식물 포장 랩:** 음식물을 포장할 때 사용하는 랩을 분리하는 과정에서 랩이 대전되는데, 이 때 대전된 전하는 그릇이나 다른 랩에 유전 분극에 의한 표면 전하를 유도한다. 따라서 랩끼리 또는 랩과 그릇을 서로 잘 달라붙게 한다. 전하를 띤 랩은 손가락에도 정전기 유도에 의한 다른 종류의 전하를 유도하므로 랩이 손가락에도 잘 달라붙는다.

(4) 정전기의 피해를 줄이는 예

① **방전:** 대전된 물체나 어떤 계에서 전하를 잃고 전기적으로 중성화되거나, 기체 등의 절연체가 강한 전기장으로 인해 절연성을 상실하고 전류가 흐르는 현상이다.

   • **번개:** 대전된 구름과 지표 사이의 방전 현상이다. 구름 내부에서 위쪽은 양(+)전하를 띠고, 아래쪽은 음(−)전하를 띤다. 지면과 가까운 구름의 아래쪽이 음(−)전하를 띠기 때문에 정전기 유도에 의해 지표면이 양(+)전하로 대전되어 구름 아래쪽의 음(−)전하가 지표면으로 이동한다.

② **접지:** 감전, 정전기에 의한 화재나 고장 등을 방지할 목적으로 전기 기기를 지면과 도선으로 연결하는 것을 접지라고 한다.

   • **피뢰침:** 번개가 칠 때는 많은 양의 전기 에너지가 짧은 시간 동안 방출되므로 화재 등 여러 가지 위험이 있다. 피뢰침은 건물이 직접 번개에 맞아 피해를 입지 않도록 건물의 높은 지점에 끝이 뾰족한 금속 막대를 설치하고 도선으로 지면에 연결한 것이다. 즉, 접지된 피뢰침을 이용하여 번개에 의한 건물의 피해를 예방하는 것이다.

   • **정전기 방지용 패드:** 금속으로 된 차체나 주유기 손잡이 가까이에 손을 가져가면 손에 있던 전자들이 차체나 주유기 손잡이로 순식간에 몰려 방전이 일어난다. 방전에 의해 화재가 발생하는 것을 막기 위해 주유하기 전에 정전기 방지용 패드에 손을 접촉한다.

구름의 정전기 유도

피뢰침

정전기 방지용 패드

과학 돋보기 복사기의 원리

① 종이에 빛을 비추면 종이의 검은 글자 부분에서는 빛을 흡수하고, 흰 여백 부분에서는 빛을 반사한다.

② 종이에서 반사된 빛이 양(+)전하로 대전된 드럼을 비추면 빛이 닿은 부분은 전하를 띠지 않고 빛이 닿지 않은 부분은 그대로 양(+)전하를 띤다.

③ 드럼이 회전하면 음(−)전하를 띠는 토너가 드럼의 양(+)전하로 대전된 부분에 달라붙는다.

④ 드럼이 접촉하여 지나가는 종이에 토너가 달라붙는다.

⑤ 종이에 묻은 토너가 뜨거운 롤러를 지나가면서 녹는다.

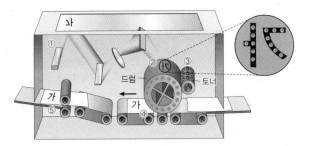

○ **방전:** 대전된 물체나 어떤 계에서 전하를 잃고 전기적으로 중성화되거나, 기체 등의 절연체가 강한 전기장으로 인해 절연성을 상실하고 전류가 흐르는 현상이다.

○ **접지:** 전기 기기나 대전체를 지면과 도선으로 연결하여 전자가 자유롭게 이동할 수 있도록 한 것이다.

1. 대전된 물체나 어떤 계에서 전하를 잃고 전기적으로 중성화되는 현상을 ( )이라고 한다.

2. 감전, 정전기에 의한 화재나 고장 등을 방지할 목적으로 전기 기기를 지면과 도선으로 연결하는 것을 ( )라고 한다.

정답
1. 방전
2. 접지

01 [24027-0115]

그림은 동일한 크기의 도체구 A, B가 고정되어 있는 것을, 표는 A, B의 전하량 q_A, q_B, A와 B 사이의 거리 r와 A, B 사이에 작용하는 전기력의 크기 F를 나타낸 것이다. 조건 Ⅱ는 조건 Ⅰ에서 A, B를 접촉시켰다가 떼어내어 고정한 경우이다.

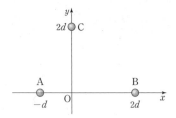

	q_A	q_B	r	F
조건 Ⅰ	$+9q_0$	$-3q_0$	r_0	F_0
조건 Ⅱ	㉠	㉡	$2r_0$	㉢

이에 대한 설명으로 옳은 것만을 〈보기〉에서 있는 대로 고른 것은? (단, 도체구의 크기는 무시한다.)

● 보기 ●
ㄱ. Ⅰ일 때, A와 B 사이에는 서로 당기는 전기력이 작용한다.
ㄴ. ㉠과 ㉡은 서로 같다.
ㄷ. ㉢은 $\frac{1}{12}F_0$이다.

① ㄱ ② ㄷ ③ ㄱ, ㄴ ④ ㄴ, ㄷ ⑤ ㄱ, ㄴ, ㄷ

02 [24027-0116]

그림과 같이 점전하 A, B는 각각 x축상의 $x=-d$, $x=2d$에, 점전하 C는 y축상의 $y=2d$에 고정되어 있다. A는 음(−)전하이고, C에 작용하는 전기력의 방향은 $-y$방향이다.

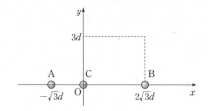

이에 대한 설명으로 옳은 것만을 〈보기〉에서 있는 대로 고른 것은?

● 보기 ●
ㄱ. B는 양(+)전하이다.
ㄴ. 전하량의 크기는 B가 A보다 크다.
ㄷ. C를 원점 O에 고정하였을 때 C에 작용하는 전기력의 방향은 $-x$방향이다.

① ㄱ ② ㄴ ③ ㄱ, ㄷ ④ ㄴ, ㄷ ⑤ ㄱ, ㄴ, ㄷ

03 [24027-0117]

그림은 점전하 A, B를 각각 x축상의 $x=-\sqrt{3}d$, $x=2\sqrt{3}d$에, 점전하 C를 원점 O에 고정한 것으로, A는 음(−)전하, C는 양(+)전하이다. C에 작용하는 전기력은 0이다.

이에 대한 설명으로 옳은 것만을 〈보기〉에서 있는 대로 고른 것은?

● 보기 ●
ㄱ. B는 양(+)전하이다.
ㄴ. 전하량의 크기는 B가 A의 4배이다.
ㄷ. C를 $(2\sqrt{3}d, 3d)$에 고정하였을 때, B가 C에 작용하는 전기력의 크기는 A가 C에 작용하는 전기력의 크기의 8배이다.

① ㄱ ② ㄴ ③ ㄱ, ㄷ ④ ㄴ, ㄷ ⑤ ㄱ, ㄴ, ㄷ

04 [24027-0118]

그림과 같이 x축상의 $x=-d$, $x=d$, $x=2d$에 점전하 A, B, C가 고정되어 있다. C는 양(+)전하이고 B에는 $+x$방향으로 전기력 F가 작용하며, A에 작용하는 전기력은 0이다.

이에 대한 설명으로 옳은 것만을 〈보기〉에서 있는 대로 고른 것은?

● 보기 ●
ㄱ. B는 음(−)전하이다.
ㄴ. 전하량의 크기는 B가 C의 $\frac{4}{9}$배이다.
ㄷ. $x=2d$에서 전기장의 방향은 $+x$방향이다.

① ㄱ ② ㄷ ③ ㄱ, ㄴ ④ ㄴ, ㄷ ⑤ ㄱ, ㄴ, ㄷ

05 그림과 같이 질량이 m이고 전하량이 q인 입자 A를 수평 면으로부터 높이가 $4d$인 곳에서 가만히 놓았더니 A가 $-y$방향의 중력과 $+x$방향의 일정한 전기력을 받아 등가속도 직선 운동을 하여 $+x$방향으로 거리 $3d$만큼 떨어진 수평면상의 점 p에 도달한다. x축 방향의 균일한 전기장의 세기는 E이다.

[24027-0119]

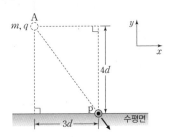

A가 운동하는 동안 A의 가속도의 크기는? (단, 입자의 크기, 전자기파의 발생은 무시한다.)

① $\dfrac{4qE}{3m}$ ② $\dfrac{3qE}{2m}$ ③ $\dfrac{5qE}{3m}$ ④ $\dfrac{7qE}{4m}$ ⑤ $\dfrac{9qE}{5m}$

06 그림 (가)는 전기장을 전기력선으로 나타낸 전기장 영역에 대전된 물체 A를 절연된 실에 매달아 천장의 점 p지점에 고정하였더니 A가 정지해 있는 것을, (나)는 (가)에서 A를 매단 실을 천장의 점 q지점에 고정하였더니 정지해 있는 것을 나타낸 것이다. (가)와 (나)에서 실이 연직 방향과 이루는 각은 각각 θ_1, θ_2이고 A에 수평 방향으로 전기력이 작용한다.

[24027-0120]

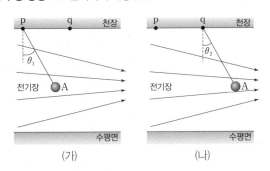

이에 대한 설명으로 옳은 것만을 〈보기〉에서 있는 대로 고른 것은? (단, 실에 작용하는 전기력은 무시한다.)

─● 보 기 ●─
ㄱ. A는 양(+)전하를 띤다.
ㄴ. $\theta_1 < \theta_2$이다.
ㄷ. A에 작용하는 전기력의 크기는 (가)와 (나)에서 같다.

① ㄱ ② ㄴ ③ ㄷ ④ ㄱ, ㄴ ⑤ ㄱ, ㄴ, ㄷ

07 그림과 같이 x축과 나란하고 세기가 E인 균일한 전기장이 형성된 공간에 $+x$방향으로 속력 v로 입사한 음(−)전하를 띤 입자가 $x=8d$에서 방향을 바꾸어 $x=x_1$을 속력 $\dfrac{1}{2}v$로 지난다. 입자의 전하량의 크기는 q, 질량은 m이다.

[24027-0121]

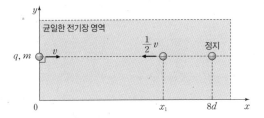

이에 대한 설명으로 옳은 것만을 〈보기〉에서 있는 대로 고른 것은? (단, 입자에는 전기력만 작용하고, 입자의 크기, 전자기파의 발생은 무시한다.)

─● 보 기 ●─
ㄱ. 전기장의 방향은 $+x$방향이다.
ㄴ. $x_1 = 6d$이다.
ㄷ. 입자가 균일한 전기장에 입사하여 $x=x_1$을 두 번째 지날 때까지 걸린 시간은 $\dfrac{4mv}{3qE}$이다.

① ㄱ ② ㄷ ③ ㄱ, ㄴ ④ ㄴ, ㄷ ⑤ ㄱ, ㄴ, ㄷ

08 그림은 원점 O로부터 같은 거리만큼 떨어져 x축상에 고정된 점전하 A, B에 의한 전기장을 B에서 나오는 전기력선의 방향만 표시하여 전기력선으로 나타낸 것이다.

[24027-0122]

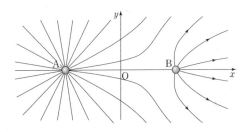

이에 대한 설명으로 옳은 것만을 〈보기〉에서 있는 대로 고른 것은?

─● 보 기 ●─
ㄱ. A는 양(+)전하이다.
ㄴ. 전하량의 크기는 A가 B보다 크다.
ㄷ. O에서 전기장의 방향은 $+x$방향이다.

① ㄱ ② ㄷ ③ ㄱ, ㄴ ④ ㄴ, ㄷ ⑤ ㄱ, ㄴ, ㄷ

[24027-0123]

09 그림 (가)와 같이 대전되지 않은 동일한 도체구 A, B, C를 절연된 받침대 위에 나란히 놓고, 음(−)전하로 대전된 금속 막대를 A에 접촉하였다. A와 떨어져 있는 B는 C와 접촉해 있다. 그림 (나)는 (가)에서 B와 C를 분리한 후 대전된 금속 막대를 제거한 모습을 나타낸 것이다.

(가)   (나)

이에 대한 설명으로 옳은 것만을 〈보기〉에서 있는 대로 고른 것은?

●보기●

ㄱ. (가)에서 B와 C에는 정전기 유도가 일어난다.

ㄴ. (나)에서 전하량의 크기는 B가 C보다 크다.

ㄷ. (나)에서 A와 C 사이에는 서로 당기는 전기력이 작용한다.

① ㄱ   ② ㄴ   ③ ㄱ, ㄷ   ④ ㄴ, ㄷ   ⑤ ㄱ, ㄴ, ㄷ

[24027-0124]

10 그림과 같이 x축과 나란하고 세기가 E인 균일한 전기장이 형성된 공간에서 x축과 나란한 수평면에 대하여 경사각이 $30°$인 절연된 빗면 위에 질량이 m, 전하량의 크기가 q이고 음(−)전하로 대전된 도체구 A가 정지해 있다.

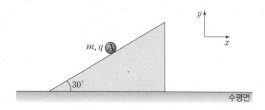

이에 대한 설명으로 옳은 것만을 〈보기〉에서 있는 대로 고른 것은? (단, 중력 가속도는 g이고, 모든 마찰은 무시한다.)

●보기●

ㄱ. 전기장의 방향은 $+x$방향이다.

ㄴ. $E = \dfrac{mg}{\sqrt{3}q}$이다.

ㄷ. 빗면이 A를 떠받치는 힘의 크기는 $\dfrac{2\sqrt{3}}{3}mg$이다.

① ㄱ   ② ㄴ   ③ ㄱ, ㄷ   ④ ㄴ, ㄷ   ⑤ ㄱ, ㄴ, ㄷ

[24027-0125]

11 그림은 x축상에 고정되어 있는 점전하 A, B가 만드는 전기장의 전기력선을 방향 표시 없이 나타낸 것이다. x축상의 점 a에서 전기장의 방향은 $+x$방향이다.

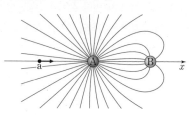

이에 대한 설명으로 옳은 것만을 〈보기〉에서 있는 대로 고른 것은?

●보기●

ㄱ. A는 양(+)전하이다.

ㄴ. 전하량의 크기는 A가 B보다 크다.

ㄷ. A와 B 사이의 x축상에 전기장이 0인 곳이 있다.

① ㄱ   ② ㄴ   ③ ㄱ, ㄷ   ④ ㄴ, ㄷ   ⑤ ㄱ, ㄴ, ㄷ

[24027-0126]

12 다음은 물줄기를 이용한 정전기 유도 실험이다.

[실험 과정]

음(−)전하로 대전된 물체 A를 흐르는 가는 물줄기에 가까이한다.

[실험 결과]

물줄기가 A쪽으로 휘어진다.

※ ㉠은 물 분자를 이루는 원자이다.

이에 대한 설명으로 옳은 것만을 〈보기〉에서 있는 대로 고른 것은?

●보기●

ㄱ. A와 물줄기 사이에는 서로 밀어내는 전기력이 작용한다.

ㄴ. A에 가까운 곳을 지날 때 ㉠은 음(−)전하를 띤다.

ㄷ. A와 물줄기 사이의 거리가 가까울수록 A와 물줄기 사이에 작용하는 전기력의 크기가 크다.

① ㄱ   ② ㄴ   ③ ㄱ, ㄷ   ④ ㄴ, ㄷ   ⑤ ㄱ, ㄴ, ㄷ

01 그림과 같이 정삼각형의 꼭짓점에 점전하 A, B, C가 각각 고정되어 있고, A와 B의 전하량의 크기는 각각 q, $2q$이며 A는 양(+)전하이다. 점 p는 정삼각형의 무게중심이고, A에 작용하는 전기력의 방향은 무게중심 방향이며 크기는 F_0이다.

[24027–0127]

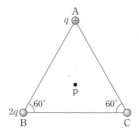

A에 작용하는 전기력이 무게 중심 방향이므로 A는 B와 C 로부터 각각 당기는 방향으로 같은 크기의 전기력을 받는다.

이에 대한 설명으로 옳은 것만을 〈보기〉에서 있는 대로 고른 것은?

● 보기 ●
ㄱ. B는 음(−)전하이다.
ㄴ. 전하량의 크기는 C가 A의 2배이다.
ㄷ. A를 p에 고정할 때 A에 작용하는 전기력의 크기는 $\sqrt{3}F_0$이다.

① ㄱ   ② ㄷ   ③ ㄱ, ㄴ   ④ ㄴ, ㄷ   ⑤ ㄱ, ㄴ, ㄷ

02 그림 (가)는 점전하 A를 y축상의 $y=d$에, 점전하 B, C를 각각 x축상의 $x=-d$, $x=d$에 고정하였더니 원점 O에서 전기장의 방향이 $-y$방향과 $45°$를 이루는 것을 나타낸 것으로, A, B의 전하량의 크기는 각각 $3q$, q이고, B는 양(+)전하이다. 그림 (나)는 (가)에서 A를 y축상의 $y=-\dfrac{\sqrt{3}}{2}d$에 고정시킨 것을 나타낸 것이다.

[24027–0128]

전기장의 방향은 양(+)전하 가 받는 전기력의 방향과 같 고, 전기장의 세기는 +1 C의 전하가 받는 전기력의 크기와 같다.

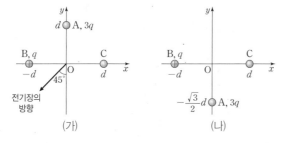

(가)   (나)

이에 대한 설명으로 옳은 것만을 〈보기〉에서 있는 대로 고른 것은?

● 보기 ●
ㄱ. A는 양(+)전하이다.
ㄴ. C의 전하량의 크기는 $4q$이다.
ㄷ. O에서 전기장의 세기는 (가)에서가 (나)에서의 $\dfrac{5\sqrt{2}}{8}$배이다.

① ㄱ   ② ㄷ   ③ ㄱ, ㄴ   ④ ㄴ, ㄷ   ⑤ ㄱ, ㄴ, ㄷ

전하에 작용하는 전기력의 빗면과 나란한 성분이 전하에 작용하는 알짜힘이다.

[24027-0129]

03 그림은 xy 평면에서 $-x$방향의 균일한 전기장 영역에서 질량이 m, 전하량이 $+q$인 전하가 x축과 $30°$를 이루는 기울어진 면상의 점 a에서 면과 나란한 방향으로 v의 속력으로 출발한 후 등가속도 직선 운동을 하여 면 위의 점 b에 정지한 순간을 나타낸 것이다. a와 b 사이의 거리는 L이다.

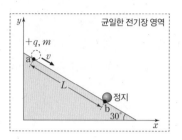

전기장의 세기는? (단, 빗면은 절연되어 있고, 전하에는 전기장에 의한 전기력만 작용한다.)

① $\dfrac{\sqrt{3}mv^2}{3qL}$　② $\dfrac{\sqrt{2}mv^2}{2qL}$　③ $\dfrac{\sqrt{6}mv^2}{3qL}$　④ $\dfrac{\sqrt{3}mv^2}{2qL}$　⑤ $\dfrac{\sqrt{6}mv^2}{2qL}$

A와 C 사이에 고정된 B에 작용하는 전기력이 0이므로 A와 C는 같은 종류의 전하이고, B가 A에 더 가까이 있으므로 전하량의 크기는 C가 A보다 크다.

[24027-0130]

04 그림 (가)는 점전하 A, B, C를 x축상에 고정한 것으로, A와 B 사이의 거리는 l, B와 C 사이의 거리는 $2l$이다. A와 B에 작용하는 전기력은 0이다. 그림 (나)는 A, C를 각각 x축상의 $x=-d$, $x=d$에, B를 y축상의 $y=d$에 고정한 것을 나타낸 것이다.

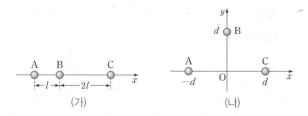

이에 대한 설명으로 옳은 것만을 〈보기〉에서 있는 대로 고른 것은?

──● 보기 ●──

ㄱ. 전하량의 크기는 C가 B의 9배이다.

ㄴ. (나)에서 B에 작용하는 전기력의 방향은 $-y$방향이다.

ㄷ. (나)의 원점 O에서 A와 C에 의한 전기장의 방향은 C에 의한 전기장의 방향과 같다.

① ㄱ　　② ㄴ　　③ ㄱ, ㄷ　　④ ㄴ, ㄷ　　⑤ ㄱ, ㄴ, ㄷ

05 그림은 세기가 E이고, 방향이 xy 평면에 나란한 균일한 전기장 영역 Ⅰ에 점전하 A를 y축상의 $y=d$에, 점전하 B와 C를 x축상의 $x=-d$와 $x=d$에 각각 고정한 것으로, A는 음($-$)전하이고, B와 C는 양($+$)전하이며, A∼C의 전하량의 크기는 각각 q_A, $\sqrt{3}q$, q이다. A에 작용하는 전기력의 방향은 $-y$방향이고 C가 A에 작용하는 전기력의 크기는 F이며, 전기장에 의해 A가 받는 전기력의 크기는 B와 C가 A에 작용하는 전기력의 크기와 같다.

A는 B와 C에 의한 전기력과 전기장에 의한 전기력을 받는다.

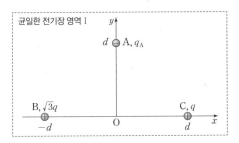

이에 대한 설명으로 옳은 것만을 〈보기〉에서 있는 대로 고른 것은?

> ● 보기 ●
> ㄱ. B가 A에 작용하는 전기력의 크기는 $\sqrt{2}F$이다.
> ㄴ. $E=\dfrac{2F}{q_A}$이다.
> ㄷ. Ⅰ의 방향은 $+x$방향에 대해 $+y$방향으로 $120°$를 이루는 방향이다.

① ㄱ   ② ㄴ   ③ ㄱ, ㄷ   ④ ㄴ, ㄷ   ⑤ ㄱ, ㄴ, ㄷ

---

06 그림은 xy 평면에 고정된 점전하 A, B, C 주위의 전기력선을 방향 표시 없이 나타낸 것으로, A의 전하량은 $+q$이다. 점 a, b는 xy 평면상의 지점이다.

전하량이 클수록 전하에서 나오거나 들어가는 전기력선의 수가 많고, 전기력선은 양($+$)전하에서 나와 음($-$)전하로 들어간다.

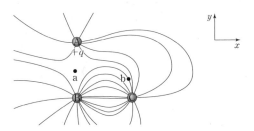

이에 대한 설명으로 옳은 것만을 〈보기〉에서 있는 대로 고른 것은?

> ● 보기 ●
> ㄱ. B는 양($+$)전하이다.
> ㄴ. 전기장의 세기는 b에서가 a에서보다 크다.
> ㄷ. C 주변의 전기력선의 방향은 C로 들어가는 방향이다.

① ㄱ   ② ㄷ   ③ ㄱ, ㄴ   ④ ㄴ, ㄷ   ⑤ ㄱ, ㄴ, ㄷ

[24027-0133]

07 다음은 금속박 검전기를 이용한 실험이다.

검전기에 대전체를 가까이하고 금속판에 손가락을 접촉하면 손가락을 통해 전자가 이동한다.

> [실험 과정]
> (가) 대전되지 않은 검전기에 음(ㅡ) 전하로 대전된 대전체를 금속판에 가까이한다.
> (나) (가)의 상태에서 금속판에 손가락을 접촉한다.
> (다) 금속판에서 손가락을 떼고 대전체를 검전기로부터 멀리한다.
>
>
>
> [실험 결과]
> (나) ⟦ ㉠ ⟧이 손가락을 통해 빠져나간다. (다) 금속박이 ⟦ ㉡ ⟧

이에 대한 설명으로 옳은 것만을 〈보기〉에서 있는 대로 고른 것은?

> ● 보 기 ●
> ㄱ. ㉠은 '전자'이다.
> ㄴ. '오므라들어 있다.'는 ㉡으로 적절하다.
> ㄷ. (가)와 (다)에서 금속판은 같은 종류의 전하로 대전된다.

① ㄱ   ② ㄴ   ③ ㄱ, ㄷ   ④ ㄴ, ㄷ   ⑤ ㄱ, ㄴ, ㄷ

[24027-0134]

08 그림 (가)는 절연된 받침대 위의 대전되지 않은 도체구 A에 대전된 금속 막대 P를 접촉한 것을, (나)는 절연된 받침대 위의 대전되지 않은 도체구 B와 D, 절연체구 C를 가까이 놓은 상태에서 대전된 금속 막대 Q를 B에 접촉하고 D는 지면과 도선으로 연결되어 있는 것을 나타낸 것이다. 그림 (다)는 (가)와 (나)에서 대전된 A, B, D를 동일 직선상에 고정하였을 때 주위의 전기력선을 나타낸 것이다.

(다)에서 고정된 A, B, D 주위의 전기력선은 A와 D는 양(ㅗ)전하로 대전되어 있는 것을, B는 음(ㅡ)전하로 대전되어 있는 것을 나타낸다.

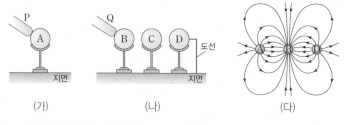

이에 대한 설명으로 옳은 것만을 〈보기〉에서 있는 대로 고른 것은?

> ● 보 기 ●
> ㄱ. (가)의 P와 (나)의 Q는 동일한 종류의 전하로 대전되어 있다.
> ㄴ. (나)에서 D에 연결된 도선을 통해 전자가 지면으로 이동한다.
> ㄷ. (가)의 A와 (나)에서 C의 B에 가까운 쪽은 같은 종류의 전하를 띤다.

① ㄱ   ② ㄴ   ③ ㄱ, ㄷ   ④ ㄴ, ㄷ   ⑤ ㄱ, ㄴ, ㄷ

07 저항의 연결과 전기 에너지

1 전압(전위차)과 전류

(1) **전위**: 단위 양(+)전하가 가지는 전기력에 의한 퍼텐셜 에너지이다.

① **중력과 전기력에 의한 일의 비교**: 중력장에서 질량이 m인 물체를 높이 h만큼 들어 올리려면 일을 해 주어야 한다. 마찬가지로 균일한 전기장(E) 내에서 전하량이 $+q$인 전하를 전기장의 방향과 반대 방향으로 거리 d만큼 이동시킬 때도 일을 해 주어야 한다.

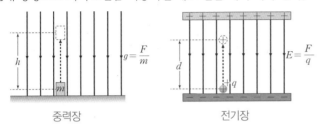

중력장 전기장

② **전기력에 의한 퍼텐셜 에너지**: 전하를 전기장 내의 기준점으로부터 어떤 점까지 이동시키는 데 필요한 일과 같다.

③ **전위차**: 두 지점 사이의 전위의 차를 전위차 또는 전압이라고 한다. 전하량이 $+q$인 전하를 전기장 내의 한 점 B에서 다른 점 A까지 이동시키는 데 필요한 일이 W라면, 두 지점 사이의 전위차 V는 다음과 같다.

$$V = V_A - V_B = \frac{W}{q} \text{ [단위: J/C 또는 V]}$$

> **과학 돋보기** | **전하 주위의 전위**
>
> (+)전하 주위의 전위가 높고, (−)전하 주위의 전위가 낮다.
>
>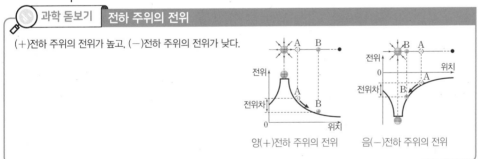
>
> 양(+)전하 주위의 전위   음(−)전하 주위의 전위

(2) **균일한 전기장에서의 일**: 균일한 전기장(E) 내에서 전하량이 $+q$인 전하를 극판 B에서 거리 d만큼 떨어진 극판 A까지 옮기는 데 필요한 일 W는 다음과 같다.

$$W = Fd = qEd$$
$$W = qV \text{ [단위: J]}$$
$$qV = qEd \Rightarrow E = \frac{V}{d} \text{ [단위: V/m]}$$

그림에서 전기장의 세기는 각 지점의 위치에 대한 전위의 기울기를 의미한다.

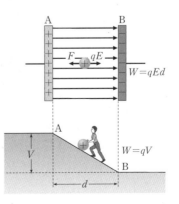

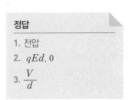

$W = qEd$

$W = qV$

개념 체크

○ **전위**: 전기장 내의 기준점으로부터 측정한 단위 양(+)전하가 가지는 전기력에 의한 퍼텐셜 에너지
○ **전위차**: 두 지점 사이의 전위의 차

1. 두 지점 사이의 전위의 차를 전위차 또는·( )이라고 한다.

2. 세기가 E로 균일한 전기장에서 전하량이 $+q$인 전하를 전기장의 방향과 반대 방향으로 거리 d만큼 이동시키는 데 필요한 일은 ( )이고, 전기장에 수직인 방향으로 거리 d만큼 이동시키는 데 필요한 일은 ( )이다.

3. 세기가 E로 균일한 전기장 내에서 전위차가 V인 두 지점 사이의 거리가 d일 때, 전기장의 세기 $E = $( )이다.

정답

1. 전압

2. qEd, 0

3. $\dfrac{V}{d}$

개념 체크

◐ **전류**: 전하를 띤 입자의 흐름이다.

◐ **저항**: 전류의 흐름을 방해하는 정도이다.

◐ **옴의 법칙**: 저항의 전기 저항이 일정할 때, 저항에 흐르는 전류의 세기와 저항에 걸리는 전압은 비례한다.

1. 전자나 이온과 같이 (　　)를 띤 입자의 흐름을 전류라고 한다.

2. 전류의 방향은 음(−)전하가 이동하는 방향과 (　　) 방향이다.

3. 4초 동안 도선의 단면을 통과한 전하량이 10 C이라면 전류의 세기는 (　　) A이다.

4. 물체가 전류의 흐름을 방해하는 정도를 수치로 나타낸 것을 (　　)이라고 하며, 물체의 (　　)에 비례하고, 물체의 (　　)에 반비례한다.

5. 그림과 같이 전압이 일정한 전원 장치에 가변 저항을 연결하였을 때, 가변 저항의 저항값을 크게 할수록 저항에 흐르는 전류의 세기는 (　　)한다.

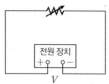

정답

1. 전하
2. 반대
3. 2.5
4. 전기 저항, 길이 또는 비저항, 단면적
5. 감소

(3) 전류: 전자나 이온과 같이 전하를 띤 입자의 흐름을 전류라고 한다.

① **도체에서의 전류**: 도체는 전류가 잘 흐르는 물체로, 일반적으로 금속에서는 자유 전자, 그 밖에 액체 등에서는 이온과 같은 전하 운반체들의 이동으로 전류가 흐른다.

② **전류의 방향**: 양(+)전하가 이동하는 방향으로 정의한다. 따라서 음(−)전하가 이동하는 방향의 반대 방향이다.

③ **도선에서의 전류**: 도선에 전지를 연결하면 전지 양단의 전위차에 의해 전자는 (−)극에서 (+)극 방향으로 도선을 따라 이동한다. 따라서 전류는 전지의 (+)극에서 (−)극 방향으로 도선을 따라 흐른다.

④ **전류의 세기(I)**: 단위 시간(1초) 동안 도선의 단면을 통과하는 전하량으로 정의한다. 도선의 단면을 시간 t 동안 통과한 전하량이 Q라면 전류의 세기 I는 다음과 같다.

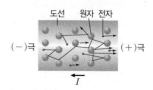

전지를 연결한 도선의 내부

$$I = \frac{Q}{t} \ [단위: A(암페어) \ 또는 \ C/s]$$

2 저항과 옴의 법칙

(1) 저항: 물체가 전류의 흐름을 방해하는 정도이다.

① **전기 저항(R)**: 물체가 전류의 흐름을 방해하는 정도를 수치로 나타낸 값으로, 물체의 전기 저항은 물체의 길이 l에 비례하고, 물체의 단면적 S에 반비례한다.

$$R = \rho \frac{l}{S} \ [단위: \Omega(옴)]$$

② **비저항(ρ)**: 비례 상수 ρ를 그 물체의 비저항이라고 한다. 비저항은 길이가 1 m, 단면적이 1 m²인 물체의 저항으로, 물체마다 고유한 값을 갖는 물체의 특성이다.

• 단위: $\Omega \cdot m$

• 물질의 종류와 온도에 따라 다르므로 물체의 특성이 될 수 있다.

• 길이와 단면적이 같으면 비저항이 클수록 물체의 저항이 크다.

• 비저항에 따라 도체, 반도체, 절연체로 구분된다.

(2) 옴의 법칙: 저항에 흐르는 전류의 세기 I는 저항 양단의 전위차 V에 비례하고, 전기 저항 R에 반비례한다.

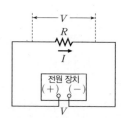

$$I = \frac{V}{R}$$

① 전기 저항이 일정할 때, 저항 양단의 전위차가 커질수록 저항에 흐르는 전류의 세기가 증가한다.

② 저항 양단의 전위차가 일정할 때, 전기 저항이 커질수록 저항에 흐르는 전류의 세기는 감소한다.

3 저항의 연결

(1) **저항의 직렬연결**: 여러 개의 저항을 한 줄로 이어서 연결하는 방법이다.

① 회로에 흐르는 전체 전류의 세기를 I, 각각의 저항에 흐르는 전류의 세기를 I_1, I_2, I_3, 전체 전압을 V, 각각의 저항에 걸리는 전압을 V_1, V_2, V_3, 회로 전체의 합성 전기 저항을 R, 각각의 전기 저항을 R_1, R_2, R_3이라고 하자.

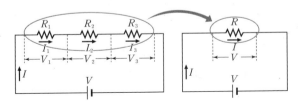

- 전류가 한 개의 닫힌 도선을 따라 흐르므로, 전체 전류의 세기 I는 각각의 저항에 흐르는 전류의 세기 I_1, I_2, I_3과 같다. $I=I_1=I_2=I_3 \cdots$ ㉠
- 전체 전압 V는 각각의 저항에 걸리는 전압의 합과 같다. $V=V_1+V_2+V_3 \cdots$ ㉡
- 위의 식 ㉡에 옴의 법칙을 적용하고, 식 ㉠을 활용하면 다음과 같은 결과를 얻을 수 있다.

$$V=V_1+V_2+V_3=I_1R_1+I_2R_2+I_3R_3=I(R_1+R_2+R_3)=IR \cdots ㉢$$

- 위의 식 ㉢에서 합성 전기 저항 R는 다음과 같다.

$$R=R_1+R_2+R_3$$

② 여러 개의 저항을 직렬로 연결할 때의 합성 전기 저항은 각각의 전기 저항을 모두 더한 값과 같다. ➡ $R=R_1+R_2+R_3+\cdots$

③ 여러 개의 저항을 직렬로 연결하면 합성 전기 저항은 가장 큰 저항의 전기 저항보다 크다.

(2) **저항의 병렬연결**: 여러 개의 저항을 나란하게 놓고 양 끝을 연결하는 방법이다.

① 옴의 법칙을 이용하여 다음과 같은 전압, 전류, 저항의 관계를 얻을 수 있다.

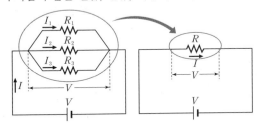

- 각 저항의 양단이 모두 전원의 (+)극과 (−)극에 직접 연결되어 있으므로 전원의 전압 V는 각각의 저항에 걸리는 전압 V_1, V_2, V_3과 같다. $V=V_1=V_2=V_3 \cdots$ ㉠
- 전하량 보존 법칙에 따라 회로에 흐르는 전체 전류의 세기 I는 각 저항에 흐르는 전류의 세기의 합과 같다. $I=I_1+I_2+I_3 \cdots$ ㉡
- 위의 식 ㉡에 옴의 법칙을 적용하고, 식 ㉠을 활용하면 다음과 같은 결과를 얻을 수 있다.

$$I=I_1+I_2+I_3 \rightarrow \frac{V}{R}=\frac{V_1}{R_1}+\frac{V_2}{R_2}+\frac{V_3}{R_3}=V\left(\frac{1}{R_1}+\frac{1}{R_2}+\frac{1}{R_3}\right) \cdots ㉢$$

- 위의 식 ㉢에서 합성 전기 저항 R의 역수는 다음과 같다.

$$\frac{1}{R}=\frac{1}{R_1}+\frac{1}{R_2}+\frac{1}{R_3}$$

개념 체크

○ **저항의 직렬연결**: 여러 개의 저항을 한 줄로 이어서 연결하는 방법이다.

1. 전압이 일정한 전원에 저항을 직렬로 연결하면 각 저항에 흐르는 전류의 세기는 ( ), 저항의 크기가 클수록 저항에 걸리는 전압은 (크 . 작)다.

2. 전압이 일정한 전원에 저항을 병렬로 연결하면 각 저항에 걸리는 전압은 ( ), 저항의 크기가 클수록 저항에 흐르는 전류의 세기는 (크 . 작)다.

정답

1. 같고(일정하고), 크
2. 같고(일정하고), 작

개념 체크

◐ **저항의 병렬연결**: 여러 개의 저항을 나란하게 놓고 양 끝을 연결하는 방법이다.
◐ **전력**: 단위 시간 동안 공급하거나 소비하는 전기 에너지이다.

1. 저항값이 R인 저항 n개를 병렬로 연결하였을 때, 합성 저항값은 ( )이다.

2. 전압이 12 V로 일정한 전원에 저항값이 2 Ω인 저항 3개를 직렬로 연결하였을 때, 저항 전체에서 소비되는 전력은 ( ) W 이다.

3. 전력이 P인 전기 기구를 시간 t 동안 사용하였을 때, 전기 기구가 사용한 전력량은 ( )이다.

② 여러 개의 저항을 병렬로 연결할 때의 합성 전기 저항의 역수는 각각의 전기 저항의 역수를 모두 더한 값과 같다. ➡ $\dfrac{1}{R} = \dfrac{1}{R_1} + \dfrac{1}{R_2} + \dfrac{1}{R_3} + \cdots$

③ 여러 개의 저항을 병렬로 연결하면 합성 전기 저항은 가장 작은 저항의 전기 저항보다 작다.

🧪 **탐구자료 살펴보기** ▷ **저항의 직렬연결과 병렬연결 비교**

과정

(1) 그림 (가), (나)와 같이 저항값이 R_1인 가변 저항 A, 저항값이 R_2인 저항 B를 직렬, 병렬로 연결하여 회로를 구성한다.
(2) (가)와 (나)에서 A, B의 양단에 걸리는 전압과 각 저항에 흐르는 전류의 세기를 측정한다.
(3) (가)와 (나)에서 A의 저항값을 증가시킨 후 A, B의 양단에 걸리는 전압과 각 저항에 흐르는 전류의 세기를 측정한다.

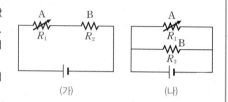

(가)   (나)

결과

• (가)에서 A, B에 흐르는 전류의 세기는 같고, 전기 저항이 큰 저항에 더 큰 전압이 걸린다.
• (나)에서 A, B에 걸리는 전압은 같고, 전기 저항이 작은 저항에 더 큰 전류가 흐른다.
• 과정 (3)의 (가)에서 A, B에 흐르는 전류의 세기는 감소하고, A에 걸리는 전압은 증가하며 B에 걸리는 전압은 감소한다.
• 과정 (3)의 (나)에서 A에 흐르는 전류의 세기는 감소하고, B에 흐르는 전류의 세기는 일정하다. A, B에 걸리는 전압은 전원의 전압과 항상 같다.

point

구분	직렬연결	병렬연결
전류	각 저항에 흐르는 전류는 모두 같다.	각 저항에 흐르는 전류는 저항에 반비례한다.
전압	각 저항에 걸리는 전압은 저항에 비례한다.	각 저항에 걸리는 전압은 모두 같다.

---

④ 저항에서 소모되는 전기 에너지

(1) 전류의 열작용: 저항에 전류가 흐르면 전자들이 원자와 충돌하면서 전자들이 갖고 있던 운동 에너지가 열에너지로 전환되어 저항에서 열이 발생한다.

• 저항값이 R인 저항에 전류 I가 시간 t 동안 흐를 때 전류가 한 일 W는 다음과 같다.

$$W = qV = VIt = I^2Rt \ [\text{단위: J(줄)}]$$

(2) 소비 전력

① **전력(P)**: 단위 시간 동안 공급하거나 소모되는 전기 에너지의 양으로 공급 전력 또는 소비 전력이라고도 한다.

② 전기 저항이 R이고, 걸린 전압이 V인 저항체에 시간 t초 동안 세기가 I인 전류가 흘렀다면 저항체에서의 소비 전력은 다음과 같다.

$$P = \dfrac{W}{t} = VI = I^2R = \dfrac{V^2}{R} \ [\text{단위: J/s = W(와트)}]$$

③ **전력량(W)**: 시간 t 동안 저항에서 소모된 전기 에너지를 전력량이라고 한다.

$$W = Pt \ [\text{단위: J(줄), Wh(와트시)}]$$

정답

1. $\dfrac{R}{n}$

2. 24

3. Pt

01 그림은 $+y$방향으로 형성된 균일한 전기장 내부에서 양
$(+)$전하를 띤 입자 p의 운동 경로를 나타낸 것이다. 점 a, b, c는
xy 평면상에 고정된 점이다.

[24027-0135]

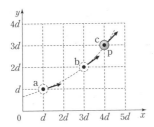

이에 대한 설명으로 옳은 것만을 〈보기〉에서 있는 대로 고른 것은?

보기

ㄱ. 전위는 a에서가 b에서보다 높다.

ㄴ. 전위차는 a와 b 사이에서가 b와 c 사이에서보다 크다.

ㄷ. 전기력이 p에 한 일은 p가 b에서 c까지 운동하는 동
안이 a에서 b까지 운동하는 동안보다 크다.

① ㄱ　②ㄴ　③ ㄱ, ㄷ　④ ㄴ, ㄷ　⑤ ㄱ, ㄴ, ㄷ

02 그림 (가)는 전기장 영역에서 전하량이 $+q$인 점전하가 직
선상에서 운동을 하는 것을 나타낸 것이고, (나)는 위치에 따른 전
위를 나타낸 것이다.

[24027-0136]

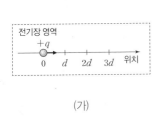 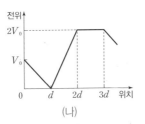

(가)　　　　　　(나)

이에 대한 설명으로 옳은 것만을 〈보기〉에서 있는 대로 고른 것은?

보기

ㄱ. d에서 $2d$까지 점전하가 운동하는 동안 점전하의 속
력은 증가한다.

ㄴ. 점전하가 받는 전기력의 크기는 $1.5d$에서가 $0.5d$에
서의 2배이다.

ㄷ. $2d$에서 $3d$까지 점전하가 운동하는 동안 전기력이 점
전하에 한 일은 0이다.

① ㄱ　②ㄴ　③ ㄱ, ㄷ　④ ㄴ, ㄷ　⑤ ㄱ, ㄴ, ㄷ

03 그림은 원통형 금속 A, B, C와 스위치 S, 전류계를 전압이
V로 일정한 직류 전원에 연결한 것을 나타낸 것이다. 표는 A, B,
C의 비저항, 길이, 단면적을 나타낸 것이다.

[24027-0137]

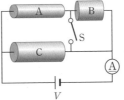

	A	B	C
비저항	ρ	2ρ	ρ
길이	$2l$	l	$2l$
단면적	A	$2A$	$2A$

이에 대한 설명으로 옳은 것만을 〈보기〉에서 있는 대로 고른 것은?

보기

ㄱ. 저항값은 A가 C의 2배이다.

ㄴ. A에 걸리는 전압은 S를 열었을 때가 닫았을 때의 $\frac{3}{2}$
배이다.

ㄷ. 전류계에 흐르는 전류의 세기는 S를 열었을 때가 닫
았을 때의 $\frac{8}{9}$배이다.

① ㄱ　②ㄴ　③ ㄱ, ㄷ　④ ㄴ, ㄷ　⑤ ㄱ, ㄴ, ㄷ

04 그림 (가)는 두 개의 동일한 원통형 금속 P를, (나)와 (다)는
P의 부피를 유지하면서 변형하여 만든 P_1, P_2를 각각 직렬과 병
렬로 연결하여 저항값을 측정하는 것을 나타낸 것이다. P, P_1, P_2
의 단면적은 각각 $2A$, $3A$, A이다.

[24027-0138]

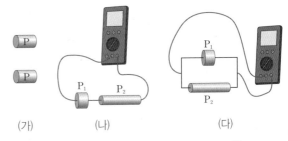

(가)　　　　　(나)　　　　　　(다)

(나), (다)에서 합성 저항값을 각각 $R_나$, $R_다$라 할 때, $\dfrac{R_나}{R_다}$는?

① 11　②$\dfrac{100}{9}$　③$\dfrac{101}{9}$　④$\dfrac{102}{9}$　⑤$\dfrac{103}{9}$

05 그림 (가)는 전압이 V로 일정한 직류 전원에 저항 A, B를 직렬로 연결한 것으로, A의 저항값은 R이고, A에 걸리는 전압은 $\frac{1}{3}V$이다. 그림 (나)는 (가)에서 A와 B를 병렬로 연결한 것을 나타낸 것이다.

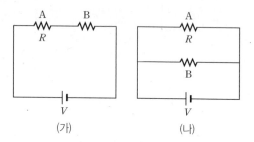

(가)   (나)

(나)의 A와 B에서 소비되는 전력을 각각 P_A, P_B라 할 때, $\frac{P_A}{P_B}$는?

① $\frac{1}{2}$ ② 1   ③ $\frac{3}{2}$ ④ 2   ⑤ $\frac{5}{2}$

[24027-0139]

06 그림은 저항값이 R로 같은 저항 A, B, C, D, 스위치 S, 전류계를 전압이 V로 일정한 직류 전원에 연결한 것을 나타낸 것이다.
이에 대한 설명으로 옳은 것만을 〈보기〉에서 있는 대로 고른 것은?

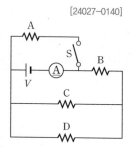

[24027-0140]

● 보 기 ●

ㄱ. S를 열었을 때 B에 걸리는 전압은 $\frac{2}{3}V$이다.

ㄴ. 전류계에 흐르는 전류의 세기는 S를 열었을 때가 닫았을 때의 $\frac{2}{3}$배이다.

ㄷ. 회로 전체의 소비 전력은 S를 열었을 때가 닫았을 때의 $\frac{4}{9}$배이다.

① ㄱ   ② ㄴ   ③ ㄱ, ㄷ   ④ ㄴ, ㄷ   ⑤ ㄱ, ㄴ, ㄷ

07 그림은 저항 A, B, C, D, E, 스위치 S를 전압이 V로 일정한 직류 전원에 연결한 것을 나타낸 것이다. A, B의 저항값은 R이고, C, D, E의 저항값은 $2R$이다.

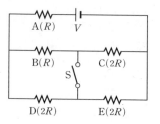

이에 대한 설명으로 옳은 것만을 〈보기〉에서 있는 대로 고른 것은?

[24027-0141]

● 보 기 ●

ㄱ. A에 걸리는 전압은 S를 열었을 때가 닫았을 때의 $\frac{56}{57}$배이다.

ㄴ. S를 닫았을 때, B에 흐르는 전류의 세기는 C에 흐르는 전류의 세기의 $\frac{4}{3}$배이다.

ㄷ. S를 닫았을 때, 회로 전체에서 소비되는 전력은 $\frac{3V^2}{8R}$이다.

① ㄱ   ② ㄷ   ③ ㄱ, ㄴ   ④ ㄴ, ㄷ   ⑤ ㄱ, ㄴ, ㄷ

08 그림과 같이 저항 A, B, C, D, 스위치 S를 전압이 V로 일정한 직류 전원에 연결하였다. A, C, D의 저항값은 각각 R, $2R$, $2R$이고, A~D의 소비 전력의 합은 S를 닫았을 때가 열었을 때의 $\frac{8}{5}$배이다.

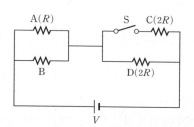

[24027-0142]

B의 저항값은?

① R ② $\frac{3}{2}R$ ③ $\frac{8}{5}R$ ④ $2R$ ⑤ $3R$

[24027-0143]

01 그림과 같이 xy 평면에서 질량 m, 전하량 $+q$인 점전하 P를 균일한 전기장 영역 Ⅰ의 점 a에 $+y$방향의 속력 v로 입사시켰더니 곡선 경로를 따라 진행하여 점 b에서 $+x$방향의 속력 v로 영역 Ⅰ을 빠져나가고 균일한 전기장 영역 Ⅱ의 점 c에 $+x$방향의 속력 v로 입사한 후 등가속도 직선 운동을 하여 점 d를 속력 $3v$로 통과하였다.

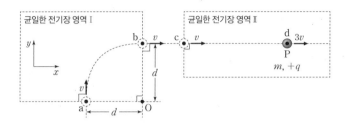

이에 대한 설명으로 옳은 것만을 〈보기〉에서 있는 대로 고른 것은? (단, P에는 균일한 전기장에 의한 전기력만 작용하고, 전자기파의 발생은 무시한다.)

> **보기**
>
> ㄱ. P가 a에서 b까지 이동하는 데 걸린 시간은 $\dfrac{d}{v}$이다.
>
> ㄴ. 영역 Ⅰ에서 전기장의 세기는 $\dfrac{\sqrt{2}mv^2}{2qd}$이다.
>
> ㄷ. c와 d 사이의 전위차는 $\dfrac{2mv^2}{q}$이다.

① ㄱ ② ㄴ ③ ㄱ, ㄷ ④ ㄴ, ㄷ ⑤ ㄱ, ㄴ, ㄷ

균일한 전기장 영역에서 점전하는 등가속도 운동을 한다.

[24027-0144]

02 그림과 같이 수평면으로부터 높이 h인 빗면 위에서 질량이 m, 전하량이 $+Q$로 대전된 물체 P를 가만히 놓았더니 수평면의 균일하고 x축과 나란한 방향의 전기장 영역에서 등가속도 직선 운동을 하여 $x=4d$에서 정지하였다. $x=0$과 $x=4d$ 사이의 전위차 V와 전기장의 세기 E는? (단, 중력 가속도는 g이고, 빗면과 수평면은 절연되어 있으며, 물체의 크기, 모든 마찰, 공기 저항, 전자기파 발생은 무시한다.)

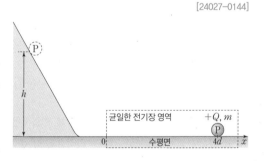

높이 h에서 정지한 P의 중력 퍼텐셜 에너지는 수평면에 도달하는 순간 P의 운동 에너지와 같고, P의 운동 에너지는 균일한 전기장이 P에 한 일과 같다.

	V	E		V	E
①	$\dfrac{mgh}{Q}$	$\dfrac{mgh}{4Qd}$	②	$\dfrac{mgh}{Q}$	$\dfrac{mgh}{2Qd}$
③	$\dfrac{mgh}{2Q}$	$\dfrac{mgh}{4Qd}$	④	$\dfrac{mgh}{2Q}$	$\dfrac{mgh}{2Qd}$
⑤	$\dfrac{mgh}{Q}$	$\dfrac{mgh}{Qd}$			

A와 B에 흐르는 전류의 세기는 같고, A와 B에 걸리는 전압의 합은 C에 걸리는 전압과 같다.

03 그림과 같이 원통형 금속 A, B, C를 전압이 일정한 직류 전원에 연결하였다. 표는 A, B, C의 길이, 단면적, 비저항을 나타낸 것이다. A, B, C에서 단위 시간당 소비하는 전기 에너지는 각각 $2P_0$, P_0, $4P_0$이다.

[24027-0145]

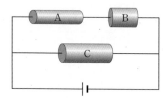

	A	B	C
길이	$2l$	l	$2l$
단면적	A	$2A$	$2A$
비저항	ρ_A	ρ_B	ρ_C

이에 대한 설명으로 옳은 것만을 〈보기〉에서 있는 대로 고른 것은?

● 보 기 ●

ㄱ. 저항에 걸리는 전압은 A가 B의 2배이다.

ㄴ. 저항에 흐르는 전류의 세기는 B에서가 C에서의 $\dfrac{3}{4}$배이다.

ㄷ. $\rho_A : \rho_B : \rho_C = 4 : 8 : 9$이다.

① ㄱ   ② ㄷ   ③ ㄱ, ㄴ   ④ ㄴ, ㄷ   ⑤ ㄱ, ㄴ, ㄷ

직렬로 연결된 저항에 걸리는 전압의 비는 저항값의 비와 같다.

04 그림과 같이 원통형 금속 막대 A, B, C와 전압이 일정한 직류 전원, 스위치로 회로를 구성하였다. A~C의 단면적은 동일하고, 길이는 각각 $3l$, $2l$, l이다. 스위치를 닫은 후 A, B, C에서 단위 시간당 소비하는 전기 에너지는 같다.

[24027-0146]

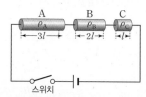

A~C의 비저항이 각각 ρ_A, ρ_B, ρ_C일 때, $\rho_A : \rho_B : \rho_C$는?

① 1 : 2 : 4   ② 2 : 3 : 6   ③ 3 : 4 : 9   ④ 4 : 5 : 12   ⑤ 5 : 9 : 14

05 그림과 같이 저항값이 각각 R, $2R$, $3R$, $4R$, R_0인 저항, 스위치 S, 전류계를 전압이 V로 일정한 직류 전원에 연결하였다. S를 b에 연결할 때 점 p와 q 사이에 걸리는 전압은 0이다.

[24027-0147]

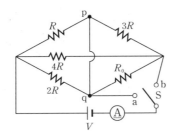

이에 대한 설명으로 옳은 것만을 〈보기〉에서 있는 대로 고른 것은?

● 보 기 ●

ㄱ. $R_0 = 6R$이다.

ㄴ. 전류계에 흐르는 전류의 세기는 S를 a에 연결할 때가 b에 연결할 때의 $\frac{8}{5}$배이다.

ㄷ. S를 b에 연결할 때 단위 시간당 회로 전체에서 소비하는 전기 에너지는 $\frac{5V^2}{8R}$이다.

① ㄱ   ② ㄴ   ③ ㄱ, ㄷ   ④ ㄴ, ㄷ   ⑤ ㄱ, ㄴ, ㄷ

S를 b에 연결할 때 p와 q 사이에 걸리는 전압이 0이므로 저항값이 R인 저항과 저항값이 $2R$인 저항에 각각 걸리는 전압은 같다.

06 그림과 같이 저항 A, B, C, 스위치 S를 전압이 V로 일정한 직류 전원에 연결하였다. A와 B의 저항값은 각각 R, $2R$이다. 표는 S의 연결에 따라 A에 흐르는 전류의 세기 I_A, B에서의 소비 전력 P를 나타낸 것이다.

[24027-0148]

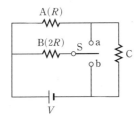

S의 연결	I_A	P
a	$5I_0$	P_0
b	$7I_0$	㉠

이에 대한 설명으로 옳은 것만을 〈보기〉에서 있는 대로 고른 것은?

● 보 기 ●

ㄱ. C에 흐르는 전류의 세기는 S를 a에 연결할 때가 b에 연결할 때의 $\frac{21}{10}$배이다.

ㄴ. C의 저항값은 $4R$이다.

ㄷ. ㉠$=25P_0$이다.

① ㄱ   ② ㄴ   ③ ㄱ, ㄷ   ④ ㄴ, ㄷ   ⑤ ㄱ, ㄴ, ㄷ

S를 a에 연결하면 A와 B가 병렬연결이 된 것과 C가 직렬연결이 되고, S를 b에 연결하면 A와 C가 직렬연결이 된 것과 B가 병렬연결이 된다.

A와 B에서 도체 막대의 오른쪽 부분이 병렬연결되어 있고, B와 C에서 도체 막대의 왼쪽 부분이 병렬연결되어 있다.

07 그림과 같이 평행하게 고정되어 있고 길이가 L인 세 원통형 금속 막대 A~C와 전류계를 전압이 V로 일정한 직류 전원에 연결하여 회로를 구성하였다. A~C의 단면적은 같고, 비저항은 각각 ρ, 2ρ, 3ρ이며, A~C에 수직으로 올려놓은 도체 막대의 왼쪽 끝으로부터의 거리는 d이다. 도체 막대가 $d = \dfrac{L}{3}$, $d = \dfrac{2L}{3}$에 있을 때 전류계에 흐르는 전류의 세기는 각각 I_1, I_2이다.

[24027-0149]

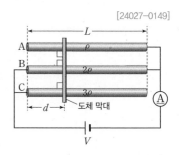

$\dfrac{I_2}{I_1}$는? (단, 도체 막대의 저항은 무시한다.)

① $\dfrac{16}{23}$ ② $\dfrac{17}{23}$ ③ $\dfrac{18}{23}$ ④ $\dfrac{19}{23}$ ⑤ $\dfrac{20}{23}$

A, B, C에 담긴 물의 단위 시간당 온도 증가량은 각각의 저항에서 소비되는 전력에 비례한다.

[24027-0150]

08 다음은 열량계를 이용한 실험이다.

[실험 과정]
Ⅰ. 그림 (가)와 같이 저항값이 각각 R, $2R$, $3R$인 열량계 A~C를 직렬로 연결하여 온도가 같은 물을 동일한 양만큼 넣고 스위치를 닫아 같은 시간 동안 물의 온도 변화량을 측정한다.
Ⅱ. 그림 (나)와 같이 과정 Ⅰ에서 열량계 A~C를 병렬로 연결하여 온도가 같은 물을 동일한 양만큼 넣고 스위치를 닫아 같은 시간 동안 물의 온도 변화량을 측정한다.

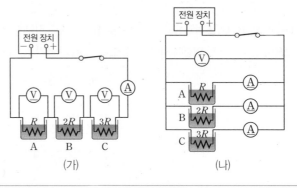

이에 대한 설명으로 옳은 것만을 〈보기〉에서 있는 대로 고른 것은? (단, 각 저항에서 소비하는 전기 에너지는 모두 물의 온도 변화에만 사용된다.)

─● 보기 ●─
ㄱ. (가)에서 A, B, C의 저항에 흐르는 전류의 세기는 같다.
ㄴ. (나)에서 단위 시간당 온도 증가량은 A에서가 C에서보다 크다.
ㄷ. B에 걸리는 전압은 (나)에서가 (가)에서의 3배이다.

① ㄱ ② ㄷ ③ ㄱ, ㄴ ④ ㄴ, ㄷ ⑤ ㄱ, ㄴ, ㄷ

08 트랜지스터와 축전기

1 트랜지스터

(1) 트랜지스터

① **종류**: p형과 n형 불순물 반도체를 p형, n형, p형 또는 n형, p형, n형 순으로 접합하여 만들며, p-n-p형과 n-p-n형이 있다.

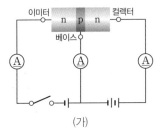

② **구조**: 이미터(E), 베이스(B), 컬렉터(C)라고 부르는 3개의 단자가 있고, 이미터와 컬렉터 사이의 베이스는 두께가 수 μm 정도로 매우 얇게 제작된다.

(2) 증폭 작용과 스위칭 작용

① **트랜지스터의 작동 원리**
- 그림 (가)와 같이 스위치가 열려 있으면, 베이스의 p형 반도체와 컬렉터의 n형 반도체 사이에 역방향 전압이 걸린다. 따라서 컬렉터에 연결된 전류계에 전류가 흐르지 않는다.
- 그림 (나)와 같이 트랜지스터가 정상적으로 작동할 때, 이미터와 베이스 사이에는 순방향 전압이 걸린다.
- 그림 (나)와 같이 스위치를 닫아 이미터와 베이스 사이에 전류가 흐르면, 이미터에서 베이스로 이동하는 전자가 컬렉터와 베이스 사이에 걸린 전압에 의해 컬렉터로도 이동한다. 따라서 모든 전류계에 전류가 흐른다.
- 그림 (나)에서 베이스와 컬렉터로 전류가 들어가고 이미터에서 전류가 나오므로 다음 관계가 성립한다. ➡ $I_E = I_B + I_C$

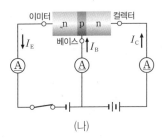

(가)   (나)

② **트랜지스터의 증폭 작용**
- 이미터와 베이스 사이의 전압보다 베이스와 컬렉터 사이의 전압을 훨씬 크게 하면, 이미터에서 베이스로 흐르는 전류 대부분이 컬렉터로 흐르게 되어 베이스 전류 I_B에 비해 컬렉터 전류 I_C가 훨씬 크다.

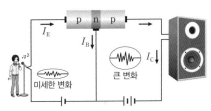

- 그림과 같이 이미터와 베이스 단자 사이에 마이크와 같은 입력 장치를 연결하면, 베이스 전류의 미세한 변화가 컬렉터에서 큰 변화로 출력된다. 이와 같이 베이스 전류의 미세한 변화를 컬렉터에서 큰 변화로 출력하는 작용을 트랜지스터의 증폭 작용이라고 한다.
- **전류 증폭률**: 베이스 전류 I_B에 대한 컬렉터 전류 I_C의 비를 전류 증폭률이라고 한다.

$$전류 증폭률 = \frac{I_C}{I_B}$$

---

③ **트랜지스터의 스위칭 작용**

• 이미터와 베이스 사이에 전류가 흐르지 않으면 컬렉터에도 전류가 흐르지 않으므로, 이미터와 베이스 사이에 전류를 흐르게 하거나 흐르지 않도록 하여 컬렉터에 전류가 흐르게 할 수도 있고, 흐르지 않도록 할 수도 있는데, 이와 같은 작용을 트랜지스터의 스위칭 작용이라고 한다.

• 트랜지스터의 스위칭 작용은 기계적으로 전류를 단속하지 않기 때문에 1초에 천 회 이상 전류를 단속할 수 있으며, 전류를 단속할 때 잡음이 거의 발생하지 않는 장점이 있다.

🔍 **과학 돋보기** **p−n−p형 트랜지스터의 증폭 작용**

① 그림과 같이 이미터와 베이스 사이에 순방향의 전압 V_{BE}가 걸려 있고, 컬렉터와 베이스 사이에 역방향의 전압 V_{CB}가 걸려 있을 때, 만일 베이스가 충분히 두껍다면 베이스 전류 I_B는 크고, 컬렉터 전류 I_C는 작다.

② 실제 트랜지스터의 베이스는 매우 얇기 때문에 이미터에서 베이스로 이동하던 대다수의 양공이 컬렉터 쪽으로 확산된다.

③ 컬렉터로 확산된 양공과 V_{CB}의 (−)단자에서 공급되는 전자가 계속 결합하기 때문에 베이스 전류가 컬렉터 전류보다 매우 작다.

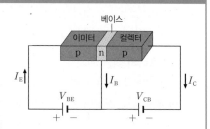

④ 컬렉터로 확산되는 양공의 양은 이미터와 베이스 사이의 전압 V_{BE}의 미세한 변화에 의하여 영향을 많이 받는다. V_{BE}의 미세한 변화가 컬렉터 전류 I_C의 커다란 변화로 나타나는 것을 트랜지스터의 증폭 작용이라고 한다.

---

(3) 바이어스 전압

① **바이어스 전압:** 트랜지스터를 정상적으로 작동시키기 위해서는 이미터와 베이스 사이에 적절한 전압을 걸어 주어야 하는데, 이 전압을 바이어스 전압이라고 한다.

② **증폭 회로에서 바이어스 전압의 역할**

• 바이어스 전압을 걸지 않았을 때: p−n−p형 트랜지스터에서 베이스 단자에 전압이 걸려 있지 않은 상태에서는 입력된 교류 신호의 (+)쪽 신호에만 반응하여 (−)쪽 신호가 나오지 않는다. 그 까닭은 (+), (−)가 교대로 되어 있는 교류 형태의 신호에서 스위칭 작용 때문에 (−)부분에서는 컬렉터 쪽으로 전류가 흐르지 않아 신호가 출력되지 않기 때문이다.

• 바이어스 전압을 걸었을 때: 적절한 바이어스 전압을 걸어 주면 신호를 제대로 증폭할 수 있다. 예를 들어 베이스에 공급되는 신호 전압의 진폭이 0.1 V라고 할 때 이미터와 베이스 사이에 바이어스 전압을 1.0 V 걸어 주면 (+)쪽은 바이어스 전압과 신호 전압이 더한 값인 1.1 V가 되고, (−)쪽은 바이어스 전압에서 신호 전압을 뺀 값인 0.9 V가 되므로 모든 신호가 증폭되어 출력된다.

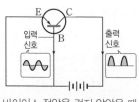

바이어스 전압을 걸지 않았을 때

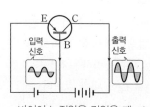

바이어스 전압을 걸었을 때

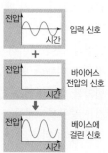

③ 전압 분할로 바이어스 전압 결정하기

- n-p-n형 트랜지스터를 전원에 연결하여 일정한 전류 증폭률로 작동시킬 때 베이스와 이미터 사이의 전압을 일정한 값 V_{BE}로, 컬렉터와 이미터 사이의 전압을 일정한 값 V_{CE}로 정해 놓고 이때 이미터 단자 전위를 V_E로 정하면, 트랜지스터의 세 단자의 전위는 각각 다음과 같다.

    이미터 단자 전위: V_E

    베이스 단자 전위: $V_B = V_E + V_{BE}$

    컬렉터 단자 전위: $V_C = V_E + V_{CE}$

- 4개의 저항을 이용하여 그림과 같이 회로를 설계한다. 베이스 단자로 흐르는 전류 I_B가 매우 작다면, V_{CC}를 두 저항 $R_1 : R_2$로 분할하여 $V_B = \dfrac{R_2}{R_1 + R_2} V_{CC}$가 되도록 하는 R_1과 R_2를 선택한다. $R_E = \dfrac{V_E}{I_E} \fallingdotseq \dfrac{V_E}{I_C}$, $R_C = \dfrac{V_{CC} - V_C}{I_C}$가 되도록 R_E, R_C를 선택한다. 트랜지스터의 각 단자에 적절한 저항을 추가하는 방법으로 전압을 분할하여 바이어스 전압을 결정할 수 있다.

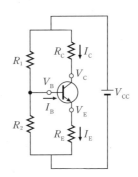

② 축전기

(1) **축전기**: 전하를 저장할 수 있는 장치를 말하며, 축전기에 전하를 저장하는 과정을 충전이라고 한다. 축전기에 충전되는 전하량 Q는 두 극판 사이의 전위차 V에 비례한다. ➡ $Q = CV$

(2) **축전기의 전기 용량**: 축전기에 걸리는 전압은 충전된 전하량에 비례한다. 이때 비례 상수 C를 전기 용량이라고 한다. ➡ $C = \dfrac{Q}{V}$

축전기에 전하를 충전시키면 전하량에 비례해서 축전기에 걸리는 전압은 증가한다.

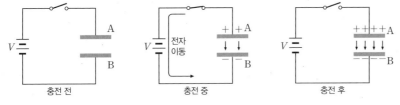

충전 전   충전 중   충전 후

① 전기 용량

- 축전기에 걸리는 전압이 1 V일 때, 충전되는 전하량을 전기 용량이라고 한다.
- 축전기 극판의 면적, 두 극판 사이의 간격, 극판 사이에 있는 물질의 종류에 따라 다르다.
- 축전기에 전압 V인 전지를 연결하면, 축전기에 걸리는 전압이 V가 될 때까지 전하가 충전된다.
- 같은 전하량을 충전시킬 때 전기 용량이 큰 축전기일수록 축전기에 걸리는 전압이 더 낮다.
- 전기 용량의 단위: F(패럿)
  ➡ 1 F은 1 V의 전압을 걸어 줄 때 1 C의 전하량이 충전되는 전기 용량이다.
  ➡ 1 F은 매우 큰 단위이므로 일상생활에서는 1 μF($=10^{-6}$F) 또는 1 pF($=10^{-12}$F)을 사용한다.

1. 극판의 면적이 S, 극판 사이의 간격이 d인 평행판 축전기를 유전율이 ε인 유전체로 채웠을 때 축전기의 전기 용량은 (　　) 이다.

2. 축전기 사이에 유전체를 넣으면 축전기의 전기 용량은 (증가 , 감소)하고, 유전체 내에 (　　) 현상이 잘 일어날수록 유전율이 크다.

② 평행판 축전기의 전기 용량 C는 극판의 면적 S에 비례하고, 극판 사이의 간격 d에 반비례한다.

$$C = \varepsilon \frac{S}{d} \ (\varepsilon: \text{유전율})$$

🧪 **탐구자료 살펴보기** ▷ **레이던 병(간이 축전기) 만들기**

과정
(1) 그림과 같이 2개의 플라스틱 컵을 위쪽에 1 cm 정도만 남기고 알루미늄박으로 감싸 셀로판테이프로 고정한다.
(2) 한 컵의 바깥 면에 직사각형 모양의 알루미늄박을 컵 위로 돌출되어 나오게 한 후, 셀로판테이프로 고정한다.
(3) 과정 (2)의 컵이 안쪽에 오도록 두 컵을 겹친다.
(4) 안쪽 컵의 돌출된 알루미늄박에 털가죽으로 문지른 에보나이트 막대를 접촉한다.
(5) 과정 (4)를 10번 정도 반복한 후 안쪽 컵의 돌출된 알루미늄박과 바깥쪽 알루미늄박에 동시에 손을 대어 본다.

알루미늄박
알루미늄박
털가죽
에보나이트 막대

결과
• 손을 통해 전류가 흐르는 것을 느낄 수 있다.

point
• 전하를 정전기 유도의 원리로 저장할 수 있다.

(3) 유전체의 역할

① **유전체:** 유리, 종이, 나무, 플라스틱과 같은 절연체이다.
② **유전율:** 전기장 내에서 유전 분극되는 정도와 관련 있는 물리량이다. 유전 분극이 잘될수록 유전율이 크며, 진공의 유전율은 일반적으로 ε_0으로 나타낸다.
③ **유전체와 전기 용량:** 유전율이 ε인 유전체를 축전기 속에 넣으면 전기 용량은 진공 상태일 때의 $\frac{\varepsilon}{\varepsilon_0}$배가 된다. 축전기 속에 유전체를 넣으면 유전체의 유전 분극에 의해 축전기에 전하를 더 많이 모을 수 있다.

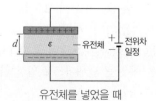

유전체를 넣지 않았을 때　　　　유전체를 넣었을 때

3 축전기에 저장된 전기 에너지

(1) 전기 용량이 C인 축전기에 전압 V인 전지를 연결하여 충전을 시작하면 축전기 극판의 양단에 전하가 이동하여 대전이 된다.

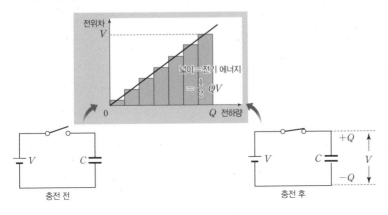

(2) 축전기에 저장된 전기 에너지는 전위차 – 전하량 그래프의 밑넓이와 같다.

$$E = \frac{1}{2}QV = \frac{1}{2}CV^2 = \frac{1}{2}\frac{Q^2}{C}$$

4 축전기의 이용

(1) 에너지 저장 장치로서의 축전기 활용 사례

① 카메라 플래시: 사진을 찍을 때 주변이 어두우면 플래시를 터뜨린다. 플래시에서 강한 빛을 발산하기 위해서는 순간적으로 많은 전기 에너지가 필요하다. 이때 축전기에 저장된 전기 에너지를 이용하여 짧은 시간 동안 강한 빛을 낼 수 있다.

② 자동 심장 충격기: 축전기에 저장된 전기 에너지를 한꺼번에 방전시키면서 순간적으로 강한 전류를 심장 부근에 가해 심장이 원래 기능을 하도록 돕는다. 자동 심장 충격기를 반복 사용할 때 축전기에 전하를 충전시키는 데 시간이 걸리므로 연속으로 사용하지는 못한다.

카메라 내부의 축전기

자동 심장 충격기

개념 체크

○ **축전기에 저장된 전기 에너지**: 대전된 축전기에 저장된 에너지는 그 축전기를 대전시키기 위해 필요한 일이다.

○ **자동 심장 충격기**: 축전기에 저장된 전기 에너지를 한꺼번에 방전시켜 순간적으로 강한 전류를 심장 부근에 가하여 심장이 원래 기능을 하도록 돕는 장치이다.

1. 전기 용량이 C인 축전기에 V의 전압이 걸렸을 때 축전기에 저장된 전기 에너지는 (   )이다.

2. 축전기의 이용에서 카메라 플래시, 자동 심장 충격기는 (   )를 저장하는 장치로써 이용한 사례이다.

정답

1. $\frac{1}{2}CV^2$

2. 전기 에너지

(2) 전기 용량의 차이로서의 축전기 활용 사례

① **키보드**: 컴퓨터 키보드 중 축전기 원리를 활용하는 정전식 키보드의 글자판 아래에는 글자판과 함께 움직이는 금속판과 고정된 금속판이 연결되어 나란하게 배치되어 있어 글자판을 누르면 두 금속판 사이의 간격이 줄어 전기 용량이 증가하고 컴퓨터가 이 변화를 인식하여 글자를 입력한다.

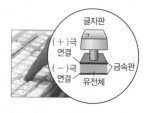

키보드

② **콘덴서 마이크**: 전지에 연결된 두 금속판이 나란하게 배치되어 있어 소리에 의해 얇은 금속판이 진동할 때 두 금속판 사이의 간격이 달라지면 전기 용량이 변하게 된다.

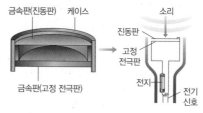

콘덴서 마이크

③ **터치스크린**: 유리 한쪽 표면의 전도성을 높게 만든 후 작은 전위차를 걸어 주어 균일한 전기장을 만들어 준다. 손가락이 유리 표면에 닿으면 유리 표면의 전하량이 변하여 유리 사이에 형성된 균일한 전기장이 변한다. 이때 유리판의 네 모서리에 있는 센서가 전기장의 변화를 감지하여 손가락의 위치를 인식한다.

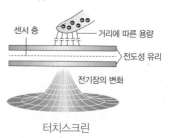

터치스크린

🔍 **과학 돋보기**　　**연료 잔량 측정기와 축전기 압력계**

연료 잔량 측정기는 축전기의 두 극판 사이에 채워진 연료의 양에 따라 유전율이 변하게 되어 전기 용량도 변하는 원리를 이용하고, 축전기 압력계는 축전기의 두 극판 사이의 미세한 측정 압력의 변화에 의해 극판 사이의 간격이 변해 전기 용량이 변하는 원리를 이용한다.

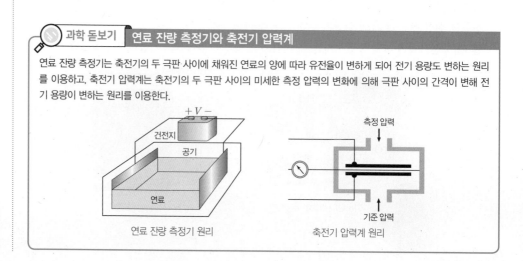

연료 잔량 측정기 원리　　　　　　　　축전기 압력계 원리

[24027-0151]

01 그림 (가)는 p형 반도체와 n형 반도체를 접합하여 만든 트랜지스터를, (나)는 (가)의 트랜지스터를 기호로 나타낸 것이다. X, Y는 각각 p형 반도체, n형 반도체 중 하나이다.

(가)   (나)

이에 대한 설명으로 옳은 것만을 〈보기〉에서 있는 대로 고른 것은?

● 보기 ●
ㄱ. X는 n형 반도체이다.
ㄴ. 트랜지스터는 증폭 작용을 할 수 있다.
ㄷ. Y는 주로 전자가 전류를 흐르게 하는 반도체이다.

① ㄱ   ② ㄴ   ③ ㄱ, ㄷ   ④ ㄴ, ㄷ   ⑤ ㄱ, ㄴ, ㄷ

[24027-0152]

02 그림과 같이 트랜지스터 A, 저항 R_1과 R_2, 전원을 연결하여 증폭 회로를 구성하였다. E, B, C는 각각 이미터, 베이스, 컬렉터에 연결된 단자이고, p는 도선상의 점이며, 베이스에 흐르는 전류는 컬렉터에 흐르는 전류보다 매우 작다.

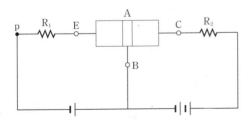

이에 대한 설명으로 옳은 것만을 〈보기〉에서 있는 대로 고른 것은?

● 보기 ●
ㄱ. A는 p–n–p형 트랜지스터이다.
ㄴ. p와 E 사이에는 p → R_1 → E 방향으로 전류가 흐른다.
ㄷ. E에 흐르는 전류의 세기는 C에 흐르는 전류의 세기보다 크다.

① ㄱ   ② ㄷ   ③ ㄱ, ㄴ   ④ ㄴ, ㄷ   ⑤ ㄱ, ㄴ, ㄷ

[24027-0153]

03 그림은 트랜지스터 A, 저항, 전원 장치 P와 Q를 연결한 회로에서 전기 신호를 증폭시키는 것을 나타낸 것으로, 베이스에는 화살표 방향으로 전류가 흐른다.

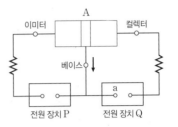

이에 대한 설명으로 옳은 것만을 〈보기〉에서 있는 대로 고른 것은?

● 보기 ●
ㄱ. A는 p–n–p형 트랜지스터이다.
ㄴ. a는 (+)극이다.
ㄷ. 이미터와 베이스 사이에는 순방향 전압이 걸린다.

① ㄱ   ② ㄴ   ③ ㄱ, ㄷ   ④ ㄴ, ㄷ   ⑤ ㄱ, ㄴ, ㄷ

[24027-0154]

04 그림과 같이 트랜지스터, 저항, 전원을 연결하여 전기 신호를 증폭시키는 회로를 구성하였다. 이미터 단자 E, 베이스 단자 B, 컬렉터 단자 C에는 화살표 방향으로 세기가 각각 I_E, I_B, I_C인 전류가 흐른다.

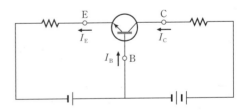

이에 대한 설명으로 옳은 것만을 〈보기〉에서 있는 대로 고른 것은?

● 보기 ●
ㄱ. $I_C = I_E + I_B$이다.
ㄴ. 베이스는 n형 반도체이다.
ㄷ. 트랜지스터의 전류 증폭률은 $\dfrac{I_E}{I_B} - 1$이다.

① ㄱ   ② ㄴ   ③ ㄷ   ④ ㄱ, ㄷ   ⑤ ㄴ, ㄷ

05 그림은 트랜지스터, 저항, 전원을 연결하여 구성한 전류 증폭 회로를 나타낸 것이다. 트랜지스터에 연결된 단자에는 화살표 방향으로 세기가 각각 I_1, I_2, I_3인 전류가 흐른다. X는 p형 또는 n형 반도체이다.

[24027-0155]

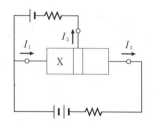

이에 대한 설명으로 옳은 것만을 〈보기〉에서 있는 대로 고른 것은?

보기
ㄱ. X는 n형 반도체이다.
ㄴ. $I_1 > I_3$이다.
ㄷ. 전류 증폭률은 $\dfrac{I_1}{I_2}$이다.

① ㄴ　　② ㄷ　　③ ㄱ, ㄴ　　④ ㄱ, ㄷ　　⑤ ㄴ, ㄷ

06 그림과 같이 면적이 각각 S, $4S$이고, 극판 사이의 간격이 각각 d, $2d$인 평행판 축전기 A, B를 전압이 V로 일정한 전원에 연결하여 완전히 충전하였다.

[24027-0156]

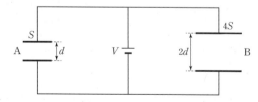

이에 대한 설명으로 옳은 것만을 〈보기〉에서 있는 대로 고른 것은? (단, A, B의 내부는 진공이다.)

보기
ㄱ. 축전기 양단의 전위차는 A가 B보다 크다.
ㄴ. 전기 용량은 B가 A의 2배이다.
ㄷ. 충전된 전하량은 B가 A의 2배이다.

① ㄱ　　② ㄴ　　③ ㄱ, ㄷ　　④ ㄴ, ㄷ　　⑤ ㄱ, ㄴ, ㄷ

07 그림 (가)는 전압이 V로 일정한 전원에 극판 사이의 간격이 d인 평행판 축전기, 스위치 S를 연결하고 S를 닫아 완전히 충전한 것을, (나)는 (가)에서 S를 닫은 상태에서 극판 사이의 간격을 $2d$로 하고 완전히 충전한 것을, (다)는 (나)에서 S를 열고 극판 사이의 간격을 d로 한 것을 나타낸 것이다.

[24027-0157]

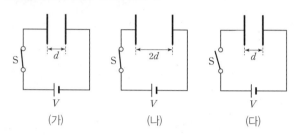

(가)　　　　(나)　　　　(다)

이에 대한 설명으로 옳은 것만을 〈보기〉에서 있는 대로 고른 것은? (단, 축전기 내부는 진공이다.)

보기
ㄱ. 충전된 전하량은 (가)에서가 (나)에서의 2배이다.
ㄴ. 축전기 양단의 전위차는 (나)와 (다)에서 같다.
ㄷ. 축전기에 저장된 전기 에너지는 (가)에서가 (다)에서의 8배이다.

① ㄱ　　② ㄴ　　③ ㄱ, ㄷ　　④ ㄴ, ㄷ　　⑤ ㄱ, ㄴ, ㄷ

08 그림과 같이 평행판 축전기 A, B, 스위치 S를 전압이 일정한 전원에 연결하였다. A, B의 극판 사이의 간격과 극판의 면적은 같고, B는 유전율이 $2\varepsilon_0$인 유전체로 완전히 채워져 있다.
이에 대한 설명으로 옳은 것만을 〈보기〉에서 있는 대로 고른 것은? (단, ε_0은 진공의 유전율이다.)

[24027-0158]

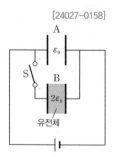

보기
ㄱ. 전기 용량은 A가 B보다 작다.
ㄴ. S를 닫고 A, B를 완전히 충전시켰을 때, 축전기 양단의 전위차는 A와 B에서 같다.
ㄷ. S를 닫고 A, B를 완전히 충전시켰을 때, 축전기에 저장된 전기 에너지는 B가 A의 4배이다.

① ㄱ　　② ㄷ　　③ ㄱ, ㄴ　　④ ㄴ, ㄷ　　⑤ ㄱ, ㄴ, ㄷ

09 [24027-0159] 그림과 같이 평행판 축전기 A, B를 전압이 V로 일정한 전원에 연결하여 완전히 충전하였다. 표는 A, B의 극판의 면적 S, 두 극판 사이의 간격 d를 나타낸 것이다. A는 유전율이 $4\varepsilon_0$인 유전체로 완전히 채워져 있다.

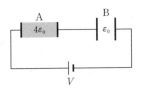

	A	B
S	S_0	$4S_0$
d	$2d_0$	d_0

이에 대한 설명으로 옳은 것만을 〈보기〉에서 있는 대로 고른 것은? (단, ε_0은 진공의 유전율이다.)

● 보기 ●

ㄱ. A의 전기 용량은 $2\varepsilon_0\dfrac{S_0}{d_0}$이다.

ㄴ. A의 양단에 걸리는 전압은 $\dfrac{1}{3}V$이다.

ㄷ. B에 저장된 전기 에너지는 $\dfrac{4\varepsilon_0 S_0 V^2}{9d_0}$이다.

① ㄱ ② ㄴ ③ ㄱ, ㄷ ④ ㄴ, ㄷ ⑤ ㄱ, ㄴ, ㄷ

10 [24027-0160] 그림 (가)는 동일한 평행판 축전기 A, B에 유전율이 각각 ε_A, ε_B인 유전체를 완전히 채워 전원 장치에 연결한 것을, (나)는 스위치 S를 a 또는 b에 연결하였을 때, 축전기에 저장되는 에너지를 전원 장치의 전압에 따라 나타낸 것이다.

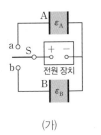 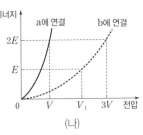

(가) (나)

이에 대한 설명으로 옳은 것만을 〈보기〉에서 있는 대로 고른 것은?

● 보기 ●

ㄱ. $\varepsilon_A = 9\varepsilon_B$이다.

ㄴ. $V_1 = \dfrac{12}{5}V$이다.

ㄷ. S를 a에 연결한 상태에서 전압이 V_1일 때 A에 저장된 전기 에너지는 $\dfrac{9}{2}E$이다.

① ㄱ ② ㄴ ③ ㄱ, ㄷ ④ ㄴ, ㄷ ⑤ ㄱ, ㄴ, ㄷ

11 [24027-0161] 그림 (가)는 평행판 축전기 A, B를 전압이 V로 일정한 전원에 연결한 것으로, A와 B의 극판 사이의 간격은 각각 d, $2d$이고, 극판의 면적은 같다. 그림 (나)는 B의 극판 사이의 절반을 유전율이 $4\varepsilon_0$인 유전체로 채운 것을 나타낸 것이다.

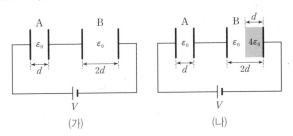

(가) (나)

이에 대한 설명으로 옳은 것만을 〈보기〉에서 있는 대로 고른 것은? (단, ε_0은 진공의 유전율이다.)

● 보기 ●

ㄱ. A에 저장된 전하량은 (가)에서가 (나)에서의 $\dfrac{3}{4}$배이다.

ㄴ. B의 양단에 걸리는 전압은 (가)에서가 (나)에서의 $\dfrac{6}{5}$배이다.

ㄷ. 축전기에 저장된 전기 에너지는 (가)의 A에서가 (나)의 B에서의 $\dfrac{9}{20}$배이다.

① ㄱ ② ㄷ ③ ㄱ, ㄴ ④ ㄴ, ㄷ ⑤ ㄱ, ㄴ, ㄷ

12 [24027-0162] 그림과 같이 평행판 축전기 A, B, C, 저항값이 R인 저항 2개, $2R$인 저항 2개를 전압이 일정한 전원에 연결하여 완전히 충전하였다. A, B, C에 저장된 전기 에너지는 각각 U, $2U$, $4U$이고, 전기 용량은 각각 C_A, C_B, C_C이다.

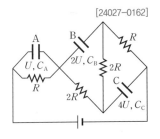

이에 대한 설명으로 옳은 것만을 〈보기〉에서 있는 대로 고른 것은?

● 보기 ●

ㄱ. 축전기 양단에 걸린 전압은 C가 A의 3배이다.

ㄴ. $C_B : C_C = 9 : 32$이다.

ㄷ. 축전기에 저장된 전하량은 A가 B의 2배이다.

① ㄴ ② ㄷ ③ ㄱ, ㄴ ④ ㄱ, ㄷ ⑤ ㄱ, ㄴ, ㄷ

[24027-0163]

트랜지스터는 증폭 작용을 하고, 컬렉터에 흐르는 전류의 세기가 I_C, 베이스에 흐르는 전류의 세기가 I_B일 때, 전류 증폭률은 $\dfrac{I_C}{I_B}$이다.

01 그림은 트랜지스터, 저항 R_1, R_2, 전압이 일정한 전원 장치를 이용하여 구성한 전류 증폭 회로를 나타낸 것이다. a, b, c는 각각 트랜지스터에 연결된 단자이고, R_1, R_2에 흐르는 전류의 세기는 각각 I_1, I_2이며 $I_1 < I_2$이다.

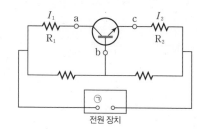

이에 대한 설명으로 옳은 것만을 〈보기〉에서 있는 대로 고른 것은?

보기

ㄱ. ㉠은 (−)극이다.

ㄴ. 전류 증폭률은 $\dfrac{I_1}{I_2 - I_1}$이다.

ㄷ. 이미터의 대부분의 전자는 컬렉터로 이동한다.

① ㄱ 　　② ㄴ 　　③ ㄱ, ㄷ 　　④ ㄴ, ㄷ 　　⑤ ㄱ, ㄴ, ㄷ

[24027-0164]

증폭 작용이 일어나는 동안 트랜지스터의 이미터와 베이스 사이에는 순방향 전압이 걸리고, 베이스와 컬렉터 사이에는 역방향 전압이 걸린다.

02 그림은 트랜지스터, 저항, 가변 저항 R, 전압이 일정한 전원을 이용하여 구성한 전류 증폭 회로를 나타낸 것이다. C, B, E는 각각 컬렉터, 베이스, 이미터 단자이고, ㉠은 E에 연결된 반도체의 주된 전하 운반자로, 양공 또는 전자이다.

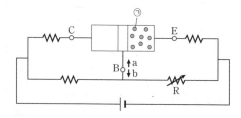

이에 대한 설명으로 옳은 것만을 〈보기〉에서 있는 대로 고른 것은?

보기

ㄱ. ㉠은 전자이다.

ㄴ. B에 흐르는 전류의 방향은 a이다.

ㄷ. R의 크기를 증가시키면 B에 흐르는 전류의 세기는 감소한다.

① ㄱ 　　② ㄷ 　　③ ㄱ, ㄴ 　　④ ㄴ, ㄷ 　　⑤ ㄱ, ㄴ, ㄷ

[24027-0165]

03 그림은 트랜지스터에 연결된 마이크에 입력된 신호가 스피커로 증폭되어 출력되는 것을 나타낸 것이다. ㉠은 전원 장치의 단자이고 a, b, c는 트랜지스터의 단자이며, b와 c 사이에는 순방향으로 연결되어 있다.
이에 대한 설명으로 옳은 것만을 〈보기〉에서 있는 대로 고른 것은?

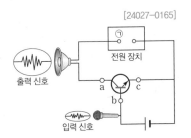

> ● 보기 ●
> ㄱ. ㉠은 (+)극이다.
> ㄴ. 전위는 a가 b보다 높다.
> ㄷ. c는 컬렉터 단자이다.

① ㄴ ② ㄷ ③ ㄱ, ㄴ ④ ㄱ, ㄷ ⑤ ㄱ, ㄴ, ㄷ

트랜지스터의 베이스에 입력된 신호는 증폭 작용에 의해 컬렉터에서 증폭된 신호로 출력되고 베이스와 이미터 사이에는 순방향 전압이 걸린다.

[24027-0166]

04 다음은 트랜지스터의 바이어스 전압에 대한 설명이다.

> 그림 (가)와 같이 저항값이 R_1, R_2인 저항 P, Q를 전압이 V_0인 전원에 직렬로 연결할 때 P에 걸리는 전압 V_1은 ㉠ 이다. 그림 (나)와 같이 트랜지스터의 컬렉터에 전압이 V_C인 전원 한 개가 연결된 증폭 회로에서 베이스와 이미터 사이에 걸리는 바이어스 전압 V_B는 베이스에 흐르는 전류의 세기가 R_2에 흐르는 전류의 세기보다 훨씬 적을 때 직류 전원의 전압 V_C를 분할한 전압으로, $V_B \fallingdotseq$ ㉡ 이다.

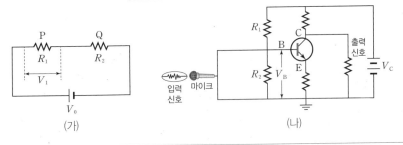

(가)   (나)

이미터와 베이스 사이에 전원을 따로 연결하지 않고 컬렉터와 이미터 단자 양단에 하나의 전원만 연결할 때, 저항에 의한 전압 분할을 이용하여 베이스와 이미터 사이에 바이어스 전압을 걸어 준다.

이에 대한 설명으로 옳은 것만을 〈보기〉에서 있는 대로 고른 것은?

> ● 보기 ●
> ㄱ. ㉠은 $\dfrac{R_1}{R_2}V_0$이다.
> ㄴ. (가)에서 Q에 흐르는 전류의 세기는 $\dfrac{V_0 - V_1}{R_2}$이다.
> ㄷ. ㉡은 $\dfrac{R_2}{R_1 + R_2}V_C$이다.

① ㄱ ② ㄴ ③ ㄱ, ㄷ ④ ㄴ, ㄷ ⑤ ㄱ, ㄴ, ㄷ

안쪽 유리컵의 알루미늄 포일
은 대전체와 같은 종류의 전
하로, 바깥쪽 유리컵의 알루
미늄 포일은 대전체와 반대
종류의 전하로 대전된다.

05 다음은 간단한 축전기를 만드는 실험이다.

[24027–0167]

[실험 과정]

1. 그림 (가)와 같이 유리컵 2개의 바깥쪽에 각각 대전되지 않은 알루미늄 포일을 감싸고 알루
   미늄 포일 조각을 길게 잘라서 안쪽 유리컵의 포일에 접촉하도록 하면서 유리컵을 겹친다.
2. 털가죽으로 문질러 대전시킨 에보나이트 막대를 알루미늄 포일 조각에 접촉시킨다.
3. 그림 (나)와 같이 유리컵에 감싸는 포일을 더 크게 하여 과정 1과 같이 유리컵을 겹친 후
   과정 2를 반복한다.

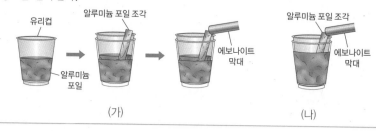

이에 대한 설명으로 옳은 것만을 〈보기〉에서 있는 대로 고른 것은?

● 보기 ●

ㄱ. (가)에서 바깥쪽 유리컵의 알루미늄 포일은 에보나이트 막대와 같은 종류의 전하로 대전된다.

ㄴ. 동일하게 대전된 에보나이트 막대를 알루미늄 포일 조각에 접촉하여 완전히 충전되었을
   때, 컵을 감싼 알루미늄 포일 사이에 저장된 전하량은 (나)에서가 (가)에서보다 크다.

ㄷ. 안쪽 컵에 감싼 알루미늄 포일과 바깥쪽 컵에 감싼 알루미늄 포일 사이에는 서로 밀어내
   는 전기력이 작용한다.

① ㄴ   ② ㄷ   ③ ㄱ, ㄴ   ④ ㄱ, ㄷ   ⑤ ㄴ, ㄷ

전원의 전압이 V일 때, A와
B가 직렬로 연결되어 있으므
로 B에 걸리는 전압은
$\frac{R}{R_1+R}V$이다.

06 그림은 전기 용량이 각각 C_A, $3C_0$인 평행판 축전기 A와 B, 가변 저항 X, 저항값이 R인 저항 Y

[24027–0168]

를 전압이 일정한 전원에 연결한 것으로, A와 B에 저장되는 전기 에너지는 각각 U_A, U_B이다. 표는 X
의 저항값 R_1의 변화에 따른 U_A, U_B, A와 B에 저장되는 전하량 Q_A, Q_B를 나타낸 것이다.

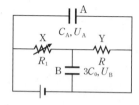

R_1	U_A	U_B	Q_A	Q_B
$2R$	U_0	$\frac{1}{3}U_0$	ⓒ	
$5R$		⊙		Q_0

이에 대한 설명으로 옳은 것만을 〈보기〉에서 있는 대로 고른 것은?

● 보기 ●

ㄱ. $C_A=2C_0$이다.   ㄴ. ⊙은 $\frac{1}{12}U_0$이다.   ㄷ. ⓒ은 $\frac{5}{3}Q_0$이다.

① ㄱ   ② ㄴ   ③ ㄱ, ㄷ   ④ ㄴ, ㄷ   ⑤ ㄱ, ㄴ, ㄷ

[24027-0169]

07 그림 (가)는 평행판 축전기 A, B, C, 스위치 S를 전압이 일정한 전원에 연결한 후 S를 열고 A, B가 완전히 충전된 상태를, (나)는 (가)에서 S를 닫고 A, B, C가 완전히 충전된 상태를 나타낸 것이다. A, B, C의 극판 사이의 간격과 극판의 면적은 같고, C는 유전율이 ε_C인 유전체로 완전히 채워져 있다. (가)의 A, (나)의 B와 C에 저장된 전기 에너지는 각각 U_0, $\frac{1}{4}U_0$, $\frac{1}{2}U_0$이다.

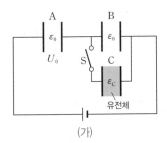
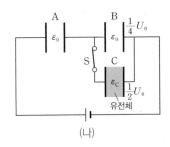

이에 대한 설명으로 옳은 것만을 〈보기〉에서 있는 대로 고른 것은? (단, ε_0은 진공의 유전율이다.)

┌─ 보기 ●
│ ㄱ. A의 양단에 걸리는 전압은 (가)에서가 (나)에서의 $\frac{2}{3}$배이다.
│ ㄴ. B에 저장되는 전하량은 (가)에서가 (나)에서의 2배이다.
│ ㄷ. $\varepsilon_C = 2\varepsilon_0$이다.
└──

① ㄱ   ② ㄷ   ③ ㄱ, ㄴ   ④ ㄴ, ㄷ   ⑤ ㄱ, ㄴ, ㄷ

축전기를 병렬로 연결하면 극판의 넓이가 넓어지는 효과가 발생하여 전체적인 전기 용량이 커진다.

[24027-0170]

08 그림 (가)는 두 극판 사이의 거리가 같은 평행판 축전기 A와 B, 전압이 일정한 전원으로 구성된 회로에서 스위치 S를 a에 연결하여 A를 완전히 충전한 것으로, A와 B의 극판의 넓이는 각각 S, $2S$이다. 그림 (나)는 (가)에서 S를 b에 연결한 후 시간이 충분히 지난 것을, (다)는 (나)에서 A를 유전율이 $3\varepsilon_0$인 유전체로 완전히 채운 것을 나타낸 것이다.

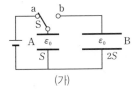
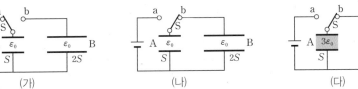
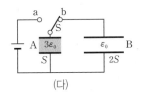

이에 대한 설명으로 옳은 것만을 〈보기〉에서 있는 대로 고른 것은? (단, ε_0은 진공의 유전율이다.)

┌─ 보기 ●
│ ㄱ. (가)에서 A에 걸리는 전압은 (나)에서 B에 걸리는 전압의 $\frac{5}{3}$배이다.
│ ㄴ. B에 저장되는 전하량은 (나)에서가 (다)에서의 $\frac{5}{3}$배이다.
│ ㄷ. A에 저장되는 전기 에너지는 (나)에서가 (다)에서의 $\frac{25}{27}$배이다.
└──

① ㄱ   ② ㄷ   ③ ㄱ, ㄴ   ④ ㄴ, ㄷ   ⑤ ㄱ, ㄴ, ㄷ

(가)에서 A의 양단에 걸린 전압은 연결된 전원의 전압과 같고, (나)와 (다)에서 A와 B에 저장된 전하량의 합은 (가)에서 A에 저장된 전하량과 같다.

개념 체크

◐ **자기장**: 자기력이 미치는 공간
이다.

◐ **자기력선**: 자기장 내에서 나침
반 자침의 N극이 가리키는 방향
을 연속적으로 이은 선이다.

1. 자석의 (같은 , 다른) 극
사이에는 서로 미는 자기력
이 작용하고, (같은 , 다른)
극 사이에는 서로 당기는
자기력이 작용한다.

2. (   )은 자석의 N극에서
나와서 S극으로 들어간다.

3. 자기력선 위의 한 점에서
그은 접선 방향이 그 점에
서 (   )의 방향이다.

1 자기장과 자기력선

(1) **자기장**: 자석 주위에 쇠붙이나 다른 자석을 가까이하면 서로 당기거나 미는 힘이 작용하는
데 이렇게 자석이 다른 물체와 상호 작용 하는 힘을 자기력이라 하고, 자기력이 미치는 공간
을 자기장이라고 한다.

(2) **자기력선**: 자기력선은 나침반 자침의 N극이 가리키는 방향을 연속적으로 이은 선으로, 자
기력선이 조밀한 곳일수록 자기장의 세기가 크다. 그림과 같이 막대자석 주위에 철가루를
뿌렸을 때, 자석 주위에 배열된 철가루의 모양으로 자기력선을 유추할 수 있다.

막대자석 주위의 자기장

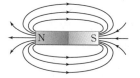
막대자석 주위의 자기력선

(3) **자기력선의 특징**

① 자석의 N극에서 나와서 S극으로 들어가는 방향의 단일 닫힌 곡선이다.
② 서로 교차하거나 도중에 갈라지거나 끊어지지 않는다.
③ 자기력선 위의 한 점에서 그은 접선 방향이 그 점에서 자기장의 방향이다.
④ N극과 N극 사이, N극과 S극 사이에서 자기력선은 다음과 같다.

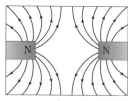
같은 극 사이에서의 자기력선

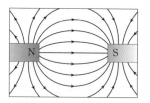
다른 극 사이에서의 자기력선

> 🔍 **과학 돋보기** | **자기장의 본질**
>
> 자기장은 전기장과 밀접한 관계가 있다. 전하의 주위에 전기장이 생기는 것처럼 그 전하가 움직이면 주위의 공간에는
> 자기장이 생긴다. 실제로 전자가 공전과 자전을 하는 것은 아니지만 그림과 같이 전자가 원자핵 주위를 시계 반대 방향
> 으로 회전하면 전류는 시계 방향으로 흐르므로 회전 중심에서 자기장의 방향은 전자의 궤도면에 수직인 아래 방향이
> 된다. 전자가 자전하는 스핀에 의해서도 자기장이 만들어지는데, 보통은 스핀에 의한 자기장의 세기가 궤도 운동에 의
> 한 자기장의 세기보다 크다.
>
>
> 전자의 궤도 운동
>
>
> 고전 물리학의 전자 스핀 모형

정답

1. 같은, 다른
2. 자기력선
3. 자기장

2 직선 전류에 의한 자기장

(1) **전류의 자기 작용의 발견**: 외르스테드는 전류가 흐르는 도선 주위에 놓인 자침이 움직이는 것으로부터 전류에 의해 자기장이 발생한다는 결론을 도출하였다.

(2) **자기장의 세기**: 전류가 흐르는 무한히 긴 직선 도선 주위에 만들어지는 자기장의 세기 B는 전류의 세기 I에 비례하고, 도선으로부터의 거리 r에 반비례한다.

$$B=k\frac{I}{r} \text{ [단위: T, N/A·m, } k=2\times10^{-7} \text{ N/A}^2]$$

(3) **자기장의 방향**: 무한히 긴 직선 도선에 전류가 흐르면 도선을 중심으로 동심원 모양의 자기장이 만들어진다. 자기장의 방향은 오른손의 엄지손가락을 전류의 방향으로 향하게 할 때 나머지 네 손가락으로 감아쥐는 방향이다. 이를 앙페르 법칙이라고 하고, 앙페르 법칙은 오른나사의 진행 방향을 전류의 방향으로 할 때 자기장의 방향이 나사가 회전하는 방향과 같아 오른나사 법칙이라고도 한다.

자기력선의 모양

자기장의 방향

1. 세기가 I인 전류가 흐르는 직선 도선으로부터 거리가 r인 지점의 자기장의 세기가 B일 때, 세기가 $4I$인 전류가 흐르는 직선 도선으로부터 거리가 $2r$인 지점의 자기장의 세기는 (   )이다.

2. 직선 도선에 전류가 흐를 때 오른손의 엄지손가락을 (   )의 방향으로 향하게 할 때, 네 손가락으로 감아쥐는 방향이 (   )의 방향이다.

3. 전류가 흐르는 직선 도선 주위에 형성되는 자기장의 방향은 앙페르 법칙 또는 (   ) 법칙을 이용하여 알 수 있다.

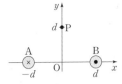 **탐구자료 살펴보기**   **무한히 긴 두 직선 전류에 의한 합성 자기장**

자료

그림은 xy 평면에 수직으로 고정된 무한히 긴 직선 도선 A, B와 y축상의 점 P를 나타낸 것이다.

[조건]
- A, B에 흐르는 전류의 세기는 I로 같다.
  - ⊗: xy 평면에 수직으로 들어가는 방향
  - ⊙: xy 평면에서 수직으로 나오는 방향
- O에서 자기장의 세기는 $2B_0$이다.

분석

- O에서 A, B에 흐르는 전류에 의한 자기장의 세기가 $2B_0$이므로 O에서 A에 흐르는 전류에 의한 자기장의 세기와 B에 흐르는 전류에 의한 자기장의 세기는 B_0으로 같다.
- P에서 A, B에 흐르는 전류에 의한 자기장은 서로 방향이 같지 않으므로 벡터 합을 통해 그 크기와 방향을 구할 수 있다.
- $B_0=k\dfrac{I}{d}$이므로 P에서 A, B에 흐르는 전류에 의한 자기장의 세기는 $B_A=B_B=k\dfrac{I}{\sqrt{2}d}=\dfrac{1}{\sqrt{2}}B_0$이다. 따라서 P에서 A, B에 흐르는 전류에 의한 자기장의 세기는 B_0이고, 방향은 $-y$방향이다.

point

- 그림과 같이 B_A, B_B를 화살표로 표시하고, 그 합을 벡터 합을 통해 구할 수 있어야 한다.
- A, B에 흐르는 전류의 방향이 같을 때 P에서 자기장의 세기와 방향도 구해 보자.

● **두 직선 전류에 의한 자기장의 세기**: 나란한 두 직선 도선에 전류가 흐를 때 두 도선의 중앙에서 자기장의 세기는 두 자기장의 방향이 같으면 두 자기장의 세기의 합과 같고, 두 자기장의 방향이 반대이면 세기가 큰 자기장의 세기에서 세기가 작은 자기장의 세기를 뺀 값과 같다.

1. 동일한 평면에 수직으로 고정되어 있는 무한히 긴 직선 도선에 일정한 세기의 전류가 (같은 , 반대) 방향으로 흐르면 자기장이 0인 지점은 두 도선 사이에 있고, 자기장이 0인 지점이 두 도선 바깥쪽에 있으면 두 도선에 흐르는 전류의 방향은 서로 (같은 , 반대)이다.

2. 그림과 같이 직선 도선을 남북 방향으로 놓고 전류를 ( ) 방향으로 흐르게 하면, 직선 도선 아래에 놓은 나침반 자침의 N극은 시계 방향으로 회전한다.

(4) **나란한 두 직선 도선에 전류가 흐를 때 자기력선의 모양**: 세기가 같은 전류가 흐르는 두 직선 도선이 종이면에 수직으로 고정되어 있는 경우 각각의 도선에 흐르는 전류에 의한 자기장이 서로 중첩된다. 이때 도선 주위에서 자기력선의 모양은 그림과 같다.

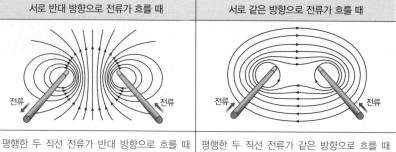

서로 반대 방향으로 전류가 흐를 때	서로 같은 방향으로 전류가 흐를 때
평행한 두 직선 전류가 반대 방향으로 흐를 때 두 도선 사이에는 두 전류가 형성하는 자기장의 방향이 같아 자기장의 세기가 크고 자기력선의 간격이 좁다.	평행한 두 직선 전류가 같은 방향으로 흐를 때 두 도선 사이에는 두 전류가 형성하는 자기장의 방향이 반대가 되어 자기장의 세기가 작고 자기력선의 간격이 넓다.

🧪 **탐구자료 살펴보기** ▶ **직선 전류에 의한 자기장**

과정

(1) 그림과 같이 직선 도선을 수평면에 놓인 나침반의 자침과 나란하게 놓고 도선에 일정한 세기의 전류를 흐르게 한 후 자침을 관찰한다.

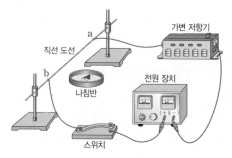

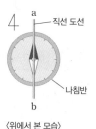

〈위에서 본 모습〉

(2) 가변 저항기의 저항값을 서서히 감소시킨 후 자침을 관찰한다.
(3) 전원 장치의 극을 바꾸어 연결한 후 자침을 관찰한다.

결과

• (1), (2)에서는 자침의 N극이 시계 반대 방향으로 회전한다.
• 북쪽을 기준으로 자침의 N극의 회전각은 (2)에서가 (1)에서보다 크다.
• (3)에서는 자침의 N극이 시계 방향으로 회전한다.

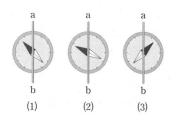

point

• 직선 도선에 일정한 세기의 전류가 흐를 때 자침의 N극이 가리키는 방향은 지구 자기장과 전류에 의한 자기장의 합성 자기장의 방향과 같다.
• 도선에 흐르는 전류의 세기가 클수록 전류에 의한 자기장의 세기가 커지므로 자침의 N극이 더 많이 회전한다.

3 원형 전류에 의한 자기장

(1) **자기장의 모양**: 원형 도선의 각 부분을 직선 도선으로 생각하면 도선 근처에서 원 모양이지만 도선에서 멀어지면 타원 모양이 되다가 도선의 중심에서는 직선 모양이 된다.

(2) **자기장의 세기**: 원형 전류 중심에서 자기장의 세기는 전류의 세기 I에 비례하고, 원형 전류의 반지름 r에 반비례한다.

$$B=k'\frac{I}{r} \ [\text{단위: T, N/A·m,} \ k'=2\pi\times10^{-7} \ \text{N/A}^2]$$

(3) **자기장의 방향**: 원형 도선에 전류가 흐르면 원형 도선 중심에 생성되는 자기장의 방향은 오른손의 엄지손가락을 전류의 방향으로 향하게 하고 나머지 네 손가락으로 도선을 감아쥘 때 네 손가락이 향하는 방향이다.

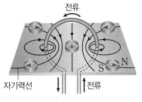

자기력선의 모양

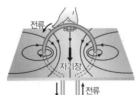

자기장의 방향

◎ **원형 전류의 중심에서 자기장의 세기**: 전류의 세기에 비례하고, 도선이 만드는 원의 반지름에 반비례한다.

1. 반지름이 r인 원형 도선에 세기가 I인 전류가 흐를 때, 원형 도선의 중심에서 자기장의 세기는 (　　　)에 비례하고 (　　　)에 반비례한다.

2. 원형 도선에 전류가 흐를 때, 오른손 엄지손가락을 (　　　)의 방향으로 향하게 하고 나머지 네 손가락으로 도선을 감아쥘 때 네 손가락이 향하는 방향이 (　　　)의 방향이다.

🧪 탐구자료 살펴보기　　전류가 흐르는 원형 도선 주위의 자기장

과정

(1) 원형 도선의 중심축과 동서를 연결하는 선을 일치시켜 전기 회로를 구성하고, 원형 도선의 중심에 나침반을 놓는다.

(2) 스위치를 닫고 전원 장치에 연결된 가변 저항기의 저항값을 조절하여 전류의 세기를 변화시키면서 나침반 자침(N극)의 회전각을 측정한다.

(3) 원형 도선에 흐르는 전류의 방향을 반대로 하고, 나침반 자침(N극)의 회전 방향을 관찰한다.

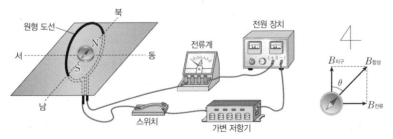

결과

- 자침(N극)은 북쪽에서 동쪽(시계 방향)으로 회전하였고, 전류의 방향을 반대로 하면 북쪽에서 서쪽(시계 반대 방향)으로 회전하였다.

전류(A)	0.2	0.4	0.6	0.8
회전각(°)	11.6	21.3	31.1	38.4

point

- 전류가 2배, 3배, 4배 증가함에 따라 나침반 자침의 회전각은 점점 증가한다. 하지만 회전각이 전류에 비례하여 2배, 3배, 4배로 증가하지는 않는다.
- 자침의 N극이 가리키는 방향은 지구에 의한 자기장 $B_{지구}$와 전류에 의한 자기장 $B_{전류}$를 합성한 $B_{합성}$ 방향이다.
- 원형 도선에 흐르는 전류의 방향만을 반대로 하면 나침반 자침의 회전 방향도 반대가 된다.

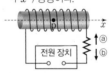

4 솔레노이드에 의한 자기장

(1) 자기장의 모양: 긴 원통에 원형 도선을 촘촘하고 균일하게 감은 것을 솔레노이드라고 하며, 원형 도선을 여러 개 포개 놓은 것과 같다. 솔레노이드 중심에는 중심축에 나란하고 균일한 자기장이 형성되며, 솔레노이드 외부에는 막대자석이 만드는 자기장과 비슷한 모양의 자기장이 형성된다.

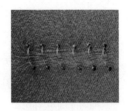

(2) 자기장의 세기: 솔레노이드 중심에는 균일한 자기장이 형성된다. 이때 솔레노이드 중심에서 자기장의 세기는 전류의 세기 I에 비례하고, 단위 길이당 도선의 감은 수 n에 비례한다.

$$B=k''nI \text{ [단위: T, N/A·m, } k''=4\pi \times 10^{-7} \text{ N/A}^2]$$

(3) 자기장의 방향: 전류가 흐르는 방향으로 오른손 네 손가락을 감아쥐고 엄지손가락을 세울 때, 엄지손가락의 방향이 솔레노이드 중심에서의 자기장의 방향이다.

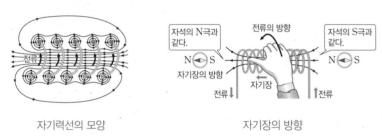

자기력선의 모양　　　　　　　　자기장의 방향

(4) 솔레노이드에 의한 자기장의 특징

① 막대자석에 의한 자기장과 모양이 비슷하다.
② N극과 S극을 이용해 자기장을 생각하면 편리하다.
③ 중심에 균일한 자기장이 만들어진다.

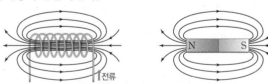

(5) 전자석: 솔레노이드를 이용해 강한 자기장을 만들기 위해서는 전류의 세기를 크게 하거나 원통에 도선을 많이 감아야 하는데, 이러한 방법들은 도선의 저항 때문에 많은 열이 발생한다. 그러나 도선 안쪽에 철심을 넣으면 도선만 감았을 때보다 매우 강한 자기장을 얻을 수 있기 때문에, 전자석은 솔레노이드 도선 안쪽에 철심을 넣어 만든다.

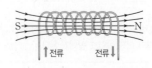 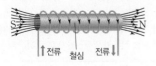

전자석은 도선에 흐르는 전류의 세기를 조절하여 자기장의 세기를 조절할 수 있으므로, 폐차장에서 무거운 쇠붙이를 들어 올릴 때나 각종 전기 기구에 다양하게 쓰인다.

예 자기 공명 영상(MRI) 장치: 의료 장비 중 하나로, 솔레노이드에서 강한 자기장을 발생시키면 이 자기장이 인체 속 물 분자의 수소 원자핵을 공명시켜 얻은 신호를 영상으로 나타낸다.

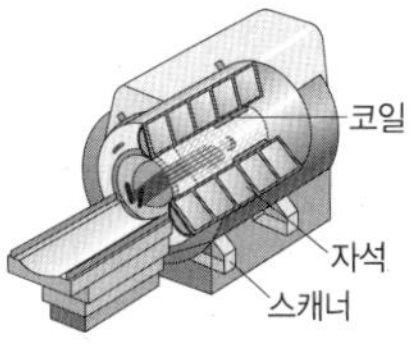

자기 공명 영상 장치

탐구자료 살펴보기 솔레노이드에서 전류의 세기와 단위 길이당 감은 수에 따른 자기장의 세기 비교

과정

(1) 그림과 같이 자기장 센서를 MBL 접속 장치에 연결하고 컴퓨터에 자료 수집 프로그램을 실행시킨다.
(2) 자기장 센서가 솔레노이드 1의 중앙에 위치하도록 조절하고 전원 장치의 전원을 켠다.
(3) 전원 장치의 전류의 세기를 증가시키면서 자기장의 세기를 확인한다.
(4) 단위 길이당 도선의 감은 수가 더 많은 솔레노이드 2로 교체하고 과정 (3)을 반복한다.
(5) 과정 (3), (4)의 결과를 그래프로 그린 후 솔레노이드에 흐르는 전류의 세기와 단위 길이당 도선의 감은 수에 따라 자기장의 세기가 어떻게 달라지는지 정리한다.

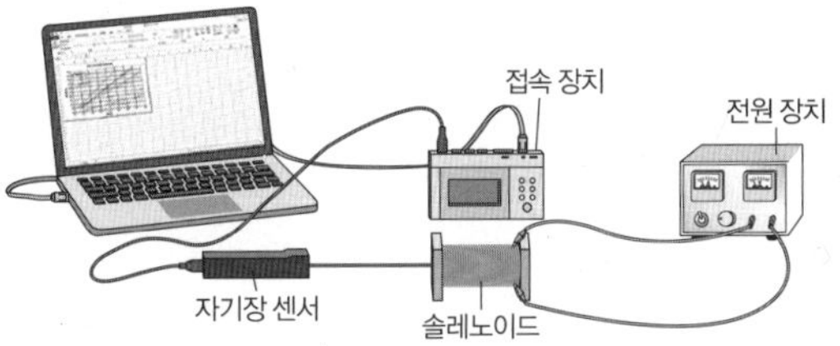

결과

- 솔레노이드 중심에서 자기장의 세기는 전류의 세기에 비례하고, 솔레노이드의 단위 길이당 도선의 감은 수가 클수록 세다.

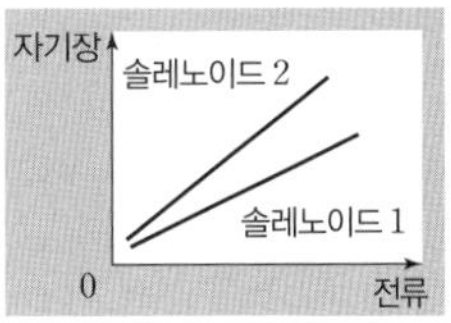

point

- 솔레노이드 내부에서 자기장의 세기는 위치에 관계없이 일정하다.
- 솔레노이드 내부에서 자기장의 세기는 전류의 세기와 단위 길이당 도선의 감은 수에 각각 비례한다.
- 그래프가 원점을 지나지 않는 까닭은 지구 자기장이 작용하기 때문에 솔레노이드에 의한 자기장과 지구 자기장이 합성되어 영향을 받기 때문이다.

과학 돋보기 솔레노이드를 둥글게 구부려 도넛 모양으로 만들었을 때 자기장(토로이드)

솔레노이드를 구부려 양쪽 끝을 붙여 도넛 모양으로 만든 것을 토로이드라고 한다. 토로이드 내부에서 자기장은 오른손의 네 손가락을 전류의 방향으로 감아쥘 때 엄지손가락이 가리키는 방향이다. 따라서 자기장은 원을 그리면서 토로이드 내부를 도는 모양이다.

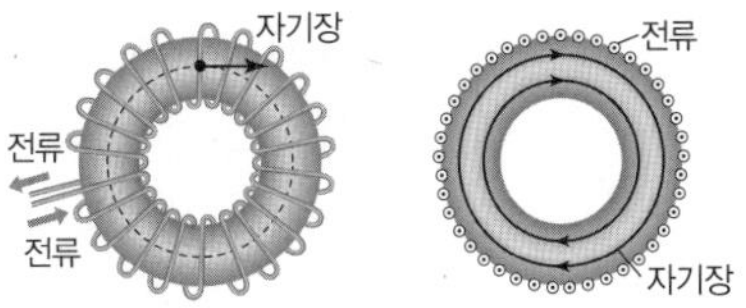

개념 체크

전자석의 이용: 전류의 세기를 조절하여 전기 기구에 다양하게 쓰인다.

1. 전자석은 전류의 세기를 조절하여 (   )의 세기를 조절할 수 있다.

2. (   )는 솔레노이드에서 강한 자기장을 발생시켜 인체 속 물 분자의 수소 원자핵을 공명시켜 얻은 신호를 이용하여 질병을 진단한다.

정답
1. 자기장
2. 자기 공명 영상(MRI) 장치

01 그림 (가)는 일정한 세기의 전류가 흐르는 무한히 긴 직선 도선 A, B를 xy 평면에 수직으로 x축상의 $x=-d$, $x=d$에 고정시킨 것을 나타낸 것이다. 점 p, q는 y축상의 점이다. 그림 (나)의 Ⅰ과 Ⅱ는 xy 평면상에서 A와 B에 흐르는 전류에 따라 A와 B에 의한 자기장의 일부를 자기력선으로 나타낸 것이다. Ⅱ의 p, q에서 자기장의 방향은 서로 같다.

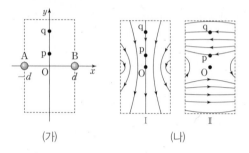

(가)　　　　Ⅰ　　　　Ⅱ
(나)

이에 대한 설명으로 옳은 것만을 〈보기〉에서 있는 대로 고른 것은?

----- 보 기 -----
ㄱ. (나)의 Ⅰ에서 도선에 흐르는 전류의 방향은 A와 B에서 같다.
ㄴ. (나)의 Ⅰ에서 자기장의 세기는 p에서가 q에서보다 크다.
ㄷ. (나)의 Ⅱ에서 도선에 흐르는 전류의 세기는 A와 B에서 같다.

① ㄱ　② ㄴ　③ ㄱ, ㄷ　④ ㄴ, ㄷ　⑤ ㄱ, ㄴ, ㄷ

[24027-0172]

02 그림과 같이 xy 평면에 수직인 무한히 긴 직선 도선 A, B, C가 각각 y축상의 $y=3d$, x축상의 $x=-2d$, $x=2d$에 고정되어 있다. A에 흐르는 전류의 방향은 xy 평면에서 수직으로 나오는 방향이고, y축상의 $y=2d$인 점 p에서 A, B, C에 의한 자기장이 0이다.

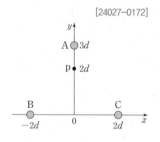

이에 대한 설명으로 옳은 것만을 〈보기〉에서 있는 대로 고른 것은?

----- 보 기 -----
ㄱ. p에서 A에 의한 자기장의 방향은 $+x$방향이다.
ㄴ. A와 B에 흐르는 전류의 방향은 서로 반대이다.
ㄷ. 전류의 세기는 B에서가 A에서의 $2\sqrt{2}$배이다.

① ㄱ　② ㄴ　③ ㄱ, ㄷ　④ ㄴ, ㄷ　⑤ ㄱ, ㄴ, ㄷ

[24027-0173]

03 그림과 같이 xy 평면에 수직인 무한히 긴 직선 도선 A, B가 각각 x축상의 $x=-d$, y축상의 $y=d$에 고정되어 있다. 점 p는 $(-d, 2d)$인 점이고, A에 흐르는 전류의 세기는 I_0이다. p에서 A, B에 의한 자기장의 세기는 B_0이고 방향은 $-y$방향이다.

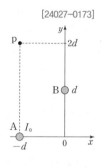

이에 대한 설명으로 옳은 것만을 〈보기〉에서 있는 대로 고른 것은?

----- 보 기 -----
ㄱ. A와 B에 흐르는 전류의 방향은 서로 같다.
ㄴ. B에 흐르는 전류의 세기는 $\dfrac{I_0}{\sqrt{2}}$이다.
ㄷ. A에 흐르는 전류의 세기만을 $2I_0$으로 바꾸면 p에서 A, B에 의한 자기장의 세기는 $\sqrt{2}B_0$이다.

① ㄱ　② ㄴ　③ ㄷ　④ ㄴ, ㄷ　⑤ ㄱ, ㄴ, ㄷ

[24027-0174]

04 그림과 같이 xy 평면에 수직인 무한히 긴 직선 도선 A, B가 x축상의 $x=-d$, $x=3d$에 고정되어 있다. A에 흐르는 전류의 세기는 I이고 방향은 xy 평면에 수직으로 들어가는 방향이다. y축상의 $y=\sqrt{3}d$인 점 p에서 A, B에 의한 자기장의 방향은 x축과 나란한 방향이다.

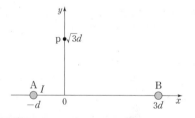

B에 흐르는 전류의 방향과 세기로 옳은 것은?

	전류의 방향	전류의 세기
①	xy 평면에서 수직으로 나오는 방향	I
②	xy 평면에서 수직으로 나오는 방향	$\sqrt{3}I$
③	xy 평면에서 수직으로 나오는 방향	$2I$
④	xy 평면에 수직으로 들어가는 방향	I
⑤	xy 평면에 수직으로 들어가는 방향	$\sqrt{3}I$

05 그림 (가)와 같이 무한히 긴 직선 도선 A, B, C가 각각 xy 평면에 수직으로 y축상의 $y=d$, $y=-2d$, x축상에 고정되어 있다. A, B, C에는 각각 일정한 전류가 흐르고 있다. 그림 (나)는 (가)에서 B에 흐르는 전류의 방향만을 바꾼 것이다. (가)와 (나)의 원점 O에서 A, B, C에 의한 자기장의 방향은 각각 y축과 30°, 60°를 이룬다.

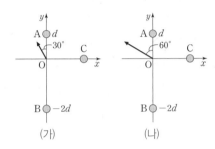

(가)   (나)

A, B에 흐르는 전류의 세기를 각각 I_A, I_B라 할 때, $\dfrac{I_B}{I_A}$는?

① 1   ② 2   ③ 3   ④ 4   ⑤ 5

06 그림과 같이 xy 평면에 고정된 무한히 긴 직선 도선 A, B, C에 세기가 각각 I, I_B, I인 전류가 흐른다. A와 C에 흐르는 전류의 방향은 각각 $+x$, $+y$방향이고 xy 평면상에 있는 B 위의 점 p, q와 점 r의 위치는 각각

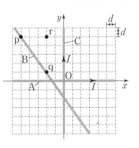

$(-5d, 5d)$, $(-2d, d)$, $(-2d, 5d)$이다.

r에서 A, B, C에 의한 자기장이 0일 때, B에 흐르는 전류의 방향과 I_B로 옳은 것은? (단, 모눈 간격은 d로 같다.)

	B에 흐르는 전류의 방향	I_B
①	p → q	$\dfrac{42}{25}I$
②	p → q	$\dfrac{21}{10}I$
③	p → q	$\dfrac{14}{5}I$
④	q → p	$\dfrac{42}{25}I$
⑤	q → p	$\dfrac{21}{10}I$

07 그림과 같이 중심이 점 O로 같고, 각각 일정한 세기의 전류가 흐르는 원형 도선 A, B, C가 종이면에 고정되어 있다. A, B, C의 반지름이 각각 d, $2d$, $3d$이고 A에 흐르는 전류의 세기는 $\dfrac{4}{3}I$보다 크며 B, C에 흐르는 전류의 세기는 각각 $2I$, I이다. O에서 B에 의한 자기장의 세기는 B_0이다.

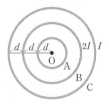

도선에 흐르는 전류의 방향에 따라 O에 형성되는 A, B, C에 의한 자기장의 세기의 최댓값과 최솟값의 차는? (단, A에 흐르는 전류의 세기는 무한대가 아니다.)

① $\dfrac{5}{3}B_0$ ② $\dfrac{8}{3}B_0$ ③ $\dfrac{11}{3}B_0$

④ $4B_0$ ⑤ $8B_0$

08 그림 (가), (나)와 같이 중심이 원점 O인 원형 도선 A, B와 무한히 긴 직선 도선 C를 xy 평면에 고정시켰다. (가), (나)에서 C는 각각 x축상의 $x=2d$, $x=-4d$에 y축과 나란하게 고정시켰다. A, B에는 세기가 각각 I, $2I$인 전류가, (가)의 C와 (나)의 C에는 세기가 각각 I_0, I_C인 전류가 화살표 방향으로 흐른다. (가)의 O에서 A에 의한 자기장의 세기는 C에 의한 자기장의 세기의 3배이다.

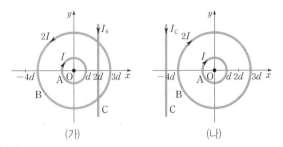

(가)   (나)

(가)와 (나)의 O에서 A, B, C에 의한 자기장의 세기와 방향이 같을 때, I_C는?

① I_0 ② $2I_0$ ③ $\dfrac{8}{3}I_0$

④ $4I_0$ ⑤ $6I_0$

09 그림은 중심축을 x축에 고정시킨 솔레노이드에 일정한 전류가 흐를 때 솔레노이드 주위의 자기력선을 xy 평면에 나타낸 것이다. 점 p는 y축상의 점이고, 솔레노이드와 나침반의 자침은 xy 평면상에 고정되어 있다.

[24027-0179]

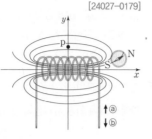

이에 대한 설명으로 옳은 것만을 〈보기〉에서 있는 대로 고른 것은?

●보기●
ㄱ. 솔레노이드에 흐르는 전류의 방향은 ⓐ 방향이다.
ㄴ. 솔레노이드에 흐르는 전류의 세기를 증가시키면 p 주변에서 자기력선의 간격은 넓어진다.
ㄷ. 솔레노이드에 흐르는 전류의 방향을 반대로 바꾸면 자침의 N극이 가리키는 방향은 반대가 된다.

① ㄱ　　② ㄷ　　③ ㄱ, ㄴ　④ ㄱ, ㄷ　⑤ ㄴ, ㄷ

10 그림과 같이 길이는 같고 도선의 감은 수는 각각 N_A, N_B로 다른 솔레노이드 A, B의 중심이 원점 O에서 같은 거리에 있도록 중심축을 x축상에 고정시켰다. $N_A < N_B$이고, 점 p, q는 각각 x축, y축으로부터의 거리가 같은 xy 평면상의 점이다. A와 B에 세기가 각각 I_A, I_B인 전류를 흐르게 하였을 때 p와 q에서 A와 B에 의한 자기장의 세기는 같다.

[24027-0180]

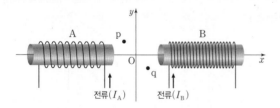

전류(I_A)　전류(I_B)

이에 대한 설명으로 옳은 것만을 〈보기〉에서 있는 대로 고른 것은?

●보기●
ㄱ. $I_A < I_B$이다.
ㄴ. O에서 A와 B에 의한 자기장은 0이다.
ㄷ. p와 q에서 A와 B에 의한 자기장의 방향이 서로 반대이다.

① ㄱ　　② ㄴ　　③ ㄱ, ㄴ　④ ㄱ, ㄷ　⑤ ㄴ, ㄷ

11 그림과 같이 빗면에 고정된 솔레노이드에 전류를 흘렸더니 경사각이 $30°$인 빗면에 질량 m인 자석이 빗면과 나란하게 연결된 실에 연결되어 정지해 있다.

[24027-0181]

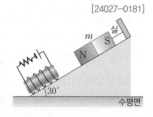

빗면이 자석을 미는 힘의 크기와 실이 자석을 당기는 힘의 크기가 같고, 자석과 솔레노이드 사이에 빗면과 나란한 방향으로 크기가 F인 자기력이 작용한다.

이에 대한 설명으로 옳은 것만을 〈보기〉에서 있는 대로 고른 것은? (단, 중력 가속도는 g이고, 실의 질량과 모든 마찰은 무시한다.)

●보기●
ㄱ. 자석과 솔레노이드는 서로 미는 자기력이 작용한다.
ㄴ. $F = \frac{\sqrt{3}}{2}mg$이다.
ㄷ. 솔레노이드에 흐르는 전류의 세기가 커지면 실이 자석을 당기는 힘의 크기는 커진다.

① ㄱ　　② ㄴ　　③ ㄷ　　④ ㄱ, ㄷ　⑤ ㄴ, ㄷ

12 다음은 자기 부상 열차에 대한 설명이다.

[24027-0182]

ⓐ전자석에 흐르는 전류의 방향을 바꾸면 전자석 중심의 자기장의 방향이 변한다. 자기 부상 열차는 전자석인 지지 자석과 철로 된 가이드 선로 사이에 강한 ⓑ자기력이 작용하고 기차가 지지 자석 위에 일정한 거리를 유지하기 위해 자기력을 조절하며 공중에 떠 있게 한다.

이에 대한 설명으로 옳은 것만을 〈보기〉에서 있는 대로 고른 것은?

●보기●
ㄱ. ⓐ이 반대가 되면 전자석 중심의 자기장의 방향은 반대로 바뀐다.
ㄴ. 지지 자석과 가이드 선로 사이에 작용하는 ⓑ은 서로 미는 힘이다.
ㄷ. 가이드 선로와 지지 자석 사이의 거리가 멀어지면 가이드 선로와 지지 자석 사이의 일정한 거리를 유지하기 위해 그 사이에 작용하는 자기력의 크기가 작아진다.

① ㄱ　　② ㄷ　　③ ㄱ, ㄴ　④ ㄱ, ㄷ　⑤ ㄴ, ㄷ

01 그림은 xy 평면에 수직으로 x축상에 고정된 무한히 긴 직선 도선 A, B에 각각 일정한 세기의 전류를 흘려주었을 때 xy 평면상에 형성된 자기장의 일부를 자기력선으로 나타낸 것이다. 점 p와 q는 xy 평면상의 점이고, 원점 O에서 A, B까지 거리는 같다. A, B에 흐르는 전류의 세기는 같고 O에서 A와 B에 의한 자기장의 세기는 0보다 크다.

[24027–0183]

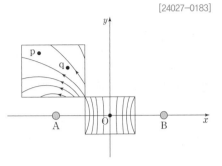

이에 대한 설명으로 옳은 것만을 〈보기〉에서 있는 대로 고른 것은?

● 보기 ●
ㄱ. 자기장의 세기는 p에서가 q에서보다 작다.
ㄴ. A와 B에 흐르는 전류의 방향은 같다.
ㄷ. O에서 자기장의 방향은 $-y$방향이다.

① ㄱ   ② ㄴ   ③ ㄱ, ㄴ   ④ ㄱ, ㄷ   ⑤ ㄴ, ㄷ

자기력선이 조밀한 곳일수록 자기장의 세기가 크다. 두 도선에 같은 세기의 전류가 서로 같은 방향으로 흐르면 두 도선 사이의 중점에서 자기장은 0이다.

[24027–0184]

02 그림은 무한히 긴 직선 도선 A, B가 각각 x축상의 $x=-2d$, $x=d$인 지점에 xy 평면에 수직으로 고정되어 있는 것을 나타낸 것이다. 원점 O에서 A에 의한 자기장의 세기는 $\frac{3}{2}B_0$이다. 표는 A에 일정한 전류가 흐를 때 O에서 A, B에 의한 자기장의 세기를 B에 흐르는 전류의 세기에 따라 나타낸 것이다. B에 흐르는 전류의 방향은 일정하다.

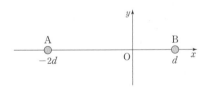

B에 흐르는 전류의 세기	O에서 A, B에 의한 자기장의 세기
I	$\frac{1}{2}B_0$
$\frac{3}{2}I$	㉠
$2I$	$\frac{1}{2}B_0$

이에 대한 설명으로 옳은 것만을 〈보기〉에서 있는 대로 고른 것은?

● 보기 ●
ㄱ. A와 B에 흐르는 전류의 방향은 같다.
ㄴ. A에 흐르는 전류의 세기는 $2I$이다.
ㄷ. ㉠은 B_0이다.

① ㄱ   ② ㄴ   ③ ㄱ, ㄷ   ④ ㄴ, ㄷ   ⑤ ㄱ, ㄴ, ㄷ

A와 B에 흐르는 전류의 방향이 서로 반대이면 O에서 A에 의한 자기장의 방향과 B에 의한 자기장의 방향이 서로 같다. 따라서 A에 일정한 세기의 전류가 흐를 때 B에 흐르는 전류의 세기가 증가하면 O에서 A와 B에 의한 자기장의 세기는 증가한다.

[24027–0185]

O로부터 A, B까지 거리가 같고 전류의 세기가 같으므로 O에서 A에 의한 자기장의 세기와 B에 의한 자기장의 세기는 B_0으로 같다. 또한 A, B, C에 의한 자기장의 세기가 $\sqrt{2}B_0$이면 B와 C에 의한 자기장의 세기는 B_0이다.

03 그림과 같이 xy 평면에 y축과 나란하게 고정된 무한히 긴 직선 도선 A와 xy 평면에 수직으로 y축상에 고정된 무한히 긴 직선 도선 B와 C에 각각 일정한 세기의 전류가 흐르고 있다. 원점 O로부터 A와 B는 같은 거리 d만큼 떨어져 있고 C는 거리 $2d$만큼 떨어져 있으며 A와 B에 흐르는 전류의 세기는 같다. O에서 A에 의한 자기장의 세기는 B_0이고, O에서 A, B, C에 의한 자기장의 세기는 $\sqrt{2}B_0$이다.

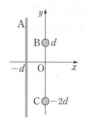

이에 대한 설명으로 옳은 것만을 〈보기〉에서 있는 대로 고른 것은?

· 보 기 ·

ㄱ. 전류의 방향은 B에서와 C에서가 서로 같다.

ㄴ. O에서 A, B, C에 의한 자기장의 방향은 x축과 나란하다.

ㄷ. B의 전류의 방향만을 반대로 바꾸면 O에서 A, B, C에 의한 자기장의 세기는 $\sqrt{10}B_0$이다.

① ㄱ   ② ㄴ   ③ ㄷ   ④ ㄱ, ㄷ   ⑤ ㄴ, ㄷ

[24027–0186]

직선 도선에 흐르는 전류가 형성하는 자기장의 방향은 직선 도선 방향과 항상 수직이다. O에는 지구, P, Q에 의해 자기장이 형성된다.

04 그림과 같이 각각 일정한 세기의 전류가 흐르는 무한히 긴 직선 도선 P, Q를 수평면과 나란한 xy 평면에 수직으로 P는 y축상의 $y=d$인 점에, Q는 x축상의 $x=d$인 점에 고정시켰다. 표는 원점 O에서 자기장의 세기와 O에 고정된 나침반의 자침의 방향을 나타낸 것이다. O에서 지구 자기장의 세기는 B_0이다.

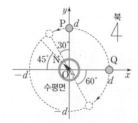

O에서 자기장의 세기	자침의 방향
$2\sqrt{2}B_0$	북 N 45°

P와 Q를 반지름이 d이고 중심이 O인 원 궤도를 따라 각각 시계 반대 방향으로 30°, 시계 방향으로 60° 이동하여 고정시켰을 때, O에서 자기장의 세기는? (단, 자침의 크기는 무시한다.)

① $\sqrt{2}B_0$ ② $\sqrt{3}B_0$ ③ B_0 ④ $2\sqrt{2}B_0$ ⑤ $2\sqrt{3}B_0$

05 그림 (가)와 같이 수평면과 나란하게 고정된 무한히 긴 직선 도선 P, Q 사이에 나침반을 고정시키고 각각 일정한 세기의 전류를 흘렸다. P는 남북 방향으로 고정되어 있고, Q는 동서 방향과 $30°$를 이루며 고정되어 있다. P, Q, 자침의 중심 O는 동일 연직선상에 있고, 자침으로부터 P와 Q까지의 거리는 같다. 그림 (나)는 (가)에서 P, Q에 흐르는 전류의 방향을 반대로 바꾸고 자침의 중심을 회전축으로 하여 Q를 시계 반대 방향으로 수평면과 나란하게 $30°$ 회전하여 고정시켰을 때 자침의 방향을 나타낸 것이다. (가)와 (나)에서 자침의 N극은 각각 북쪽, 동쪽을 가리킨다.

직선 전류에 의한 자기장의 세기는 도선으로부터 떨어진 거리가 가까울수록 전류의 세기가 클수록 크다.

 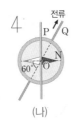

(가)   (나)

이에 대한 설명으로 옳은 것만을 〈보기〉에서 있는 대로 고른 것은? (단, 자침의 크기는 무시한다.)

┌─ **보기** ─────────────────────────
ㄱ. (가)에서 P에 흐르는 전류의 방향은 ⓐ 방향이다.
ㄴ. (가)에서 직선 도선에 흐르는 전류의 세기는 P에서가 Q에서보다 크다.
ㄷ. (나)의 자침이 있는 점에서 자기장의 세기는 지구 자기장의 세기보다 크다.
└──────────────────────────────

① ㄱ   ② ㄴ   ③ ㄱ, ㄷ   ④ ㄴ, ㄷ   ⑤ ㄱ, ㄴ, ㄷ

06 그림과 같이 일정한 세기의 전류가 흐르는 반지름이 각각 r, $2r$인 원형 도선 A, B의 중심축이 xy 평면상에 있도록 고정시켰다. A와 B의 중심은 원점 O로 같고, A의 중심축은 y축과 $30°$의 각을 이루며 B의 중심축은 y축이다. O에서 A, B에 의한 자기장의 방향은 $+x$방향이다.

O에서 A, B에 의한 자기장의 방향이 $+x$방향이 되려면 A, B에 흐르는 전류의 방향이 각각 시계 반대 방향, 시계 방향이어야 한다.

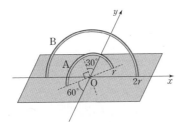

A, B에 흐르는 전류의 세기를 각각 I_A, I_B라 할 때, $\dfrac{I_B}{I_A}$는?

① $\dfrac{1}{\sqrt{3}}$ ② $\dfrac{1}{\sqrt{2}}$ ③ 1   ④ $\sqrt{2}$ ⑤ $\sqrt{3}$

I과 II에서 Q에 흐르는 전류
의 세기를 증가시켜도 O에서
P와 Q에 의한 자기장의 세기
가 변하지 않았다면 O에서 P
와 Q에 의한 자기장의 방향은
서로 반대이고, I의 경우 O
에서 P에 의한 자기장의 세기
가 Q에 의한 자기장의 세기보
다 크고, II의 경우 O에서 P
에 의한 자기장의 세기가 Q에
의한 자기장의 세기보다 작다.

[24027-0189]

07 그림은 중심이 점 O로 같고, 반지름이 각각 r, R인 두 원형 도선 P, Q가 종이면에 고정되어 있는 것을 나타낸 것이다. P에는 시계 반대 방향으로 세기가 I_0인 일정한 전류가 흐르고, Q에는 일정한 방향으로 전류가 흐른다. 표는 Q에 흐르는 전류의 세기와 O에서 P와 Q에 의한 자기장의 세기와 방향을 나타낸 것이다.

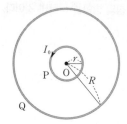

조건	Q에 흐르는 전류의 세기	O에서 P와 Q에 의한 자기장	
		세기	방향
I	I	B	㉠
II	$3I$	B	⊗
III	$5I$	㉡	

⊙: 종이면에서 수직으로 나오는 방향

⊗: 종이면에 수직으로 들어가는 방향

이에 대한 설명으로 옳은 것만을 〈보기〉에서 있는 대로 고른 것은?

● 보기 ●

ㄱ. ㉠은 '⊙'이다.   ㄴ. $I = \dfrac{R}{r}I_0$이다.   ㄷ. ㉡은 $3B$이다.

① ㄱ   ② ㄴ   ③ ㄱ, ㄷ   ④ ㄴ, ㄷ   ⑤ ㄱ, ㄴ, ㄷ

O에서 P에 의한 자기장의 세기는 (나)에서가 (가)에서의 $\dfrac{3}{2}$배이다.

[24027-0190]

08 그림 (가)와 같이 $x = -3d$인 지점에 y축과 나란한 무한히 긴 직선 도선 P와 중심이 원점 O로 같은 원형 도선 A, B가 xy 평면에 고정되어 있다. O에서 A, B, P에 의한 자기장은 0이다. P에는 일정한 세기의 전류가 흐르고 A와 B에는 세기가 I인 전류가 각각 시계 방향, 시계 반대 방향으로 흐른다. A, B의 반지름은 각각 d, $2d$이다. O에서 A에 의한 자기장의 세기는 B_0이다. 그림 (나)는 (가)에서 B를 제거하고 P를 $x = 2d$인 지점에, 반지름이 $3d$이고 중심이 O인 원형 도선 C를 xy 평면에 고정시킨 모습을 나타낸 것이다. C에는 세기가 I인 전류가 시계 방향으로 흐른다.

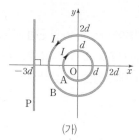 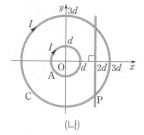

(가)   (나)

이에 대한 설명으로 옳은 것만을 〈보기〉에서 있는 대로 고른 것은?

● 보기 ●

ㄱ. (가)에서 P에 흐르는 전류의 방향은 $-y$방향이다.

ㄴ. (나)의 O에서 A, C, P에 의한 자기장의 방향은 xy 평면에 수직으로 들어가는 방향이다.

ㄷ. (나)의 O에서 A, C, P에 의한 자기장의 세기는 $\dfrac{25}{12}B_0$이다.

① ㄱ   ② ㄴ   ③ ㄱ, ㄷ   ④ ㄴ, ㄷ   ⑤ ㄱ, ㄴ, ㄷ

09 다음은 솔레노이드에 흐르는 전류에 의한 자기장에 대한 실험이다.

[24027-0191]

솔레노이드 내부에서 자기장의 세기는 전류의 세기와 단위 길이당 도선의 감은 수에 각각 비례한다.

[실험 과정]
(가) 그림과 같이 전류가 흐르는 솔레노이드의 중심축이 남북 방향이 되도록 설치하고 자기장 센서를 솔레노이드 중심축에 위치시킨다.

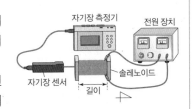

(나) 솔레노이드에 흐르는 전류의 세기만을 증가시키면서 자기장 센서로 솔레노이드 중심에서의 자기장의 세기를 측정한다.
(다) 전류의 세기와 솔레노이드의 길이는 일정하게 유지하고 도선의 감은 수만을 증가시키면서 자기장 센서로 솔레노이드 중심에서의 자기장의 세기를 측정한다.

[실험 결과]
솔레노이드에 흐르는 전류에 의한 자기장의 세기는 전류의 세기에 ⬜ ㉠ 하고, 도선의 감은 수에 ⬜ ㉡ 한다.

이에 대한 설명으로 옳은 것만을 〈보기〉에서 있는 대로 고른 것은?

● 보기 ●
ㄱ. (나)에서 솔레노이드 내부의 자기력선의 간격은 좁아진다.
ㄴ. '비례'는 ㉠으로 적절하다.
ㄷ. '반비례'는 ㉡으로 적절하다.

① ㄱ   ② ㄷ   ③ ㄱ, ㄴ   ④ ㄴ, ㄷ   ⑤ ㄱ, ㄴ, ㄷ

10 그림과 같이 직류 전원이 연결된 솔레노이드의 중심축이 x축과 일치하도록 고정하고 일정한 전류가 흐르는 무한히 긴 직선 도선을 x축상의 xy 평면에 수직으로 고정한다. x축상의 점 p에서 자기장의 방향은 y축과 θ의 각을 이룬다. 원점 O는 솔레노이드의 중심이고, 점 a는 직류 전원의 한 단자이다.

[24027-0192]

솔레노이드에 흐르는 전류가 형성하는 자기장의 방향은 p에서 $-x$방향이다.

이에 대한 설명으로 옳은 것만을 〈보기〉에서 있는 대로 고른 것은? (단, 지구 자기장은 무시한다.)

● 보기 ●
ㄱ. 무한히 긴 직선 도선에는 xy 평면에 수직으로 들어가는 방향으로 전류가 흐른다.
ㄴ. a는 (−)극이다.
ㄷ. 솔레노이드에 흐르는 전류의 세기를 증가시키면 θ는 커진다.

① ㄱ   ② ㄴ   ③ ㄷ   ④ ㄴ, ㄷ   ⑤ ㄱ, ㄴ, ㄷ

10 전자기 유도와 상호유도

1 전자기 유도

(1) 전자기 유도: 코일 주위에서 자석을 움직이면 코일에 전류가 흐른다. 이것은 자석의 운동에 의해 코일을 통과하는 자기 선속이 변하기 때문이다. 이와 같이 코일을 통과하는 자기 선속이 변할 때 코일에 전류가 흐르는 현상을 전자기 유도라 하고, 이때 흐르는 전류를 유도 전류라고 한다.

(2) 자기 선속(자속): 자기장의 세기와 자기장이 수직으로 통과하는 닫힌 면의 면적의 곱을 자기 선속이라고 한다. 자기 선속은 자기장의 세기가 클수록, 자기장이 통과하는 면적이 클수록 크다. 자기장의 세기, 자기장이 통과하는 닫힌 면의 면적, 또는 면의 법선과 자기장이 이루는 각이 변하면 자기 선속이 변한다. 면의 법선과 자기장의 방향이 이루는 각이 θ, 면의 면적이 A, 자기장의 세기가 B일 때 자기 선속(Φ)은 다음과 같다.

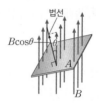

자기장과 면의 법선이 θ의 각을 이룰 때

자기장과 면이 수직일 때

$$\Phi=BA\cos\theta \text{이고, } \theta=0°\text{일 때 } \Phi=BA \text{ [단위: Wb(웨버)]}$$

(3) 유도 전류와 유도 기전력

① **유도 전류**: 전자기 유도에 의해 코일에 흐르는 전류를 유도 전류라고 한다.

② **유도 기전력**: 전자기 유도에 의해 유도 전류를 흐르게 하는 기전력을 유도 기전력이라고 한다.

(4) 렌츠 법칙: 유도 전류는 코일을 통과하는 자기 선속의 변화를 방해하는 방향으로 흐르며, 이를 렌츠 법칙이라고 한다.

(5) 유도 전류의 방향

① 그림 (가)와 같이 자석의 N극을 솔레노이드에 가까이 접근시키면 솔레노이드 내부를 지나는 자기 선속이 증가한다. 렌츠 법칙을 적용하면 유도 전류는 자기 선속이 증가하는 것을 방해하기 위해 B → ⓖ → A 방향으로 흐른다.

② 그림 (나)와 같이 자석의 N극이 솔레노이드에서 멀어지면 솔레노이드 내부를 지나는 자기 선속이 감소한다. 렌츠 법칙을 적용하면 유도 전류는 자기 선속이 감소하는 것을 방해하기 위해 A → ⓖ → B 방향으로 흐른다.

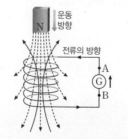 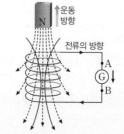

(가) 자기 선속이 증가하는 경우   (나) 자기 선속이 감소하는 경우

(6) **패러데이 법칙**: 전자기 유도에 의해 유도 전류가 흐르는 것은 코일에 기전력이 발생하기 때문이다. 이처럼 전자기 유도에 의해 코일에 발생하는 기전력을 유도 기전력이라고 한다. 유도 기전력은 코일의 감은 수 N과 자기 선속의 시간에 따른 변화율 $\dfrac{\Delta\Phi}{\Delta t}$에 각각 비례하고, 유도 기전력의 방향은 자기 선속의 변화를 방해하는 방향이다. 유도 기전력 V는 다음과 같다.

$$V = -N\frac{\Delta\Phi}{\Delta t} \text{ [단위: V(볼트)]}$$

여기서 $(-)$부호는 렌츠 법칙을 나타낸다.

🧪 **탐구자료 살펴보기** ▶ **전자기 유도 현상**

과정
(1) 그림과 같이 코일을 검류계와 도선으로 연결한다.
(2) 막대자석의 N극을 코일에 가까이할 때 검류계의 눈금 변화를 관찰한다.
(3) 과정 (2)에서보다 막대자석을 더 빠르게 코일에 가까이할 때 검류계의 눈금 변화를 관찰한다.
(4) 막대자석의 S극을 코일에 가까이할 때 검류계의 눈금 변화를 관찰한다.

결과
• (2), (3)에서 검류계의 바늘은 ㉠ 방향으로 회전하고, (4)에서 검류계의 바늘은 ㉠ 반대 방향으로 회전한다.
• (2)에서보다 (3)에서 바늘이 더 많이 회전한다.

point
• 코일을 통과하는 자기 선속의 변화를 방해하는 방향으로 유도 전류가 흐른다.
• 자석이 빠르게 움직일수록 코일을 통과하는 자기 선속의 시간에 따른 변화율이 커지므로 유도 전류의 세기가 증가한다.

---

(7) **자석이 솔레노이드 안을 통과할 때 유도되는 기전력**: 그림과 같이 N극이 아래로 향하게 하여 자석을 떨어뜨리면 N극이 솔레노이드에 가까워지면서 솔레노이드에는 자석의 운동을 방해하는 위쪽 방향의 자기장을 만드는 기전력이 유도된다. 반대로 자석의 S극이 빠져나갈 때는 솔레노이드에 아래쪽 방향의 자기장을 유도하는 기전력이 발생한다.

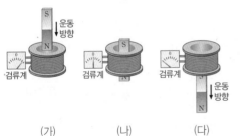

(가)   (나)   (다)

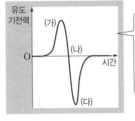

유도 기전력의 최댓값이 다른 까닭은 중력에 의해 가속된 자석의 속력이 달라 자기 선속의 시간에 따른 변화율이 다르기 때문이다.

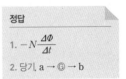

개념 체크

○ **유도 기전력의 크기**: 한 변의 길이가 l인 정사각형 도선이 일정한 속력 v로 세기가 B인 균일한 자기장 영역에 수직으로 들어갈 때, 도선에 유도되는 기전력의 크기는 $V=Bl\dfrac{\Delta x}{\Delta t}=Blv$이다.

[1~3] 그림은 한 변의 길이가 L인 정사각형 금속 고리가 일정한 속력 v로 종이면에서 수직으로 나오는 방향의 균일한 자기장 영역에 들어가는 것을 나타낸 것이다. 자기장의 세기는 B이다. 점 p, q, r는 금속 고리 위에 고정된 점이고, p와 q, q와 r 사이의 거리는 $\dfrac{L}{2}$로 같다. 고리의 q가 자기장 영역에 들어가는 순간에 대해 답하시오. (단, 고리의 굵기는 무시한다.)

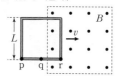

1. 고리를 통과하는 자기 선속은 ( )이다.

2. 고리에 흐르는 유도 전류의 방향은 ( ) 방향이다.

3. 고리에 유도되는 유도 기전력의 크기는 ( )이다.

정답

1. $\dfrac{BL^2}{2}$

2. r → q → p

3. BLv

과학 돋보기 | 직류 발전기와 교류 발전기

균일한 자기장 내에서 코일이 회전하면 코일을 통과하는 자기 선속이 변하면서 코일이 연결된 회로에 유도 전류가 흐른다. 정류자를 연결하여 한쪽 방향으로만 전류가 흐르는 발전기를 직류 발전기, 방향이 변하는 전류가 흐르는 발전기를 교류 발전기라고 한다.

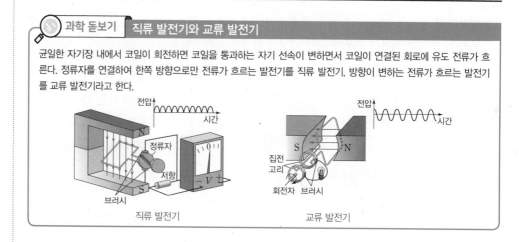

2 전자기 유도의 예

(1) 도선의 운동에 의한 전자기 유도: 한 변의 길이가 l이고 전기 저항이 R인 정사각형 금속 고리가 세기가 B이고 종이면에 수직으로 들어가는 방향의 균일한 자기장 영역에 들어가고 있다.

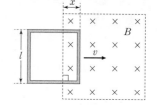

① **유도 전류의 방향**: 고리를 통과하는 자기 선속이 증가하므로 렌츠 법칙에 의해 고리에는 시계 반대 방향으로 유도 전류가 흐른다.

② **유도 기전력과 유도 전류의 세기**: 자기장의 세기가 B이고, 자기장 영역에 포함된 면적이 $A=lx$이므로 자기 선속은 $\Phi=BA=Blx$이다. 자기장의 세기 B와 고리의 한 변의 길이 l은 일정하므로 자기 선속의 변화는 $\Delta\Phi=\Delta(Blx)=Bl\Delta x$이다.

- 유도 기전력의 크기는 $V=N\dfrac{\Delta\Phi}{\Delta t}$이므로 $V=Bl\dfrac{\Delta x}{\Delta t}=Blv$이다.

- 유도 전류의 세기는 $I=\dfrac{V}{R}$이므로 $I=\dfrac{Blv}{R}$이다.

(2) ㄷ자형 도선에서의 전자기 유도: 세기가 B인 균일한 자기장 영역에서 자기장 방향에 수직으로 놓인 전기 저항이 R인 저항이 연결된 ㄷ자형 도선 위에서 금속 막대를 일정한 속력 v로 운동시킨다.

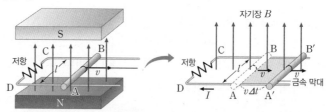

① **유도 전류의 방향**: ㄷ자형 도선 위에 금속 막대를 올려놓고 화살표 방향으로 운동시키면, 도선과 금속 막대로 둘러싸인 부분을 통과하는 자기 선속이 증가하므로 렌츠 법칙에 의해 저항에는 D → 저항 → C 방향으로 유도 전류가 흐른다.

② **유도 기전력과 유도 전류의 세기**: 자기 선속의 시간에 따른 변화율은 $\dfrac{\Delta\Phi}{\Delta t}=\dfrac{Blv\Delta t}{\Delta t}$이므로 유도 기전력의 크기는 $V=Blv$이고, 유도 전류의 세기는 $I=\dfrac{V}{R}$이므로 $I=\dfrac{Blv}{R}$이다.

(3) 자기장의 변화에 의한 전자기 유도: 도선 내부를 통과하는 자기장의 세기가 시간에 따라 변할 때 도선에 유도 전류가 흐른다.

① 0부터 t_0까지: 자기장의 세기가 증가하므로 원형 도선에는 시계 반대 방향으로 유도 전류가 흐른다.

② t_0부터 $2t_0$까지: 자기장의 세기가 일정하므로 유도 전류가 흐르지 않는다.

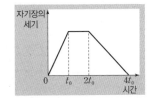

③ $2t_0$부터 $4t_0$까지: 자기장의 세기가 감소하므로 원형 도선에는 시계 방향으로 유도 전류가 흐른다.

④ 원형 도선에 발생하는 유도 기전력의 크기는 0부터 t_0까지가 $2t_0$부터 $4t_0$까지보다 크다.

(4) 전자기 유도의 이용

① **발전기:** 외부 에너지를 이용하여 코일을 회전시키면 코일면을 통과하는 자기 선속이 시간에 따라 계속 변한다. 이때 브러시의 축에 접촉시킨 금속(집전 고리)을 통해 유도 전류가 흐른다.

② **전기 기타:** 픽업 장치의 자석에 의해 자기화된 기타 줄이 진동하면 코일 속을 통과하는 자기 선속이 변하기 때문에 코일에 전류가 유도되어 전기 신호가 발생한다. 이 전기 신호를 증폭하여 스피커를 진동시키면 소리가 발생한다.

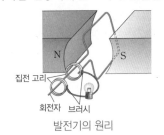

발전기의 원리

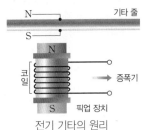

전기 기타의 원리

3 상호유도

(1) 상호유도: 한쪽 코일에 흐르는 전류의 변화에 의한 자기 선속의 변화로 근처에 있는 다른 코일에서 유도 기전력이 발생하는 현상이다.

(2) 상호 인덕턴스(M): 2차 코일의 감은 수가 N_2이고 Δt 동안 1차 코일에 흐르는 전류가 ΔI_1만큼 변할 때, 2차 코일에 생기는 유도 기전력 V는 다음과 같다.

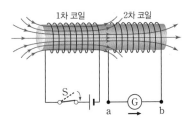

$$V = -N_2 \frac{\Delta \Phi_2}{\Delta t} = -N_2 \frac{\Delta \Phi_2}{\Delta I_1} \cdot \frac{\Delta I_1}{\Delta t} = -M \frac{\Delta I_1}{\Delta t} \quad (M: \text{상호 인덕턴스, [단위: H(헨리)])}$$

① 1 H는 1초 동안 1 A의 비율로 전류가 변하여 1 V의 유도 기전력이 유도될 때의 상호 인덕턴스이다.

② 상호 인덕턴스는 코일의 모양, 감은 수, 위치, 코일 주위의 물질 등에 의해 결정된다.

③ 스위치를 닫으면 2차 코일에는 렌츠 법칙에 따라 1차 코일에 의해 생기는 자기장의 변화를 방해하는 방향(a → ⓖ → b)으로 유도 전류가 흐른다.

개념 체크

❍ **변압기**: 1차 코일과 2차 코일을 동일한 철심에 감아 두 코일 사이에 상호유도가 잘 일어나게 한 것이다.

[1~2] 그림과 같은 변압기에서 전압이 V_1인 전원 장치와 연결된 1차 코일과 저항값이 R인 저항이 연결된 2차 코일의 감은 수가 각각 N_1, N_2이다.

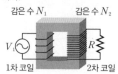

감은 수 N_1 감은 수 N_2

V_1 R

1차 코일   2차 코일

1. 2차 코일에 걸리는 전압은 (   )이다.

2. 2차 코일에 흐르는 전류의 세기는 (   )이다.

(3) 교류에 의한 상호유도: 그림과 같이 1차 코일에 교류가 공급되면 2차 코일을 통과하는 자기 선속이 연속적으로 변하고, 이에 따라 2차 코일에는 상호유도에 의해 유도 전류가 흐른다.

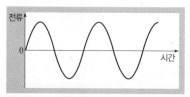

1차 코일에 흐르는 전류

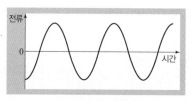

2차 코일에 유도된 전류

탐구자료 살펴보기   **이중 코일을 이용한 상호유도**

과정

(1) 그림과 같이 장치를 연결하고 1차 코일에 연결된 스위치를 닫는 순간, 스위치를 닫은 상태에서, 스위치를 여는 순간 2차 코일에 연결된 검류계의 값의 변화를 관찰한다.

(2) 스위치를 닫은 상태에서 가변 저항기의 전기 저항을 변화시키면서, 2차 코일에 연결된 검류계의 값의 변화를 관찰한다.

가변 저항기
1차 코일
2차 코일
스위치
검류계
직류 전원 장치

결과

• 스위치를 닫는 순간과 여는 순간 2차 코일에는 서로 반대 방향의 유도 전류가 흐르고, 스위치를 닫고 있을 때에는 2차 코일에 유도 전류가 흐르지 않는다.

• 가변 저항기의 저항값을 증가시킬 때와 감소시킬 때 2차 코일에는 서로 반대 방향의 유도 전류가 흐른다.

point

• 1차 코일에 의한 자기 선속의 변화에 의해 2차 코일에 유도 전류가 흐른다.

• 2차 코일에 흐르는 유도 전류의 방향은 1차 코일에 의한 자기 선속의 변화를 방해하는 방향이다.

• 가변 저항기의 저항값이 변하면 1차 코일에 흐르는 전류의 세기가 변하므로 2차 코일에는 유도 전류가 흐른다.

4 변압기

(1) 변압기: 1차 코일과 2차 코일을 동일한 철심에 감아 두 코일 사이에 상호유도가 잘 일어나게 한 것으로, 1차 코일과 2차 코일의 감은 수의 비에 따라 전압을 변화시키는 장치이다.

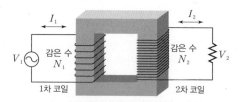

I_1 I_2

V_1 감은 수 N_1 감은 수 N_2 V_2

1차 코일   2차 코일

(2) 코일의 감은 수가 각각 N_1, N_2이고, 1차 코일과 2차 코일을 통과하는 자기 선속의 변화가 같다고 하면 $V_1 = -N_1 \dfrac{\Delta \Phi_1}{\Delta t}$, $V_2 = -N_2 \dfrac{\Delta \Phi_2}{\Delta t}$이므로 $\dfrac{V_1}{V_2} = \dfrac{N_1}{N_2}$이다. 또한 전력이 전달될 때 에너지 손실이 없다면 1차 코일과 2차 코일에서 전력이 같아야 하므로 $V_1 I_1 = V_2 I_2$이고, 다음이 성립한다.

$$\frac{V_1}{V_2} = \frac{I_2}{I_1} = \frac{N_1}{N_2}$$

정답

1. $\dfrac{N_2}{N_1} V_1$

2. $\dfrac{N_2 V_1}{N_1 R}$

5 상호유도의 이용

(1) 금속 탐지기: 금속 탐지기의 전송 코일에서 발생한 자기장에 의해 주변에 있는 금속에 전자기 유도 현상이 발생하여 유도 전류가 흐르고 자기장이 발생한다. 이 자기장의 변화를 금속 탐지기의 수신 코일에서 감지하여 금속을 찾을 수 있다.

(2) 스마트폰 무선 충전기: 충전 패드에 있는 1차 코일에 교류 전원이 연결되면 스마트폰에 있는 2차 코일에서 유도 기전력이 발생하므로 스마트폰을 충전할 수 있다.

(3) 고압 방전 장치: 자동차에서 연료에 불을 붙이는 데 사용되는 고압 방전 장치는 두 금속 사이에 순간적으로 큰 전압을 걸어 방전이 일어나도록 하는 장치로, 1차 코일에 전류를 흐르게 하다가 갑자기 끊으면 상호유도에 의해 2차 코일에 유도 기전력이 발생한다. 이때 유도 기전력이 충분히 크면 2차 코일에 연결된 두 금속 사이에서 불꽃이 튀는 방전 현상이 나타난다.

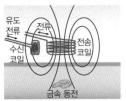

금속 탐지기

스마트폰 무선 충전기

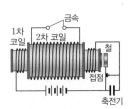
고압 방전 장치

개념 체크

○ **금속 탐지기:** 전송 코일에 의해 생성된 자기 선속이 주변에 있는 금속에 의해 변하기 때문에 수신 코일에 유도 전류가 흐르는 상호유도를 이용한 것이다.

1. 스마트폰 무선 충전기의 충전 패드에 있는 1차 코일에 흐르는 전류의 세기가 증가하면 2차 코일에 유도 전류가 (흐른다 , 흐르지 않는다).

2. 고압 방전 장치에서 1차 코일에 흐르는 전류를 갑자기 끊으면 2차 코일에 유도 기전력이 발생하는 현상은 (   )로 설명할 수 있다.

과학 돋보기 │ 상호유도의 활용

■ **RFID(Radio Frequency IDentification)**
RFID는 정보가 저장되어 있는 태그와 인식용 단말기로 구성되어 있으며, 비접촉식 식별 기술, 전자 태그 등으로 불린다. 태그의 작동 방식에 따라 수동형과 능동형으로 구분된다. 수동형 태그는 독립적인 전원을 갖고 있지 않다. 인식용 단말기에서 발생한 자기장에 의해 태그 속에 들어 있는 코일에는 전자기 유도로 유도 전류가 발생하고, 이것으로 IC칩에 들어 있는 정보를 처리한다. 이때 인식용 단말기가 보낸 전파로부터 얻은 전력으로 IC칩이 작동하여 식별 번호가 담긴 신호를 다시 무선으로 단말기에 돌려보낸다. 인식용 단말기는 되돌아온 물체 인식 코드를 바탕으로 통신망에 연결된 자료에서 필요한 정보를 찾아낸다. 능동형 태그는 IC칩이 담고 있는 정보량이 충분하고 독립된 전원을 가지고 있으므로 스스로 인식용 단말기와 정보를 교환할 수 있다.
RFID의 이용 분야는 계속 넓어지고 있다. 대형 상점의 경우 각각의 물건에 태그를 부착하여 재고량을 관리하고 편리하게 물건값을 계산할 수 있으며, 공항이나 항구 등에서는 화물에 태그를 부착하여 물류 이동을 관리할 수 있다.

■ **전기 버스 충전**
무선 충전 기술은 스마트폰처럼 작은 전자 제품뿐만 아니라 전기 버스와 같은 대용량 전자 제품을 충전하는 기술로도 발전하고 있다. 전기 버스는 바닥에 설치된 송전 장치와 버스 내에 설치된 집전 장치의 상호유도에 의해 전기 에너지가 충전된다.

RFID의 원리

전기 버스 충전의 원리

정답

1. 흐른다

2. 상호유도

01 그림은 동일한 세 원형 도선 P, Q, R가 세기가 각각 $3B_0$, $2B_0$, B_0인 균일한 자기장 영역에 고정되어 있는 것을 나타낸 것이다. P와 R의 중심축은 자기장 방향과 나란하고, Q가 이루는 면과 자기장의 방향이 이루는 각은 θ이며, Q와 R를 통과하는 자기 선속은 같다.

[24027-0193]

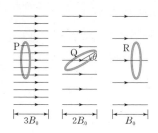

이에 대한 설명으로 옳은 것만을 〈보기〉에서 있는 대로 고른 것은?

● 보기 ●
ㄱ. 도선을 통과하는 자기 선속은 P에서가 Q에서보다 크다.
ㄴ. 도선을 통과하는 자기 선속은 P에서가 R에서의 3배이다.
ㄷ. $\theta=30°$이다.

① ㄱ ② ㄴ ③ ㄱ, ㄷ ④ ㄴ, ㄷ ⑤ ㄱ, ㄴ, ㄷ

02 그림은 코일의 중심축을 따라 자석이 낙하하는 모습을 나타낸 것이다. 자석의 속력은 점 r에서가 점 p에서보다 크다. 코일 중심 q에서 p와 r까지의 거리는 서로 같고 p, q, r는 코일의 중심 축상에 있다.
이에 대한 설명으로 옳은 것만을 〈보기〉에서 있는 대로 고른 것은? (단, 자석의 크기는 무시한다.)

[24027-0194]

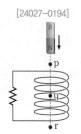

● 보기 ●
ㄱ. 저항에 흐르는 전류의 세기는 자석이 p를 지날 때가 q를 지날 때보다 크다.
ㄴ. 코일에 유도되는 기전력의 크기는 자석이 r를 지날 때가 p를 지날 때보다 크다.
ㄷ. 자석이 r를 지날 때 자석과 솔레노이드 사이에는 서로 미는 자기력이 작용한다.

① ㄱ ② ㄷ ③ ㄱ, ㄴ ④ ㄴ, ㄷ ⑤ ㄱ, ㄴ, ㄷ

03 그림 (가), (나)와 같이 xy 평면에 수직인 균일한 자기장 영역 Ⅰ, Ⅱ에 각각 한 변의 길이가 $3L$, L인 정사각형 도선 P, Q가 고정되어 있다. Ⅰ, Ⅱ에서 자기장의 방향은 각각 일정하다. 단위 시간 동안 자기장의 변화량의 크기는 Ⅱ에서가 Ⅰ에서의 2배이다.

[24027-0195]

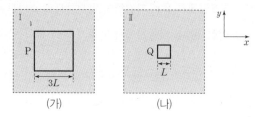

(가)   (나)

P와 Q에 유도되는 기전력의 크기를 각각 V_P, V_Q라 할 때, $\dfrac{V_P}{V_Q}$는?

① $\dfrac{3}{2}$ ② $\dfrac{5}{2}$ ③ $\dfrac{9}{2}$ ④ 5 ⑤ 9

04 그림과 같이 두 저항 R_1, R_2가 연결된 코일의 중심축에 마찰이 없는 레일이 있다. a, b, c, d는 레일 위의 지점이고 a에서 가만히 놓은 자석은 코일을 통과하여 d에서 정지한다. 자석이 a에서 b까지 속력이 증가하는 운동을 하는 동안 스위치 S_1만 닫혀 있고, 자석이 c에서 d까지 운동하는 동안 스위치 S_2만 닫혀 있어 R_2에는 ㉠ 방향으로 전류가 흐른다. X는 N극과 S극 중 하나이다.

[24027-0196]

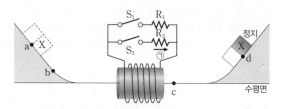

이에 대한 설명으로 옳은 것만을 〈보기〉에서 있는 대로 고른 것은? (단, 자석의 크기는 무시한다.)

● 보기 ●
ㄱ. 자석이 a에서 b까지 운동하는 동안 R_1에서 소비 전력은 증가한다.
ㄴ. X는 S극이다.
ㄷ. 자석이 c에서 d까지 운동하는 동안 자석과 코일 사이에는 서로 당기는 자기력이 작용한다.

① ㄱ ② ㄷ ③ ㄱ, ㄴ ④ ㄴ, ㄷ ⑤ ㄱ, ㄴ, ㄷ

05 그림은 xy 평면에 수직인 균일한 자기장 영역 Ⅰ, Ⅱ를 포함한 xy 평면상에서 중심각이 직각이고 반지름이 $2d$인 부채꼴 모양의 금속 고리가 원점 O를 중심으로 시계 반대 방향으로 일정한 각속도 ω로 회전할 때,

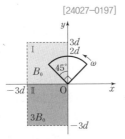

시간 $t=0$인 순간의 모습을 나타낸 것이다. Ⅰ, Ⅱ에서 자기장의 세기는 각각 B_0, $3B_0$이고, Ⅰ과 Ⅱ에서 자기장의 방향은 서로 반대이며, 금속 고리의 저항값은 R이다.

금속 고리에 흐르는 유도 전류에 대한 설명으로 옳은 것만을 〈보기〉에서 있는 대로 고른 것은? (단, 고리의 굵기는 무시한다.)

● 보기 ●

ㄱ. $t=0$일 때, 전류의 세기는 $\dfrac{B_0\omega d^2}{R}$이다.

ㄴ. 전류의 방향은 $t=\dfrac{\pi}{2\omega}$일 때와 $t=\dfrac{\pi}{\omega}$일 때가 서로 반대이다.

ㄷ. 전류의 세기는 $t=\dfrac{\pi}{2\omega}$일 때가 $t=\dfrac{\pi}{\omega}$일 때보다 작다.

① ㄱ   ② ㄴ   ③ ㄱ, ㄴ   ④ ㄱ, ㄷ   ⑤ ㄴ, ㄷ

---

06 그림 (가)는 xy 평면에 고정된 한 변의 길이가 $3d$인 정사각형 금속 고리와 xy 평면에 수직인 균일한 자기장 영역 Ⅰ, Ⅱ를 나타낸 것이다. Ⅰ, Ⅱ에서 자기장은 각각 B_1, B_2이다. 그림 (나)는 B_1, B_2를 시간에 따라 나타낸 것이다.

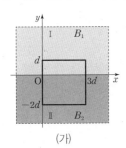 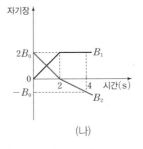

(가)   (나)

1초일 때와 3초일 때 금속 고리에 흐르는 유도 전류의 세기를 각각 I_1, I_3이라 할 때, $\dfrac{I_1}{I_3}$은? (단, 고리의 굵기는 무시한다.)

① $\dfrac{1}{4}$ ② $\dfrac{1}{3}$ ③ $\dfrac{1}{2}$ ④ 1 ⑤ $\dfrac{3}{2}$

---

07 그림과 같이 xy 평면에 한 변의 길이가 $2d$이고 저항 R가 연결된 정사각형 도선이 놓여 있다. 균일한 자기장 영역 Ⅰ, Ⅱ에서 자기장의 세기는 각각 $2B_0$, $5B_0$이고 자기장의 방향은 각각 xy 평면에서 수직으로 나오는 방향, 수직으로 들어가는 방향이다. 도선이 $+x$방향으로 속력 v_1로 이동하는 순간과 $-y$방향으로 속력 v_2로 이동하는 순간 R에 걸리는 전압은 같다.

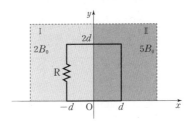

이에 대한 설명으로 옳은 것만을 〈보기〉에서 있는 대로 고른 것은?

● 보기 ●

ㄱ. 도선이 $+x$방향으로 이동하는 순간 R에 흐르는 전류의 방향은 $-y$방향이다.

ㄴ. 도선이 $-y$방향으로 이동하는 순간 R에 흐르는 전류의 방향은 $-y$방향이다.

ㄷ. $v_2=\dfrac{7}{3}v_1$이다.

① ㄱ   ② ㄷ   ③ ㄱ, ㄴ   ④ ㄴ, ㄷ   ⑤ ㄱ, ㄴ, ㄷ

---

08 그림 (가)는 xy 평면에 수직이고 세기가 B_0으로 일정한 자기장 영역으로 한 변의 길이가 L인 정사각형 도선이 $+x$방향의 일정한 속력 v로 운동하고 있는 모습을 나타낸 것이다. 그림 (나)는 (가)의 도선이 자기장 영역에 완전히 들어가 고정된 상태에서 시간에 따라 일정하게 세기가 변하는 자기장 영역을 나타낸 것이다.

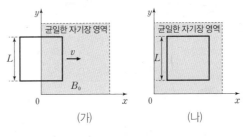

(가)   (나)

(가)와 (나)에서 도선에 유도되는 기전력의 크기가 같을 때, (나)에서 단위 시간 동안의 자기장 변화량의 크기는?

① $\dfrac{B_0v}{4L}$ ② $\dfrac{B_0v}{2L}$ ③ $\dfrac{B_0v}{L}$ ④ $\dfrac{2B_0v}{L}$ ⑤ $\dfrac{4B_0v}{L}$

[24027-0197]

[24027-0198]

[24027-0199]

[24027-0200]

09 그림과 같이 xy 평면에 수평하게 고정된 ㄷ자형 도선 위에 올려놓은 금속 막대를 $+x$방향으로 운동시켰다. xy 평면에 수직으로 형성된 자기장 영역 Ⅰ, Ⅱ에서 자기장의 세기는 각각 $B_Ⅰ$, $B_Ⅱ$이고, 금속 막대가 $x=d$에서 $x=2d$까지, $x=2d$에서 $x=4d$까지 이동하는 동안 ㄷ자형 도선과 금속 막대가 이루는 회로를 통과하는 자기 선속 변화량의 크기가 같다.

[24027-0201]

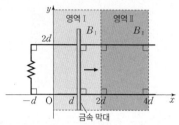

$\dfrac{B_Ⅰ}{B_Ⅱ}$은? (단, 금속 막대의 두께와 폭은 무시한다.)

① $\dfrac{1}{4}$ ② $\dfrac{1}{2}$ ③ 1   ④ 2   ⑤ 4

10 다음은 상호유도 현상에 대해 학생 A, B, C가 대화하고 있는 모습을 나타낸 것이다. 1차 코일에 흐르는 전류의 세기는 I_1이다.

[24027-0202]

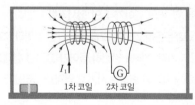

1차 코일에 흐르는 전류의 세기와 방향이 일정할 때 2차 코일에 전류가 흘러.

1차 코일에 흐르는 전류의 세기와 방향이 변하면 2차 코일에 유도 기전력이 형성돼.

I_1이 감소하는 동안 1차 코일과 2차 코일 사이에는 서로 당기는 자기력이 작용해.

학생 A

학생 B

학생 C

제시한 내용이 옳은 학생만을 있는 대로 고른 것은?

① A   ② C   ③ A, B   ④ A, C   ⑤ B, C

11 그림은 전압이 V인 교류 전원과 저항값이 R인 저항이 연결된 변압기를 나타낸 것이다. 1차 코일과 2차 코일의 감은 수의 비는 1 : 4이다.

[24027-0203]

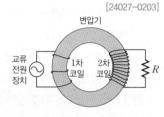

변압기
교류 전원 장치
1차 코일
2차 코일
R

이에 대한 설명으로 옳은 것만을 〈보기〉에서 있는 대로 고른 것은? (단, 변압기에서의 에너지 손실은 무시한다.)

● 보기 ●
ㄱ. 저항에 걸리는 전압은 $4V$이다.

ㄴ. 2차 코일에 흐르는 전류의 세기는 $\dfrac{4V}{R}$이다.

ㄷ. 1차 코일이 공급하는 전력은 $\dfrac{16V^2}{R}$이다.

① ㄱ   ② ㄷ   ③ ㄱ, ㄴ   ④ ㄴ, ㄷ   ⑤ ㄱ, ㄴ, ㄷ

12 다음은 버스에 전기가 충전되는 원리에 대한 설명이다.

[24027-0204]

그림과 같이 1차 코일이 고정되어 있는 도로 위에 2차 코일이 있는 버스가 정지해 있으면 2차 코일과 연결된 배터리가 충전된다. 이는 ㉮상호유도로 설명할 수 있는데, 1차 코일에 흐르는 전류가 　㉠　 2차 코일에 유도 기전력이 발생하는 현상으로, 1차 코일과 2차 코일의 감은 수의 비가 2 : 1이면 1차 코일과 2차 코일에 걸리는 전압의 비는 　㉡　 이다.

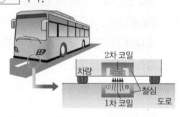

2차 코일
차량
철심
1차 코일
도로

이에 대한 설명으로 옳은 것만을 〈보기〉에서 있는 대로 고른 것은? (단, 상호유도에서 에너지 손실은 무시한다.)

● 보기 ●
ㄱ. '일정하면'은 ㉠에 적절하다.

ㄴ. ㉡은 '2 : 1'이다.

ㄷ. 충전 패드를 이용하여 스마트폰을 충전시키는 현상은 ㉮로 설명할 수 있다.

① ㄱ   ② ㄷ   ③ ㄱ, ㄴ   ④ ㄱ, ㄷ   ⑤ ㄴ, ㄷ

도선에 유도되는 유도 기전력의 크기는 단위 시간 동안 도선을 통과하는 자기 선속 변화량에 비례한다.

01 그림 (가)와 같이 xy 평면에 수직인 균일한 자기장 영역 Ⅰ, Ⅱ가 형성된 공간에 저항이 연결된 한 변의 길이가 $3d$인 정사각형 도선을 xy 평면에 고정시켰다. Ⅰ과 Ⅱ의 자기장 방향은 xy 평면에서 수직으로 나오는 방향으로 같다. 그림 (나)는 Ⅰ, Ⅱ에서 도선을 통과하는 자기 선속 Φ를 시간 t에 따라 나타낸 것이다.

[24027-0205]

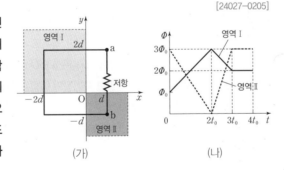

이에 대한 설명으로 옳은 것만을 〈보기〉에서 있는 대로 고른 것은?

┌─ **보기** ─────────────────────────────
ㄱ. 단위 시간 동안 도선을 통과하는 자기 선속 변화량의 크기는 $t=t_0$일 때가 $t=2.5t_0$일 때보다 크다.

ㄴ. $t=3.5t_0$일 때 자기장의 세기는 Ⅱ에서가 Ⅰ에서의 3배이다.

ㄷ. $t=t_0$일 때 저항에 흐르는 전류의 방향은 b → 저항 → a이다.
└─────────────────────────────────────

① ㄱ ② ㄷ ③ ㄱ, ㄴ ④ ㄴ, ㄷ ⑤ ㄱ, ㄴ, ㄷ

사각형 도선을 통과하는 자기 선속이 변하는 도선에는 유도 기전력이 형성된다. 이때 단위 시간 동안 자기장의 변화량이 클수록, 자기 선속이 통과하는 도선의 면적 변화가 클수록 유도 기전력의 크기가 크다.

[24027-0206]

02 그림 (가)와 같이 저항값이 R인 저항이 연결된 정사각형 도선의 일부가 xy 평면에 수직으로 들어가는 방향의 균일한 자기장 영역에 놓여 있다. 도선의 한 변의 길이는 d이다. 그림 (나)는 (가)의 자기장 세기를 시간에 따라 나타낸 것이고, (다)는 x방향으로 움직이는 p의 위치를 시간에 따라 나타낸 것이다.

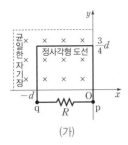 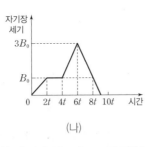 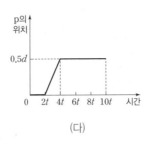

이에 대한 설명으로 옳은 것만을 〈보기〉에서 있는 대로 고른 것은?

┌─ **보기** ─────────────────────────────
ㄱ. $3t$일 때 저항에 흐르는 전류의 세기는 $\dfrac{3B_0 d^2}{16Rt}$이다.

ㄴ. 저항에 흐르는 전류의 세기는 $5t$일 때가 t일 때의 2배이다.

ㄷ. $7t$일 때 저항에 흐르는 전류의 방향은 p → 저항 → q이다.
└─────────────────────────────────────

① ㄱ ② ㄴ ③ ㄱ, ㄴ ④ ㄱ, ㄷ ⑤ ㄴ, ㄷ

$t=0$부터 $t=\dfrac{\pi}{2\omega}$까지 3사분면에 형성된 자기장에 의한 자기 선속의 변화가 일어나고 $t=\dfrac{\pi}{2\omega}$부터 $t=\dfrac{\pi}{\omega}$까지 3사분면과 4사분면에 형성된 자기장에 의한 자기 선속의 변화가 일어나며 $t=\dfrac{\pi}{\omega}$부터 $t=\dfrac{3\pi}{2\omega}$까지 4사분면에 형성된 자기장에 의한 자기 선속의 변화가 일어난다.

03 그림은 xy 평면에서 저항값이 R이고 반지름인 d인 사분원 모양의 금속 고리가 원점 O를 중심으로 일정한 각속도 ω로 회전할 때 시간 $t=0$인 순간의 모습을 나타낸 것이다. 3사분면과 4사분면에 형성된 사분원 영역에서 xy 평면에 수직인 균일한 자기장의 방향은 서로 반대이고, 자기장의 세기는 각각 $2B_0$, B_0이다.

이에 대한 설명으로 옳은 것만을 〈보기〉에서 있는 대로 고른 것은? (단, 고리의 굵기는 무시한다.)

[24027-0207]
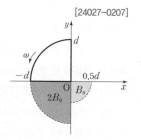

● 보기 ●

ㄱ. $t=\dfrac{\pi}{8\omega}$일 때 고리에서 소비되는 전력은 $\dfrac{(B_0\omega d^2)^2}{R}$이다.

ㄴ. 고리에 흐르는 유도 전류의 방향은 $t=\dfrac{3\pi}{8\omega}$일 때와 $t=\dfrac{5\pi}{8\omega}$일 때가 같다.

ㄷ. 고리에 흐르는 유도 전류의 세기는 $t=\dfrac{\pi}{8\omega}$일 때가 $t=\dfrac{9\pi}{8\omega}$일 때의 2배이다.

① ㄱ   ② ㄴ   ③ ㄱ, ㄷ   ④ ㄴ, ㄷ   ⑤ ㄱ, ㄴ, ㄷ

세기가 B인 균일한 자기장 영역에서 ㄷ자 도선 위에 있는 금속 막대가 일정한 속력 v로 운동할 때, 회로에 유도되는 기전력의 크기 V는 $V=\dfrac{\Delta\Phi}{\Delta t}=B\dfrac{\Delta S}{\Delta t}=Blv(l:$ ㄷ자 도선의 폭)이다. (나)에서 그래프의 기울기는 도체 막대의 속력이다.

[24027-0208]

04 그림 (가)는 세기가 각각 B_0, $3B_0$이고, xy 평면에서 수직으로 나오는 방향의 균일한 자기장 영역 Ⅰ, Ⅱ에 저항값이 R인 저항이 연결된 ㄷ자형 도선을 고정하고, 도선 위에 놓은 도체 막대가 시간 $t=0$인 순간부터 $+x$방향으로 운동하는 것을 나타낸 것이다. 그림 (나)는 도체 막대의 위치 x를 t에 따라 나타낸 것이다.

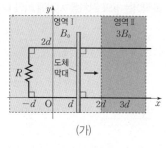 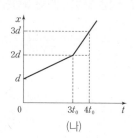

(가)   (나)

도체 막대가 $x=1.5d$를 지날 때 저항에 흐르는 전류의 방향(가)과 $t=3.5t_0$일 때 저항의 소비 전력(나)으로 옳은 것은? (단, 도체 막대의 굵기와 저항은 무시한다.)

	(가)	(나)		(가)	(나)
①	$+y$	$\dfrac{B_0{}^2d^4}{Rt_0{}^2}$	②	$+y$	$\dfrac{6B_0{}^2d^4}{Rt_0{}^2}$
③	$+y$	$\dfrac{36B_0{}^2d^4}{Rt_0{}^2}$	④	$-y$	$\dfrac{6B_0{}^2d^4}{Rt_0{}^2}$
⑤	$-y$	$\dfrac{36B_0{}^2d^4}{Rt_0{}^2}$			

05 그림 (가)와 (나)는 균일한 자기장 영역에서 저항이 연결된 금속 고리를 x축을 회전축으로 하여 일정한 각속도로 회전시킬 때 시간 $t=0$인 순간 도선이 xy 평면을 지나는 모습을 나타낸 것이다. (가)와 (나)에서 자기장의 방향은 xy 평면에 수직으로 들어가는 방향이고 자기장의 세기는 서로 같다. 금속

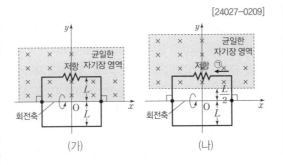

(가)   (나)

고리의 회전 주기는 T로 같다. (나)는 (가)에서 자기장 영역을 $+y$방향으로 $\frac{1}{2}L$만큼 이동시킨 모습을 나타낸 것이다.

이에 대한 설명으로 옳은 것만을 〈보기〉에서 있는 대로 고른 것은?

┌─ 보기 ─────────────────────────────────────
│ ㄱ. (가)에서 금속 고리가 한 바퀴 회전하는 동안 단위 시간당 자기 선속 변화량은 일정하다.
│ ㄴ. (나)에서 $t=\frac{T}{8}$일 때 저항에 흐르는 전류의 방향은 ㉠ 방향이다.
│ ㄷ. (나)에서 $t=\frac{T}{4}$일 때 도선에는 전류가 흐르지 않는다.
└──

① ㄱ   ② ㄷ   ③ ㄱ, ㄴ   ④ ㄴ, ㄷ   ⑤ ㄱ, ㄴ, ㄷ

금속 고리의 면적을 S, 금속 고리를 통과하는 자기장의 세기를 B라 할 때, 자기 선속 Φ는 $\Phi=BS$이고, 금속 고리에 유도되는 기전력의 크기 V는 $V=\frac{\Delta\Phi}{\Delta t}$ (t: 시간)이다.

06 그림 (가)는 저항값이 R인 저항이 연결된 한 변의 길이가 L인 정사각형 금속 고리가 xy 평면에서 $+x$방향으로 균일한 자기장 영역으로 들어가는 순간의 모습이다. 자기장의 방향은 xy 평면에서 수직으로 나오는 방향이고, 금속 고리상의 점 p는 x축상의 $x=0$에서 $x=3L$까지 속력 v로 등속도 운동을 한다. 그림 (나)는 (가)의 균일한 자기장의 세기를 p의 위치 x에 따라 나타낸 것이다.

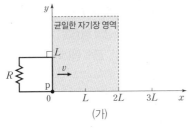

(가)

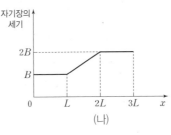

(나)

이에 대한 설명으로 옳은 것만을 〈보기〉에서 있는 대로 고른 것은? (단, 금속 고리의 두께와 폭은 무시한다.)

┌─ 보기 ─────────────────────────────────────
│ ㄱ. p가 $x=\frac{1}{2}L$을 지나는 순간 저항에는 $+y$방향으로 전류가 흐른다.
│ ㄴ. 저항에 걸리는 전압은 p가 $x=\frac{1}{2}L$을 지날 때가 $x=\frac{3}{2}L$을 지날 때보다 작다.
│ ㄷ. p가 $x=\frac{5}{2}L$을 지날 때 저항의 소비 전력은 $\frac{2B^2L^2v^2}{R}$이다.
└──

① ㄱ   ② ㄷ   ③ ㄱ, ㄴ   ④ ㄴ, ㄷ   ⑤ ㄱ, ㄴ, ㄷ

한 변의 길이가 L인 정사각형 도선이 v의 속력으로 자기장의 세기가 B인 균일한 자기장에 수직으로 들어갈 때 크기가 BLv인 유도 기전력이 생긴다.

[24027-0211]

금속 고리가 자기장 영역 안으로 들어가는 동안 금속 고리에는 자기장 영역의 자기장 방향과 반대 방향의 자기장을 만드는 방향으로 유도 전류가 흐른다.

07 그림과 같이 xy 평면에 각각 수직으로 형성된 균일한 자기장 영역 Ⅰ, Ⅱ, Ⅲ이 형성된 공간에서 한 변의 길이가 $2d$인 정사각형 모양의 금속 고리가 $+x$방향으로 x축을 따라 일정한 속력으로 운동한다. Ⅰ과 Ⅱ에서 자기장의 세기는 각각 $2B$, $3B$이고 자기장의 방향은 서로 같다. x축을 따라 운동하는 금속 고리의 중심이 $x=-3d$인 지점과 $x=0$인 지점을 지나는 순간, 금속 고리에 흐르는 전류의 세기는 같고 전류의 방향은 시계 방향으로 서로 같다.

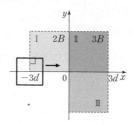

이에 대한 설명으로 옳은 것만을 〈보기〉에서 있는 대로 고른 것은? (단, 고리의 굵기는 무시한다.)

─● 보기 ●─
ㄱ. Ⅰ에서 자기장의 방향은 xy 평면에서 수직으로 나오는 방향이다.
ㄴ. Ⅲ에서 자기장의 세기는 B이다.
ㄷ. 금속 고리에 유도되는 기전력의 크기는 금속 고리의 중심이 $x=3.5d$인 지점을 지날 때가 금속 고리의 중심이 $x=-2.5d$인 지점을 지날 때의 3배이다.

① ㄱ   ② ㄷ   ③ ㄱ, ㄴ   ④ ㄴ, ㄷ   ⑤ ㄱ, ㄴ, ㄷ

[24027-0212]

금속 막대의 운동에 의해 유도된 기전력의 크기는 저항에 걸리는 전압과 같다.

08 그림과 같이 xy 평면에 수직인 방향의 균일한 자기장 영역 Ⅰ, Ⅱ, Ⅲ이 형성된 공간에서 xy 평면에 나란하게 고정된 ⊏ 모양의 도선 위에 y축과 나란하게 놓인 금속 막대가 $+x$방향으로 운동을 하고 있다. Ⅰ, Ⅱ, Ⅲ에서 자기장의 세기는 각각 B_0, $3B_0$, $2B_0$이다. 자기장의 방향은 Ⅰ과 Ⅱ는 서로 같고, Ⅱ와 Ⅲ은 서로 반대이다. ⊏ 모양의 도선에는 저항이 연결되어 있다. 금속 막대가 Ⅰ과 Ⅱ를 지날 때, 금속 막대의 속력은 각각 v, $2v$로 일정하다.

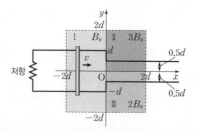

금속 막대가 Ⅰ을 지날 때 저항의 소비 전력을 P라 하면, 금속 막대가 Ⅱ를 지날 때 저항에서 소비 전력은? (단, 금속 막대의 굵기와 저항은 무시한다.)

① $\dfrac{1}{16}P$ ② $\dfrac{1}{8}P$ ③ $\dfrac{1}{4}P$ ④ $\dfrac{3}{8}P$ ⑤ $\dfrac{1}{2}P$

09 그림과 같이 감은 수가 N인 1차 코일에 전압 V_0인 교류 전원을 연결하였더니 감은 수가 $2N$인 2차 코일에 전압이 유도되었다. 2차 코일에는 저항값이 R인 저항 2개, 저항값이 $2R$인 저항과 스위치가 연결되어 있다.

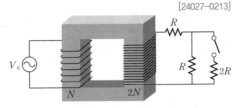

[24027-0213]

이에 대한 설명으로 옳은 것만을 〈보기〉에서 있는 대로 고른 것은? (단, 변압기에서 에너지 손실은 무시한다.)

● 보기 ●

ㄱ. 2차 코일에 유도된 전압은 $\dfrac{V_0}{2}$이다.

ㄴ. 스위치를 닫기 전, 저항값이 R인 저항에 흐르는 전류의 세기는 $\dfrac{2V_0}{R}$이다.

ㄷ. 스위치를 닫은 후, 저항값이 $2R$인 저항의 소비 전력은 $\dfrac{8V_0^{\,2}}{25R}$이다.

① ㄴ   ② ㄷ   ③ ㄱ, ㄴ   ④ ㄱ, ㄷ   ⑤ ㄴ, ㄷ

변압기는 상호유도 현상을 이용하여 전압을 바꾸는 장치로, 코일의 감은 수와 기전력의 크기는 서로 비례하고 코일의 감은 수와 코일에 흐르는 전류의 세기는 서로 반비례한다.

---

10 다음은 코일을 이용한 상호유도에 대한 실험이다.

[24027-0214]

[실험 과정]

(가) 그림과 같이 코일 A, B를 각각 직류 전원 장치와 디지털 전압계에 연결하고 A, B의 중심축을 일치시켜 스탠드에 고정한다.

(나) A에 흐르는 전류의 세기 I_A를 시간 t에 따라 일정하게 증가시키면서 B에 걸리는 전압 V_B를 측정한다.

(다) 같은 시간 동안 I_A의 증가량을 (나)와 다르게 하여 I_A를 t에 따라 일정하게 증가시키면서 V_B를 측정한다.

(라) I_A를 t에 따라 일정하게 감소시키면서 V_B를 측정한다.

[실험 결과]

	(나)	(다)	(라)
$\dfrac{\Delta I_A}{\Delta t}$	ⓐ	ⓑ	
V_B	V_0	$1.2V_0$	$1.5V_0$

이에 대한 설명으로 옳은 것만을 〈보기〉에서 있는 대로 고른 것은?

● 보기 ●

ㄱ. (나)에서 A와 B 사이에는 서로 미는 자기력이 작용한다.

ㄴ. ⓑ > ⓐ이다.

ㄷ. B에 흐르는 전류의 방향은 (나)와 (라)에서 같다.

① ㄱ   ② ㄴ   ③ ㄷ   ④ ㄱ, ㄴ   ⑤ ㄱ, ㄴ, ㄷ

상호유도에서 코일의 감은 수는 코일에 걸리는 전압에 비례하고 코일을 통과하는 자기 선속의 시간적 변화율이 클수록 코일에 유도되는 기전력의 크기가 크다.

Ⅲ 파동과 물질의 성질

2024학년도 대학수학능력시험 4번

4. 다음은 전자기파의 송수신 실험이다.

[실험 과정]
(가) 그림과 같이 압전 소자가 연결된 구리선을 알루미늄박에 고정하고, 알루미늄박을 바닥 면에 수직으로 세워 놓는다.
(나) 발광 다이오드(LED)의 단자 a, b를 원형 안테나에 연결한 후, 안테나를 바닥 면에 놓는다.
(다) 압전 소자를 누르며, 구리선 사이에서 불꽃 방전과 LED의 빛의 방출 여부를 관찰한다.
(라) (나)의 상태에서 a, b의 위치를 서로 바꾸어 안테나에 연결한 후, (다)를 반복한다.

[실험 결과]

과정	불꽃 방전	LED의 빛의 방출 여부
(다)	발생	방출됨
(라)	발생	방출됨

이에 대한 설명으로 옳은 것만을 <보기>에서 있는 대로 고른 것은? [3점]

― <보 기> ―
ㄱ. 구리선 사이에서 불꽃 방전이 일어날 때, 전자기파가 발생한다.
ㄴ. LED에서 빛이 방출될 때, 안테나에는 유도 전류가 흐른다.
ㄷ. (다)와 (라)에서 안테나는 전자기파를 수신한다.

① ㄴ　　② ㄷ　　③ ㄱ, ㄴ　　④ ㄱ, ㄷ　　⑤ ㄱ, ㄴ, ㄷ

2024학년도 EBS 수능특강 174쪽 11번

[23027-0247]
11 다음은 전자기파의 송수신 실험이다.

[실험 과정]
(가) 그림과 같이 압전 소자와 알루미늄박에 고정한 구리선을 연결하고, 원형의 구리선으로 만든 안테나에 발광 다이오드(LED)를 연결한다.

(나) 압전 소자를 누르며 LED를 관찰한다.
(다) (가)에서 LED의 a, b 부분을 반대로 연결한 후, 과정 (나)를 반복한다.

[실험 결과]
• (나)의 결과: LED가 켜진다.
• (다)의 결과: LED가 　⊙　

이에 대한 설명으로 옳은 것만을 <보기>에서 있는 대로 고른 것은?

― 보기 ―
ㄱ. (나)에서 구리선 사이의 방전에 의해 전자기파가 발생한다.
ㄴ. (나)에서 안테나에는 전자기파에 의한 유도 전류가 흐른다.
ㄷ. '켜지지 않는다'는 ⊙으로 적절하다.

① ㄱ　　② ㄷ　　③ ㄱ, ㄴ　　④ ㄴ, ㄷ　　⑤ ㄱ, ㄴ, ㄷ

연계 분석 수능 4번 문항은 수능특강 174쪽 11번 문항과 연계하여 출제되었다. 두 문항 모두 전자기파의 송수신 실험 과정과 결과를 다루었고, 압전 소자를 누르며 구리선 사이의 불꽃 방전과 LED에서 빛의 방출 여부를 다루었다는 점에서 높은 유사성을 보인다. 보기에서는 불꽃 방전이 일어날 때 전자기파가 발생한다는 것과 LED에서 빛이 방출됨을 통해 안테나에 유도 전류가 흐른다는 것을 동일하게 다루고 있으며, 전자기파의 발생으로 유도 전류의 세기와 방향이 변하므로 a, b의 연결 위치에 관계없이 LED에서 빛이 방출됨을 알 수 있다.

학습 대책 수능 4번 문항과 같이 전자기파의 송수신 단원에서는 실험의 목적을 정확하게 이해해야 한다. 또한 실험 과정과 실험 결과를 통해 주어진 보기를 해결하려면 전자기파가 안테나를 통과할 때 안테나에는 세기와 방향이 변하는 전류가 흐르므로 LED에 연결하는 a, b의 위치에 관계없이 LED에 불이 켜진다는 것을 알 수 있어야 한다. 따라서 수능특강을 통해 단순히 답만 찾기보다는 제시된 자료를 면밀하게 분석하고, 적용할 수 있도록 학습해야 한다.

2024학년도 대학수학능력시험 10번

10. 그림 (가)는 수평면에서 정지해 있는 음파 측정기 S와 진동수가 각각 f_0, $\frac{4}{3}f_0$인 음파를 발생시키며 직선 운동을 하고 있는 음원 A, B를 나타낸 것이다. 그림 (나)는 (가)의 S로부터 A, B까지의 거리 s_A, s_B를 각각 시간 t에 따라 나타낸 것이다. $t=t_0$일 때 A, B가 발생시킨 음파를 S가 측정한 진동수는 f_1로 같고, $t=3t_0$일 때 B가 발생시킨 음파를 S가 측정한 진동수는 f_2이다.

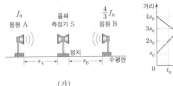

(가)   (나)

$\dfrac{f_2}{f_1}$는? (단, S, A, B는 동일 직선상에 있고, 음속은 일정하다.) [3점]

① $\dfrac{25}{22}$ ② $\dfrac{13}{11}$ ③ $\dfrac{27}{22}$ ④ $\dfrac{14}{11}$ ⑤ $\dfrac{29}{22}$

2024학년도 EBS 수능특강 177쪽 6번

[23027-0254]

06 그림 (가)는 수평면상에서 운동하는 음원 A, B와 정지한 음파 측정기를 나타낸 것이다. 음파 측정기는 $x=4L$에 정지해 있고, A, B에서 발생하는 음파의 진동수는 각각 f_0, $\frac{6}{5}f_0$이다. 그림 (나)는 A, B의 위치 x를 시간 t에 따라 나타낸 것으로, 시간 $t=3t_0$일 때 음파 측정기가 측정한 A, B에서 발생한 음파의 진동수는 같다.

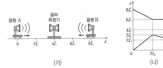

(가)   (나)

이에 대한 설명으로 옳은 것만을 〈보기〉에서 있는 대로 고른 것은? (단, 음원과 음파 측정기의 크기는 무시한다.)

〈 보기 〉
ㄱ. 음파의 속력은 $\dfrac{3L}{t_0}$이다.
ㄴ. 음파 측정기에서 측정한 B에서 발생한 음파의 파장은 $t=t_0$일 때가 $t=3t_0$일 때보다 짧다.
ㄷ. $t=t_0$일 때, 음파 측정기에서 측정한 음파의 진동수는 A에서 발생한 음파가 B에서 발생한 음파보다 $\dfrac{5}{6}f_0$만큼 크다.

① ㄱ   ② ㄴ   ③ ㄱ, ㄷ   ④ ㄴ, ㄷ   ⑤ ㄱ, ㄴ, ㄷ

연계 분석 수능 10번 문항은 수능특강 177쪽 6번 문항과 연계하여 출제되었다. 두 문항 모두 음파 측정기 S는 정지해 있고 음파의 진동수가 서로 다른 음원 A, B가 운동하는 상황으로, 시간 0부터 $2t_0$까지는 A가 S를 향해 운동하는 상황은 같으나 B의 운동 방향은 수능 문항에서는 S로부터 멀어지는 방향으로 운동하고, 수능특강 문항에서는 S를 향해 운동하는 상황이 다르다. 또한 $2t_0$부터 $4t_0$까지는 수능 문항에서는 A, B 모두 S를 향해 운동하지만 수능특강 문항에서는 A는 S로부터 멀어지고 B는 정지해 있는 상황이 다르다. 하지만 두 문항 모두 거리-시간 그래프를 통해 A, B의 속력을 비교하고, 도플러 효과 공식을 적용해 문제를 해결하는 방식은 유사하다.

학습 대책 음파 측정기는 정지해 있고 음원이 운동하는 상황에서 음원의 운동 방향을 결정하는 것이 문제 풀이의 핵심이다. 수능특강 문항과 같이 음파 측정기와 음원 A, B가 x축상에 있는 경우와 수능 문항과 같이 음원으로부터 음파 측정기 A, B까지의 거리를 나타내는 경우는 운동 방향을 결정하는 방식에 차이가 있으므로 주의해야 한다.

11 전자기파의 간섭과 회절

개념 체크

◎ **중첩**: 두 개 이상의 파동이 진행 중에 만나 파동들의 변위가 합성되는 현상
◎ **이중 슬릿 실험**: 이중 슬릿을 통과한 빛이 스크린에 만드는 간섭무늬를 통해 빛의 파동성을 확인할 수 있다.

1. 두 파동이 중첩될 때, 위상이 같으면 진폭이 (   ) 하고, 위상이 반대이면 진폭이 (   )한다.

2. 두 파동이 반대 위상으로 중첩되어 진폭이 작아지는 현상을 (   ) 간섭이라고 한다.

3. 영의 이중 슬릿에 의한 빛의 간섭 실험에서 밝고 어두운 무늬가 생기는 것은 빛의 (   )으로 설명할 수 있다.

1 전자기파의 간섭

(1) 파동의 간섭: 두 개 이상의 파동이 중첩될 때 진폭이 커지거나 작아지는 현상

① **보강 간섭**: 두 파동이 같은 위상으로 중첩되어 합성파의 진폭이 커지는 현상

② **상쇄 간섭**: 두 파동이 반대 위상으로 중첩되어 합성파의 진폭이 작아지는 현상

(2) 전자기파의 간섭: 전자기파는 파동이므로 간섭 현상이 일어난다.

> **🧪 탐구자료 살펴보기 ▶ 마이크로파를 이용한 간섭 현상**
>
> **과정**
> (1) 그림과 같이 마이크로파 송신기와 수신기, 이중 슬릿이 동일 직선상에 위치하도록 설치한다.
> (2) 송신기에서 마이크로파를 발생시킨다.
> (3) 수신기와 이중 슬릿을 연결한 막대를 회전시키며 처음 위치에서부터 회전각에 따른 수신기에 수신되는 마이크로파의 세기를 측정한다.
>
>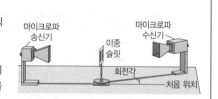
>
> **결과 및 point**
>
>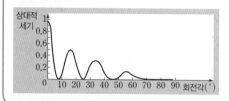
>
> ➡ 수신기의 회전각에 따라 마이크로파의 세기가 강해지는 보강 간섭과 마이크로파의 세기가 약해지는 상쇄 간섭이 일어나는 지점이 교대로 나타나는 것을 확인할 수 있다.

(3) 이중 슬릿에 의한 빛의 간섭

① **영의 실험**: 19세기 초, 영은 그림과 같이 단일 슬릿에서 나온 빛을 다시 이중 슬릿에 통과시키면 스크린에 밝고 어두운 무늬가 생기는 것을 발견하였다. 이 실험은 빛이 파동이라는 것을 밝힌 실험이다.

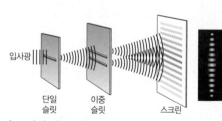

② 그림 (가)와 같이 슬릿 S_1과 S_2로부터 스크린상의 P점까지는 경로차가 한 파장이므로 두 파동이 같은 위상으로 만나게 된다. 따라서 보강 간섭이 일어나 밝은 무늬가 만들어진다. 그런데 그림 (나)와 같이 S_1과 S_2로부터 스크린상의 Q점까지는 경로차가 반파장이므로 두 파동이 반대 위상으로 만나게 된다. 따라서 상쇄 간섭이 일어나 어두운 무늬가 만들어진다.

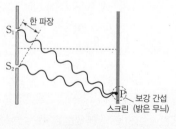

(가)   (나)

정답

1. 증가, 감소
2. 상쇄
3. 파동성

③ 이중 슬릿에 의한 빛의 간섭 조건: 밝은 무늬는 경로차 Δ가 $\Delta = \dfrac{\lambda}{2}(2m)$일 때, 즉 반파장의 짝수 배가 되는 지점에서 나타난다. 또 어두운 무늬는 경로차 Δ가 $\Delta = \dfrac{\lambda}{2}(2m+1)$일 때, 즉 반파장의 홀수 배가 되는 지점에서 나타난다.

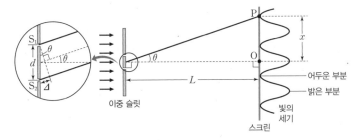

그림에서 슬릿 사이의 간격 d에 비해 이중 슬릿과 스크린 사이의 거리 L이 매우 크다고 가정하면 슬릿 S_1과 S_2로부터 스크린상의 임의의 점 P까지의 경로차 Δ는 $d\sin\theta$와 같다. 또한 각 θ가 매우 작을 때에는 $\sin\theta \approx \tan\theta$라고 할 수 있으므로 스크린 중앙의 밝은 무늬의 중심 O에서부터 P까지의 거리를 x라고 할 때, Δ는 다음과 같이 나타낼 수 있다.

$$\Delta = d\sin\theta \approx d\tan\theta = d\frac{x}{L}$$

따라서 보강 간섭과 상쇄 간섭의 조건을 나타내면 다음과 같다.

$$\Delta = d\frac{x}{L} = \begin{cases} \dfrac{\lambda}{2}(2m) & \text{보강 간섭 } (m=0,\ 1,\ 2,\ 3,\ \cdots) \\[2mm] \dfrac{\lambda}{2}(2m+1) & \text{상쇄 간섭 } (m=0,\ 1,\ 2,\ 3,\ \cdots) \end{cases}$$

탐구자료 살펴보기 ▷ 이중 슬릿을 이용한 빛의 간섭 실험

과정

(1) 그림과 같이 스크린과 이중 슬릿, 빨간색 레이저를 동일 직선상에 설치한다.
(2) 빨간색 레이저의 빛이 이중 슬릿을 통과하여 스크린에 도달할 때 선명한 간섭무늬가 나올 수 있도록 거리를 조절한다.
(3) 슬릿의 간격, 슬릿과 스크린 사이의 거리, 중앙의 밝은 무늬와 이웃한 밝은 무늬 사이의 간격을 측정하여 파장을 계산한다.
(4) 빨간색 레이저 대신 초록색 레이저를 사용하여 위 과정을 반복한다.

이중 슬릿 간섭 실험

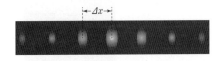

간섭무늬의 확대

결과

레이저	슬릿의 간격(d)	슬릿과 스크린 사이의 거리(L)	간섭무늬 사이의 간격(Δx)	레이저의 파장 $\left(\lambda = \dfrac{d}{L}\Delta x\right)$
빨간색	0.50 mm	1.0 m	1.3 mm	650 nm
초록색	0.50 mm	1.0 m	1.1 mm	550 nm

point
• 레이저의 파장이 길수록 간섭무늬 사이의 간격이 넓다.

개념 체크

○ Δx: 파장이 λ인 단색광의 이중 슬릿에 의한 간섭무늬에서 중앙의 밝은 무늬가 나타나는 지점을 O, 첫 번째 밝은 무늬가 나타나는 지점을 P라 할 때, 이중 슬릿에 의한 O에서의 경로차는 0, P에서의 경로차는 λ이다. 따라서 O와 P 사이의 거리를 Δx라 할 때, $d\sin\theta \approx d\tan\theta = d\dfrac{\overline{OP}}{L} = d\dfrac{\Delta x}{L} = \lambda$이므로 $\Delta x = \dfrac{L}{d}\lambda$이다.

○ **파동의 회절**: 파동이 진행하다가 좁은 틈을 통과한 후 퍼져 나가는 현상으로, 슬릿의 폭이 좁을수록, 파동의 파장이 길수록 잘 나타난다.

1. 이중 슬릿 실험에서 스크린에 나타난 이웃한 밝은 무늬 사이의 간격은 슬릿 사이의 간격이 클수록 ( ), 빛의 파장이 길수록 ( ).

2. 단색광 P를 사용한 이중 슬릿 실험에서 스크린에 생긴 이웃한 밝은 무늬 사이의 간격은 Δx, 이중 슬릿과 스크린 사이의 거리는 L, 슬릿 사이의 간격은 d일 때, P의 파장은 ( )이다.

④ 이중 슬릿의 간섭을 이용한 빛의 파장 측정: 이중 슬릿으로 간섭 실험을 하면 빛의 파장을 구할 수 있다. 앞의 간섭 조건을 이용하면 이웃한 밝은 무늬 사이의 간격 Δx는 다음과 같다.

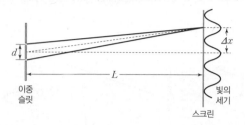

$$\Delta x = \frac{L}{d}\lambda$$

이웃한 밝은 무늬 사이의 간격은 슬릿 사이의 간격 d가 좁을수록, 파장 λ가 길수록, 슬릿과 스크린 사이의 거리 L이 클수록 크다.

이를 이용하여 빛의 파장 λ를 나타내면 다음과 같다.

$$\lambda = \frac{d}{L}\Delta x$$

• 슬릿의 간격에 따른 간섭무늬의 간격: 슬릿 사이의 간격이 좁으면 간섭무늬의 간격이 넓게 나타나고, 슬릿 사이의 간격이 넓으면 간섭무늬의 간격이 좁게 나타난다.
• 빛의 파장에 따른 간섭무늬의 간격: 빛의 파장이 길면 간섭무늬의 간격이 넓게 나타나고, 빛의 파장이 짧으면 간섭무늬의 간격이 좁게 나타난다.

2 전자기파의 회절

(1) 파동의 회절: 파동이 진행하다가 장애물을 만났을 때 장애물의 뒤쪽으로 돌아 들어가거나, 좁은 틈을 통과한 후에 퍼져 나가는 현상을 말한다.

① 파동의 회절은 슬릿의 폭이 좁을수록, 파동의 파장이 길수록 잘 나타난다.

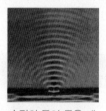
슬릿의 폭이 좁을 때

슬릿의 폭이 넓을 때

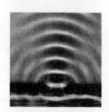
파장이 길 때

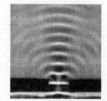
파장이 짧을 때

② 전자기파는 파동이므로 회절 현상이 일어난다.

정답
1. 작고, 크다
2. $\dfrac{d}{L}\Delta x$

(2) 전자기파의 회절

① 전자기파는 파동이므로 단일 슬릿을 이용하면 빛의 회절 무늬를 쉽게 관찰할 수 있다.

② 단일 슬릿을 이용한 빛의 회절: 빛이 단일 슬릿을 통과하면 스크린에 중앙의 넓고 밝은 무늬를 중심으로 양쪽에 약한 밝은 무늬와 어두운 무늬가 교대로 나타나는 것을 볼 수 있다.

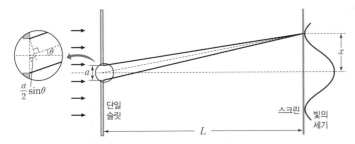

슬릿과 스크린 사이의 거리를 L, 슬릿의 폭을 a, 빛의 파장을 λ라고 할 때, 스크린 중앙에서 첫 번째 어두운 지점까지의 거리 x는 다음과 같다.

$$x = \frac{L}{a}\lambda$$

회절 무늬에서 가운데 밝은 무늬의 폭은 슬릿의 폭에 반비례하고, 슬릿과 스크린 사이의 거리에 비례하며 파장에 비례한다.

• 슬릿의 폭에 따른 가운데 밝은 무늬의 폭: 가운데 밝은 무늬의 폭은 슬릿의 폭이 좁을수록 넓게 나타나고, 슬릿의 폭이 넓을수록 좁게 나타난다.

• 빛의 파장에 따른 가운데 밝은 무늬의 폭: 가운데 밝은 무늬의 폭은 빛의 파장이 길수록 넓게 나타나고, 빛의 파장이 짧을수록 좁게 나타난다.

✏️ **과학 돋보기**　**빛의 간섭과 단일 슬릿에 의한 회절 무늬**

하위헌스 원리는 파동의 전파 과정에서 한 파면의 각 부분이 독립적인 점파원이 되어 새로운 파동을 발생하며 전파된다는 원리이다. 단일 슬릿에 의한 빛의 회절 무늬는 이러한 하위헌스 원리를 이용하여 설명할 수 있다.

그림과 같이 매우 좁은 슬릿을 통과하는 빛은 슬릿의 각 지점에서 새로운 광원이 되며, 중심축과 θ를 이루는 점 P에서 만나 중첩된다. 이때 스크린과 슬릿 사이의 거리가 매우 멀면 빛이 나란하다고 볼 수 있다. 슬릿을 $2m$ 등분하여 $\frac{a}{2m}$만큼 떨어진 두 빛이 각각 쌍을 이루어 P에서 중첩되어 상쇄 간섭이 일어난다면 두 빛의 경로차는 $\frac{a}{2m}\sin\theta$이다. 간섭 조건에 의하여 $\frac{a}{2m}\sin\theta = \frac{\lambda}{2}$일 때 상쇄 간섭이 일어나므로 어두운 회절 무늬가 나타날 때 $a\sin\theta \approx a\frac{x}{L} = \frac{\lambda}{2} \cdot 2m$ $(m=1, 2, 3, \cdots)$이 된다. 이때 스크린의 중앙에 있는 점 O에서는 슬릿을 이등분했을 때, 슬릿의 윗부분에서 오는 빛과 슬릿의 아랫부분에서 오는 빛의 경로차가 0이므로 항상 밝은 무늬가 나타난다.

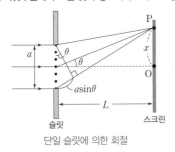

단일 슬릿에 의한 회절

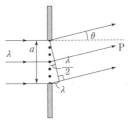

어두운 무늬를 만들 때

개념 체크

◐ **단일 슬릿을 이용한 빛의 회절:** 빛이 단일 슬릿을 통과하면 스크린에 회절에 의한 밝고 어두운 무늬가 나타나고, 회절 무늬의 간격은 슬릿의 폭이 좁을수록, 빛의 파장이 길수록 넓게 나타난다.

1. 파동의 회절은 슬릿의 폭이 (　　), 파동의 파장이 (　　) 잘 일어난다.

2. 단일 슬릿 실험에서 스크린 중앙에서 첫 번째 어두운 지점까지의 거리는 빛의 파장에 (　　)하고, 슬릿의 폭에 (　　)한다.

정답
1. 좁을수록, 길수록
2. 비례, 반비례

● 회절에 의한 현상: CD의 뒷면이나 전복 껍데기의 안쪽 면에서는 미세하게 분포하는 줄무늬에 의한 빛의 회절 때문에 보는 각도에 따라 다양한 색이 관찰된다.

1. 단일 슬릿을 이용한 빛의 회절 실험에서 빛의 파장이 (　　) 회절 무늬에서 가운데 밝은 무늬의 폭이 넓어진다.

2. 소리가 빛보다 파장이 길기 때문에 담 너머의 모습은 보이지 않지만 소리는 들리는 것은 (　　) 현상으로 설명할 수 있다.

🧪 **탐구자료 살펴보기** ▷ **단일 슬릿을 이용한 회절 실험**

과정

(1) 그림과 같이 빨간색 레이저, 원형 슬릿, 스크린을 동일 직선상에 설치한다.

(2) 빨간색 레이저의 빛이 원형 슬릿을 통과한 후 스크린에 도달하여 선명한 회절 무늬가 나올 수 있도록 거리를 조절한다.

(3) 원형 슬릿 대신 사각형 슬릿으로 교체하여 회절 무늬를 관찰한다.

(4) 빨간색 레이저 대신 초록색 레이저를 사용하여 원형 슬릿, 사각형 슬릿의 회절 무늬를 관찰한다.

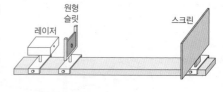

결과

< 빨간색 레이저를 이용한 회절 무늬 >

원형 슬릿의 회절 무늬

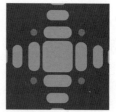
사각형 슬릿의 회절 무늬

< 초록색 레이저를 이용한 회절 무늬 >

원형 슬릿의 회절 무늬

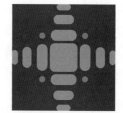
사각형 슬릿의 회절 무늬

point

• 레이저의 파장이 길수록 회절 무늬에서 가운데 밝은 무늬의 폭이 넓어진다.

• 슬릿의 모양에 따라 다양한 형태의 회절 무늬가 나타난다.

🔍 **과학 돋보기** **회절 및 간섭에 의한 현상**

담 너머 소리가 들리는 모습	면도날의 가장자리 모습	모르포 나비	CD 회절격자
소리가 가시광선보다 회절하는 정도가 커서 담 너머의 모습은 보이지 않지만 소리는 들린다.	빛이 물체의 가장자리를 지날 때 회절 현상이 일어나서 그림자의 가장자리에 밝고 어두운 패턴이 나타난다.	모르포 나비의 날개에 입사한 빛이 여러 층으로부터 반사되어 빛이 진행한 경로차로 인해 간섭 현상이 나타난다.	CD의 뒷면에 입사한 빛이 규칙적인 홈에서 회절하고 서로 간섭하여 다양한 색으로 보이게 된다.

3 전자기파의 간섭과 회절의 이용

(1) 간섭의 이용

① 작은 전파 망원경을 여러 대 떨어뜨려 설치한 후 각 전파 망원경에서 측정한 전파의 간섭을 이용하면 큰 전파 망원경과 같은 효과를 얻을 수 있다.

② 휴대 전화를 사용할 때 여러 경로로 온 전파가 서로 상쇄 간섭을 일으키면 통화 상태가 나빠지므로 여러 개의 안테나, 중계기를 설치하여 해결한다.

(2) 회절의 이용

① 산속에서는 짧은 파장의 전자기파를 이용하는 FM 방송보다 긴 파장의 전자기파를 이용하는 AM 방송이 더 잘 들린다.

② 비행기의 위치를 추적하는 레이더는 전파 중에서 회절이 잘 일어나지 않는 파장이 짧은 마이크로파를 사용하여 비행기의 위치와 거리를 정확하게 파악한다.

③ 두 별이 가까이 있을 때에는 빛의 회절 현상이 나타나 두 별의 상이 겹쳐서 마치 하나의 별처럼 보이므로, 회절의 영향을 줄여 분해능을 높이려면 구경이 큰 망원경을 사용해야 한다.

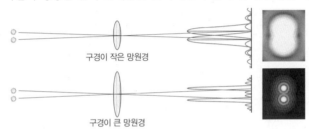

구경이 작은 망원경

구경이 큰 망원경

🧪 탐구자료 살펴보기 　 X선 회절 현상의 이용

자료

그림 (가), (나)는 물질에 X선을 비추어 나오는 회절 무늬를 이용하여 눈으로 볼 수 없는 미세 구조를 확인하는 모습을 나타낸 것이다.

염화 나트륨 결정의　　　　염화 나트륨의　　　　　DNA의　　　　　　　DNA의
X선 회절 무늬　　　　　　결정 구조　　　　　　　X선 회절 무늬　　　　이중 나선 구조

(가)　　　　　　　　　　　　　　　　　　　　　　(나)

분석

(가) 염화 나트륨에 X선을 비췄을 때 나타나는 회절 무늬로부터 염화 나트륨의 결정 구조를 알아내었다.

(나) DNA가 삼중 나선 구조일 것으로 추측하고 있던 왓슨과 크릭은 DNA의 X선 회절 무늬 분석을 통해 DNA가 이중 나선 구조임을 알아내었다.

point

• X선과 같이 매우 짧은 파장의 전자기파에 의한 회절 무늬는 원자 사이의 간격, 결정 구조 등 아주 작은 물체의 내부 구조에 대한 정보를 제공한다.

[24027-0215]

01 그림은 단색광을 이중 슬릿에 비추었을 때 스크린에 생긴 간섭무늬를 나타낸 것이다. 밝은 무늬의 중심 O, P 사이의 거리는 x이고, Q는 어두운 무늬의 중심이다.

이에 대한 설명으로 옳은 것만을 〈보기〉에서 있는 대로 고른 것은?

● 보기 ●
ㄱ. P의 밝은 무늬는 보강 간섭에 의해 생긴다.
ㄴ. Q의 어두운 무늬는 상쇄 간섭의 결과이다.
ㄷ. 파장이 더 긴 단색광을 사용하면 x는 커진다.

① ㄱ   ② ㄷ   ③ ㄱ, ㄴ   ④ ㄴ, ㄷ   ⑤ ㄱ, ㄴ, ㄷ

[24027-0216]

02 그림과 같이 파장이 λ인 단색광이 슬릿을 통과하여 스크린에 간섭무늬가 생겼다. 스크린상의 점 O는 슬릿 S_1, S_2로부터 같은 거리에 있고 가장 밝은 무늬의 중심이며, 점 P에는 O로부터 첫 번째 밝은 무늬가 생겼다.

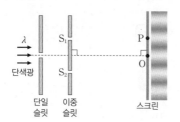

이에 대한 설명으로 옳은 것만을 〈보기〉에서 있는 대로 고른 것은?

● 보기 ●
ㄱ. O에서는 보강 간섭이 일어난다.
ㄴ. S_1, S_2로부터 P까지의 경로차는 $\frac{\lambda}{2}$이다.
ㄷ. 단색광의 파장만 2λ로 바꾸면 P에서 보강 간섭이 일어난다.

① ㄱ   ② ㄴ   ③ ㄱ, ㄷ   ④ ㄴ, ㄷ   ⑤ ㄱ, ㄴ, ㄷ

[24027-0217]

03 그림과 같이 단색광이 이중 슬릿 S_1, S_2를 통과하여 스크린에 간섭무늬가 생겼다. 스크린상의 점 O는 가장 밝은 무늬의 중심이고, 점 P에는 O로부터 첫 번째 어두운 무늬가 생겼다. 슬릿과 스크린 사이의 거리는 L, 슬릿 간격은 d이다. O, P 사이의 간격은 x이다.

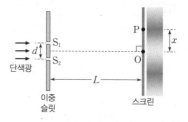

이에 대한 설명으로 옳은 것만을 〈보기〉에서 있는 대로 고른 것은?

● 보기 ●
ㄱ. S_1, S_2를 통과한 단색광이 P에서 중첩될 때 단색광의 위상은 서로 같다.
ㄴ. 슬릿과 스크린 사이의 거리만 $\frac{L}{2}$로 바꾸면 P에서 보강 간섭이 일어난다.
ㄷ. 슬릿 간격만 $2d$로 바꾸면 이웃한 밝은 무늬 사이의 간격은 x가 된다.

① ㄱ   ② ㄷ   ③ ㄱ, ㄴ   ④ ㄴ, ㄷ   ⑤ ㄱ, ㄴ, ㄷ

[24027-0218]

04 그림 (가)는 이중 슬릿을 향해 단색광 A, B를 각각 비추는 것을, (나)는 스크린상에 생기는 A, B의 간섭무늬를 각각 나타낸 것이다. A, B의 간섭무늬에서 점 O에는 가장 밝은 무늬가 생겼고, 점 P에는 각각 O로부터 두 번째 밝은 무늬, 두 번째 어두운 무늬가 생겼다.

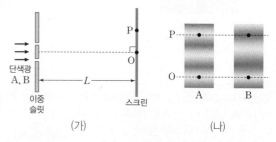

(가)   (나)

A, B의 파장을 각각 λ_A, λ_B라고 할 때, $\frac{\lambda_B}{\lambda_A}$는?

① $\frac{5}{4}$ ② $\frac{4}{3}$ ③ $\frac{3}{2}$ ④ $\frac{5}{3}$ ⑤ $\frac{7}{4}$

05 다음은 빛의 간섭 실험이다.

[24027-0219]

[실험 과정]

(가) 그림과 같이 스크린을 레이저의 진행 방향과 수직이 되도록 설치한 후, 이중 슬릿을 스크린으로부터 거리 L인 위치에 스크린과 나란하게 고정한다.

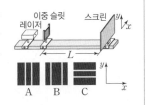

(나) 이중 슬릿을 A, B, C로 바꿔가며 레이저를 이중 슬릿에 비추고 스크린상에 나타난 간섭무늬를 관찰한다. A, B의 슬릿 사이의 간격은 각각 d, $2d$이다.

(다) (가)에서 A를 삽입하고 A와 스크린 사이의 거리를 $2L$로 바꾼 후, 레이저를 이중 슬릿에 비추고 스크린상에 나타난 간섭무늬를 관찰한다.

[실험 결과] • P, Q는 B, C를 순서 없이 나타낸 것이다.

과정	(나)			(다)
이중 슬릿	A	P	Q	A
간섭 무늬	(세로 줄무늬)	?	(가로 줄무늬)	?

이에 대한 설명으로 옳은 것만을 〈보기〉에서 있는 대로 고른 것은?

● 보기 ●
ㄱ. 빛의 입자성을 보여 주는 실험 결과이다.
ㄴ. Q는 C이다.
ㄷ. 이웃한 밝은 무늬 사이의 간격은 (다)에서가 (나)의 P에서보다 작다.

① ㄱ ② ㄴ ③ ㄱ, ㄷ ④ ㄴ, ㄷ ⑤ ㄱ, ㄴ, ㄷ

06 A, B, C는 간섭 및 회절과 관련된 예를 나타낸 것이다.

[24027-0220]

A.

다양한 색이 나타나는 비눗방울

B.

소음 제거 이어폰

C.

담을 넘어 전해지는 소리

간섭과 관련된 예만을 있는 대로 고른 것은?

① A ② C ③ A, B ④ B, C ⑤ A, B, C

07 그림은 간격이 4 m만큼 떨어진 두 점파원 S_1, S_2에서 파장이 2 m로 같은 파동을 발생시키는 것을 나타낸 것이다. 점 O, P는 평면상에 고정된 두 지점이다. S_1, S_2에서 같은 거리만큼 떨어져 있는 O에서는 보강 간섭이 일어나고, P는 S_2로부터 3 m만큼 떨어져 있다.

[24027-0221]

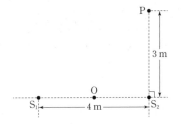

이에 대한 설명으로 옳은 것만을 〈보기〉에서 있는 대로 고른 것은?

● 보기 ●
ㄱ. S_1, S_2에서 발생시킨 파동의 위상은 서로 같다.
ㄴ. P에서는 보강 간섭이 일어난다.
ㄷ. S_1에서 발생한 파동의 위상만 반대로 하면 O에서는 보강 간섭이 일어난다.

① ㄱ ② ㄴ ③ ㄷ ④ ㄱ, ㄴ ⑤ ㄴ, ㄷ

08 그림 (가)~(라)는 깊이가 같은 물에서 수면파가 슬릿을 각각 통과한 후 진행하는 모습을 나타낸 것이다. 슬릿의 폭은 (나)에서가 (가)에서보다 크고, (다)에서와 (라)에서는 같다. (가), (나)에서 수면파의 진동수는 같다.

[24027-0222]

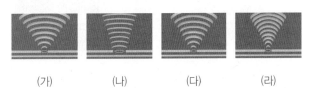

(가)   (나)   (다)   (라)

이에 대한 설명으로 옳은 것만을 〈보기〉에서 있는 대로 고른 것은?

● 보기 ●
ㄱ. (가), (나)를 통해 슬릿의 폭이 좁을수록 회절이 잘 일어난다는 것을 알 수 있다.
ㄴ. 수면파의 파장은 (다)에서가 (라)에서보다 길다.
ㄷ. (라)에서 진동수만을 증가시키면 회절이 더 잘 일어난다.

① ㄱ ② ㄷ ③ ㄱ, ㄴ ④ ㄴ, ㄷ ⑤ ㄱ, ㄴ, ㄷ

09 다음은 단색광이 단일 슬릿을 통과하여 스크린에 생긴 회절 무늬를 보고 학생 A, B, C가 대화하는 모습을 나타낸 것이다. 가운데 밝은 무늬를 중심으로 양쪽 첫 번째 어두운 무늬 중심 사이의 거리는 x이다.

[24027-0223]

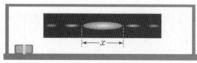

회절 무늬는 빛의 파동성 때문에 나타나.

슬릿의 폭만 증가시키면 x는 감소해.

단색광의 파장만 증가시키면 x는 증가해.

학생 A 학생 B 학생 C

제시한 내용이 옳은 학생만을 있는 대로 고른 것은?

① A ② C ③ A, B ④ B, C ⑤ A, B, C

10 그림 (가)는 레이저를 단일 슬릿을 향해 비추는 것을, (나)는 (가)에서 레이저 A, B를 각각 단일 슬릿에 비추었을 때 스크린에 나타난 회절 무늬를 나타낸 것이다. 가운데 밝은 무늬의 폭은 A를 비출 때가 B를 비출 때보다 크다. 슬릿과 스크린 사이의 거리는 L이다.

[24027-0224]

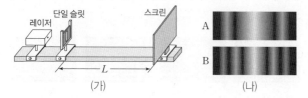

레이저 단일 슬릿 스크린

A

B

(가) (나)

이에 대한 설명으로 옳은 것만을 〈보기〉에서 있는 대로 고른 것은?

● 보기 ●
ㄱ. 단일 슬릿을 통과한 빛의 회절은 A를 비출 때가 B를 비출 때보다 잘 일어난다.
ㄴ. 파장은 B가 A보다 길다.
ㄷ. (가)에서 L만을 증가시키고 A를 단일 슬릿에 비추면 가운데 밝은 무늬의 폭은 작아진다.

① ㄱ ② ㄷ ③ ㄱ, ㄴ ④ ㄴ, ㄷ ⑤ ㄱ, ㄴ, ㄷ

11 그림은 언덕 너머의 안테나에서 전파 A는 수신이 잘 되고, 전파 B는 수신이 잘 되지 않는 것을 나타낸 것이다.

[24027-0225]

안테나 언덕 A B

이에 대한 설명으로 옳은 것만을 〈보기〉에서 있는 대로 고른 것은?

● 보기 ●
ㄱ. 언덕 너머의 안테나에서 A가 수신되는 것은 회절로 설명할 수 있다.
ㄴ. 회절은 A가 B보다 더 잘 일어난다.
ㄷ. 진동수는 A가 B보다 크다.

① ㄱ ② ㄷ ③ ㄱ, ㄴ ④ ㄴ, ㄷ ⑤ ㄱ, ㄴ, ㄷ

12 그림 (가)는 가까이 있는 두 별을 망원경으로 관측하는 것을, (나)는 (가)에서 구경만 서로 다른 렌즈 A, B로 관측한 결과이다. 구경은 A가 B보다 크다.

[24027-0226]

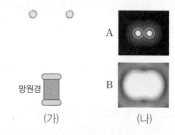

A

B

망원경

(가) (나)

이에 대한 설명으로 옳은 것만을 〈보기〉에서 있는 대로 고른 것은?

● 보기 ●
ㄱ. 두 별의 상이 겹치는 것은 빛의 회절로 설명할 수 있다.
ㄴ. 회절은 A에서가 B에서보다 잘 일어난다.
ㄷ. 분해능은 B를 사용할 때가 A를 사용할 때보다 더 좋다.

① ㄱ ② ㄷ ③ ㄱ, ㄴ ④ ㄴ, ㄷ ⑤ ㄱ, ㄴ, ㄷ

01 그림은 단일 슬릿 S_1에 입사시킨 단색광이 이중 슬릿 S_2, S_3을 통과한 후 스크린에 밝고 어두운 무늬를 만드는 것을 나타낸 것이다. 점 O는 가장 밝은 무늬의 중심이고, S_2, S_3에서 O까지의 거리는 같다.

[24027-0227]

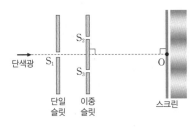

이에 대한 설명으로 옳은 것만을 〈보기〉에서 있는 대로 고른 것은?

보기
ㄱ. S_1을 통과한 단색광이 S_2에 도달하는 것은 빛의 회절로 설명할 수 있다.
ㄴ. 스크린에 생기는 밝고 어두운 무늬는 빛의 간섭으로 설명할 수 있다.
ㄷ. S_2, S_3을 통과한 단색광이 O에서 중첩될 때 단색광의 위상은 서로 같다.

① ㄱ   ② ㄷ   ③ ㄱ, ㄴ   ④ ㄴ, ㄷ   ⑤ ㄱ, ㄴ, ㄷ

> 밝은 무늬가 생기는 지점은 보강 간섭이 일어나는 지점이고, 어두운 무늬가 생기는 지점은 상쇄 간섭이 일어나는 지점이다.

02 그림 (가), (나), (다)는 파장이 λ인 단색광이 이중 슬릿 S_1, S_2를 통과한 후 스크린상의 점 O, P, Q에 각각 도달하는 것을 나타낸 것이다. S_1, S_2에서 O까지의 거리는 같고, O는 가장 밝은 무늬의 중심이다. S_1, S_2로부터 P와 Q까지의 경로차는 각각 λ, x이고, Q에는 O로부터 첫 번째 어두운 무늬가 생긴다.

[24027-0228]

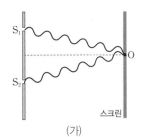 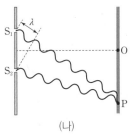 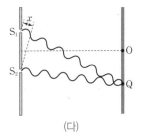

(가)   (나)   (다)

이에 대한 설명으로 옳은 것만을 〈보기〉에서 있는 대로 고른 것은?

보기
ㄱ. S_1, S_2에서 단색광의 위상은 서로 반대이다.
ㄴ. P에는 O로부터 첫 번째 밝은 무늬가 생긴다.
ㄷ. $x = \dfrac{\lambda}{2}$이다.

① ㄱ   ② ㄴ   ③ ㄱ, ㄷ   ④ ㄴ, ㄷ   ⑤ ㄱ, ㄴ, ㄷ

> 보강 간섭이 일어나는 지점에서는 두 파동이 같은 위상으로 만나고, 상쇄 간섭이 일어나는 지점에서는 두 파동이 반대 위상으로 만난다.

[24027–0229]

빛의 간섭 실험에서 밝은 무늬는 S_1, S_2로부터의 경로차가 반파장의 짝수 배가 되는 지점에서 나타나고, 어두운 무늬는 반파장의 홀수 배가 되는 지점에서 나타난다.

03 다음은 빛의 간섭 실험에 대한 설명이다.

간격이 d인 이중 슬릿에 파장이 λ인 단색광을 비추었더니 스크린에 이웃한 밝은 무늬 사이의 간격이 x인 간섭무늬가 생겼다. 스크린상의 점 O는 슬릿 S_1, S_2로부터 같은 거리에 있고, 밝은 무늬의 중심이다. 점 P는 O로부터 두 번째 어두운 무늬가 생긴 스크린상의 지점으로, S_1, S_2로부터 P까지의 경로차는 ⓐ 이고, P에서는 ⓑ 간섭이 일어난다. 이때 이중 슬릿만을 간격이 $\dfrac{d}{2}$인 것으로 바꾸면 이웃한 밝은 무늬 사이의 간격은 ⓒ 이 된다.

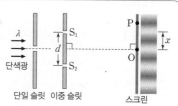

단색광 · 단일 슬릿 · 이중 슬릿 · 스크린

이에 대한 설명으로 옳은 것만을 〈보기〉에서 있는 대로 고른 것은?

● 보기 ●
ㄱ. ⓐ은 $\dfrac{3}{2}\lambda$이다.　　ㄴ. '보강'은 ⓑ에 해당한다.　　ㄷ. ⓒ은 $\dfrac{x}{2}$이다.

① ㄱ　　② ㄴ　　③ ㄱ, ㄷ　　④ ㄴ, ㄷ　　⑤ ㄱ, ㄴ, ㄷ

[24027–0230]

이웃한 밝은 무늬 사이의 간격을 $\varDelta x$, 슬릿 사이의 간격을 d, 단색광의 파장을 λ, 이중 슬릿과 스크린 사이의 거리를 L이라고 할 때, $\lambda = \dfrac{d}{L}\varDelta x$이다.

04 다음은 빛의 간섭에 대한 실험이다.

[실험 과정]
(가) 그림과 같이 빛의 간섭 실험 장치를 설치하고 파장이 λ_1인 레이저를 이중 슬릿에 비춘 다음 스크린상에 나타난 간섭무늬를 관찰한다.

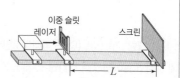

이중 슬릿 · 레이저 · 스크린 · L

(나) 파장이 λ_2인 레이저로 바꾸어 (가)를 반복한다.
(다) 이중 슬릿과 스크린 사이의 거리를 $\dfrac{L}{2}$로 바꾸어 (가)를 반복한다.

[실험 결과]

(가) ·O ·P　(나) ·O ·P　(다) ·O ·P

· (가), (나), (다)의 간섭무늬에서 점 O에는 밝은 무늬가 생겼다.
· (가), (나)의 간섭무늬에서 점 P에는 각각 O로부터 두 번째 어두운 무늬, 첫 번째 밝은 무늬가 생겼다.

이에 대한 설명으로 옳은 것만을 〈보기〉에서 있는 대로 고른 것은?

● 보기 ●
ㄱ. 간섭무늬는 빛의 파동성으로 설명할 수 있다.
ㄴ. $\dfrac{\lambda_2}{\lambda_1} = \dfrac{3}{2}$이다.
ㄷ. (다)에서 O와 P 사이에 상쇄 간섭이 일어나는 지점의 개수는 2개이다.

① ㄱ　　② ㄷ　　③ ㄱ, ㄴ　　④ ㄴ, ㄷ　　⑤ ㄱ, ㄴ, ㄷ

05 그림과 같이 간격이 d인 이중 슬릿에 파장이 λ인 단색광을 비추었더니 슬릿으로부터 L만큼 떨어진 스크린에 이웃한 밝은 무늬의 간격이 Δx인 간섭무늬가 생겼다. 표는 실험 Ⅰ, Ⅱ, Ⅲ에서 λ, d, L, Δx를 나타낸 것이다.

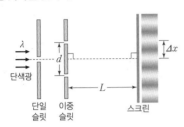

실험	λ	d	L	Δx
Ⅰ	λ_0	d_0	L_0	x_0
Ⅱ	㉠	$2d_0$	$3L_0$	x_0
Ⅲ	$\frac{5}{4}\lambda_0$	d_0	$2L_0$	㉡

이에 대한 설명으로 옳은 것만을 〈보기〉에서 있는 대로 고른 것은?

> **● 보기 ●**
>
> ㄱ. 어두운 무늬의 중심에서 이중 슬릿을 통과하여 스크린에 도달한 단색광의 위상은 서로 반대이다.
>
> ㄴ. ㉠은 $\frac{3}{2}\lambda_0$이다.
>
> ㄷ. ㉡은 $\frac{5}{4}x_0$이다.

① ㄱ ② ㄷ ③ ㄱ, ㄴ ④ ㄴ, ㄷ ⑤ ㄱ, ㄴ, ㄷ

[24027-0231]

[24027-0232]

06 그림 (가)는 서로 마주 보고 있는 전자기파 송신기와 수신기, 이중 슬릿을 동일 직선상에 놓은 후 전자기파 수신기를 이중 슬릿의 축을 중심으로 각 θ만큼 회전시키는 것을 나타낸 것이다. 송신기에서 발생한 전자기파의 파장은 λ이다. 그림 (나)는 회전각 θ에 따른 수신기에서 측정된 전자기파의 세기 I를 나타낸 것이다.

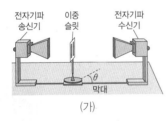

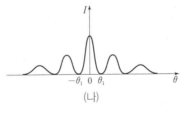

이에 대한 설명으로 옳은 것만을 〈보기〉에서 있는 대로 고른 것은?

> **● 보기 ●**
>
> ㄱ. $\theta=0$일 때, 수신기에 도달하는 이중 슬릿을 통과한 전자기파의 위상은 서로 같다.
>
> ㄴ. $\theta=\theta_1$일 때, 두 슬릿으로부터 수신기까지의 경로차는 $\frac{\lambda}{2}$이다.
>
> ㄷ. 전자기파의 파장만을 $\frac{\lambda}{2}$인 것으로 바꾸었을 때, $-\theta_1<\theta<\theta_1$인 구간에서 상쇄 간섭이 일어나는 지점의 개수는 4개이다.

① ㄱ ② ㄷ ③ ㄱ, ㄴ ④ ㄴ, ㄷ ⑤ ㄱ, ㄴ, ㄷ

이웃한 밝은 무늬 사이의 간격을 Δx, 슬릿 사이의 간격을 d, 단색광의 파장을 λ, 이중 슬릿과 스크린 사이의 거리를 L이라고 할 때 $\Delta x=\frac{L}{d}\lambda$이다.

$m=0, 1, 2, 3, \cdots$일 때 경로차가 $\Delta=\frac{\lambda}{2}(2m)$이면 보강 간섭이 일어나고, 경로차가 $\Delta=\frac{\lambda}{2}(2m+1)$이면 상쇄 간섭이 일어난다.

[24027-0233]

단일 슬릿에 의한 빛의 회절에서 슬릿과 스크린 사이의 거리를 L, 슬릿의 폭을 a, 단색광의 파장을 λ라고 할 때, 가운데 가장 밝은 무늬의 중심에서 첫 번째 어두운 무늬까지의 거리 $x_0=\dfrac{L}{a}\lambda$이다.

07 그림은 파장이 λ인 단색광을 폭이 a인 단일 슬릿에 비추었을 때 스크린에 생긴 회절 무늬의 세기를 나타낸 것이다. 회절 무늬의 가장 밝은 지점인 O로부터 첫 번째 어두운 무늬가 생긴 두 지점 사이의 거리는 x이다.

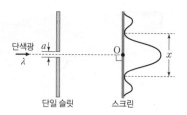

이에 대한 설명으로 옳은 것만을 〈보기〉에서 있는 대로 고른 것은?

─● 보 기 ●─
ㄱ. 단색광의 세기만을 증가시키면 x는 커진다.
ㄴ. 단일 슬릿의 폭을 a보다 크게 하면 x는 작아진다.
ㄷ. 파장이 λ보다 짧은 단색광을 단일 슬릿에 비추면 x는 커진다.

① ㄱ   ② ㄴ   ③ ㄱ, ㄷ   ④ ㄴ, ㄷ   ⑤ ㄱ, ㄴ, ㄷ

[24027-0234]

폭이 a인 원형 슬릿을 이용한 빛의 회절 실험에서 중앙의 가장 밝은 무늬의 중심으로부터 첫 번째 어두운 무늬의 중심까지의 거리는 슬릿의 폭에 반비례하고, 빛의 파장, 슬릿과 스크린 사이의 거리에 각각 비례한다.

08 다음은 빛의 회절에 대한 실험이다.

[실험 과정]
(가) 그림과 같이 스크린을 파장이 λ인 레이저의 진행 방향과 수직이 되도록 설치한 후, 폭이 a인 원형 슬릿을 스크린에 나란하게 고정한다.

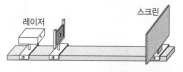

(나) 레이저를 원형 슬릿에 비추고 스크린에 생긴 중앙의 가장 밝은 무늬로부터 첫 번째 어두운 무늬의 지름 x를 측정한다.
(다) (가)에서 파장만을 1.5λ인 레이저로 바꾸고 (나)를 반복한다.
(라) (가)에서 원형 슬릿만을 폭이 $2a$인 슬릿으로 바꾸고 (나)를 반복한다.

[실험 결과]

과정	(나)	(다)	(라)
x	x_1	x_2	x_3

x_1, x_2, x_3을 옳게 비교한 것은?

① $x_1>x_2>x_3$ ② $x_1>x_3>x_2$ ③ $x_2>x_1>x_3$
④ $x_2>x_3>x_1$ ⑤ $x_3>x_2>x_1$

[24027-0235]

09 그림 (가)는 레이저를 단일 슬릿에 비추는 것을, (나)는 슬릿의 폭만 a_1, a_2로 다르게 했을 때 스크린에 나타난 회절 무늬를, (다)는 레이저의 파장만 λ_1, λ_2로 다르게 했을 때 스크린에 나타난 회절 무늬를 나타낸 것이다.

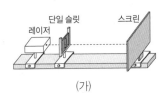

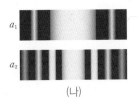

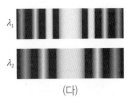

(가)   (나)   (다)

빛의 회절 실험에서 중앙의 가장 밝은 무늬로부터 첫 번째 어두운 무늬가 생긴 지점까지의 거리는 파장에 비례하고, 단일 슬릿의 폭에 반비례한다.

이에 대한 설명으로 옳은 것만을 〈보기〉에서 있는 대로 고른 것은?

● 보 기 ●

ㄱ. $a_1 > a_2$이다.

ㄴ. $\lambda_2 > \lambda_1$이다.

ㄷ. 슬릿과 스크린 사이의 거리만을 $\frac{1}{2}$배로 감소시키면 스크린의 회절 무늬에서 가운데 밝은 무늬 폭은 넓어진다.

① ㄱ   ② ㄴ   ③ ㄱ, ㄷ   ④ ㄴ, ㄷ   ⑤ ㄱ, ㄴ, ㄷ

[24027-0236]

10 그림 (가)는 동일한 카메라의 조리개의 상태 A와 B를 나타낸 것이고, (나)와 (다)는 (가)의 A와 B 상태에서 찍은 태양 사진을 순서 없이 나타낸 것이다.

A   B   (나)   (다)

(가)

빛이 통과하는 조리개 구멍의 크기가 작을수록 회절이 더 잘 일어난다.

이에 대한 설명으로 옳은 것만을 〈보기〉에서 있는 대로 고른 것은?

● 보 기 ●

ㄱ. (나)는 A로 찍은 사진이다.

ㄴ. B를 통과한 빛이 A를 통과한 빛보다 회절이 더 잘 일어난다.

ㄷ. 조리개 구멍의 크기에 따라 사진에서 태양 빛이 퍼지는 정도가 다른 것은 회절로 설명할 수 있다.

① ㄱ   ② ㄷ   ③ ㄱ, ㄴ   ④ ㄴ, ㄷ   ⑤ ㄱ, ㄴ, ㄷ

개념 체크

○ **소방차의 사이렌 소리:** 소방차에서 발생하는 사이렌 소리는 소방차의 움직임에 따라 다른 진동수로 측정된다. 소방차가 관찰자를 향해 다가올 때는 사이렌 소리가 높은 음으로 들리고, 소방차가 관찰자와 멀어질 때는 사이렌 소리가 낮은 음으로 들린다.

1. 파원이나 관찰자가 움직이고 있을 때 파동의 진동수가 다르게 측정되는 현상을 ( )라고 한다.

2. 음원이 파장이 λ인 음파를 발생하며 정지해 있는 관찰자를 향해 운동할 때, 관찰자가 측정한 음파의 파장은 λ보다 ( ).

3. 음원이 진동수가 f인 음파를 발생하며 정지해 있는 관찰자를 향해 운동할 때, 관찰자가 측정한 음파의 진동수는 f보다 ( ).

1 도플러 효과

(1) 도플러 효과: 파원이나 관찰자가 움직이게 되면 정지해 있을 때와는 다른 진동수의 파동을 측정하게 되는데, 이를 도플러 효과라고 한다. 파원과 관찰자가 서로 가까워지면 파동의 진동수가 커지고, 서로 멀어지면 파동의 진동수가 작아진다.

파장이 길다.   파장이 짧다.

물결파의 도플러 효과

운동 방향

음파의 도플러 효과

운동 방향

전자기파의 도플러 효과

🧪 **탐구자료 살펴보기** ▶ **스마트폰을 이용한 진동수 변화 측정**

과정

(1) 스마트폰 두 개를 준비하고, 하나에는 진동수가 일정한 소리를 발생하는 애플리케이션, 다른 하나에는 소리의 진동수를 측정하는 애플리케이션을 설치한다.

(2) 두 스마트폰이 정지해 있을 때 한 스마트폰에서 나오는 소리의 진동수를 측정한다.

(3) 그림 (가)와 같이 두 스마트폰을 서로 가까이 또는 멀리하는 상대적인 운동을 하며 소리의 진동수를 측정한다.

(4) 그림 (나)와 같이 소리를 내는 스마트폰을 끈에 매달아 회전시키며 스마트폰에서 재생되는 소리의 진동수를 측정한다.

(5) 속력을 다르게 하여 과정 (4)를 반복한다.

(가)

(나)

결과

· 두 스마트폰이 가까워질 때 측정되는 진동수는 크고, 멀어질 때 측정되는 진동수는 작다.

· 회전하는 스마트폰의 속력이 빠를수록 다가올 때와 멀어질 때 측정되는 진동수의 차가 크다.

point

· 음원과 관찰자의 운동에 따라 관찰자가 측정하는 소리의 진동수가 달라지는 도플러 효과를 직접 경험해 볼 수 있다.

---

(2) 음원이 움직일 때: 소리의 속력, 파장, 진동수를 각각 v, λ, f, 음원의 속력을 v_S라 하고, 이때 관찰자가 듣게 되는 진동수를 f'라고 하면 관찰자가 듣는 소리는 다음과 같이 달라진다.

① **음원이 정지해 있는 관찰자를 향해 다가올 때:** 관찰자가 듣는 소리의 진동수 f'는 다음과 같다.

$$f' = \frac{v}{\lambda'} = \frac{v}{\lambda - \dfrac{v_S}{f}} = \frac{v}{\dfrac{v}{f} - \dfrac{v_S}{f}} = \left(\frac{v}{v - v_S}\right)f$$

정답

1. 도플러 효과
2. 짧다
3. 크다

음원이 관찰자 쪽으로 가까이 다가오면 소리의 파장이 λ'로 짧아진다. 소리의 속력은 음원이 정지해 있을 때와 동일하므로, 관찰자가 듣는 소리의 진동수가 커져서 진동수 f인 소리보다 더 높은 소리를 듣게 된다.

② **음원이 정지해 있는 관찰자로부터 멀어질 때**: 관찰자가 듣는 소리의 진동수 f'는 다음과 같다.

$$f'=\frac{v}{\lambda'}=\frac{v}{\lambda+\frac{v_S}{f}}=\frac{v}{\frac{v}{f}+\frac{v_S}{f}}=\left(\frac{v}{v+v_S}\right)f$$

음원이 관찰자로부터 멀어지면 소리의 파장이 λ'로 길어진다. 소리의 속력은 음원이 정지해 있을 때와 동일하므로, 관찰자가 듣는 소리의 진동수가 작아져서 진동수 f인 소리보다 더 낮은 소리를 듣게 된다.

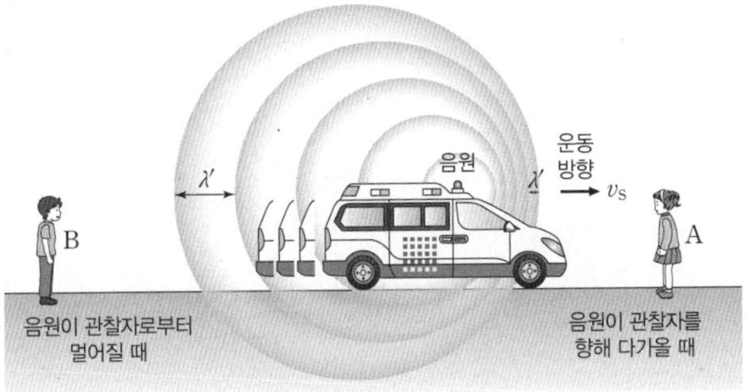

과학 돋보기 한눈에 보는 도플러 효과

구분	음원이 관찰자 A를 향해 다가올 때 관찰자 A가 듣는 소리	음원이 관찰자 B로부터 멀어질 때 관찰자 B가 듣는 소리
파원	각 파동은 발생한 지점에서 원 모양으로 퍼져 나가고, 파원은 시간이 지남에 따라 오른쪽으로 이동한다.	
파면	A에 도달하는 파면 간격이 좁아진다.	B에 도달하는 파면 간격이 넓어진다.
파장	• $\lambda_A=\lambda-v_ST=\lambda-\frac{v_S}{f}$ (v_S: 음원의 속력) • A가 듣는 소리의 파장이 음원이 정지해 있을 때 소리의 파장보다 짧아진다.	• $\lambda_B=\lambda+v_ST=\lambda+\frac{v_S}{f}$ (v_S: 음원의 속력) • B가 듣는 소리의 파장이 음원이 정지해 있을 때의 소리의 파장보다 길어진다.
진동수	$f_A=\frac{v}{\lambda_A}=\frac{v}{\lambda-\frac{v_S}{f}}=\frac{v}{\frac{v}{f}-\frac{v_S}{f}}=\left(\frac{v}{v-v_S}\right)f$	$f_B=\frac{v}{\lambda_B}=\frac{v}{\lambda+\frac{v_S}{f}}=\frac{v}{\frac{v}{f}+\frac{v_S}{f}}=\left(\frac{v}{v+v_S}\right)f$
도플러 효과	음원이 다가오면 정지한 관찰자는 음원이 발생하는 진동수보다 더 큰 진동수의 소리를 듣는다.	음원이 멀어지면 정지한 관찰자는 음원이 발생하는 진동수보다 더 작은 진동수의 소리를 듣는다.
	관찰자가 듣는 소리는 음원이 관찰자에 가까워지면 파장이 짧아지고 진동수가 커지며, 음원이 관찰자로부터 멀어지면 파장이 길어지고 진동수가 작아진다.	

개념 체크

구급차의 사이렌 소리: 정지해 있는 구급차에서 발생하는 사이렌 소리는 관찰자의 움직임에 따라 다른 진동수로 측정된다. 관찰자가 구급차를 향해 다가갈 때는 사이렌 소리가 높은 음으로 들리고, 관찰자가 구급차와 멀어지는 방향으로 움직일 때는 사이렌 소리가 낮은 음으로 들린다.

1. 음원 A는 진동수가 f_A인 음파를 발생하며 관찰자를 향해 운동하고, 음원 B는 진동수가 f_B인 음파를 발생하며 관찰자로부터 멀어질 때, 관찰자가 측정한 A가 발생하는 음파의 진동수는 f_A보다 ( ), 관찰자가 측정한 B가 발생하는 음파의 진동수는 f_B보다 ( ).

2. 음원 A가 진동수가 f인 음파를 발생하며 속력 v_0으로 관찰자를 향해 운동한다. 음파의 속력이 v일 때, 관찰자가 측정한 A가 발생하는 음파의 진동수는 ( )이다.

정답

1. 크고, 작다
2. $\left(\frac{v}{v-v_0}\right)f$

개념 체크

○ **도플러 효과의 이용**: 도플러 효과를 이용하면 물체에 반사된 파동이나, 물체가 방출하는 파동의 진동수 변화를 측정하여 움직이는 물체의 속력을 측정할 수 있다.

1. 속력 측정 장치에서 발사한 전파가 자동차에서 반사되어 되돌아올 때, 반사된 전파의 (   ) 변화를 측정하면 자동차의 속력을 측정할 수 있다.

2. 지구로부터 멀어지고 있는 은하에서 방출된 빛의 흡수 스펙트럼은 (   ) 이동이 일어나고, 지구로 다가오는 은하에서 방출된 빛의 흡수 스펙트럼은 (   ) 이동이 일어난다.

② 도플러 효과의 이용

(1) **속력 측정**: 속력 측정 장치에서는 마이크로파나 적외선, 초음파를 내보내는데, 이 전자기파나 초음파가 다가오는 공이나 자동차에 부딪혀 되돌아오면서 진동수가 커진다. 이러한 진동수 변화를 측정하여 도플러 효과로 투수가 던진 공의 속력이나 자동차의 속력을 알아낸다.

(2) **기상 관측**: 도플러 레이더가 구름을 향해 전파를 방출하면 구름 안에 있는 물방울, 눈, 우박 등에서 반사되는데, 방출한 전파와 반사된 전파의 진동수를 비교하면 구름의 이동 방향과 속력에 대한 정보를 얻을 수 있다.

(3) **천체 관측**: 대부분의 은하에서 나오는 빛의 흡수 스펙트럼에서 적색 이동(적색 편이)이 나타나는 것으로부터 우주가 팽창하고 있다는 것을 알 수 있다. 그리고 은하가 멀리 있을수록 적색 이동이 더 많이 나타난다.

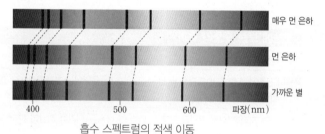

흡수 스펙트럼의 적색 이동

이외에도 박쥐가 초음파의 도플러 효과를 이용하여 물체나 먹이의 속도를 알아내고, 도플러 초음파 검사로 인체 내 혈액의 속도를 알아내는 등 도플러 효과는 일상생활에서 널리 활용되고 있다.

③ 전자기파의 발생

(1) **전기장에 의한 자기장의 변화**: 전원이 연결된 직선 도선 주위에 전기장이 생기고, 도선 내부의 전자가 전기력을 받아 이동하면 도선 주위에 자기장이 발생한다. 이때 직선 도선에 연결하는 전원이 교류 전원이면 전기장이 계속 변하게 되어 자기장도 계속 변하게 된다.

정답

1. 진동수
2. 적색, 청색

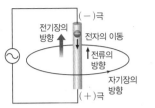
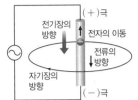

◑ **전자기파**: 전기장과 자기장의 진동이 주변 공간으로 퍼져 나가는 것을 전자기파라고 한다. 이때 전기장 및 자기장의 진동 방향, 전자기파의 진행 방향은 서로 모두 수직을 이룬다.

◑ **전자기파의 발생**: 전자가 진동하면 변하는 전기장을 만들고, 변하는 전기장은 변하는 자기장을 만들어내며 전자기파가 퍼져 나간다.

(2) **전자기파**: 전기장과 자기장은 계속해서 서로를 유도하면서 주기적으로 진동하는 파동의 형태로 퍼져 나가는데, 이를 전자기파라고 한다.

(3) **전자기파의 발생**: 그림과 같이 평행판 축전기를 교류 전원에 연결하면 평행판 사이에는 시간에 따라 변하는 전기장이 만들어진다. 전기장이 시간에 따라 변하면 진동하는 자기장이 유도되고, 다시 진동하는 자기장이 전기장을 유도하면서 공간으로 퍼져 나간다. 이렇게 발생한 전자기파는 공간으로 전파된다. 이때 전기장과 자기장은 진행 방향에 대하여 서로 수직으로 진동하며, 빛의 속력으로 전파된다.

1. 다음은 전자기파 발생에 대한 설명이다. ( ) 안에 공통으로 들어갈 단어를 쓰시오.

시간에 따라 변하는 전기장은 변하는 ( )을 유도하고, 시간에 따라 변하는 ( )은 변하는 전기장을 유도한다. 전기장과 ( )이 서로를 유도하면서 주기적으로 진행하는 파동의 형태로 퍼져 나가는데, 이를 전자기파라고 한다.

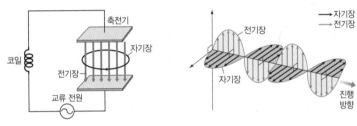

4 교류에서 코일과 축전기의 전기적 특성

(1) **코일의 저항 역할**: 교류 회로에 코일을 연결하면 코일에 발생하는 유도 기전력이 전류의 흐름을 방해한다. 따라서 코일의 자체 유도 계수가 클수록, 교류 전원의 진동수가 커질수록 전류가 빠르게 변하기 때문에 코일의 저항 역할이 커진다.

2. 코일에 교류 전류가 흐를 때, 교류 전원의 진동수가 ( ) 코일의 저항 역할은 커진다.

3. 축전기에 교류 전류가 흐를 때, 교류 전원의 진동수가 ( ) 축전기의 저항 역할은 커진다.

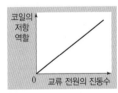

(2) **축전기의 저항 역할**: 교류 회로에 축전기를 연결하면, 축전기의 전기 용량이 작거나 교류 전원의 진동수가 작은 경우 교류의 방향이 바뀌기 전에 축전기가 완전히 충전되어 전류가 흐르지 않게 된다. 따라서 축전기의 전기 용량이 클수록, 교류 전원의 진동수가 커질수록 축전기의 저항 역할이 작아진다.

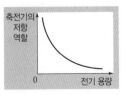
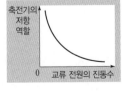

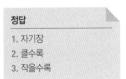
정답
1. 자기장
2. 클수록
3. 작을수록

● **교류 회로에서의 공명**: 교류 전원의 진동수가 공명 진동수일 때, 코일의 저항 역할과 축전기의 저항 역할이 같아진다. 이때 코일과 축전기가 함께 만들어내는 저항 역할이 최소가 되고, 회로에는 최대의 전류가 흐른다.

1. 저항, 코일, 축전기가 연결된 교류 회로에서 전류의 세기가 최대일 때의 진동수를 (　　) 진동수라고 한다.

2. 전기 용량이 C인 축전기, 자체 유도 계수가 L인 코일이 교류 전원에 연결되어 있을 때, 회로에 최대 전류가 흐를 때의 진동수는 (　　)이다.

3. 저항, 코일, 축전기가 연결된 교류 회로에서 축전기의 전기 용량이 (　　) 공명 진동수는 작아진다.

탐구자료 살펴보기 ▶ 전자기파의 발생과 검출

과정

(1) 그림과 같이 구리선으로 지름 20 cm 정도의 원형 안테나를 만들고 네온램프를 연결한 다음, OHP 필름 위에 셀로판테이프로 붙인다.

(2) 한 변이 15 cm인 정사각형 모양의 종이 판지 위에 두 장의 알루미늄 포일을 3 cm 간격으로 놓는다.

(3) 알루미늄 포일 위에 각각 구리선을 붙이고, 그 간격이 2 mm~3 mm가 되도록 셀로판테이프로 고정한다.

(4) 구리선의 양쪽에 압전 소자를 연결하고, 압전 소자를 눌러 전기 불꽃 방전이 일어나게 하면서 원형 안테나가 달린 OHP 필름을 알루미늄 포일 위로 가까이 가져간다.

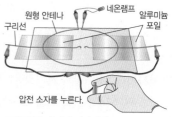

결과

• 압전 소자를 누를 때 구리선 사이에서는 불꽃이 발생한다.

• 압전 소자를 누를 때 발생한 전자기파가 안테나에 수신되어 전류가 흐르게 되므로 네온램프에 불이 켜진다.

• 네온램프의 불빛 세기는 알루미늄 포일과 안테나 사이의 거리가 가까울수록 강하고, 거리가 멀수록 약하다.

point

• 구리선 사이에서 고전압에 의해 불꽃 방전이 일어나면서 전자기파가 발생한다.

• 안테나에서 전파를 수신하면 유도 전류가 흘러 네온램프에 불이 켜진다.

---

(3) 교류 회로와 공명 진동수(공진 주파수)

① 저항만 연결된 교류 회로의 경우 전류의 세기는 교류의 진동수에 영향을 받지 않지만, 교류 회로에 축전기와 코일이 연결되면 전류의 세기는 교류의 진동수에 영향을 받는다.

② 교류 전원에 저항, 코일, 축전기를 직렬로 연결하면 교류 전원의 진동수에 따라 전류의 세기가 변하는데, 특정 진동수에서 전류의 값이 최대가 된다. 이 특정 진동수를 공명 진동수(공진 주파수) f_0이라고 한다. ➡ $f_0 = \dfrac{1}{2\pi\sqrt{LC}}$

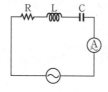
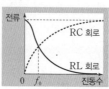
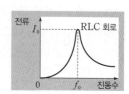

과학 돋보기 ▶ RLC 회로의 공명 진동수

교류 회로에서 코일이 전류의 흐름을 방해하는 정도를 유도 리액턴스(X_L)라 하고, 그 값은 $X_L = 2\pi f L$ (f: 교류 전원의 진동수, L: 코일의 자체 유도 계수)이다. 즉, 코일의 유도 리액턴스는 교류 전원의 진동수에 비례하고, 코일의 자체 유도 계수에 비례한다. 교류 회로에서 축전기가 전류의 흐름을 방해하는 정도를 용량 리액턴스(X_C)라 하고, 그 값은 $X_C = \dfrac{1}{2\pi f C}$ (f: 교류 전원의 진동수, C: 축전기의 전기 용량)이다. 즉, 축전기의 용량 리액턴스는 교류 전원의 진동수에 반비례하고, 축전기의 전기 용량에 반비례한다.

RLC 회로의 공명 진동수에서 코일의 유도 리액턴스와 축전기의 용량 리액턴스는 크기가 같고 교류 회로에서 저항, 코일, 축전기가 전류의 흐름을 방해하는 정도의 합은 최솟값이 된다. $X_L = X_C$, 즉, $2\pi f_0 L = \dfrac{1}{2\pi f_0 C}$의 조건을 만족하는 교류 전원의 진동수 f_0이 공명 진동수가 된다. 따라서 공명 진동수는 $f_0 = \dfrac{1}{2\pi\sqrt{LC}}$이다.

정답

1. 공명

2. $\dfrac{1}{2\pi\sqrt{LC}}$

3. 커지면

5 전자기파의 수신

(1) 전자기파의 수신: 안테나의 전자는 전자기파의 전기장으로부터 전기력을 받는다. 안테나
에 들어오는 전자기파의 전기장은 시간에 따라 진동하기 때문에 안테나 속의 전자도 진동하
게 된다. 따라서 안테나 속에는 전자의 진동으로 인해 교류가 흐르게 된다.

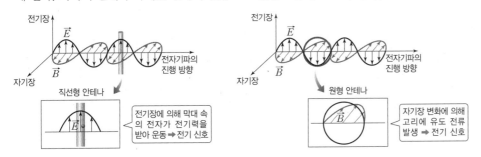

(2) 전자기파 공명: 우리 주위에는 여러 방송국에서 보낸 다양한 진
동수를 가진 전자기파들이 섞여 있다. 이 전자기파들이 안테나에
있는 전자를 진동시켜 전자기파 수신 회로에 교류를 유도한다.
이때 안테나에 연결된 회로가 특정한 공명 진동수(고유 진동수)
를 갖도록 하면 이 진동수와 같은 진동수의 전자기파만 수신하여
회로에 전류가 세게 흐를 수 있다. 이러한 현상을 전자기파 공명
이라고 한다.

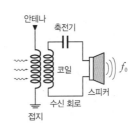

(3) 라디오 방송 통신의 송수신: 송신하고자 하는 음성 신호를 전기 신호로 변환하여 변조시키
고, 변조된 신호를 안테나를 통해 전파로 송신한다. 라디오에서는 다시 안테나를 통해 전파
를 수신하고, 수신된 전파는 복조 과정을 거쳐 음성 신호로 전환된다.

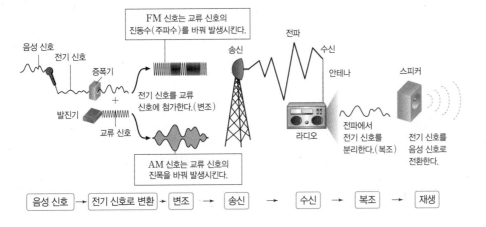

개념 체크

◉ **전자기파의 수신**: 전자기파가
전자 주위를 지나가면, 음(−)전하
를 띤 전자는 전기장과 반대 방향
으로 전기력을 받는다. 따라서 진
동하는 전자기파의 전기장에 의해
전자는 진동하게 되고, 전자의 진
동으로 인해 교류 전류가 흐른다.

◉ **변조와 복조**: 마이크로부터 입
력된 전기 신호에 교류 신호를 첨
가하여 진동수(주파수)나 진폭을
변화시키는 과정을 변조라 하고,
변조된 전파로부터 원래의 전기
신호를 분리하는 과정을 복조라고
한다.

1. 직선형 안테나는 전자기파
   의 (　　) 에 의해 전자가
   진동하고, 원형 안테나는
   전자기파의 (　　) 의 변화
   에 의해 전자가 진동한다.

2. 전파를 송신하는 회로의
   공명 진동수와 수신 회로
   의 공명 진동수가 같을 때
   수신 회로에 전류가 크게
   흐를 수 있고, 이러한 현상
   을 (　　) 이라고 한다.

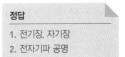

정답

1. 전기장, 자기장
2. 전자기파 공명

01 그림 (가), (나), (다)는 각각 음파 측정기를 향해 운동하는 박쥐, 정지해 있는 박쥐, 음파 측정기로부터 멀어지는 박쥐가 동일한 진동수의 초음파를 발생하는 모습을 나타낸 것이다.

[24027-0237]

(가)　　　　　(나)　　　　　(다)

(가), (나), (다)에서 각각 음파 측정기로 측정한 박쥐의 초음파 진동수 f_1, f_2, f_3을 옳게 비교한 것은?

① $f_1 > f_2 > f_3$　　② $f_1 > f_3 > f_2$　　③ $f_2 > f_1 > f_3$
④ $f_3 > f_1 > f_2$　　⑤ $f_3 > f_2 > f_1$

02 그림과 같이 일정한 진동수의 음파를 발생하는 구급차가 20 m/s의 속력으로 등속 직선 운동을 한다. 자동차와 관찰자 A는 동일 직선상에 있다. A가 측정한 음파의 진동수는 구급차가 접근할 때는 f_1, 멀어질 때는 f_2이다.

[24027-0238]

$\dfrac{f_1}{f_2}$은? (단, 음속은 340 m/s이다.)

① $\dfrac{7}{8}$　　② $\dfrac{8}{9}$　　③ 1　　④ $\dfrac{9}{8}$　　⑤ $\dfrac{8}{7}$

03 그림과 같이 음원이 일정한 진동수의 음파를 발생하며 음파 측정기 P에서 음파 측정기 Q를 향해 속력 v로 등속 직선 운동을 한다. P, Q가 측정한 음파의 파장은 각각 λ_1, λ_2이다.

[24027-0239]

$\dfrac{\lambda_1}{\lambda_2}$은? (단, 음속은 $10v$이다.)

① $\dfrac{5}{4}$　　② $\dfrac{11}{9}$　　③ $\dfrac{13}{11}$　　④ $\dfrac{15}{13}$　　⑤ $\dfrac{17}{15}$

04 그림 (가)는 진동수가 f인 음파를 발생하는 음원 Q가 정지해 있는 음파 측정기 P에 대해 속력 v로 직선 운동을 하는 모습을, (나)는 P, Q 사이의 거리를 시간에 따라 나타낸 것이다. t일 때, P가 측정한 음파의 진동수는 $\dfrac{9}{10}f$이다.

[24027-0240]

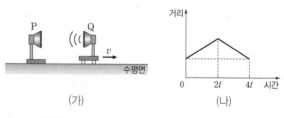

(가)　　　　　(나)

이에 대한 설명으로 옳은 것만을 〈보기〉에서 있는 대로 고른 것은? (단, 음속은 일정하다.)

● 보 기 ●

ㄱ. 음속은 $9v$이다.

ㄴ. t일 때, P가 측정한 음파의 파장은 $\dfrac{10v}{f}$이다.

ㄷ. $3t$일 때, P가 측정한 음파의 진동수는 $\dfrac{10}{9}f$이다.

① ㄱ　② ㄷ　③ ㄱ, ㄴ　④ ㄴ, ㄷ　⑤ ㄱ, ㄴ, ㄷ

[24027–0241]

05 그림과 같이 음원 A가 진동수가 f인 음파를 발생하며 음파 측정기 P에서 음파 측정기 Q를 향해 속력 v로 등속 직선 운동을 한다. P, Q가 측정한 음파의 파장은 각각 $\dfrac{6v}{f}$, λ_Q이고 진동수는 각각 f_P, f_Q이다.

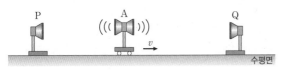

λ_Q와 $f_Q - f_P$로 옳은 것은? (단, 음속은 일정하다.)

	λ_Q	$f_Q - f_P$		λ_Q	$f_Q - f_P$
①	$\dfrac{v}{f}$	$\dfrac{5}{12}f$	②	$\dfrac{v}{f}$	$\dfrac{1}{2}f$
③	$\dfrac{2v}{f}$	$\dfrac{1}{2}f$	④	$\dfrac{4v}{f}$	$\dfrac{5}{12}f$
⑤	$\dfrac{4v}{f}$	$\dfrac{2}{3}f$			

[24027–0242]

06 그림과 같이 음원 A가 진동수가 f인 음파를 발생하며 빗면에서 정지한 음파 측정기 P를 향해 운동한다. A가 구간 I, II를 각각 일정한 속도로 통과하는 데 걸리는 시간은 같고, 길이가 d인 I에서 A의 속력은 v이다. A가 I, II를 지날 때 발생시킨 음파를 P에서 측정한 진동수는 각각 $\dfrac{6}{5}f$, $\dfrac{4}{3}f$로 일정하다.

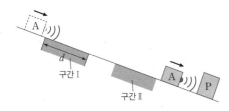

II의 길이는? (단, 음속은 일정하다.)

① $\dfrac{5}{4}d$ ② $\dfrac{3}{2}d$ ③ $2d$ ④ $\dfrac{9}{4}d$ ⑤ $\dfrac{5}{2}d$

[24027–0243]

07 다음은 자동차의 속력을 측정하는 과정에 대한 설명이다.

속력 측정기 A는 ⊙ 효과를 이용하여 자동차의 속력을 측정할 수 있다. 전자기파를 방출하며 정지해 있는 A를 향해 자동차가 속력 v로 운동할 때 A가 측정한 자동차에서 반사된 전자기파의 진동수가 f이다. 자동차는 전자기파를 반사하며 A를 향해 운동하므로 자동차의 속력이 v보다 크면 A가 측정한 전자기파의 진동수는 f보다 ⓒ. 자동차의 속력이 v보다 작으면 A가 측정한 전자기파의 진동수는 f보다 ⓒ.

이에 대한 설명으로 옳은 것만을 〈보기〉에서 있는 대로 고른 것은? (단, 음속은 일정하다.)

● 보 기 ●

ㄱ. ⊙은 '도플러'이다.
ㄴ. '크다'는 ⓒ으로 적절하다.
ㄷ. '작다'는 ⓒ으로 적절하다.

① ㄱ ② ㄷ ③ ㄱ, ㄴ ④ ㄴ, ㄷ ⑤ ㄱ, ㄴ, ㄷ

[24027–0244]

08 그림 (가), (나)는 직선 도선에 전압이 일정한 직류 전원과 교류 전원이 각각 연결된 모습을 나타낸 것이다.

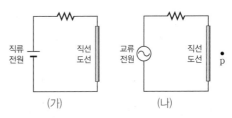

이에 대한 설명으로 옳은 것만을 〈보기〉에서 있는 대로 고른 것은?

● 보 기 ●

ㄱ. (가)의 직선 도선에서 전류의 세기는 일정하다.
ㄴ. (나)에서 직선 도선 주위의 점 p에서 자기장의 세기와 방향은 일정하다.
ㄷ. (나)에서는 전자기파가 발생한다.

① ㄱ ② ㄴ ③ ㄱ, ㄷ ④ ㄴ, ㄷ ⑤ ㄱ, ㄴ, ㄷ

09 그림 (가)는 교류 전원에 연결된 축전기의 평행판 사이에서 전자기파가 발생하는 것을, (나)는 전자기파를 수신하고 있는 직선형 안테나를 나타낸 것으로 ㉠과 ㉡은 전기장과 자기장을 순서 없이 나타낸 것이다.

[24027-0245]

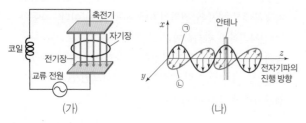

(가) (나)

이에 대한 설명으로 옳은 것만을 〈보기〉에서 있는 대로 고른 것은?

보기
ㄱ. (가)에서 변하는 전기장이 자기장을 유도한다.
ㄴ. ㉠은 전기장이다.
ㄷ. (나)의 안테나에는 교류가 흐른다.

① ㄱ ② ㄷ ③ ㄱ, ㄴ ④ ㄴ, ㄷ ⑤ ㄱ, ㄴ, ㄷ

10 그림 (가)는 저항, 코일, 축전기, 스위치 S를 전압의 최댓값이 일정한 교류 전원에 연결한 것을, (나)는 (가)에서 S를 a 또는 b에 연결했을 때 회로에 흐르는 전류의 최댓값을 교류 전원의 진동수에 따라 나타낸 것이다.

[24027-0246]

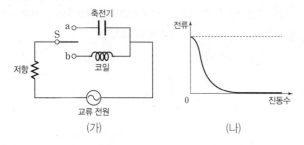

(가) (나)

이에 대한 설명으로 옳은 것만을 〈보기〉에서 있는 대로 고른 것은?

보기
ㄱ. 교류 전원의 진동수가 클수록 축전기의 저항 역할이 커진다.
ㄴ. (나)는 (가)에서 S를 b에 연결했을 때이다.
ㄷ. S를 a에 연결했을 때, 저항 양단에 걸리는 전압의 최댓값은 교류 전원의 진동수가 클수록 작다.

① ㄱ ② ㄴ ③ ㄱ, ㄷ ④ ㄴ, ㄷ ⑤ ㄱ, ㄴ, ㄷ

11 그림은 진동수가 각각 f_1, f_2인 전자기파가 안테나에 도달하는 모습을 나타낸 것이다. 가변 축전기의 전기 용량이 각각 C, $2C$일 때, 수신 회로에서는 진동수가 각각 f_1, f_2인 전자기파를 수신할 때 최대 전류가 흐른다.

[24027-0247]

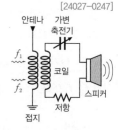

이에 대한 설명으로 옳은 것만을 〈보기〉에서 있는 대로 고른 것은?

보기
ㄱ. 축전기의 전기 용량이 C일 때, 수신 회로의 공명 진동수는 f_1이다.
ㄴ. $f_1 > f_2$이다.
ㄷ. 코일의 저항 역할은 진동수가 f_1인 전자기파를 수신할 때가 f_2인 전자기파를 수신할 때보다 크다.

① ㄱ ② ㄷ ③ ㄱ, ㄴ ④ ㄴ, ㄷ ⑤ ㄱ, ㄴ, ㄷ

12 그림과 같이 저항값이 같은 저항 R_1, R_2, 전기 소자 P, Q를 전압의 최댓값이 일정한 교류 전원에 연결하였다. P, Q는 각각 축전기와 코일 중 하나이다. 교류 전원의 진동수가 f일 때 R_1과 R_2에 흐르는 전류의 최댓값은 같고, 교류 전원의 진동수가 $2f$일 때 R_1에 흐르는 전류의 최댓값은 R_2에 흐르는 전류의 최댓값보다 크다.

[24027-0248]

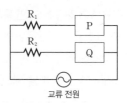

이에 대한 설명으로 옳은 것만을 〈보기〉에서 있는 대로 고른 것은?

보기
ㄱ. P는 축전기이다.
ㄴ. Q는 진동수가 큰 전류를 잘 흐르지 못하게 하는 특성이 있다.
ㄷ. 교류 전원의 진동수가 $0.5f$일 때, R_1에 흐르는 전류의 최댓값은 R_2에 흐르는 전류의 최댓값보다 크다.

① ㄱ ② ㄷ ③ ㄱ, ㄴ ④ ㄴ, ㄷ ⑤ ㄱ, ㄴ, ㄷ

정답과 해설 50쪽

[24027-0249]

01 그림은 진동수가 f인 음파를 발생하며 고정된 점 P에서 Q를 향해 운동하는 비행기를 보면서 학생 A, B, C가 대화하는 모습을 나타낸 것이다. P, Q는 정지해 있는 두 지점이다.

음원이 정지한 관찰자로부터 멀어지면 관찰자가 측정한 음파의 파장은 증가하고, 진동수는 감소한다.

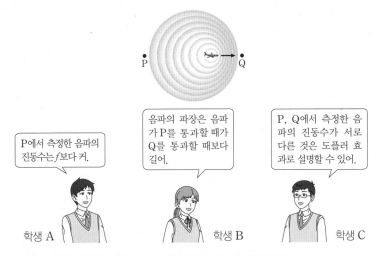

P에서 측정한 음파의 진동수는 f보다 커.

음파의 파장은 음파가 P를 통과할 때가 Q를 통과할 때보다 길어.

P, Q에서 측정한 음파의 진동수가 서로 다른 것은 도플러 효과로 설명할 수 있어.

학생 A   학생 B   학생 C

제시한 내용이 옳은 학생만을 있는 대로 고른 것은? (단, 음속은 일정하다.)

① A   ② C   ③ A, B   ④ B, C   ⑤ A, B, C

[24027-0250]

02 그림은 음원 A, B가 진동수가 f인 동일한 음파를 발생하며 정지해 있는 음파 측정기 P, Q를 연결하는 직선상에서 운동하는 것을 나타낸 것이다. A, B의 속력은 각각 v, $2v$로 일정하고, A의 음파의 파장은 P가 측정할 때가 Q가 측정할 때의 $\frac{5}{4}$배이다.

A가 정지해 있을 때 음파의 파장을 λ라고 하면, A의 음파의 파장은 P가 측정할 때는 $\lambda + \frac{v}{f}$이고 Q가 측정할 때는 $\lambda - \frac{v}{f}$이다.

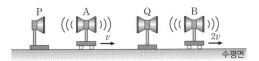

이에 대한 설명으로 옳은 것만을 〈보기〉에서 있는 대로 고른 것은? (단, 음속은 일정하다.)

보기

ㄱ. 음속은 $9v$이다.

ㄴ. P가 측정할 때, A의 음파의 파장은 $\frac{10v}{f}$이다.

ㄷ. Q가 측정할 때, A의 음파의 진동수는 B의 음파의 진동수의 $\frac{11}{8}$배이다.

① ㄱ   ② ㄷ   ③ ㄱ, ㄴ   ④ ㄴ, ㄷ   ⑤ ㄱ, ㄴ, ㄷ

$2t_0$일 때 A의 속력은 $\frac{4}{3}v$이므로, $4t_0$일 때 A의 속력은 $\frac{v}{2}$이다.

[24027-0251]

03 그림 (가)는 음원 A, B가 진동수가 f인 음파를 발생하며 운동하는 것을 나타낸 것으로, B의 속력은 v로 일정하다. 정지해 있는 음파 측정기 P가 측정한 B의 음파의 진동수는 $\frac{8}{9}f$이다. 그림 (나)는 A, B 사이의 거리 x를 시간 t에 따라 나타낸 것으로, $2t_0$일 때 A의 속력은 $\frac{4}{3}v$이고 P가 측정한 A의 음파의 진동수는 f_0이다.

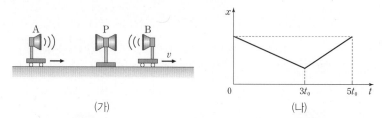

(가)   (나)

$4t_0$일 때, P가 측정한 A의 음파의 진동수는? (단, 음원과 음파 측정기는 동일 직선상에 있고, 음속은 일정하다.)

① $\frac{15}{18}f_0$ ② $\frac{8}{9}f_0$ ③ $\frac{17}{18}f_0$ ④ $\frac{19}{18}f_0$ ⑤ $\frac{10}{9}f_0$

[24027-0252]

음파 측정기에서 측정한 음파의 파장은 음원이 음파 측정기에 가까워질 때는 짧아지고, 음파 측정기에서 멀어질 때는 길어진다.

04 그림과 같이 음원 A는 진동수가 f인 음파를 발생하며 음파 측정기 P를 향해 속력 v로 등속도 운동하고, 음원 B는 진동수가 f인 음파를 발생하며 P에서 멀어지는 방향으로 속력 v_B로 등속도 운동을 한다. 시간 t 동안 P에서 수신한 펄스의 개수는 A의 음파가 6개, B의 음파가 4개이다. P에서 측정한 음파의 파장은 B의 음파가 A의 음파보다 $\frac{2v}{f}$만큼 길다.

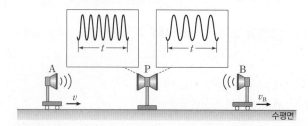

P에서 측정한 A, B의 음파의 진동수를 각각 f_A, f_B라고 할 때, $f_A - f_B$는? (단, 음속은 일정하다.)

① $\frac{5}{12}f$ ② $\frac{1}{2}f$ ③ $\frac{7}{12}f$ ④ $\frac{2}{3}f$ ⑤ $\frac{3}{4}f$

[24027–0253]

05 그림은 x축상에 있는 음원 **A**가 슬릿을 향해 진동수가 일정한 음파를 발생시켰을 때, y축상에서 측정한 음파의 세기를 나타낸 것이다. 중앙의 보강 간섭이 일어나는 지점에서 첫 번째 보강 간섭이 일어나는 지점까지의 거리는 Δx이다. **A**가 정지해 있을 때, $+x$방향으로 일정한 속력으로 운동할 때, $-x$방향으로 일정한 속력으로 운동할 때 Δx는 각각 x_1, x_2, x_3이다.

슬릿을 통과하는 음파의 파장은 음원이 $-x$방향으로 운동하면 커지고, $+x$방향으로 운동하면 작아진다.

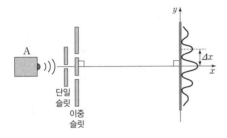

x_1, x_2, x_3을 옳게 비교한 것은? (단, 음속은 일정하다.)

① $x_1 > x_2 > x_3$ ② $x_2 > x_1 > x_3$ ③ $x_2 > x_3 > x_1$
④ $x_3 > x_1 > x_2$ ⑤ $x_3 > x_2 > x_1$

[24027–0254]

06 그림 (가)는 가시광선을 방출하는 별이 지상 관측소에 접근하거나 멀어지는 모습을 나타낸 것이다. 그림 (나)는 (가)의 관측소에서 관측한 별이 관측소에 접근하거나 멀어질 때의 흡수 스펙트럼으로, **P**, **Q**는 별이 관측소에 접근할 때와 멀어질 때의 흡수 스펙트럼을 순서 없이 나타낸 것이다.

가시광선을 방출하는 별이 관측소에 접근할 때는 빛의 진동수가 커지므로 흡수 스펙트럼이 청색 이동하고, 관측소에서 멀어질 때는 진동수가 작아지므로 흡수 스펙트럼이 적색 이동한다.

(가)   (나)

이에 대한 설명으로 옳은 것만을 〈보기〉에서 있는 대로 고른 것은?

> ● 보기 ●
> ㄱ. P, Q는 도플러 효과로 설명할 수 있다.
> ㄴ. P는 별이 관측소에서 멀어질 때의 흡수 스펙트럼이다.
> ㄷ. 청색 이동은 별의 속력이 클수록 더 크게 나타난다.

① ㄱ   ② ㄷ   ③ ㄱ, ㄴ   ④ ㄴ, ㄷ   ⑤ ㄱ, ㄴ, ㄷ

코일은 교류 전류의 진동수가 클수록 저항 역할이 커지고, 축전기는 교류 전류의 진동수가 클수록 저항 역할이 작아진다.

07 다음은 교류 회로에 대한 실험이다.

[24027-0255]

[실험 과정]

(가) 전압의 최댓값이 일정한 교류 전원에 저항, 코일을 연결한다.

(나) 교류 전원의 진동수에 따라 전류계에 측정되는 전류의 최댓값을 측정한다.

(다) (가)에서 코일을 축전기로 바꾸고 (나)를 반복한다.

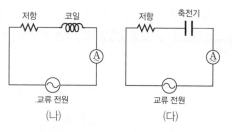

[실험 결과] ※ A, B는 (나), (다)의 결과를 순서 없이 나타낸 것이다.

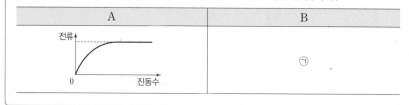

A	B
전류 / 진동수	㉠

이에 대한 설명으로 옳은 것만을 〈보기〉에서 있는 대로 고른 것은?

보기

ㄱ. A는 (나)의 결과이다.

ㄴ. 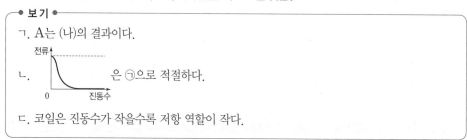 은 ㉠으로 적절하다.

ㄷ. 코일은 진동수가 작을수록 저항 역할이 작다.

① ㄱ ② ㄷ ③ ㄱ, ㄴ ④ ㄴ, ㄷ ⑤ ㄱ, ㄴ, ㄷ

안테나에서 수신 회로의 공명 진동수와 같은 진동수의 전파를 수신할 때 수신 회로에는 최대 전류가 흐른다.

08 그림은 전기 용량이 각각 C, $2C$인 축전기, 자체 유도 계수가 L인 코일, 저항이 연결된 수신 회로의 안테나에 진동수가 각각 f_A, f_B인 전파 A, B가 도달하는 것을 나타낸 것이다. 스위치 S를 a에 연결했을 때 저항에 흐르는 전류의 세기는 최대가 되고 스피커에서는 A에 의한 방송만이 나온다. S를 b에 연결했을 때 저항에 흐르는 전류의 세기는 최대가 되고 스피커에서는 B에 의한 방송만이 나온다. 이에 대한 설명으로 옳은 것만을 〈보기〉에서 있는 대로 고른 것은?

[24027-0256]

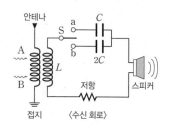

보기

ㄱ. S를 a에 연결했을 때, 수신 회로의 공명 진동수는 f_A이다.

ㄴ. $f_B = \dfrac{1}{2\pi\sqrt{2LC}}$이다.

ㄷ. $f_A > f_B$이다.

① ㄱ ② ㄷ ③ ㄱ, ㄴ ④ ㄴ, ㄷ ⑤ ㄱ, ㄴ, ㄷ

[24027-0257]

09 그림과 같이 저항, 코일, 축전기를 전압의 최댓값이 V로 일정한 교류 전원에 연결하였다. 표는 교류 전원의 진동수가 각각 f_1, f_2일 때, 스위치 S를 a에 연결할 때 저항 양단에 걸리는 전압의 최댓값과 S를 b에 연결할 때 저항 양단에 걸리는 전압의 최댓값을 나타낸 것이다.

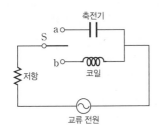

S의 연결 위치	f_1	f_2
a	$\frac{2}{3}V$	$\frac{1}{3}V$
b	V_1	V_2

이에 대한 설명으로 옳은 것만을 〈보기〉에서 있는 대로 고른 것은?

● 보기 ●

ㄱ. $f_1 < f_2$이다.

ㄴ. $V_1 < V_2$이다.

ㄷ. 교류 전원의 진동수가 f_1이고 축전기의 전기 용량을 증가시킨 후 S를 a에 연결할 때, 저항 양단에 걸리는 전압의 최댓값은 $\frac{2}{3}V$보다 작다.

① ㄱ   ② ㄴ   ③ ㄱ, ㄷ   ④ ㄴ, ㄷ   ⑤ ㄱ, ㄴ, ㄷ

교류 회로에서 교류 전원의 진동수가 클수록 축전기가 전류의 흐름을 방해하는 정도는 작고, 코일이 전류의 흐름을 방해하는 정도는 크다.

[24027-0258]

10 그림과 같이 저항, 자체 유도 계수가 각각 L_1, L_2인 코일, 축전기를 전압의 최댓값이 일정한 교류 전원에 연결하였다. 교류 전원의 진동수를 변화시켜 회로에 최대 전류가 흐를 때의 진동수는 스위치 S를 a에 연결했을 때는 f_0, b에 연결했을 때는 $2f_0$이다.

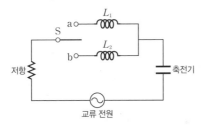

이에 대한 설명으로 옳은 것만을 〈보기〉에서 있는 대로 고른 것은?

● 보기 ●

ㄱ. S를 a에 연결했을 때, 회로의 공명 진동수는 f_0이다.

ㄴ. $L_1 > L_2$이다.

ㄷ. S를 b에 연결하고 축전기의 전기 용량을 증가시키면 회로의 공명 진동수는 $2f_0$보다 커진다.

① ㄱ   ② ㄷ   ③ ㄱ, ㄴ   ④ ㄴ, ㄷ   ⑤ ㄱ, ㄴ, ㄷ

코일의 자체 유도 계수를 L, 축전기의 전기 용량을 C라고 할 때 회로의 공명 진동수는 $f = \frac{1}{2\pi\sqrt{LC}}$이다.

1 볼록 렌즈에 의한 상

(1) 볼록 렌즈: 가장자리보다 가운데 부분이 더 두꺼워 입사 광선을 광축 방향으로 모으는 렌즈

① **볼록 렌즈의 초점(F)**
- 초점에서 퍼져 나가는 빛은 렌즈에서 굴절된 후 광축에 나란하게 진행한다.
- 광축에 나란하게 입사한 빛은 렌즈에서 굴절된 후 초점에 모인다.

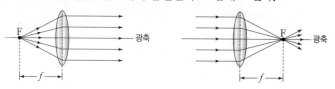

② **초점 거리(f)**: 렌즈의 중심에서 초점(F)까지의 거리로, 볼록 렌즈의 초점은 렌즈 양쪽에 같은 초점 거리로 하나씩 있다.

(2) 볼록 렌즈에 의한 광선의 경로(광선 추적)

① 그림 (가)와 같이 광축에 나란하게 입사한 광선은 볼록 렌즈에서 굴절한 후 초점(F)을 지난다.
② 그림 (나)와 같이 초점(F)을 지나 입사한 광선은 볼록 렌즈에서 굴절한 후 광축과 나란하게 진행한다.
③ 그림 (다)와 같이 볼록 렌즈의 중심을 지나는 광선은 볼록 렌즈에서 굴절하지 않고 그대로 직진한다.

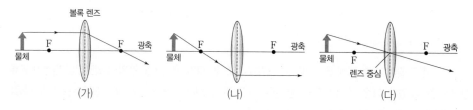

(가)　　　　　　(나)　　　　　　(다)

(3) 볼록 렌즈에 의한 상의 작도법

① **실상과 허상**
- 실상: 렌즈에서 굴절된 빛이 실제로 모여서 만들어진 상으로, 실상이 있는 지점에 스크린을 놓으면 상이 맺힌다.
- 허상: 렌즈에서 굴절된 광선의 연장선이 모여서 만들어진 상으로, 허상이 있는 지점에 스크린을 놓으면 아무것도 생기지 않는다.

② **정립상과 도립상**
- 정립상: 상의 방향이 물체의 방향과 같은 상
- 도립상: 상의 방향이 물체의 방향과 반대인 상

③ **볼록 렌즈에 의한 상의 작도법**: 볼록 렌즈에 의한 상의 위치는 렌즈에서 굴절된 광선의 경로를 추적하여 확인할 수 있다. 따라서 상의 위치는 광선 추적에 의해 그려진 3개의 광선 중 최소 2개의 교점을 찾아서 구한다. 만약 렌즈를 통과한 광선이 서로 만나지 않는 경우 굴절 광선의 뒤쪽 연장선을 그어 상의 위치를 찾을 수 있다.

(4) 볼록 렌즈에 의한 물체의 상

① **물체가 렌즈로부터 초점보다 멀리 있을 때**: 물체의 한 점에서 퍼져 나간 빛이 렌즈를 통과한 후 다시 한 점으로 모이므로 거꾸로 선 실상이 생긴다.

- 물체와 렌즈 사이의 거리(a)가 초점 거리(f)의 2배보다 길 때($a>2f$): 물체보다 작은 상이 생긴다.

- 물체와 렌즈 사이의 거리(a)가 초점 거리(f)의 2배일 때($a=2f$): 물체와 같은 크기의 상이 생긴다.

- 물체와 렌즈 사이의 거리(a)가 초점 거리(f)보다 길고, 초점 거리(f)의 2배보다 짧을 때($f<a<2f$): 물체보다 큰 상이 생긴다.

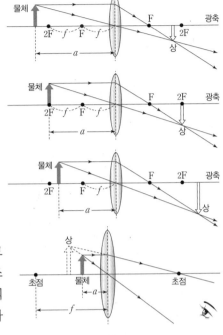

② **물체가 렌즈로부터 초점보다 가까이 있을 때**($a<f$): 렌즈를 통과한 빛이 서로 퍼져 나가므로 렌즈의 뒤쪽에는 상이 맺히지 않지만, 렌즈를 통해 눈으로 물체를 바라볼 때 굴절 광선의 뒤쪽 연장선의 교점, 즉 렌즈의 앞쪽에 물체보다 크고 바로 선 허상이 생긴다.

축소된 도립 실상
($a>2f$일 때)

확대된 도립 실상
($f<a<2f$일 때)

확대된 정립 허상
($a<f$일 때)

🔍 **과학 돋보기** | **물체의 위치에 따른 볼록 렌즈에 의한 상의 위치와 모양 변화**

- 물체가 볼록 렌즈의 초점 바깥쪽에서 렌즈를 향하여 운동할 때 렌즈에 의한 상은 렌즈를 중심으로 물체 반대편 초점에서부터 점점 멀어지고 크기는 점점 커진다.
- 물체가 볼록 렌즈의 초점 안쪽에서 렌즈를 향하여 운동할 때 상은 렌즈를 중심으로 물체와 같은 방향에서 렌즈에 가까워지고 상의 크기는 점점 작아진다.

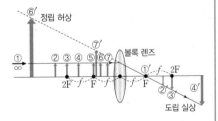

물체 위치	$a>2f$	$a=2f$	$f<a<2f$	$a=f$	$a<f$
상의 위치	$f<b<2f$	$b=2f$	$b>2f$	$b=\infty$	$b<0$
상의 모양	축소된 도립 실상	같은 크기의 도립 실상	확대된 도립 실상	상이 생기지 않음	확대된 정립 허상

○ **렌즈 방정식**: $\frac{1}{a}+\frac{1}{b}=\frac{1}{f}$이고 볼록 렌즈에서 $f>0$이며, $b>0$일 때 실상, $b<0$일 때 허상이다.

○ **배율**: $M=\left|\frac{b}{a}\right|$이다.

1. 초점 거리가 f인 볼록 렌즈의 중심에서 물체까지의 거리가 $2f$일 때, 렌즈 중심에서 상까지의 거리는 (　　)이고, 상의 배율은 (　　)이다.

2. 볼록 렌즈의 중심에서 30 cm만큼 떨어진 지점에 물체를 놓았더니 렌즈의 중심에서 15 cm만큼 떨어진 지점에 상이 생겼을 때, 렌즈의 초점 거리는 (　　)이다.

3. 케플러식 굴절 망원경에서 초점 거리는 대물렌즈가 접안렌즈보다 (크고 , 작고), 대물렌즈에 의한 상은 (실상 , 허상), 접안렌즈에 의한 상은 (실상 , 허상)이다.

4. 광학 현미경에서 대물렌즈에 의해서는 (　　)된 실상이, 접안렌즈에 의해서는 확대된 (　　)이 생긴다.

2 렌즈 방정식과 배율

(1) **렌즈 방정식**: 렌즈와 물체 사이의 거리가 a, 렌즈와 상 사이의 거리가 b, 렌즈의 초점 거리가 f일 때, a, b, f 사이에는 다음과 같은 관계식이 성립한다.

$$\frac{1}{a}+\frac{1}{b}=\frac{1}{f}$$

위 방정식에서 물체가 렌즈 앞에 있을 때, a의 부호를 $(+)$으로 정하면 b의 부호는 상의 종류에 따라 정해진다. 상이 렌즈 뒤에 생기는 실상의 경우 b는 $(+)$값으로, 상이 렌즈 앞에 생기는 허상의 경우 b는 $(-)$값으로 나타난다.

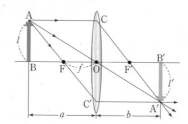

(2) **배율(M)**: 물체의 크기와 상의 크기의 비율을 배율이라고 한다. 위 그림과 같이 상이 생길 때, $\triangle ABO$와 $\triangle A'B'O$는 닮음이므로 배율 M은 다음과 같다.

$$M=\frac{l'}{l}=\left|\frac{b}{a}\right|$$

과학 돋보기 | 렌즈 방정식의 유도

위 그림에서 $\triangle ABF$와 $\triangle C'OF$는 닮음이므로, $\frac{\overline{AB}}{\overline{BF}}=\frac{\overline{C'O}}{\overline{OF}}$에서 $\frac{l}{a-f}=\frac{l'}{f}$이다. 배율의 정의 $m=\frac{l'}{l}=\left|\frac{b}{a}\right|$를 이용하여 정리하면 $af+bf=ab$이다. 따라서 양변을 abf로 나누면 $\frac{1}{a}+\frac{1}{b}=\frac{1}{f}$이다.

3 볼록 렌즈의 이용

(1) **굴절 망원경(케플러 망원경)**: 두 개의 볼록 렌즈를 사용하여 멀리 있는 물체를 관측하는 장치로, 초점 거리가 긴 대물렌즈는 물체에서 나오는 빛을 모아 실상을 만들고, 이 실상은 초점 거리가 짧은 접안렌즈에 의해 확대된 허상으로 보인다.

(2) **광학 현미경**: 두 개의 볼록 렌즈를 사용하여 가까운 곳의 작은 물체를 관측하는 장치로, 대물렌즈에 의해 확대된 실상이, 접안렌즈에 의해 더욱 확대된 허상으로 보인다.

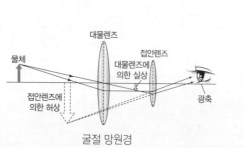

굴절 망원경

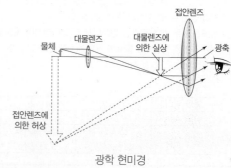

광학 현미경

정답

1. $2f$, 1
2. 10 cm
3. 크고, 실상, 허상
4. 확대, 허상

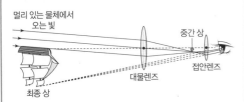

과학 돋보기 망원경과 현미경의 원리

● **망원경의 원리**

멀리 있는 물체에서
오는 빛

중간 상

접안렌즈

대물렌즈

최종 상

망원경은 멀리 떨어진 물체를 보는 데 사용하는 광학 기기이다. 멀리 있는 물체로부터 온 빛은 망원경의 대물렌즈에 의하여 굴절되어 접안렌즈 앞에 중간 상(도립 실상)으로 만들어지며, 이 상은 접안렌즈에 대하여 물체의 역할을 한다. 이 중간상을 확대한 허상을 보게 되는 것이다.

● **현미경의 원리**

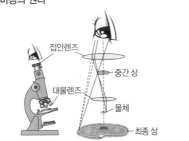

접안렌즈

중간 상

대물렌즈

물체

최종 상

대물렌즈는 초점 바로 밖에 있는 물체의 확대된 실상을 접안렌즈의 초점 안에 형성시키는 역할을 하며, 접안렌즈는 그 상을 확대경과 같은 원리로 확대하는 역할을 한다.

● **카메라:** 볼록 렌즈에서 굴절된 빛이 필름 또는 CCD에 도달하여 상이 맺힌다.

● **볼록 렌즈를 이용한 태양 전지:** 볼록 랜즈 아래에 태양 전지를 설치하면, 렌즈가 빛을 모아 태양 전지에 보내게 되어 에너지 전환 효율이 높아진다.

(3) **카메라:** 렌즈를 통과하며 굴절된 빛이 필름(또는 CCD)에 도달하여 상이 맺힌다.

(4) **볼록 렌즈를 이용한 태양 전지:** 볼록 렌즈 아래에 태양 전지를 설치하면, 렌즈가 빛을 모아 태양 전지에 보내게 되어 에너지 전환 효율을 높일 수 있다.

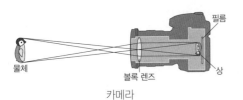

필름

물체

볼록 렌즈

상

카메라

볼록 렌즈

태양 전지

볼록 렌즈를 이용한 태양 전지

1. 카메라에서 볼록 렌즈를 통과한 빛에 의해 필름에 축소된 상이 맺힐 때, 물체와 렌즈 중심 사이의 거리는 렌즈의 초점 거리보다 ( ).

2. 볼록 렌즈의 초점 거리 구하기 실험에서 LED와 렌즈 사이의 거리가 a이고 스크린에 같은 크기의 상이 생겼을 때, 렌즈와 스크린 사이의 거리는 ( )이고, 렌즈의 초점 거리는 ( )이다.

3. 볼록 렌즈의 초점 거리 구하기 실험에서 LED와 렌즈 사이의 거리가 렌즈의 초점 거리보다 (클 때 , 작을 때) 허상이 생기므로 스크린에 상이 생기지 않는다.

탐구자료 살펴보기 볼록 렌즈의 초점 거리 구하기

과정

(1) 그림과 같이 LED, 볼록 렌즈, 스크린을 설치하고, 다른 조명을 차단하여 교실을 어둡게 만든다.

(2) 스크린에 선명한 상이 맺히도록 렌즈와 스크린 사이의 거리를 조절한다.

(3) 스크린에 선명한 상이 맺혔을 때, LED와 렌즈 사이의 거리 a와 렌즈와 스크린 사이의 거리 b를 측정한다.

(4) 과정 (3)의 측정 결과와 렌즈 방정식을 이용하여 렌즈의 초점 거리 f를 구한다.

스크린

LED

볼록 렌즈

a

b

결과

a	b	$f=\dfrac{ab}{a+b}$
20 cm	60 cm	$f=\dfrac{20\times 60}{20+60}=15\,(\mathrm{cm})$
30 cm	30 cm	$f=\dfrac{30\times 30}{30+30}=15\,(\mathrm{cm})$

point

· 광원과 렌즈 사이의 거리(a)를 렌즈의 초점 거리(f)보다 더 멀리하였을 때는 스크린에 맺힌 모든 상은 광원에서 퍼져 나간 빛이 렌즈를 통과한 후 다시 한 점으로 모여서 만들어진 실상이다.

· 광원과 렌즈 사이의 거리(a)를 렌즈의 초점 거리(f)보다 더 가까이하였을 때는 허상이 생기므로 스크린에 상이 맺히지 않는다.

정답

1. 크다

2. a, $\dfrac{a}{2}$

3. 작을 때

01 그림은 렌즈 P로 글자를 보았을 때 확대된 정립상이 나타나는 현상에 대해 학생 A, B, C가 대화하는 모습을 나타낸 것이다.

[24027-0259]

제시한 내용이 옳은 학생만을 있는 대로 고른 것은?

① A　② B　③ A, C　④ B, C　⑤ A, B, C

02 그림은 물체에서 볼록 렌즈를 향해 입사하는 광선의 일부를 나타낸 것이다. F_1, F_2는 각각 렌즈의 초점이고, Ⅰ, Ⅱ, Ⅲ은 각각 광축에 나란하게 입사하는 광선, 렌즈의 중심에 입사하는 광선, F_1을 지나 입사하는 광선을 나타낸 것이다.

[24027-0260]

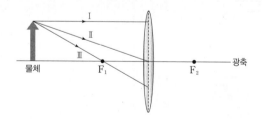

이에 대한 설명으로 옳은 것만을 〈보기〉에서 있는 대로 고른 것은?

● 보기 ●
ㄱ. Ⅰ은 렌즈를 통과한 후 F_2를 지난다.
ㄴ. Ⅱ는 렌즈를 통과한 후 광축을 따라 진행한다.
ㄷ. Ⅲ은 렌즈를 통과한 후 광축과 나란하게 진행한다.

① ㄱ　② ㄴ　③ ㄱ, ㄷ　④ ㄴ, ㄷ　⑤ ㄱ, ㄴ, ㄷ

03 그림과 같이 볼록 렌즈의 중심으로부터 10 cm만큼 떨어진 지점에 물체를 놓았더니 물체로부터 15 cm만큼 떨어진 지점에 상이 생겼다.

[24027-0261]

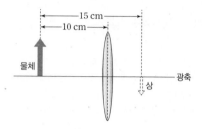

이에 대한 설명으로 옳은 것만을 〈보기〉에서 있는 대로 고른 것은?

● 보기 ●
ㄱ. 상은 허상이다.
ㄴ. 상의 배율은 $\frac{1}{2}$이다.
ㄷ. 렌즈의 초점 거리는 $\frac{25}{2}$ cm이다.

① ㄱ　② ㄴ　③ ㄱ, ㄷ　④ ㄴ, ㄷ　⑤ ㄱ, ㄴ, ㄷ

04 그림은 초점 거리가 f인 볼록 렌즈의 중심으로부터 거리 x만큼 떨어진 광축 위에 물체를 놓은 것을 나타낸 것이다. 표는 x에 따른 렌즈에 의한 물체의 상의 종류와 배율을 나타낸 것이다.

[24027-0262]

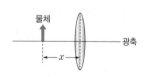

x (cm)	상의 종류	상의 배율
10	정립 허상	2
30	㉠	㉡

이에 대한 설명으로 옳은 것만을 〈보기〉에서 있는 대로 고른 것은?

● 보기 ●
ㄱ. f＝5 cm이다.
ㄴ. '도립 실상'은 ㉠에 해당한다.
ㄷ. ㉡은 2이다.

① ㄱ　② ㄷ　③ ㄱ, ㄴ　④ ㄴ, ㄷ　⑤ ㄱ, ㄴ, ㄷ

[24027-0263]

05 그림과 같이 광축과 나란하게 진행하던 광선들이 볼록 렌즈 A, B를 지난 후 광축과 나란하게 진행한다. 점 p, q는 광축 위의 점이다. p는 A를 지난 광선들이 만나는 지점으로 A, B의 중심으로부터 각각 $2L$, $3L$만큼 떨어진 지점이고, q는 B의 중심으로부터 $2L$만큼 떨어진 지점이다.

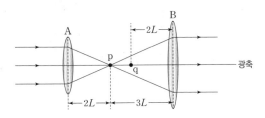

이에 대한 설명으로 옳은 것만을 〈보기〉에서 있는 대로 고른 것은?

─● 보기 ●─

ㄱ. 초점 거리는 A가 B의 $\frac{3}{2}$배이다.

ㄴ. 물체를 q에 놓았을 때, A에 의한 물체의 상은 실상이다.

ㄷ. 물체를 q에 놓았을 때, A에 의한 물체의 상과 B에 의한 물체의 상 사이의 거리는 $5L$이다.

① ㄱ ② ㄷ ③ ㄱ, ㄴ ④ ㄴ, ㄷ ⑤ ㄱ, ㄴ, ㄷ

[24027-0264]

06 그림은 볼록 렌즈 A 또는 B의 중심으로부터 a만큼 떨어진 지점에 물체를 놓은 것을 나타낸 것이다. 표는 A, B의 초점 거리와 A 또는 B에 의한 상의 배율을 나타낸 것이다.

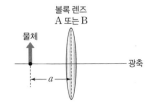

렌즈	초점 거리	상의 배율
A	$2a$	m_A
B	$3a$	m_B

$\dfrac{m_A}{m_B}$는?

① $\dfrac{6}{5}$ ② $\dfrac{5}{4}$ ③ $\dfrac{4}{3}$ ④ $\dfrac{3}{2}$ ⑤ 2

[24027-0265]

07 다음은 의료용 장비인 루페에 대한 설명이다.

의사들이 환자들을 치료할 때 눈의 광학적 결함을 보정하여 치료하려고 하는 부위를 더욱 정확하게 볼 수 있도록 의료용 루페라는 장비를 사용한다. 루페는 　⊙　를 사용하여 렌즈에서 치료 부위까지의 거리가 　⊙　의 초점 거리보다 　ⓒ　 때 확대된 　ⓒ　이 생겨 치료 부위를 크게 관찰할 수 있다.

⊙, ⓒ, ⓒ으로 가장 적절한 것은?

	⊙	ⓒ	ⓒ
①	볼록 렌즈	작을	정립 허상
②	볼록 렌즈	작을	도립 실상
③	볼록 렌즈	클	정립 허상
④	오목 렌즈	작을	정립 허상
⑤	오목 렌즈	클	도립 실상

[24027-0266]

08 그림은 두 개의 볼록 렌즈를 이용한 망원경으로 물체를 관찰하는 것을 나타낸 것이다. 대물렌즈와 접안렌즈의 초점 거리는 각각 $f_Ⅰ$, $f_Ⅱ$이고, Ⅰ, Ⅱ는 각각 대물렌즈와 접안렌즈에 의한 상을 나타낸 것이다.

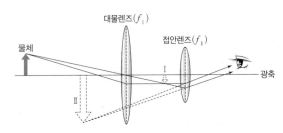

이에 대한 설명으로 옳은 것만을 〈보기〉에서 있는 대로 고른 것은?

─● 보기 ●─

ㄱ. Ⅱ는 실상이다.

ㄴ. 물체와 대물렌즈 중심 사이의 거리는 $f_Ⅰ$보다 크다.

ㄷ. Ⅰ과 접안렌즈 중심 사이의 거리는 $f_Ⅱ$보다 크다.

① ㄱ ② ㄴ ③ ㄱ, ㄷ ④ ㄴ, ㄷ ⑤ ㄱ, ㄴ, ㄷ

스크린에 생긴 상은 빛이 모여서 생긴 실상이고, (다), (라)에서 렌즈와 상이 생긴 스크린 사이의 거리는 각각 40 cm, 60 cm이다.

01 다음은 볼록 렌즈의 초점 거리를 측정하는 실험이다.

[24027-0267]

[실험 과정]

(가) 그림과 같이 광학대 위에 광원, 물체, 초점 거리가 $f_Ⅰ$인 볼록 렌즈, 스크린을 설치한다.

(나) 물체와 스크린 사이의 거리를 80 cm로 고정한다.

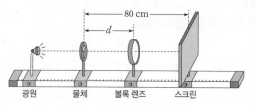

(다) 물체와 스크린 사이에 있는 렌즈를 움직여 스크린에 상이 또렷이 나타날 때 물체와 렌즈 사이의 거리 d를 측정한다.

(라) 볼록 렌즈를 초점 거리가 $f_Ⅱ$인 것으로 바꾸어 (다)를 반복한다.

[실험 결과]

과정	렌즈의 초점 거리	d
(다)	$f_Ⅰ$	40 cm
(라)	$f_Ⅱ$	20 cm

이에 대한 설명으로 옳은 것만을 〈보기〉에서 있는 대로 고른 것은?

● 보기 ●

ㄱ. 스크린에 생기는 상은 실상이다.

ㄴ. (라)에서 상의 배율은 3이다.

ㄷ. $\dfrac{f_Ⅰ}{f_Ⅱ}=\dfrac{4}{3}$이다.

① ㄱ   ② ㄷ   ③ ㄱ, ㄴ   ④ ㄴ, ㄷ   ⑤ ㄱ, ㄴ, ㄷ

(가), (나)에서 물체의 상의 크기가 같으므로 렌즈에 의한 상의 배율도 같다. 따라서 렌즈 중심으로부터 상까지의 거리는 (가)에서가 (나)에서의 $\dfrac{1}{2}$배이다.

02 그림 (가)는 볼록 렌즈의 중심으로부터 거리가 a인 지점에 물체를 놓은 것을, (나)는 (가)에서 물체를 렌즈로부터 멀어지는 방향으로 a만큼 이동시켜 렌즈 중심으로부터 거리가 $2a$인 지점에 물체를 놓은 것을 나타낸 것이다. (가), (나)에서 렌즈에 의한 물체의 상의 크기는 서로 같다.

[24027-0268]

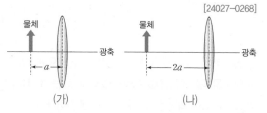

이에 대한 설명으로 옳은 것만을 〈보기〉에서 있는 대로 고른 것은?

● 보기 ●

ㄱ. 렌즈의 초점 거리는 $\dfrac{4}{3}a$이다.

ㄴ. (가)에서 상의 배율은 3이다.

ㄷ. (가)에서 상이 생긴 지점과 (나)에서 상이 생긴 지점 사이의 거리는 $6a$이다.

① ㄱ   ② ㄴ   ③ ㄱ, ㄷ   ④ ㄴ, ㄷ   ⑤ ㄱ, ㄴ, ㄷ

03 그림 (가)는 광학대에 스크린을 고정하고 물체와 볼록 렌즈를 이동시키며 스크린에 선명한 상이 생길 때 물체와 렌즈 사이의 거리 a, 물체와 스크린 사이의 거리 b를 측정하는 모습을, (나)는 (가)에서 b를 a에 따라 나타낸 것이다.

[24027-0269]

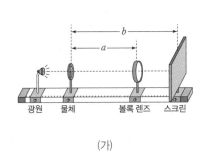

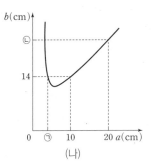

(가)   (나)

물체와 볼록 렌즈 사이의 거리가 a일 때, 렌즈와 상이 생긴 스크린 사이의 거리는 $b-a$이다.

이에 대한 설명으로 옳은 것만을 〈보기〉에서 있는 대로 고른 것은?

● 보 기 ●
ㄱ. 렌즈의 초점 거리는 6 cm이다.
ㄴ. ㉠은 4이다.
ㄷ. ㉡은 $\frac{65}{3}$이다.

① ㄱ   ② ㄴ   ③ ㄱ, ㄷ   ④ ㄴ, ㄷ   ⑤ ㄱ, ㄴ, ㄷ

04 그림 (가)와 같이 볼록 렌즈의 중심으로부터 거리가 a인 지점에 크기가 h_0인 물체를 놓았더니 렌즈 중심으로부터 거리가 b인 지점에 크기가 h인 상이 생겼다. 그림 (나)는 물체의 위치를 (가)에서 상이 생긴 지점으로 옮겼더니 렌즈 중심으로부터 거리가 $2b$인 지점에 상이 생긴 것을 나타낸 것이다.

[24027-0270]

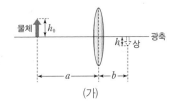

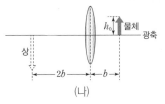

(가)   (나)

볼록 렌즈에 의한 물체의 상의 위치가 렌즈를 기준으로 물체의 반대쪽에 생길 때의 상은 빛이 모여서 생긴 실상이다.

이에 대한 설명으로 옳은 것만을 〈보기〉에서 있는 대로 고른 것은?

● 보 기 ●
ㄱ. (나)에서 상은 허상이다.
ㄴ. $h=\frac{1}{2}h_0$이다.
ㄷ. 렌즈의 초점 거리는 $\frac{1}{3}a$이다.

① ㄱ   ② ㄴ   ③ ㄱ, ㄷ   ④ ㄴ, ㄷ   ⑤ ㄱ, ㄴ, ㄷ

(가)에서 상의 배율이 $\frac{3}{2}$이므로 물체와 렌즈 사이의 거리는 렌즈와 상 사이의 거리의 $\frac{2}{3}$배이고, (나)에서 상의 배율이 2이므로 물체와 렌즈 사이의 거리는 렌즈와 상 사이의 거리의 $\frac{1}{2}$배이다.

05 그림 (가), (나)와 같이 초점 거리가 f인 볼록 렌즈 앞에 크기가 $2h$인 물체를 놓았더니 크기가 각각 $3h$, $4h$인 실상이 생겼다. (가), (나)에서 물체와 상 사이의 거리는 각각 d_0, d이다.

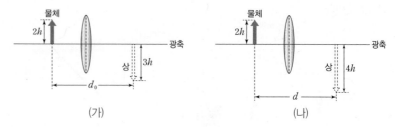

이에 대한 설명으로 옳은 것만을 〈보기〉에서 있는 대로 고른 것은?

● 보기 ●

ㄱ. (가)에서 물체와 렌즈 중심 사이의 거리는 $\frac{2}{5}d_0$이다.

ㄴ. $f=\frac{4}{25}d_0$이다.

ㄷ. $d=\frac{26}{25}d_0$이다.

① ㄱ   ② ㄴ   ③ ㄱ, ㄷ   ④ ㄴ, ㄷ   ⑤ ㄱ, ㄴ, ㄷ

$a>2f$이므로 A에 의한 물체의 상은 A를 기준으로 물체의 반대편에 도립 실상이 생기고, A에 의한 물체의 상의 위치와 B에 의한 물체의 상의 위치가 같으므로 B에 의한 상은 B를 기준으로 물체와 같은 쪽에 정립 허상이 생긴다.

06 그림은 초점 거리가 각각 $4f$, $5f$인 볼록 렌즈 A, B의 사이에 물체를 놓은 모습을 나타낸 것이다. A의 중심과 물체 사이의 거리, B의 중심과 물체 사이의 거리는 각각 $2a$, a이다. A에 의한 물체의 상의 위치와 B에 의한 물체의 상의 위치는 서로 같고, $a>2f$이다.

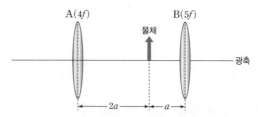

이에 대한 설명으로 옳은 것만을 〈보기〉에서 있는 대로 고른 것은?

● 보기 ●

ㄱ. A에 의한 물체의 상은 실상이다.

ㄴ. $a=4f$이다.

ㄷ. B에 의한 상의 배율은 6이다.

① ㄱ   ② ㄷ   ③ ㄱ, ㄴ   ④ ㄴ, ㄷ   ⑤ ㄱ, ㄴ, ㄷ

07 그림은 광축인 x축을 따라 $+x$방향으로 일정한 속력 1 cm/s로 운동하는 물체가 시간 $t=0$일 때 $x=0$인 지점을 지나는 모습을 나타낸 것이다. $t=4$초일 때 렌즈에 의한 물체의 상이 생기지 않는다.

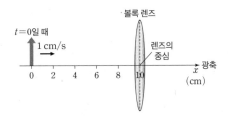

이에 대한 설명으로 옳은 것만을 〈보기〉에서 있는 대로 고른 것은?

> ● 보 기 ●
>
> ㄱ. 렌즈의 초점 거리는 6 cm이다.
> ㄴ. $t=1$초일 때, 상의 위치와 $t=2$초일 때 상의 위치 사이의 거리는 8 cm이다.
> ㄷ. $t=8$초일 때, 상의 배율은 $\dfrac{4}{3}$이다.

① ㄱ　　　② ㄴ　　　③ ㄱ, ㄷ　　　④ ㄴ, ㄷ　　　⑤ ㄱ, ㄴ, ㄷ

물체가 볼록 렌즈의 초점 거리에 있을 때 상이 생기지 않으므로 $t=4$초일 때 물체와 렌즈 중심 사이의 거리는 렌즈의 초점 거리와 같다.

08 그림 (가)와 같이 볼록 렌즈의 중심으로부터 거리가 a인 지점에 물체를 놓았더니 물체로부터 거리 b만큼 떨어진 지점에 축소된 실상이 생겼다. 그림 (나)는 (가)에서 물체를 렌즈를 향하는 방향으로 x만큼 이동시켰더니 물체로부터 b만큼 떨어진 지점에 배율이 2인 실상이 생긴 것을 나타낸 것이다.

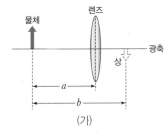
(가)

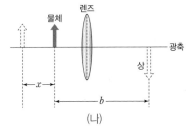
(나)

이에 대한 설명으로 옳은 것만을 〈보기〉에서 있는 대로 고른 것은?

> ● 보 기 ●
>
> ㄱ. $x=\dfrac{1}{2}a$이다.
> ㄴ. 렌즈의 초점 거리는 $\dfrac{1}{3}a$이다.
> ㄷ. 상의 배율은 (나)에서가 (가)에서의 4배이다.

① ㄱ　　　② ㄷ　　　③ ㄱ, ㄴ　　　④ ㄴ, ㄷ　　　⑤ ㄱ, ㄴ, ㄷ

(나)에서 렌즈에 의한 상의 배율이 2이므로 물체와 렌즈 중심 사이의 거리는 렌즈 중심과 상 사이의 거리의 $\dfrac{1}{2}$배이다.

스크린에 생긴 상은 빛이 모여 생긴 실상이므로 A에 의한 실상 I_A가 A와 B 사이에 생기고, B에 의한 I_A의 실상 I_B가 스크린에 생긴다.

09 다음은 두 렌즈에 의한 상을 관찰하는 실험이다.

[24027-0275]

[실험 과정]

(가) 그림과 같이 광학대 위에 광원, 물체, 초점 거리가 각각 f_A, f_B인 볼록 렌즈 A, B, 스크린을 설치한다.

(나) 물체와 A의 중심 사이의 거리 a, A의 중심과 B의 중심 사이의 거리 x, B의 중심과 스크린 사이의 거리 b를 각각 조절하며 스크린에 물체와 크기가 같은 정립상이 생길 때 a, x, b를 각각 측정한다.

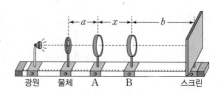

[실험 결과]

a	x	b
20 cm	60 cm	40 cm

이에 대한 설명으로 옳은 것만을 〈보기〉에서 있는 대로 고른 것은?

─● 보 기 ●─

ㄱ. 스크린에 생긴 상은 허상이다.

ㄴ. A에 의한 상의 배율은 1이다.

ㄷ. $\dfrac{f_A}{f_B} = \dfrac{1}{2}$이다.

① ㄱ   ② ㄴ   ③ ㄱ, ㄷ   ④ ㄴ, ㄷ   ⑤ ㄱ, ㄴ, ㄷ

A에 의한 상의 배율이 4, A와 B에 의한 최종 배율이 12이므로 B에 의한 I_A의 상의 배율은 3이다.

10 그림은 광축 위에 놓인 물체를 초점 거리가 각각 f_A, f_B인 현미경의 대물렌즈 A, 접안렌즈 B를 이용해 관찰하는 것을 나타낸 것이다. 물체와 A의 중심 사이의 거리는 a, A의 중심과 B의 중심 사이의 거리는 $7a$이고, A, B에 의한 상은 각각 I_A, I_B이다. I_A, I_B의 크기는 각각 물체의 크기의 4배, 12배이다.

[24027-0276]

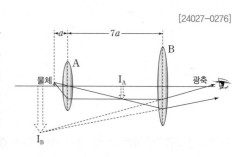

f_A, f_B로 옳은 것은?

	f_A	f_B		f_A	f_B		f_A	f_B
①	$\dfrac{4}{5}a$	$2a$	②	$\dfrac{4}{5}a$	$\dfrac{9}{4}a$	③	$\dfrac{4}{5}a$	$\dfrac{9}{2}a$
④	$\dfrac{5}{4}a$	$\dfrac{9}{2}a$	⑤	$\dfrac{5}{4}a$	$9a$			

14 빛과 물질의 이중성

1 광전 효과

(1) 광전 효과

① 1887년 헤르츠는 전자기파 검출 실험에서 방전 전극에 자외선을 비추면 방전이 잘 일어나는 것을 발견하였고, 음극선의 본질이 전자의 흐름이라는 것을 밝힌 톰슨(J. J. Thomson)은 빛에 의하여 금속 표면에서 튀어나오는 입자가 전자라는 것을 입증하였다.

② 빛에 의해 금속 표면에서 전자가 방출되는 현상을 광전 효과라 하고, 방출된 전자를 광전자라고 한다.

(2) 광전 효과 실험

① 그림과 같이 광전관에서 빛을 비추는 금속판에 전원의 (−)극을 연결하여 순방향 전압을 걸어 주면 광전자는 오른쪽으로 전기력을 받고, 빛을 비추는 금속판에 전원의 (+)극

순방향 전압

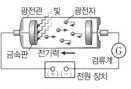
역방향 전압

을 연결하여 역방향 전압을 걸어 주면 광전자는 왼쪽으로 전기력을 받는다.

② 광전류와 광전자
  • 광전관의 금속판에 빛을 비추면 금속판에서 광전자가 튀어나와 회로에 전류가 흐르게 된다. 이 전류를 광전류라 하고, 빛에 의해 금속판에서 튀어나온 전자를 광전자라고 한다.
  • 순방향 전압을 걸어 주고 금속판에 특정 진동수보다 큰 진동수의 빛을 비추면 광전자가 튀어나와 회로에 전류가 흐른다. 이때 전압을 증가시켜도 전류의 세기는 거의 변하지 않는다. 그러나 역방향 전압을 걸어 주고 전압을 증가시키면 반대편 금속판에 도달하는 광전자의 수는 줄어들게 되어 광전류의 세기는 감소한다.

③ 광전자의 최대 운동 에너지(E_k)와 정지 전압(V_s): 광전관에 역방향 전압을 걸고 역방향 전압을 서서히 증가시킬 때 광전자가 반대편 금속판에 도달하지 못해 광전류가 0이 되는 순간의 전압을 정지 전압(V_s)이라고 하며, 정지 전압은 광전자의 최대 운동 에너지(E_k)에 비례한다.
  ➡ $E_k = eV_s$ (e: 기본 전하량)

(3) 광전 효과 실험 결과

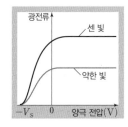
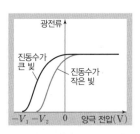
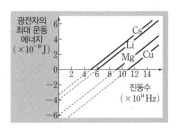

① 광전자는 특정한 진동수보다 큰 진동수의 빛을 비출 때 방출된다. 이 특정한 진동수를 문턱(한계) 진동수라고 하며, 문턱(한계) 진동수는 금속의 종류에 따라 다르다.

② 문턱(한계) 진동수보다 작은 진동수의 빛은 아무리 센 빛을 비춰도 광전류가 흐르지 않는다. 그러나 문턱(한계) 진동수보다 큰 진동수의 빛을 비추는 즉시 광전자가 방출되고, 빛의 세기가 증가할수록 광전류의 세기는 증가한다.

개념 체크

○ **광자(광양자)**: 빛을 연속적인 파동의 흐름이 아니라 불연속적인 에너지 입자의 흐름으로 해석할 수 있는데, 이때 이 입자를 광자라고 한다.

○ **일함수**: 금속 표면에서 전자를 방출시키는 데 필요한 최소한의 에너지이다.

1. 광양자설에 의하면 진동수가 f인 광자 1개의 에너지는 (　　)이다. (단, 플랑크 상수는 h이다.)

2. 문턱(한계) 진동수가 f인 금속판에 빛을 비출 때 방출된 광전자의 최대 운동 에너지는 비추는 빛의 진동수가 $3f$일 때가 $2f$일 때의 (　　)배이다.

3. 문턱(한계) 진동수가 f인 금속판에 비추는 빛의 진동수에 따른 광전자의 최대 운동 에너지 그래프에서 그래프가 진동수 축과 만나는 진동수값은 (　　)이고, 그래프의 기울기는 (　　)이다.

③ 금속 표면에서 방출된 광전자의 최대 운동 에너지(E_k)는 비춰진 빛의 세기에는 관계없고, 비춰진 빛의 진동수에 따라 변한다.

④ 비춰진 빛의 진동수와 광전자의 최대 운동 에너지(E_k)의 관계 그래프의 기울기는 플랑크 상수 h로 금속의 종류에 관계없이 일정하다.

(4) 빛의 파동 이론의 한계

① 파동 이론에 의하면 빛의 진동수가 아무리 작아도 빛의 세기를 증가시키거나 오래 비추면 금속 내의 전자는 충분한 에너지를 얻기 때문에 금속 표면으로부터 방출되어야 한다. 그러나 문턱(한계) 진동수보다 작은 진동수의 빛을 아무리 세게, 오래 비추어도 광전자는 방출되지 않고, 문턱(한계) 진동수보다 큰 진동수의 빛을 비추면 시간 지연 없이 광전자는 즉시 방출된다.

② 파동 이론에 의하면 광전자의 최대 운동 에너지(E_k)는 빛의 세기와 관계가 있어야 한다. 그러나 광전자의 최대 운동 에너지(E_k)는 빛의 진동수에만 관계가 있다.

2 아인슈타인의 광양자설

(1) 광양자설

① 1905년 아인슈타인은 플랑크가 제안한 양자설을 이용하여 '빛은 연속적인 파동 에너지의 흐름이 아니라 광자(광양자)라고 부르는 불연속적인 에너지를 가진 입자의 흐름이다.'라는 광양자설로 광전 효과를 설명하였다.

② 광양자설에 의하면 진동수 f인 광자 1개의 에너지 E는 다음과 같다.

$$E = hf = \frac{hc}{\lambda} \text{ (플랑크 상수 } h = 6.63 \times 10^{-34} \text{ J·s, 빛의 속력 } c = 3 \times 10^8 \text{ m/s)}$$

(2) 광양자설에 의한 광전 효과 해석

① **문턱(한계) 진동수와 일함수**: 진동수가 f인 빛을 금속 표면에 비추면 hf의 에너지를 가진 광자가 금속 표면의 전자와 충돌하여 광자의 에너지 전부를 전자에 주어 금속 표면의 전자를 외부로 떼어낸다. 이때 금속 표면의 전자를 외부로 떼어내는 데 필요한 최소한의 에너지를 일함수(W)라 하고, 일함수와 같은 에너지를 가진 광자의 진동수를 문턱(한계) 진동수(f_0)라고 한다.

② **광전자의 최대 운동 에너지와 빛의 진동수**: 문턱(한계) 진동수가 f_0인 금속 표면에 진동수가 f인 빛을 비출 때 방출되는 광전자가 가지는 최대 운동 에너지(E_k)는 다음과 같다.

$$E_k = hf - W = h(f - f_0) = h\left(\frac{c}{\lambda} - \frac{c}{\lambda_0}\right)$$

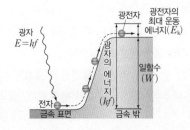

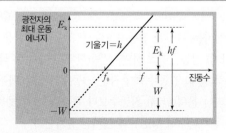

정답

1. hf

2. 2

3. f, 플랑크 상수(h)

개념 체크

○ **물질파(드브로이파)**: 물질 입자가 파동의 성질을 나타낼 때, 이 파동을 물질파 또는 드브로이파라고 한다.
○ **데이비슨·거머 실험**: 니켈 결정면에 전자선을 입사시켜 전자선의 회절을 발견하여 전자의 파동성을 입증하였다.
○ **톰슨의 전자 회절 실험**: X선의 회절 무늬와 전자선의 회절 무늬를 비교하여 전자의 파동성을 입증하였다.

과학 돋보기 | 광전 효과의 발견과 이용

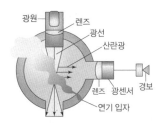

헤르츠는 전자기파 검출 실험을 하는 중에 우연히 유도 코일에 연결된 방전 전극에 자외선을 쪼이면 방전 현상이 훨씬 잘 일어난다는 것을 발견하였다. 후에 이 현상이 광전 효과에 의해 나타난다는 것을 알았다.

광전 효과를 이용한 화재 경보기는 평소에 광원에서 방출된 빛이 직진하여 광센서에 도달하지 못하지만, 화재가 발생하면 광원에서 방출된 빛이 연기에 의해 산란되어 광센서에 도달하여 경보가 울린다.

❸ 물질파

(1) 드브로이 물질파

① 1924년 드브로이는 파장 λ인 광자의 운동량이 $p=\dfrac{h}{\lambda}$인 것처럼, 속력 v로 움직이는 질량 m인 입자의 파장은 $\lambda=\dfrac{h}{p}=\dfrac{h}{mv}$를 만족한다고 제안하였다.

② 물질인 입자가 파동성을 가질 때 이 파동을 물질파 또는 드브로이파라 하고, 이때 파장을 드브로이 파장이라고 한다.

(2) 물질파의 확인

① **데이비슨·거머 실험**: 데이비슨과 거머는 니켈 결정에 느리게 움직이는 전자를 입사시킨 후 입사한 전자선과 튀어나온 전자가 이루는 각에 따른 회절된 전자 수의 분포를 알아보기 위해 검출기의 각 ϕ를 변화시키면서 각에 따라 검출되는 전자의 수를 측정하였다.

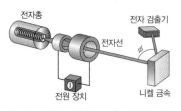
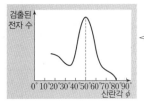

실험 결과: 54 V의 전위차로 전자를 가속한 경우 입사한 전자선과 50°의 각을 이루는 곳에서 튀어나오는 전자의 수가 가장 많았다. 이는 파동인 X선을 사용할 때와 동일한 결과이다.

- **실험 결과에 대한 해석**: 실험 결과와 같은 각도에서 보강 간섭이 일어나는 X선의 파장과 드브로이 물질파 이론을 적용하여 구한 전자의 파장이 일치한다는 사실로 드브로이의 물질파 이론을 입증하였다.

② **톰슨의 전자 회절 실험**: 톰슨(George Paget Thomson)은 X선과 동일한 드브로이 파장을 갖는 전자선을 얇은 금속박에 입사시킬 때 X선에 의한 회절 모양과 전자선에 의한 회절 모양이 같다는 것을 보여주어 전자의 물질파 이론을 입증하였다. 이때 전자의 속력을 빠르게 조절하면 물질파 파장이 짧아져 전자선에 의한 회절 무늬의 간격이 좁아진다.

X선의 회절 무늬

전자선의 회절 무늬

1. 입자의 운동량 크기가 p일 때, 입자의 물질파 파장은 (　　)이다. (단, 플랑크 상수는 h이다.)

2. 입자의 속력이 v일 때의 물질파 파장은 입자의 속력이 $2v$일 때의 물질파 파장의 (　　)배이다.

3. 데이비슨·거머 실험에서 검출된 전자의 수가 가장 많은 각도에서 (　　)이 일어나는 X선의 파장과 (　　) 이론을 적용한 전자의 파장이 일치한다.

4. 톰슨의 전자 회절 실험에서 전자의 속력을 (　　) 조절하면 물질파 파장이 짧아지고, 회절 무늬의 간격은 (　　).

정답

1. $\dfrac{h}{p}$
2. 2
3. 보강 간섭, 물질파
4. 빠르게, 좁아진다

개념 체크

● **양자 조건**: 원자 속의 전자는 특정한 조건을 만족하는 원 궤도를 회전할 때, 전자기파를 방출하지 않고 안정된 운동을 한다.
● **진동수 조건**: 전자가 양자 조건을 만족하는 궤도 사이에서 전이할 때 두 궤도의 에너지 차에 해당하는 전자기파를 흡수 또는 방출한다.
● **수소 원자의 전자 궤도의 반지름**:
$$r_n = a_0 n^2$$

1. 보어의 원자 모형 제1가설인 양자 조건에서 전자가 궤도 운동하는 원의 둘레가 전자의 (   ) 파장의 (   )배가 되는 파동을 이룰 때만 안정한 궤도를 이룬다.

2. 보어의 원자 모형 제2가설인 진동수 조건에서 전자가 에너지 차가 E인 두 원 궤도 사이에서 전이할 때, 방출하거나 흡수하는 전자기파의 진동수는 (   )이다. (단, 플랑크 상수는 h이다.)

3. 양자수가 n인 정상 상태에서 전자의 궤도 반지름은 (   )에 비례하고, 전자의 드브로이 파장은 (   )에 비례한다.

4 보어 원자 모형과 물질파

(1) 보어 원자 모형: 러더퍼드 원자 모형에서 원자의 안정성 문제, 선 스펙트럼 문제 등의 한계점을 해결하기 위해 두 가지 가설을 적용하여 새로운 원자 모형을 제시하였다.

① **제1가설(양자 조건)**: 원자 속의 전자는 특정한 조건을 만족하는 원 궤도를 회전할 때 전자기파를 방출하지 않고 안정된 궤도 운동을 계속한다. 전자의 질량을 m, 전자의 속력을 v, 전자가 회전하는 원 궤도의 반지름이 r이면 양자 조건은 다음과 같다.

$$2\pi r m v = nh \ (n=1, 2, 3, \cdots: 양자수, \ h: 플랑크 상수)$$

② **제2가설(진동수 조건)**: 전자가 양자 조건을 만족하는 원 궤도 사이에서 전이할 때는 두 궤도의 에너지 차에 해당하는 에너지($E_n - E_m = hf$)를 갖는 전자기파를 방출하거나 흡수한다.

(2) 보어 원자 모형에 드브로이 물질파 이론의 적용

① 보어의 제1가설을 드브로이 파장으로 표현하면 다음과 같이 나타낼 수 있다.

$$2\pi r = n\frac{h}{mv} = n\lambda \ (n=1, 2, 3, \cdots)$$

② 전자가 궤도 운동하는 원의 둘레가 드브로이 파장의 정수배가 되는 파동을 이룰 때만 안정한 궤도를 이룬다.

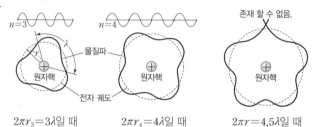

| $2\pi r_3 = 3\lambda$일 때 | $2\pi r_4 = 4\lambda$일 때 | $2\pi r = 4.5\lambda$일 때 |

③ 전자의 물질파가 원 궤도에서 드브로이 파장의 정수배가 되는 파동을 이룰 때만 전자가 에너지를 방출하지 않고 정상 상태를 유지하게 된다.

④ 전자의 원 궤도 둘레가 전자의 물질파 파장의 정수배와 일치하지 않는 경우에는 전자가 정상 상태를 유지하지 못하므로 전자의 궤도는 존재할 수 없다.

⑤ 보어는 양자 가설을 수소 원자에 적용하여 양자수 n인 전자 궤도의 반지름을 이론적으로 유도하여 다음과 같은 관계를 얻었다.

$$r_n = a_0 n^2 \ (a_0: 보어 반지름, \ a_0 = 0.53 \times 10^{-10} \text{ m} = 0.53 \text{ Å})$$

🔍 **과학 돋보기** ▌ 보어 원자 모형에서 전자 궤도의 반지름 유도

원자핵의 전하량을 $+e$, 전자의 질량과 전하량을 각각 m, $-e$라고 하면 뉴턴 운동 제2법칙으로부터 $m\frac{v^2}{r} = k\frac{e^2}{r^2}$ ···① 식이 성립한다.

양자수가 n일 때 전자의 속력을 v_n, 궤도 반지름을 r_n이라고 하고 보어의 양자 가설 $\left(2\pi r = n\left(\frac{h}{mv}\right) = n\lambda\right)$과 식 ①을 이용하면 수소 원자 내의 전자의 속력과 궤도 반지름은

$v_n = \frac{2\pi ke^2}{nh}$ ···②, $r_n = \frac{n^2 h^2}{4\pi^2 kme^2}$ ···③이 된다.

즉, 식 ③에서 h, k는 각각 플랑크 상수, 쿨롱 상수이고, m, e는 일정한 물리량이므로 전자의 궤도 반지름은 $r_n = a_0 n^2$ (a_0: 보어 반지름)으로 양자수의 제곱(n^2)에 비례한다.

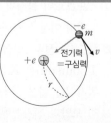

정답

1. 물질파, 정수

2. $\frac{E}{h}$

3. n^2, n

01 그림은 동일한 금속판에 단색광 P, Q를 각각 비추었을 때 Q를 비춘 금속판에서만 광전자가 방출되는 현상에 대해 학생 A, B, C가 대화하는 모습을 나타낸 것이다.

[24027-0277]

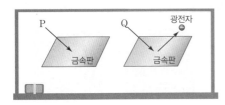

빛의 입자성으로 설명할 수 있는 현상이야.

진동수는 P가 Q보다 커.

P의 세기를 증가시키면 금속판에서 광전자가 방출 돼.

학생 A   학생 B   학생 C

제시한 내용이 옳은 학생만을 있는 대로 고른 것은?

① A   ② B   ③ A, C   ④ B, C   ⑤ A, B, C

02 다음은 문턱(한계) 진동수가 f인 금속판에 단색광 A~C를 비출 때 나타나는 결과를 정리한 것이다.

[24027-0278]

- 방출되는 광전자의 최대 운동 에너지는 A를 비출 때가 B를 비출 때의 2배이다.
- C를 비출 때는 광전자가 방출되지 않는다.

A~C의 상대적 세기와 진동수를 나타낸 것으로 가장 적절한 것은?

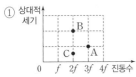
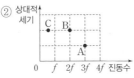
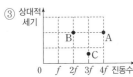
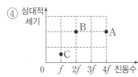
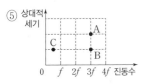

03 그림 (가)는 단색광을 금속판 P 또는 Q에 비추는 모습을, (나)는 P, Q에서 방출되는 광전자의 최대 운동 에너지를 금속판에 비추는 단색광의 진동수에 따라 나타낸 것이다.

[24027-0279]

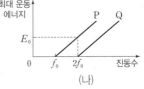

이에 대한 설명으로 옳은 것만을 〈보기〉에서 있는 대로 고른 것은? (단, 플랑크 상수는 h이다.)

보기

ㄱ. 일함수는 Q가 P의 2배이다.

ㄴ. $f_0 = \dfrac{E_0}{h}$이다.

ㄷ. 진동수가 $3f_0$인 단색광을 비출 때 방출되는 광전자의 최대 운동 에너지는 P에서가 Q에서의 2배이다.

① ㄱ   ② ㄷ   ③ ㄱ, ㄴ   ④ ㄴ, ㄷ   ⑤ ㄱ, ㄴ, ㄷ

04 그림은 광전 효과 실험 장치를, 표는 광전관의 금속판에 단색광 A, B, C를 각각 비출 때 측정된 정지 전압을 나타낸 것이다.

[24027-0280]

단색광	정지 전압
A	V_0
B	$2V_0$
C	$4V_0$

이에 대한 설명으로 옳은 것만을 〈보기〉에서 있는 대로 고른 것은?

보기

ㄱ. 방출되는 광전자의 최대 운동 에너지는 B를 비출 때가 A를 비출 때의 2배이다.

ㄴ. 진동수는 C가 B의 2배이다.

ㄷ. A와 C를 동시에 비출 때, 측정되는 정지 전압은 $5V_0$이다.

① ㄱ   ② ㄷ   ③ ㄱ, ㄴ   ④ ㄴ, ㄷ   ⑤ ㄱ, ㄴ, ㄷ

05 그림 (가)는 데이비슨·거머 실험에서 V의 전압으로 가속된 전자가 니켈 결정의 표면에 입사하여 산란되는 모습을, (나)는 (가)에서 검출된 전자의 개수를 산란각 θ에 따라 나타낸 것이다.

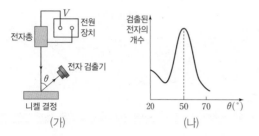

(가) (나)

이에 대한 설명으로 옳은 것만을 〈보기〉에서 있는 대로 고른 것은?

● 보기 ●

ㄱ. (나)는 전자의 파동성을 보여 주는 실험 결과이다.

ㄴ. $\theta=50°$로 산란된 전자의 물질파는 보강 간섭 조건을 만족한다.

ㄷ. 전원 장치의 전압을 $2V$로 증가시키면 전자총에서 방출되는 전자의 물질파 파장은 $\frac{1}{2}$배가 된다.

① ㄱ   ② ㄷ   ③ ㄱ, ㄴ   ④ ㄴ, ㄷ   ⑤ ㄱ, ㄴ, ㄷ

---

06 그림은 음극판에서 정지 상태인 전자가 전원 장치에 의해 크기가 F인 일정한 힘을 받아 양극판까지 등가속도 직선 운동을 한 후 양극판을 지나는 순간부터 등속도 운동을 하는 것을 나타낸 것이다. 전자의 질량은 m이고, 음극판과 양극판 사이의 거리는 d이다.

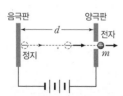

양극판을 통과한 후, 전자의 물질파 파장은? (단, 플랑크 상수는 h이다.)

① $\dfrac{h}{2\sqrt{mFd}}$ ② $\dfrac{h}{\sqrt{2mFd}}$ ③ $\dfrac{h}{\sqrt{mFd}}$

④ $\sqrt{\dfrac{2}{mFd}}h$ ⑤ $\dfrac{2h}{\sqrt{mFd}}$

---

07 그림 (가)는 X선을 금속박에 입사시킬 때 나타난 회절 무늬를, (나)는 질량이 m인 전자를 속력 v로 동일한 금속박에 입사시켰을 때 나타난 회절 무늬를 나타낸 것이다. (가)와 (나)에서 회절 무늬의 간격은 서로 같다.

(가) (나)

이에 대한 설명으로 옳은 것만을 〈보기〉에서 있는 대로 고른 것은? (단, 플랑크 상수는 h이다.)

● 보기 ●

ㄱ. X선의 파장은 $\frac{h}{mv}$이다.

ㄴ. (나)는 전자의 파동성으로 설명할 수 있다.

ㄷ. (나)에서 전자의 속력을 $2v$로 증가시키면 회절 무늬 간격이 넓어진다.

① ㄱ   ② ㄷ   ③ ㄱ, ㄴ   ④ ㄴ, ㄷ   ⑤ ㄱ, ㄴ, ㄷ

---

08 그림은 보어의 수소 원자 모형에서 양자수 $n=n_A$일 때와 $n=n_B$일 때의 전자의 원운동 궤도와 물질파를 모식적으로 나타낸 것이다. 실선과 점선은 각각 전자의 원운동 궤도와 물질파를 나타낸다.

$n=n_A$ $n=n_B$

이에 대한 설명으로 옳은 것만을 〈보기〉에서 있는 대로 고른 것은?

● 보기 ●

ㄱ. $n_A>n_B$이다.

ㄴ. 전자가 $n=n_A$의 상태에서 $n=n_B$인 상태로 전이할 때 에너지를 흡수한다.

ㄷ. 전자의 궤도 반지름은 $n=n_A$일 때가 $n=n_B$일 때보다 작다.

① ㄱ   ② ㄷ   ③ ㄱ, ㄴ   ④ ㄴ, ㄷ   ⑤ ㄱ, ㄴ, ㄷ

01 그림 (가)는 광전 효과 실험 장치의 금속판에 단색광을 비추는 모습을, (나)는 (가)에서 진동수가 각각 $2f$, $3f$인 단색광을 금속판에 비추었을 때, 광전관에 걸린 전압과 광전류의 세기를 나타낸 것으로 A, B는 진동수가 $2f$인 빛을 비출 때와 진동수가 $3f$인 빛을 비출 때를 순서 없이 나타낸 것이다.

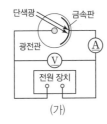 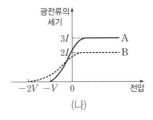

(가) (나)

광전 효과 실험에서 금속판에서 방출된 광전자의 최대 운동 에너지는 정지 전압에 비례하므로 방출된 광전자의 최대 운동 에너지는 A가 B보다 작다.

이에 대한 설명으로 옳은 것만을 〈보기〉에서 있는 대로 고른 것은?

 보 기

ㄱ. A는 진동수가 $2f$인 빛을 비출 때이다.

ㄴ. 금속판의 문턱(한계) 진동수는 $\frac{3}{2}f$이다.

ㄷ. 금속판에 진동수가 $2f$인 단색광과 진동수가 $3f$인 단색광을 동시에 비출 때, 정지 전압의 크기는 $3V$이다.

① ㄱ   ② ㄷ   ③ ㄱ, ㄴ   ④ ㄴ, ㄷ   ⑤ ㄱ, ㄴ, ㄷ

---

02 그림은 광전관의 금속판을 P 또는 Q로 바꿔가며 단색광 A 또는 B를 광전관의 금속판에 비추는 모습을, 표는 금속판에 비추는 단색광에 따른 금속판에서 방출되는 광전자의 물질파 파장의 최솟값을 나타낸 것이다.

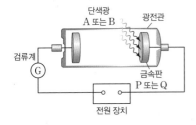

금속판	단색광	광전자의 물질파 파장의 최솟값
P	A	λ
	B	2λ
Q	A	㉠
	B	3λ

금속판에서 방출된 광전자의 최대 운동 에너지가 클수록 광전자의 물질파 파장의 최솟값이 작으므로 금속판에 비추는 단색광의 진동수는 A가 B보다 크다.

이에 대한 설명으로 옳은 것만을 〈보기〉에서 있는 대로 고른 것은?

보 기

ㄱ. 진동수는 A가 B보다 크다.

ㄴ. B를 비출 때 방출되는 광전자의 최대 운동 에너지는 금속판이 P일 때가 Q일 때의 $\frac{9}{4}$배이다.

ㄷ. ㉠은 $\sqrt{\dfrac{6}{5}}\lambda$이다.

① ㄱ   ② ㄷ   ③ ㄱ, ㄴ   ④ ㄴ, ㄷ   ⑤ ㄱ, ㄴ, ㄷ

A, B에서 광전자를 방출시키는 단색광 파장의 최댓값이 각각 2λ, 3λ이다. 단색광의 속력이 c라면 A, B의 문턱(한계) 진동수는 각각 $\dfrac{c}{2\lambda}$, $\dfrac{c}{3\lambda}$이다.

[24027–0287]

03 그림 (가)는 광전관의 금속판을 A 또는 B로 바꿔가며 단색광을 금속판에 비추는 모습을, (나)는 (가)에서 A, B에 단색광을 비추었을 때 방출되는 광전자의 최대 운동 에너지를 비추는 단색광의 파장에 따라 나타낸 것이다.

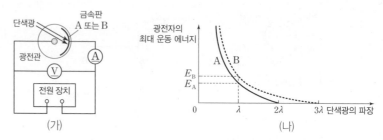
(가)   (나)

이에 대한 설명으로 옳은 것만을 〈보기〉에서 있는 대로 고른 것은?

● 보기 ●

ㄱ. 금속판의 문턱(한계) 진동수는 A가 B의 $\dfrac{2}{3}$배이다.

ㄴ. B의 일함수는 $\dfrac{1}{2}E_B$이다.

ㄷ. $\dfrac{E_B}{E_A} = \dfrac{4}{3}$이다.

① ㄱ   ② ㄴ   ③ ㄱ, ㄷ   ④ ㄴ, ㄷ   ⑤ ㄱ, ㄴ, ㄷ

전기장 영역에서 전자가 받는 전기력의 크기 $F = eE$이고, 전자가 등가속도 직선 운동을 하는 동안 알짜힘인 전기력이 전자에 한 일 $W = eEd$이다.

[24027–0288]

04 그림 (가)와 같이 전자 A가 세기가 E인 균일한 전기장 영역의 경계선 위의 점 p를 지나 전기장 영역으로 입사하여 x축과 나란한 방향으로 등가속도 직선 운동을 한 후 경계선 위의 점 q를 지나며 전기장 영역을 빠져 나온다. p와 q 사이의 거리는 d이고, 전자의 운동 에너지는 q에서가 p에서의 4배이다. 그림 (나)는 문턱(한계) 진동수가 f인 금속판에 진동수가 $3f$인 단색광을 비추었더니 광전자 B가 방출되는 것을 나타낸 것이다. B의 최대 운동 에너지는 q를 지나는 순간 A의 운동 에너지와 같고, 전자의 전하량은 $-e$이다.

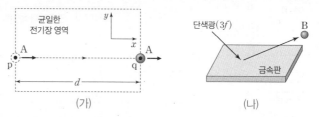
(가)   (나)

이에 대한 설명으로 옳은 것만을 〈보기〉에서 있는 대로 고른 것은? (단, 플랑크 상수는 h이다.)

● 보기 ●

ㄱ. (가)에서 전기장의 방향은 $-x$방향이다.

ㄴ. (가)에서 q를 지나는 순간 전자의 운동 에너지는 (나)의 금속판 일함수의 2배이다.

ㄷ. $f = \dfrac{2eEd}{3h}$이다.

① ㄱ   ② ㄴ   ③ ㄱ, ㄷ   ④ ㄴ, ㄷ   ⑤ ㄱ, ㄴ, ㄷ

[24027-0289]

05 다음은 광전 효과 실험이다.

[실험 과정]

(가) 그림과 같이 직류 전원 장치의 한 단자인 ㉠과 광전관의 금속 판을 연결한 광전 효과 실험 장치, 광원 장치를 설치한다.

(나) 광원 장치에서 진동수가 f인 단색광을 방출하여 금속판에 비추어 전류계에 전류가 흐르게 한다.

(다) 전원 장치의 전압 크기를 조절하여 광전류의 세기가 처음으로 0이 되었을 때의 전압의 크기를 측정한다.

(라) 단색광의 진동수를 각각 2배, 4배로 증가시킨 후 과정 (나), (다)를 반복한다.

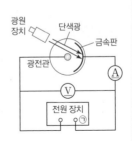

[실험 결과]

실험	단색광의 진동수	광전류가 0일 때 전압
I	f	V
II	$2f$	$3V$
III	$4f$	㉡

이에 대한 설명으로 옳은 것만을 〈보기〉에서 있는 대로 고른 것은?

┌─● 보 기 ●─────────────────────────
ㄱ. ㉠은 (+)극이다.

ㄴ. 금속판의 문턱(한계) 진동수는 $\frac{1}{2}f$이다.

ㄷ. ㉡은 $9V$이다.
└───────────────────────────────

① ㄱ 　　② ㄷ 　　③ ㄱ, ㄴ 　　④ ㄴ, ㄷ 　　⑤ ㄱ, ㄴ, ㄷ

광전 효과 실험 장치에서 광전류가 0일 때의 정지 전압을 측정하기 위해서는 전자가 단색광을 비추는 금속판 방향으로 전기력을 받도록 역방향의 전압을 걸어 주어야 한다.

[24027-0290]

06 그림은 입자 A, B의 물질파 파장을 입자의 운동 에너지에 따라 나타낸 것이다. A, B의 질량은 각각 m_A, m_B이다. 이에 대한 설명으로 옳은 것만을 〈보기〉에서 있는 대로 고른 것은?

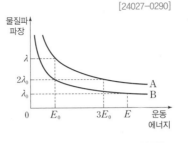

┌─● 보 기 ●─────────────────────────
ㄱ. $\lambda = 4\lambda_0$이다.

ㄴ. $E = 4E_0$이다.

ㄷ. $\dfrac{m_A}{m_B} = \dfrac{1}{9}$이다.
└───────────────────────────────

① ㄱ 　　② ㄴ 　　③ ㄱ, ㄷ 　　④ ㄴ, ㄷ 　　⑤ ㄱ, ㄴ, ㄷ

입자의 질량이 같을 때 입자의 운동 에너지가 n배 증가하면 입자의 물질파 파장은 $\dfrac{1}{\sqrt{n}}$배 짧아진다.

[24027-0291]

전기장의 방향이 y축과 나란한 방향이므로 A, B는 전기장 영역에서 포물선 운동을 하는 동안 x축 방향으로는 등속도 운동, y축 방향으로는 등가속도 직선 운동을 한다.

07 그림과 같이 질량이 같은 입자 A, B가 y축과 나란한 방향으로 형성된 균일한 전기장 영역의 경계선 위의 점 p, q를 +x방향으로 동시에 지난 후, 전기장 영역에서 포물선 운동을 하여 전기장 영역의 경계선 위의 점 r, s를 동시에 지나며 전기장 영역을 빠져 나간다. 포물선 운동을 하는 동안 A, B가 x축 방향으로 이동한 거리는 각각 $3d$, $2d$이고, y축 방향으로 이동한 거리는 d로 같다.

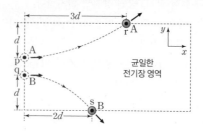

이에 대한 설명으로 옳은 것만을 〈보기〉에서 있는 대로 고른 것은?

• 보기 •

ㄱ. p에서 A의 속력은 q에서 B의 속력의 $\frac{3}{2}$배이다.

ㄴ. 전하량의 크기는 A가 B의 $\frac{2}{3}$배이다.

ㄷ. 물질파 파장은 r에서 A가 s에서 B의 $\frac{8}{13}$배이다.

① ㄱ ② ㄴ ③ ㄱ, ㄷ ④ ㄴ, ㄷ ⑤ ㄱ, ㄴ, ㄷ

[24027-0292]

n이 각각 n_A, n_B, n_C일 때 전자의 원운동 궤도 둘레는 전자의 물질파 파장의 2배, 5배, 4배이므로 $n_A=2$, $n_B=5$, $n_C=4$이다.

08 그림은 양자수 n이 각각 n_A, n_B, n_C인 전자의 원운동 궤도와 물질파를 모식적으로 나타낸 것이다. 전자의 에너지 준위 $E_n=-\dfrac{E_0}{n^2}$이고, 실선과 점선은 각각 전자의 원운동 궤도와 물질파를 나타낸다.

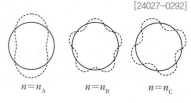

$n=n_A$ $n=n_B$ $n=n_C$

이에 대한 설명으로 옳은 것만을 〈보기〉에서 있는 대로 고른 것은?

• 보기 •

ㄱ. $n_A>n_C$이다.

ㄴ. 전자가 $n=n_A$인 상태에서 $n=n_B$인 상태로 전이할 때 에너지를 흡수한다.

ㄷ. $n=n_A$와 $n=n_C$ 사이에서 전자가 전이할 때, 흡수 또는 방출되는 광자 1개의 에너지는 $\frac{3}{16}E_0$이다.

① ㄱ ② ㄴ ③ ㄱ, ㄷ ④ ㄴ, ㄷ ⑤ ㄱ, ㄴ, ㄷ

15 불확정성 원리

1 불확정성 원리

(1) 측정의 정밀성에 대한 문제

① **고전 역학**: 측정 과정에서 측정 도구가 측정 대상에 미치는 영향을 얼마든지 줄일 수 있다고 생각하여 물리량을 무한히 정밀하게 측정하고 예측할 수 있다고 가정한다.

② **양자 역학**: 측정 과정에서 측정 도구와 측정 대상의 상호 작용은 측정하려는 대상의 상태를 변화시킨다. 따라서 대상의 물리량을 무한히 정밀하게 측정하는 것은 불가능하다.

(2) 하이젠베르크의 불확정성 원리

① **위치의 불확정성(Δx)**: 전자의 위치를 측정하기 위해 빛을 전자에 비춰 빛이 산란되는 위치를 현미경을 통하여 보아야 하는데, 회절에 의해 상이 흐려지므로 위치를 정확하게 측정하기 어렵다. 빛의 파장이 짧을수록 전자의 위치의 불확정성 Δx는 감소한다.

② **운동량의 불확정성(Δp)**: 전자에 비춰준 빛은 운동량을 지닌 광자로 생각할 수 있으므로 광자는 전자와 충돌하여 전자의 운동량을 변화시키게 되어 운동량을 정확하게 알기 어렵다. 이때 파장이 λ인 광자의 운동량이 $p=\dfrac{h}{\lambda}$이므로 광자의 파장이 짧을수록 전자의 운동량의 불확정성 Δp는 증가한다.

③ **하이젠베르크의 불확정성 원리**

- 짧은 파장의 빛을 이용하면 입자의 위치는 정확하게 측정할 수 있지만 운동량의 불확정성은 증가한다. 반대로 긴 파장의 빛을 이용하면 입자의 운동량의 정확성을 높일 수 있지만 입자의 위치의 불확정성은 증가한다.
- 불확정성 원리: 입자성과 파동성을 모두 띠고 있는 물체의 위치와 운동량을 동시에 정확하게 측정하는 것은 불가능하다. 위치와 운동량의 측정에 대한 불확정성 원리를 식으로 표현하면 다음과 같다.

$$\Delta x \Delta p \geq \frac{h}{2} \left(\text{단, } h=\frac{h}{2\pi},\ h=6.63\times 10^{-34}\,\text{J·s} \right)$$

🧪 탐구자료 살펴보기 — 전자의 회절과 불확정성 원리

자료

그림과 같이 전자가 폭이 a인 단일 슬릿을 통과할 때, 슬릿을 통과한 전자는 형광 스크린에 밝고 어두운 무늬를 만든다.

- 슬릿의 폭 a가 작아지면 회절 무늬의 폭 D가 커진다.
- 슬릿의 폭 a가 커지면 회절 무늬의 폭 D가 작아진다.

분석 및 point

전자의 위치의 불확정성 Δy는 슬릿의 폭 a에 비례한다고 할 수 있고, 회절 무늬의 폭 D가 크다는 것은 운동량의 y성분 불확정성(Δp_y)이 크다는 것을 의미한다. 즉, 슬릿의 폭이 좁아지면 전자의 위치에 대한 정보는 정확해지지만, 전자의 운동량에 대한 정보는 더 부정확해지므로 불확정성 원리가 성립된다.

개념 체크

○ **양자 역학에서의 측정**: 측정 대상과 측정 장비의 상호 작용은 측정하려는 대상의 상태를 변화시키므로 무한히 정밀하게 측정하는 것은 불가능하다.

○ **불확정성 원리**: 어떤 물체의 위치와 운동량을 동시에 정확하게 측정하는 것은 불가능하다.

---

1. ( ) 역학의 관점에서는 측정 과정에서 측정 도구와 측정 대상의 ( )에 의해 대상의 물리량을 무한히 정밀하게 측정하는 것은 불가능하다.

2. 하이젠베르크의 양자 현미경 사고 실험에서 파장이 λ인 광자의 운동량의 크기가 ( )이므로 광자의 파장이 짧을수록 전자의 운동량의 불확정성은 (증가 , 감소)한다. (단, 플랑크 상수는 h이다.)

3. 입자성과 파동성을 모두 띠고 있는 입자의 ( )와 운동량을 동시에 정확하게 측정하는 것은 불가능하다.

4. 전자의 회절 실험에서 슬릿의 폭이 좁아지면 전자의 ( )에 대한 정보는 정확해지지만, 전자의 ( )에 대한 정보는 부정확해진다.

정답

1. 양자, 상호 작용
2. $\dfrac{h}{\lambda}$, 증가
3. 위치
4. 위치, 운동량

1. 보어의 수소 원자 모형에서는 전자가 원자핵으로부터 떨어진 거리의 불확정성, 중심 방향으로의 운동량 불확정성이 모두 (　　)이므로 (　　) 원리에 위배된다.

2. (　　)는 슈뢰딩거 방정식의 해로 직접 측정이나 관찰이 (　　) 양이다.

3. 파동 함수의 절댓값의 (　　)으로 표현되는 (　　)의 값에 부피를 곱하면 그 공간에서 전자를 발견할 확률이 된다.

4. 전자를 발견할 수 있는 전 구간에 대한 확률 밀도 함수의 합은 (　　)이다.

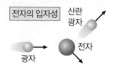 **과학 돋보기** 　불확정성 원리와 상보성의 원리

전자의 위치를 보다 정확히 알기 위해서는 짧은 파장의 빛을 이용한 현미경을 사용해야 하지만, 이 때문에 전자의 운동량 측정은 더욱 부정확해진다. 하이젠베르크는 관측 행위가 관측 대상에 영향을 준다는 새로운 사고의 틀을 찾아내었다. 이와 유사하게 보이는 양자 역학이 적용되는 미시 세계의 물체는 어떤 실험을 하느냐에 따라 입자 또는 파동의 성질을 보인다고 주장하였다. 이를 보어의 상보성 원리라고 한다. 예를 들면, 전자는 광자와 충돌할 때는 입자의 성질을 보이지만 결정격자를 통한 회절 실험에서는 파동처럼 행동한다. 하지만 절대로 동시에 입자이며 파동일 수 없다는 점에서 상호 보완성 또는 상보성이라고 부른다.

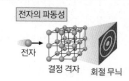

(3) 불확정성 원리와 보어 원자 모형의 한계

① 보어는 수소 원자 모형에 양자 가설을 적용하여 전자는 원자핵으로부터 반지름이 r인 원 궤도를 속력 v로 운동한다고 유도하였다. 이때 r는 약 0.5×10^{-10} m, v는 약 10^6 m/s 정도이다. 또한 보어의 원자 모형에서는 양자수 n에 따른 전자의 궤도가 $r_n = a_0 n^2$으로 n에 따라 정확히 주어진다.

전자의 운동에 대한 보어의 가정

보어 모형에 따른 전자의 궤도

② 보어의 원자 모형에 따른 전자가 원자핵으로부터 떨어진 거리의 불확정성 $\Delta r = 0$이고, 전자의 원 운동 궤도 중심 방향의 운동량의 불확정성 $\Delta p_r = 0$이다. 따라서 $\Delta r \Delta p_r = 0$이 되어 $\Delta r \Delta p_r \geq \dfrac{h}{2}$라는 하이젠베르크의 불확정성 원리에 위배된다.

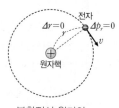

불확정성 원리와 보어 원자 모형

---

2 현대적 원자 모형

(1) 파동 함수와 확률 밀도 함수

① **파동 함수(ψ)**: 1926년 슈뢰딩거는 드브로이의 물질파 이론을 받아들여 전자와 같은 매우 작은 입자의 운동을 설명할 수 있는 슈뢰딩거 파동 방정식을 제안하였고, 이 방정식의 해를 보통 ψ로 나타내며 이를 파동 함수라고 한다. 파동 함수 ψ는 직접 측정하거나 관찰할 수 없는 양이다.

② **확률 밀도 함수($|\psi|^2$)**: 전자가 어떤 시간에 특정 위치에서 발견될 확률 정보로 파동 함수 ψ의 절댓값의 제곱으로 나타낸다. 즉, 이 값에 그 주변의 부피를 곱하면 그 공간에서 전자를 발견할 확률이 된다. 실험적으로 어떤 시간에 특정한 영역에서 전자를 발견할 확률은 유한하고, 그 값은 0과 1 사이이다. 또한 전자를 발견할 수 있는 전 영역에 대한 확률 밀도 함수의 합은 1이다.

(2) **원자의 양자수**: 슈뢰딩거 방정식으로 전자의 파동 함수를 결정하는 값으로, 3개의 양자수 n, l, m으로 나타낸다.

양자수	명칭	허용된 값
n	주 양자수(→ 전자의 에너지를 결정)	$1, 2, 3, \cdots, \infty$
l	궤도 양자수(→ 전자의 각운동량의 크기를 결정)	$0, 1, 2, \cdots, n-1$
m	자기 양자수(→ 각운동량의 한 성분을 결정)	$-l, -l+1, \cdots, 0, \cdots, l-1, l$

• 주 양자수가 2인 경우 양자수(n, l, m): $(2, 0, 0)$, $(2, 1, -1)$, $(2, 1, 0)$, $(2, 1, 1)$

(3) **현대적 원자 모형**

① 파동 함수는 전자를 발견할 확률을 알려주는데, 수소 원자에서 전자를 발견할 확률은 보어 모형에서 기술한 것과 다르게 3차원으로 분포된 전자구름의 형태를 보인다.

• 주 양자수가 $n=1$일 때 $(1, 0, 0)$인 상태

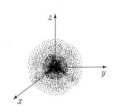 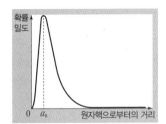

• 주 양자수가 $n=2$일 때 $(2, 0, 0)$인 상태

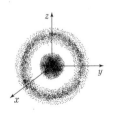 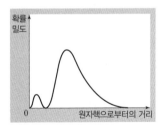

② 전자는 공간에 반드시 존재해야 하므로 전 공간에서 전자를 발견할 확률을 더하면 그 값은 1이어야 한다. 따라서 확률 밀도 그래프 아래의 전체 넓이는 1이다.

③ 보어 원자 모형과 현대적 원자 모형의 공통점

• 현대적 원자 모형에서 수소 원자의 에너지 준위 E_n은 보어 원자 모형에서 구한 값과 같으며 그 값은 다음과 같다.

$$E_n = -\frac{13.6 \text{ eV}}{n^2}$$

• 전자가 다른 에너지 준위로 전이할 때 두 에너지 준위의 차에 해당하는 빛을 흡수하거나 방출한다. 따라서 다음 식은 양자 역학에서도 그대로 성립한다.

$$E_n - E_m = hf \ (n > m)$$

④ 보어 원자 모형은 불확정성 원리를 반영하고 있지 않지만 현대적 원자 모형은 불확정성 원리를 포함한다. 현대적 원자 모형에서는 스핀 양자수를 포함하여 양자수 4개가 필요하다. 또한 보어 원자 모형은 전자의 개수가 1개인 수소 원자에만 적용될 수 있는 반면, 현대적 원자 모형은 전자의 개수가 많은 다전자 원자일 때에도 모두 적용될 수 있다.

개념 체크

○ **주 양자수**(n): 전자의 에너지를 결정하는 양자수
○ **궤도 양자수**(l): 전자의 각운동량의 크기를 결정하는 양자수
○ **자기 양자수**(m): 각운동량의 한 성분을 결정하는 양자수

1. 주 양자수 n은 수소 원자에서 전자의 (   )를 결정하는 양자수이다.

2. 주 양자수 $n=2$일 때, 전자의 각운동량의 크기를 결정하는 궤도 양자수는 (   )과 (   )이 가능하다.

3. 궤도 양자수 $l=1$일 때, 전자의 각운동량의 한 성분을 결정하는 자기 양자수는 총 (   )개가 가능하다.

4. 보어 원자 모형과 현대적 원자 모형에서는 주 양자수가 n인 수소 원자의 에너지 준위 E_n이 (   )에 반비례하는 음(−)의 값을 가진다.

5. 불확정성 원리가 적용되는 현대적 원자 모형에서는 파동 함수를 결정할 때, (   )를 포함하여 양자수 4개가 필요하다.

정답

1. 에너지
2. 0, 1
3. 3
4. n^2
5. 스핀 양자수

01 다음은 하이젠베르크가 발견한 원리에 대한 설명이다.

[24027-0293]

> 하이젠베르크가 주장한 ⓐ 원리는 양자 역학이 지배하는 미시 세계가 고전적인 거시 세계와 근본적으로 다름을 나타내는 대표적인 사례이다. 하이젠베르크는 사고 실험을 통해 어떤 입자의 위치와 ⓒ 을/를 동시에 정확하게 측정할 수 없다고 확신했다. ⓒ 은/는 고전적으로 물체의 질량과 ⓓ 의 곱으로 주어지는 물리량으로 전자의 위치의 정확도를 높이려는 시도가 전자의 ⓒ 을/를 크게 변화시킨다.

ⓐ, ⓒ, ⓓ으로 가장 적절한 것은?

	ⓐ	ⓒ	ⓓ
①	등가	관성력	가속도
②	등가	운동량	속도
③	불확정성	관성력	가속도
④	불확정성	운동량	속도
⑤	불확정성	운동 에너지	운동량

02 다음은 하이젠베르크 불확정성 원리에 대해 학생 A, B, C 가 대화하는 모습을 나타낸 것이다.

[24027-0294]

[불확정성 원리]

$$\Delta x \Delta p \boxed{\text{ⓐ}} \frac{h}{2}$$

$$\left(\begin{array}{l}\Delta x: \text{위치의 불확정성} \\ \Delta p: \text{운동량의 불확정성}\end{array}\right)$$

보어의 수소 원자 모형은 불확정성 원리를 만족하지 않아.

ⓐ은 '≤'이야.

측정 장비가 발달하면 위치와 운동량을 동시에 정확하게 측정할 수 있어.

학생 A　학생 B　학생 C

제시한 내용이 옳은 학생만을 있는 대로 고른 것은?

① A　② B　③ A, C　④ B, C　⑤ A, B, C

03 그림은 운동량의 크기가 p인 입자 A가 폭이 Δy인 단일 슬릿에 $+x$방향으로 입사하는 것을 나타낸 것이다. Δp_y는 A가 슬릿을 통과한 후 A의 y축 방향의 운동량 불확정성이다.

[24027-0295]

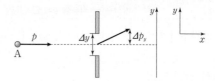

이에 대한 설명으로 옳은 것만을 〈보기〉에서 있는 대로 고른 것은? (단, 플랑크 상수는 h이다.)

> **보기**
> ㄱ. 슬릿을 통과하기 전 A의 물질파 파장은 $\frac{h}{p}$이다.
> ㄴ. Δy를 증가시키면 Δp_y는 증가한다.
> ㄷ. A의 운동량 크기를 증가시키면 슬릿에서 A의 위치 불확정성은 커진다.

① ㄱ　② ㄷ　③ ㄱ, ㄴ　④ ㄴ, ㄷ　⑤ ㄱ, ㄴ, ㄷ

04 그림은 빛을 전자에 비춰 현미경을 통해 전자의 위치를 측정하는 사고 실험을 나타낸 것이다.
빛(광자)의 파장을 짧게 할 때, 이에 대한 설명으로 옳은 것만을 〈보기〉에서 있는 대로 고른 것은?

[24027-0296]

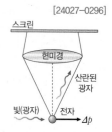

> **보기**
> ㄱ. 전자의 위치 불확정성은 감소한다.
> ㄴ. 전자의 운동량 불확정성은 증가한다.
> ㄷ. 파장이 특정한 값보다 작을 때, 전자의 위치와 운동량을 동시에 정확하게 측정할 수 있다.

① ㄱ　② ㄷ　③ ㄱ, ㄴ　④ ㄴ, ㄷ　⑤ ㄱ, ㄴ, ㄷ

05 그림은 전자가 바닥 상태에 있는 [24027-0297]
수소 원자에 적용한 현대적 원자 모형을
나타낸 것이다.
이에 대한 설명으로 옳은 것만을 〈보기〉에
서 있는 대로 고른 것은?

● 보 기 ●
ㄱ. 보어가 제시한 원자 모형이다.
ㄴ. 전자의 위치는 일정 범위에서 전자가 존재할 확률로
   알 수 있다.
ㄷ. 불확정성 원리를 만족한다.

① ㄱ   ② ㄷ   ③ ㄱ, ㄴ   ④ ㄴ, ㄷ   ⑤ ㄱ, ㄴ, ㄷ

07 다음은 현대적 원자 모형과 보어의 원자 모형의 공통점과 [24027-0299]
차이점에 대한 설명이다.

[공통점] 양자수가 n일 때의 수소 원자 에너지 준위 E_n은
보어 원자 모형에서 구한 값과 같으며 그 값은 n이 증가
할수록 〔 ㉠ 〕한다.
[차이점] 현대적 원자 모형은 〔 ㉡ 〕 원리를 만족하지만,
보어의 원자 모형은 〔 ㉡ 〕 원리에 위배된다.

이에 대한 설명으로 옳은 것만을 〈보기〉에서 있는 대로 고른 것은?

● 보 기 ●
ㄱ. 수소 원자의 에너지 준위는 불연속적이다.
ㄴ. '증가'는 ㉠으로 적절하다.
ㄷ. '불확정성'은 ㉡으로 적절하다.

① ㄱ   ② ㄷ   ③ ㄱ, ㄴ   ④ ㄴ, ㄷ   ⑤ ㄱ, ㄴ, ㄷ

06 그림 (가), (나)는 각각 보어의 원자 모형과 현대적 원자 모형 [24027-0298]
을 순서 없이 나타낸 것이다. (나)의 원자 모형에서는 전자의 정확
한 궤도 반지름을 알 수 있다.

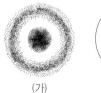

(가)   (나)

이에 대한 설명으로 옳은 것만을 〈보기〉에서 있는 대로 고른 것은?

● 보 기 ●
ㄱ. (가)는 보어의 원자 모형이다.
ㄴ. (가)의 모형은 불확정성 원리를 만족한다.
ㄷ. (나)의 모형에서는 수소 원자에서 방출되는 선 스펙트
   럼을 설명할 수 없다.

① ㄱ   ② ㄴ   ③ ㄱ, ㄷ   ④ ㄴ, ㄷ   ⑤ ㄱ, ㄴ, ㄷ

08 다음은 보어의 수소 원자 모형과 현대적 수소 원자 모형의 [24027-0300]
특징을 순서 없이 나타낸 것이다.

(가) 파동 함수에 의한 전자가 발견될 확률을 알 수 있고,
    전자를 발견할 확률은 전자구름의 형태를 보인다.
(나) 전자는 원자핵으로부터 전기력을 받아 안정한 원 궤
    도에서 운동한다.

이에 대한 설명으로 옳은 것만을 〈보기〉에서 있는 대로 고른 것은?

● 보 기 ●
ㄱ. (가)는 현대적 원자 모형이다.
ㄴ. (나)는 불확정성 원리를 만족한다.
ㄷ. (나)에서 전자와 원자핵 사이에 서로 당기는 전기력이
   작용한다.

① ㄱ   ② ㄴ   ③ ㄱ, ㄷ   ④ ㄴ, ㄷ   ⑤ ㄱ, ㄴ, ㄷ

보어의 수소 원자 모형은 양자수 n에 따라 전자의 궤도 반지름과 중심 방향의 운동량이 모두 정확한 값으로 결정되어 하이젠베르크의 불확정성 원리에 위배된다.

[24027-0301]

01 다음은 보어의 수소 원자 모형과 불확정성 원리의 관계에 대한 탐구 과정이다.

[보어의 수소 원자 모형]

　보어는 양자 가설을 적용하여 전자는 원자핵으로부터 일정한 거리만큼 떨어진 원 궤도를 일정한 속력으로 운동한다고 유도하였다. 이때 양성자와 전자 사이의 전기력이 구심력과 같으므로 전자의 속력 v_n은 양자수 n에 반비례하고, 전자의 궤도 반지름 r_n은 　⊙　에 비례한다.

[불확정성 원리와의 관계]

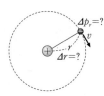

　보어의 원자 모형에 따른 전자가 원자핵으로부터 떨어진 거리의 불확정성 Δr와 중심 방향의 운동량의 불확정성 Δp_r가 모두 　ⓒ　이므로 $\Delta r \Delta p_r$ 　ⓒ　 $\dfrac{\hbar}{2}$ (단, $\hbar = \dfrac{h}{2\pi}$, $h = 6.63 \times 10^{-34}$ J·s)라는 하이젠베르크의 불확정성 원리에 위배된다.

⊙, ⓒ, ⓒ으로 옳은 것은?

	⊙	ⓒ	ⓒ		⊙	ⓒ	ⓒ
①	$\dfrac{1}{n}$	0	$\geq$	②	n	0	$\geq$
③	n	h	$\leq$	④	n^2	0	$\geq$
⑤	n^2	h	$\leq$				

[24027-0302]

전자의 속력이 작을수록 전자의 물질파 파장이 길어져 회절이 잘 일어나고, 슬릿의 폭이 넓을수록 슬릿을 통과할 때 전자의 위치 불확정성은 커진다.

02 그림은 단일 슬릿에 전자를 $+x$방향으로 입사시키는 것을 나타낸 것이다. 표는 각 실험 과정에서 슬릿에 입사하는 전자의 속력과 슬릿의 폭을 각각 나타낸 것이다.

실험	전자의 속력	슬릿의 폭
Ⅰ	v	a
Ⅱ	v	$2a$
Ⅲ	$2v$	$2a$

이에 대한 설명으로 옳은 것만을 〈보기〉에서 있는 대로 고른 것은?

● 보기 ●

ㄱ. 슬릿에 입사하기 전 전자의 물질파 파장은 Ⅰ에서가 Ⅲ에서의 2배이다.

ㄴ. 슬릿에서 전자의 위치 불확정성은 Ⅱ에서가 Ⅲ에서보다 크다.

ㄷ. 슬릿을 통과한 후 전자의 y축 방향의 운동량 불확정성은 Ⅰ에서가 Ⅱ에서보다 작다.

① ㄱ　　　② ㄴ　　　③ ㄱ, ㄷ　　　④ ㄴ, ㄷ　　　⑤ ㄱ, ㄴ, ㄷ

03 그림은 전자에 광자를 충돌시켜 산란된 광자를 통해 전자를 관찰하는 것을 모식적으로 나타낸 것이다.

[24027-0303]

전자에 비추는 광자의 진동수를 증가시킬 때, 이에 대한 설명으로 옳은 것만을 〈보기〉에서 있는 대로 고른 것은?

● 보기 ●
ㄱ. 전자에 비추는 광자의 운동량의 크기는 증가한다.
ㄴ. 전자의 위치 불확정성은 감소한다.
ㄷ. 전자의 위치 불확정성과 운동량 불확정성의 곱이 0이 된다.

① ㄱ   ② ㄷ   ③ ㄱ, ㄴ   ④ ㄴ, ㄷ   ⑤ ㄱ, ㄴ, ㄷ

전자에 광자를 충돌시켜 산란된 광자를 통해 전자를 관찰하는 사고 실험에서 빛의 파장이 짧을수록 전자의 위치 불확정성 Δx는 감소하지만, 전자의 운동량의 불확정성 Δp는 커진다.

04 그림 (가)는 보어의 수소 원자 모형에서 양자수 $n=2$일 때 전자가 원 궤도를 따라 운동하는 것을 나타낸 것이다. $n=1$일 때 전자의 궤도 반지름은 a_0이다. 그림 (나)는 현대적 수소 원자 모형에서 $n=2$일 때 3차원으로 분포된 전자구름의 형태를 모식적으로 나타낸 것이다.

[24027-0304]

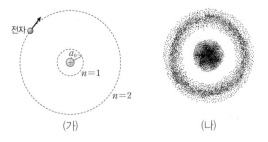

(가)   (나)

이에 대한 설명으로 옳은 것만을 〈보기〉에서 있는 대로 고른 것은?

● 보기 ●
ㄱ. (가)에서 전자가 $n=1$인 상태로 전이할 때 에너지를 방출한다.
ㄴ. (가)에서는 전자의 운동량을 정확하게 알 수 없다.
ㄷ. $n=2$일 때, 원자핵으로부터 떨어진 거리가 a_0보다 작은 공간에서 전자가 발견될 확률은 (나)에서가 (가)에서보다 크다.

① ㄱ   ② ㄴ   ③ ㄱ, ㄷ   ④ ㄴ, ㄷ   ⑤ ㄱ, ㄴ, ㄷ

보어의 수소 원자 모형에는 불확정성 원리가 적용되지 않고, 현대적 원자 모형은 전자가 발견된 확률에 따라 3차원적으로 분포된 전자구름의 형태를 보인다.

현대적 원자 모형에서 전자를 발견할 확률은 3차원으로 분포된 전자구름의 형태를 보이며 불확정성 원리를 만족한다.

[24027-0305]

05 그림 (가), (나)는 현대적 원자 모형에서 양자수 n에 따른 수소 원자의 전자구름 형태를 나타낸 것으로 (가)와 (나)는 $n=1$일 때와 $n=2$일 때를 순서 없이 나타낸 것이다.

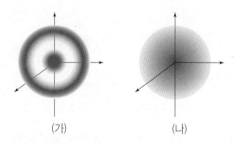

(가)   (나)

이에 대한 설명으로 옳은 것만을 〈보기〉에서 있는 대로 고른 것은?

┌─● 보기 ●─────────────────────────────────
│ ㄱ. 현대적 원자 모형은 불확정성 원리를 만족한다.
│ ㄴ. (나)는 $n=1$일 때이다.
│ ㄷ. 전자가 (가)에서 (나)로 전이할 때 에너지를 방출한다.
└──

① ㄱ   ② ㄷ   ③ ㄱ, ㄴ   ④ ㄴ, ㄷ   ⑤ ㄱ, ㄴ, ㄷ

보어의 수소 원자 모형에서는 제1가설(양자 조건)에 의해 전자의 위치와 운동량을 정확하게 나타낼 수 있고, 현대적 원자 모형에서는 전자가 발견될 확률을 전자구름 모형으로 나타낸다.

[24027-0306]

06 그림 (가), (나)는 보어의 수소 원자 모형과 현대적 원자 모형을 순서없이 나타낸 것이다. 표는 보어의 원자 모형에 적용되는 제1가설인 양자 조건을 설명한 것이다.

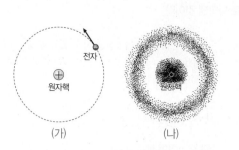

(가)   (나)

┌───
│ 제1가설(양자 조건): 원자 속의 전자는 다음의
│ 조건을 만족하는 원 궤도를 회전할 때 안정한
│ 궤도 운동을 한다.
│ $2\pi rmv = nh$
│ ⎛ r: 궤도 반지름 n: 양자수   ⎞
│ ⎜ m: 전자의 질량 h: 플랑크 상수 ⎟
│ ⎝ v: 전자의 속력   ⎠
└───

이에 대한 설명으로 옳은 것만을 〈보기〉에서 있는 대로 고른 것은?

┌─● 보기 ●─────────────────────────────────
│ ㄱ. (가)에서는 파동 함수에 따른 전자가 발견될 확률을 전자구름 모형으로 설명할 수 있다.
│ ㄴ. (가)에서 $n=2$일 때, 원 궤도의 둘레는 그 궤도를 따라 운동하는 전자의 물질파 파장의 2배
│   이다.
│ ㄷ. (나)에서는 양자수가 변하는 전자의 전이에 따른 에너지의 방출과 흡수가 일어나지 않는다.
└──

① ㄱ   ② ㄴ   ③ ㄱ, ㄷ   ④ ㄴ, ㄷ   ⑤ ㄱ, ㄴ, ㄷ

총신대학교
CHONGSHIN UNIVERSITY

진	정	한		
			스	승

지식을 전달하는 스승이 있습니다.

기술을 전수하는 스승이 있습니다.

삶으로 가르치는 스승이 있습니다.

모두가 우리의 인생에 필요한 분들입니다.

그러나 무엇보다도 진정한 스승은

생명을 살리는 스승입니다.

또 비유로 말씀하시되 소경이 소경을 인도할 수 있느냐 둘이 다 구덩이에 빠지지 아니하겠느냐
— 누가복음 6장 39절 —

문제를 사진 찍고
해설 강의 보기
Google Play | App Store

EBS_i_ 사이트
무료 강의 제공

한국교육과정평가원
감수
본 교재는 2025학년도 수능
연계교재로서 한국교육과정
평가원이 감수하였습니다.

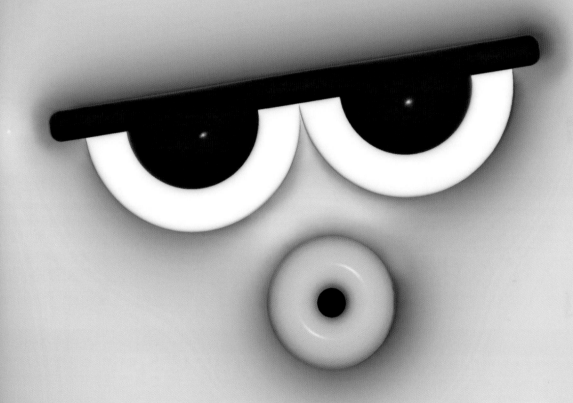

정답과 해설

수능특강
과학탐구영역
물리학Ⅱ

2025학년도 수능 연계교재   본 교재는 대학수학능력시험을 준비하는 데 도움을 드리고자 과학과 교육과정을 토대로 제작된 교재입니다.
학교에서 선생님과 함께 교과서의 기본 개념을 충분히 익힌 후 활용하시면 더 큰 학습 효과를 얻을 수 있습니다.

수능특강

과학탐구영역 물리학Ⅱ

정답과 해설

01 힘과 평형

01 ④ 02 ③ 03 ④ 04 ④ 05 ⑤ 06 ④ 07 ③
08 ③

01 힘의 평형

물체에는 중력, 빗면이 물체에 작용하는 힘, $\vec{F}$가 작용하고 있다. 세 힘이 평형을 이루고 있으므로 작용하는 힘은 그림과 같다.

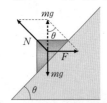

ㄱ. 물체가 정지해 있으므로 평형 상태에 있다.

✗. $\vec{F}$의 크기를 F라고 하면, $\tan\theta = \dfrac{F}{mg}$에서 $F = mg\tan\theta$이다.

ㄷ. 빗면이 물체에 작용하는 힘의 크기를 N이라고 하면 $\cos\theta = \dfrac{mg}{N}$에서 $N = \dfrac{mg}{\cos\theta}$이다.

02 빗면에서 작용하는 힘

질량이 M인 물체가 기울기가 θ인 빗면에 있을 때, 중력과 수직 항력에 의해 빗면 아래 방향으로 작용하는 힘의 크기는 $Mg\sin\theta$ 이다.

③ A가 빗면 아래 방향으로 받는 힘의 크기와 B에 작용하는 중력의 크기가 같다. 따라서 $3mg\sin\theta = 2mg$에서 $\sin\theta = \dfrac{2}{3}$이고, $\cos\theta = \dfrac{\sqrt{5}}{3}$이다.

03 힘의 평형

물체가 정지해 있으므로, 물체에 작용하는 세 힘이 평형을 이룬다. 따라서 A가 물체를 당기는 힘, B가 물체를 당기는 힘, 중력이 평형을 이룬다.

✗. 물체에 작용하는 알짜힘의 수평 성분이 0이므로, $F_A\cos45° = F_B\cos60°$에서 $F_B = \sqrt{2}F_A$이다. 따라서 $F_B > F_A$ 이다.

ㄴ. A, B가 물체를 당기는 힘은 그림과 같다. 따라서 $F_A + F_B > mg$이다.

ㄷ. 물체에 작용하는 중력이 연직 아래 방향이고, 물체에 작용하는 알짜힘이 0이다. 따라서 A가 물체를

당기는 힘과 B가 물체를 당기는 힘의 합력의 방향은 연직 위 방향이다.

04 힘의 평형

A, B가 정지해 있으므로 A에 작용하는 힘들이 평형을 이루고, B에 작용하는 힘들도 평형을 이룬다.

④ q에 걸리는 힘의 크기를 T, p, r에 걸리는 힘의 크기를 각각 T_p, T_r라고 하면, A, B에 작용하는 알짜힘의 수평 성분이 0이 므로 $T_p\sin30° = T\sin45°$, $T\sin45° = T_r\sin30°$에서 $T_p = T_r = \sqrt{2}T$이다. A, B에 작용하는 알짜힘의 연직 성분도 0이므로, $m_A g + T\cos45° = \sqrt{2}T\cos30°$, $m_B g = \sqrt{2}T\cos30° + T\cos45°$ 에서 $m_A g = \dfrac{\sqrt{6}-\sqrt{2}}{2}T$이고 $m_B g = \dfrac{\sqrt{6}+\sqrt{2}}{2}T$이다.

따라서 $\dfrac{m_B}{m_A} = \dfrac{\sqrt{6}+\sqrt{2}}{\sqrt{6}-\sqrt{2}} = 2 + \sqrt{3}$이다.

05 돌림힘과 평형

물체의 위쪽 부분과 오른쪽 부분의 질량이 각각 $\dfrac{2}{3}m$, $\dfrac{1}{3}m$이고, 물체가 정지해 있으므로 힘과 돌림힘이 평형을 이룬다. 따라서 물체에 작용하는 힘을 표시하면 그림과 같다.

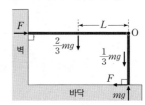

ㄱ. 물체가 정지해 있으므로 물체에 작용하는 알짜힘은 0이다.

ㄴ. 물체의 회전 운동 상태가 변하지 않는다. 따라서 물체에 작용하는 돌림힘의 총합도 0이다.

ㄷ. 점 O를 돌림힘의 기준으로 하면 $L \times \dfrac{2}{3}mg = L \times F$에서 $F = \dfrac{2}{3}mg$이다.

06 돌림힘과 평형

막대가 정지해 있으므로, 막대에 작용하는 알짜힘이 0이고 돌림힘의 총합도 0이다.

④ p, q가 막대를 당기는 힘의 크기를 각각 $3F$, F라고 하면 $4F = (m+M)g$이고, 물체가 매달린 실의 위치를 돌림힘의 기준으로 하면 $(d \times 3F) + (1.5d \times mg) = 4d \times F$에서 $F = 1.5mg$이다. 따라서 $M = 5m$이다.

07 돌림힘과 평형

막대의 질량을 m', p가 막대에 작용하는 힘의 크기를 F라고 하면 $2F = (m+m')g$이다.

③ 돌림힘이 평형을 이루므로 p가 막대를 받치는 점을 돌림힘의
기준으로 하면 $2l \times m'g = 3l \times F$에서 $F = \frac{2}{3}m'g$이다. 따라서
$\frac{4}{3}m'g = (m+m')g$에서 $m' = 3m$이다.

08 돌림힘과 평형

a, b가 P의 무게중심으로부터 떨어진 거리가 같다. 그런데 a, b
에 걸리는 힘의 크기가 같으므로, c의 수평 위치는 P의 왼쪽 끝으
로부터 $5l$이다.

③ a, b, d에 걸리는 힘의 크기를 각각 T라고 하면, $3T = 6mg$
에서 $T = 2mg$이다. 따라서 c가 Q에 연결된 점을 돌림힘의 기준
으로 하여 Q에 작용하는 돌림힘의 평형을 적용하면 $(4l \times mg) +$
$[(x-5l) \times 4mg] = 8l \times T$에서 $x = 8l$이다.

```
수능 3점 테스트                          본문 12~16쪽

01 ③   02 ②   03 ③   04 ①   05 ②   06 ②   07 ④
08 ③   09 ④   10 ④
```

01 등가속도 직선 운동

빗면이 수평면과 이루는 각이 θ이면, 가속도의 크기는 $g\sin\theta$이다.
따라서 A, B의 가속도의 크기는 각각 $\frac{1}{2}g$, $\frac{\sqrt{3}}{2}g$이다.

㉠. A, B의 가속도의 크기가 각각 $\frac{1}{2}g$, $\frac{\sqrt{3}}{2}g$이므로 가속도의 크
기는 B가 A의 $\sqrt{3}$배이다.

㉡. $t = t_0$일 때 속력은 B가 A의 $\sqrt{3}$배이다. 따라서 $t = 0$에서
$t = t_0$까지 평균 속력은 B가 A의 $\sqrt{3}$배이다.

✗. A, B의 가속도의 수평 성분의 크기가 각각
$\frac{1}{2}g\cos30°$, $\frac{\sqrt{3}}{2}g\cos60°$로 같다. 따라서 A, B의 변위의 수평 성
분의 크기는 같다.

02 힘과 운동

A의 질량을 m_A라고 하면, (가), (나)에서 다음 관계가 성립한다.

• (가) $a = \dfrac{7mg - \frac{1}{2}m_A g}{m_A + 7m}$ ⋯ ⓘ

• (나) $a = \dfrac{\frac{1}{2}m_A g - 2mg}{m_A + 2m}$ ⋯ ⓘⓘ

✗. 식 ⓘ, ⓘⓘ에서 $\left(7m - \frac{1}{2}m_A\right)(m_A + 2m) = \left(\frac{1}{2}m_A - 2m\right)(m_A$
$+7m)$이 성립한다. 따라서 $m_A = 8m$이다.

㉡. $m_A = 8m$을 ⓘ에 대입하면 $a = \dfrac{3mg}{15m} = \dfrac{1}{5}g$이다.

✗. (가), (나)에서 p가 A를 당기는 힘의 크기를 각각 T_1, T_2라고
하면, $T_1 - 4mg = 8m \times \frac{1}{5}g$에서 $T_1 = \frac{28}{5}mg$이고, $4mg - T_2$
$= 8m \times \frac{1}{5}g$에서 $T_2 = \frac{12}{5}mg$이다. 따라서 $\dfrac{T_1}{T_2} = \dfrac{7}{3}$이다.

03 힘과 운동

실이 연직 방향과 이루는 각을 θ, 버스의 가속도의 크기를 a, 실이
물체를 당기는 힘을 T라고 하면 $\tan\theta = \dfrac{ma}{mg}$에서 $a = $
$g\tan\theta$이고, $\cos\theta = \dfrac{mg}{T}$에서 $T = \dfrac{mg}{\cos\theta}$이다.

㉠. 버스의 가속도의 방향은 실이 기울어진 반대 방향이므로 (가)
에서는 운동 방향과 같고 (나)에서는 운동 방향과 반대이다.

㉡. $\tan30° = \dfrac{1}{\sqrt{3}}$, $\tan45° = 1$이므로 가속도의 크기는 (나)에서
가 (가)에서의 $\sqrt{3}$배이다.

✗. (가), (나)에서 실이 물체를 당기는 힘의 크기가 각각 $\dfrac{mg}{\cos30°}$
$= \dfrac{2}{\sqrt{3}}mg$, $\dfrac{mg}{\cos45°} = \sqrt{2}mg$이다. 따라서 (나)에서가 (가)에서의
$\dfrac{\sqrt{6}}{2}$배이다.

04 힘의 평형

A, B가 힘의 평형 상태에 있으므로, A, B의 질량을 각각 m_A,
m_B라고 하면 A, B에 작용하는 힘은 그림과 같다.

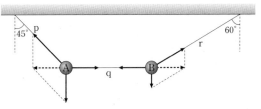

㉠. q가 A, B를 당기는 힘의 크기가 각각 $m_A g\tan45° = m_A g$,
$m_B g\tan60° = \sqrt{3}m_B g$이므로, $m_A g = \sqrt{3}m_B g$에서 $m_A = \sqrt{3}m_B$
이다.

✗. q에 작용하는 알짜힘이 0이므로 A가 q를 당기는 힘의 크기
와 B가 q를 당기는 힘의 크기가 같다. 따라서 q가 A를 당기는
힘과 q가 B를 당기는 힘은 크기가 같다.

✗. p가 A를 당기는 힘의 크기를 T_1, r가 B를 당기는 힘의 크기를
T_2라고 하면 $T_1 = \dfrac{m_A g}{\cos45°}$, $T_2 = \dfrac{m_B g}{\cos60°}$이므로 $\dfrac{T_1}{T_2} = \dfrac{\sqrt{2}m_A}{2m_B}$
$= \dfrac{\sqrt{6}}{2}$이다.

05 돌림힘과 평형

x가 최솟값일 때 q가 막대를 당기는 힘이 0이고, x가 최댓값일 때 p가 막대를 당기는 힘이 0이다.

② x의 최솟값과 최댓값을 각각 x_1, x_2라고 하고, 막대의 왼쪽 끝을 돌림힘의 기준으로 하면 다음 관계가 성립한다.

• x_1일 때: $l \times 6mg = (3l \times mg) + (x_1 \times 3mg)$ … ⓘ
• x_2일 때: $2l \times 6mg = (3l \times mg) + (x_2 \times 3mg)$ … ⓙ

식 ⓙ에서 ⓘ을 빼면 $6mgl = 3mg(x_2 - x_1)$에서 $x_2 - x_1 = 2l$이다.

06 돌림힘과 평형

받침대가 막대를 떠받치는 힘의 크기는 막대와 물체의 무게와 실이 막대를 당기는 힘을 더한 값과 같다.

✗. 실이 막대를 당기는 힘의 크기가 (나)에서가 (가)에서보다 크다. 따라서 (가), (나)에서 받침대가 막대를 떠받치는 힘의 크기는 각각 F, $2F$이다.

Ⓛ. 막대의 질량을 m'라고 하고 실이 막대에 연결된 점을 돌림힘의 기준으로 하면, (가), (나)에서 돌림힘의 평형은 다음과 같다.

• (가): $2d \times (F - mg) = 4d \times m'g$ … ⓘ
• (나): $2d \times 2F = (4d \times m'g) + (8d \times mg)$ … ⓙ

식 ⓘ, ⓙ에서 $m' = m$, $F = 3mg$이다.

✗. (나)에서 실이 막대를 당기는 힘의 크기를 T라고 하면, $2F = 2mg + T$에서 $T = 4mg$이다.

07 돌림힘과 평형

(가)에서 p, q가 막대를 당기는 힘의 합력은 $(3m + m)g = 4mg$이다.

ⓞ. $F = \dfrac{4mg}{2} = 2mg$이다.

✗. q가 막대에 연결된 점을 돌림힘의 기준으로 하면, $x \times (2mg - mg) = d \times 3mg$에서 $x = 3d$이다.

Ⓛ. (나)에서 p, q가 막대를 당기는 힘의 크기를 각각 F_p, F_q라고 하면 힘의 평형에 의해 $F_p + F_q = 4mg$이고, q가 막대에 연결된 점을 돌림힘의 기준으로 하면 $3d \times F_p = d \times 3mg$에서 $F_p = mg$이다. 따라서 $F_q = 3mg = 3F_p$이다.

08 돌림힘과 평형

r가 A를 누르는 힘이 p의 위치에 작용하므로, r가 A를 누르는 힘은 q가 A를 받치는 힘에 영향을 주지 않는다.

③ p가 A를 받치는 점을 돌림힘의 기준으로 하면 $d \times mg = 5d \times F$에서 $F = \dfrac{1}{5}mg$이다.

r가 B를 받치는 점을 돌림힘의 기준으로 하면

$(x \times 2mg) + (4d \times mg) = 8d \times \dfrac{3}{5}mg$에서 $x = \dfrac{2}{5}d$이다.

09 돌림힘과 평형

막대에 작용하는 힘들이 평형을 이룬다. 따라서 A의 질량을 M이라고 하면, $F_1 + (m + M)g = F_2$가 성립한다.

✗. x에 관계없이 $F_2 - F_1 = (m + M)g$가 일정하다. 따라서 $\dfrac{8}{3}F_0 - \bigcirc = 3F_0 - F_0$에서 $\bigcirc = \dfrac{2}{3}F_0$이다.

Ⓛ. 받침점이 막대의 중심에 위치하므로, 막대의 무게는 F_1에 영향을 주지 않는다. 따라서 $x_0 : x_0 + l = \dfrac{2}{3}F_0 : F_0$에서 $x_0 = 2l$이다.

Ⓒ. $3l \times F_0 = (2l + l) \times Mg$에서 $F_0 = Mg$이다. 그런데 $(m + M)g = 2F_0$이므로, $M = m$이다.

10 돌림힘과 평형

A의 무게중심으로부터 p, q까지 수평 거리가 각각 $3l$, $2l$이므로, A의 무게에 의해 p, q에 걸리는 힘의 크기는 각각 $\dfrac{2}{5}mg$, $\dfrac{3}{5}mg$이다. 또한 r로부터 p, q까지 수평 거리가 각각 $2l$, $3l$이므로 r가 A를 당기는 힘의 크기를 F라고 하면, r가 A를 당기는 힘에 의해 p, q에 걸리는 힘의 크기는 각각 $\dfrac{3}{5}F$, $\dfrac{2}{5}F$이다.

ⓞ. $\dfrac{2}{5}mg + \dfrac{3}{5}F = \dfrac{3}{5}mg + \dfrac{2}{5}F$에서 $F = mg$이다. 따라서 s가 B를 당기는 힘의 크기는 $2mg$이고, X의 질량은 $2m$이다.

✗. B의 무게중심으로부터 r, s까지 수평 거리가 각각 $4l$, $3l$이므로, B의 무게에 의해 r, s에 걸리는 힘의 크기는 각각 $\dfrac{3}{7}mg$, $\dfrac{4}{7}mg$이다. 따라서 X의 무게에 의해 r, s에 걸리는 힘의 크기는 각각 $\dfrac{4}{7}mg$, $\dfrac{10}{7}mg$이고, X의 무게중심으로부터 r, s까지 수평 거리의 비가 $10 : 4 = 5 : 2$이다. 따라서 $x = 5l$이다.

Ⓒ. 막대와 물체 전체 질량이 $4m$이므로, p, q가 A를 당기는 힘의 합력의 크기는 $2mg$이고 p가 A를 당기는 힘의 크기는 mg이다. 따라서 s가 B를 당기는 힘의 크기는 p가 A를 당기는 힘의 크기의 2배이다.

02 물체의 운동(1)

본문 25~27쪽

수능 2점 테스트

01 ③ 02 ① 03 ⑤ 04 ③ 05 ④ 06 ② 07 ⑤
08 ① 09 ② 10 ④ 11 ② 12 ⑤

01 속력과 속도

변위의 크기는 p, q를 연결한 선분의 길이와 같고, 이동 거리는 p에서 q까지 곡선의 길이와 같다.

ㄱ. 변위의 크기는 $\sqrt{4^2+3^2}=5(\text{m})$이다.

ㄴ. 운동 방향이 변하므로 평균 속력은 평균 속도의 크기보다 크다. 그런데 평균 속력이 v이고 평균 속도의 크기가 $\frac{5}{2}=2.5(\text{m/s})$이므로, $v>2.5$ m/s이다.

ㄷ. 운동 방향이 변하므로 속도가 변하는 운동을 한다.

02 평면에서의 등가속도 운동

가속도가 속도-시간 그래프의 기울기와 같으므로, A의 가속도의 x, y성분은 각각 $a_x=-1$ m/s², $a_y=-2$ m/s²이다.

ㄱ. 가속도의 크기는 $a=\sqrt{a_x{}^2+a_y{}^2}=\sqrt{1^2+2^2}=\sqrt{5}(\text{m/s}^2)$이다.

ㄴ. $t=0$에서 $t=2$초까지 변위의 x, y성분이 각각 $x=\frac{1}{2}\times2\times2=2(\text{m})$, $y=\frac{1}{2}\times2\times4=4(\text{m})$이다. 따라서 $t=2$초일 때, A는 $\vec{r}=(4\text{ m, } 8\text{ m})$를 지난다.

ㄷ. 처음 속도가 $\vec{v_0}=(2\text{ m/s, } 4\text{ m/s})$이므로, 가속도의 방향과 반대 방향이다. 따라서 A는 직선 경로를 따라 운동한다.

03 평면에서의 등가속도 운동

등가속도 운동의 식 $s=v_0t+\frac{1}{2}at^2$과 비교하면, 가속도의 x, y성분은 각각 $a_x=3$ m/s², $a_y=4$ m/s²으로 일정하다.

ㄱ. 가속도의 x, y성분 모두 일정하므로, 등가속도 운동을 한다.

ㄴ. 0초일 때 속도의 x, y성분이 각각 $v_{0x}=1$ m/s, $v_{0y}=0$이다. 따라서 0초일 때 운동 방향은 $+x$방향이다.

ㄷ. $v_x=1+3t$, $v_y=4t$이므로 1초일 때 $v_x=v_y=4$ m/s이다. 따라서 운동 방향이 $+x$방향과 이루는 각은 45°이다.

04 수평 방향과 연직 방향으로 던진 물체의 운동

A, B의 가속도가 같으므로, A, B의 속도차가 일정하다. 그런데 A, B가 충돌하므로, B를 기준으로 하면, A는 B를 향해 일정한 속도로 직선 운동을 한다.

ㄱ. $t=1$초일 때 충돌하므로, $t=0$일 때 A와 B가 수평 방향으로 떨어진 거리가 10 m이다. 그런데 B를 기준으로 하면, A가 B를 향해 등속도 운동을 하므로 $H=10$ m이다.

ㄴ. A, B의 가속도가 같으므로 속도 변화량이 같다.

ㄷ. A, B는 수평면으로부터 높이가 5 m인 지점에서 충돌하므로, $t=0$에서 $t=1$초까지 A, B의 변위는 각각 $\vec{s_A}=(0,\ 5)\text{m}$, $\vec{s_B}=(10,\ -5)\text{m}$이다. 따라서 변위의 크기는 B가 A의 $\sqrt{5}$배이고, 평균 속도의 크기도 B가 A의 $\sqrt{5}$배이다.

05 수평으로 던진 물체의 운동

수평으로 던진 물체의 속도의 수평 성분은 일정하고, 연직 성분은 일정하게 변한다.

ㄱ. 가속도의 연직 성분의 크기가 g로 일정하므로, 낙하 높이를 h라고 하면 $h=\frac{1}{2}gt^2$에서 $t\propto\sqrt{h}$이다. 따라서 포물선 운동을 한 시간은 B가 A의 $\sqrt{2}$배이다.

ㄴ. 운동 시간은 B가 A의 $\sqrt{2}$배인데, 변위의 수평 성분은 A, B가 같다. 따라서 $v_1=\sqrt{2}v_2$이다.

ㄷ. 바닥에 충돌하는 순간 A의 속도의 연직 성분의 크기를 v'라고 하면 B의 속도의 연직 성분의 크기는 $\sqrt{2}v'$이다. 그런데 A, B가 바닥에 충돌하는 속력이 같으므로 $(\sqrt{2}v_2)^2+(v')^2=v_2{}^2+(\sqrt{2}v')^2$에서 $v'=v_2$이다. B의 평균 속도의 수평 성분이 v_2이고 연직 성분이 $\frac{\sqrt{2}}{2}v_2$이므로, $\frac{2H}{L}=\frac{\sqrt{2}}{2}$에서 $L=2\sqrt{2}H$이다.

06 수평으로 던진 물체의 운동

수평 방향을 x방향, 연직 아래 방향을 y방향으로 정하면, 수평면에 도달하는 순간 공의 속도는 $\vec{v}=(v_0,\ 2\sqrt{2}v_0)$이다.

②. 평균 속도의 x성분은 v_0이고 y성분은 $\frac{0+2\sqrt{2}v_0}{2}=\sqrt{2}v_0$이다. 따라서 $\frac{H}{X}=\frac{\sqrt{2}v_0}{v_0}=\sqrt{2}$이다.

07 비스듬히 던진 물체의 운동

속력 v_0으로 수평면에 대하여 θ의 각으로 던지면, 속도의 수평 성분은 $v_x=v_0\cos\theta$로 일정하고, 포물선 운동을 하는 시간은 $t=\frac{2v_0\sin\theta}{g}$이므로 수평 도달 거리는 $R=v_xt=\frac{2v_0{}^2\cos\theta\sin\theta}{g}=\frac{v_0{}^2\sin2\theta}{g}$이다.

ㄱ. $\cos\theta=\sin(90°-\theta)$, $\sin\theta=\cos(90°-\theta)$이므로, 같은 속력으로 던질 때 수평면과 이루는 각이 θ일 때와 $90°-\theta$일 때 R가 같다. 따라서 $\theta=60°$이다.

ㄴ. 던지는 순간 속도의 연직 성분이 B가 A의 $\sqrt{3}$배이므로, 포물선 운동을 하는 시간도 B가 A의 $\sqrt{3}$배이다. 그런데 A, B의 R가 같으므로 속도의 수평 성분은 A가 B의 $\sqrt{3}$배이다. 따라서 최고점에서 속력은 A가 B의 $\sqrt{3}$배이다.

ⓒ. 던지는 순간 속도의 연직 성분을 v_y, 최고점의 높이를 H라고 하면, $v_y^2=2gH$에서 $H \propto v_y^2$이다. 따라서 H는 B가 A의 3배이다.

08 포물선 운동

수평 방향을 x방향, 연직 아래 방향을 y방향으로 정하면, A, B를 던지는 속도는 각각 $\vec{v}_A=(v, \ 0)$, $\vec{v}_B=\left(\frac{1}{\sqrt{2}}v, \ \frac{1}{\sqrt{2}}v\right)$이고, A의 평균 속도의 연직 성분이 v이므로 수평면에서 A의 속도의 연직 성분은 $2v$이다.

① 수평면에서 B의 속도의 y성분을 v'라고 하면, $(2v)^2-0^2=(v')^2-\left(\frac{1}{\sqrt{2}}v\right)^2$에서 $v'=\frac{3}{\sqrt{2}}v$이고, 수평면까지 B의 평균 속도의

y성분은 $\dfrac{\frac{1}{\sqrt{2}}v+\frac{3}{\sqrt{2}}v}{2}=\sqrt{2}v$이다. 따라서 수평면까지 도달하는데 걸리는 시간은 B가 A의 $\frac{1}{\sqrt{2}}$배이다. 속도의 x성분이 B가 A의 $\frac{1}{\sqrt{2}}$배이고, 수평면에 도달할 때까지 걸린 시간도 B가 A의 $\frac{1}{\sqrt{2}}$배이므로, $L'=\left(\frac{1}{\sqrt{2}} \times \frac{1}{\sqrt{2}}\right)L=\frac{1}{2}L$이다.

09 포물선 운동

O에서 P까지 높이와 P에서 최고점까지 높이의 비가 3 : 1이다. 따라서 O에서 P까지 걸린 시간, P에서 최고점까지 걸린 시간, 최고점에서 Q까지 걸린 시간이 같다.

② 속도의 수평 성분이 일정하므로 O에서 최고점까지 변위의 수평 성분의 크기가 X이다. 그런데 변위의 연직 성분의 크기도 X이므로, 평균 속도의 x성분과 y성분이 같다. 따라서 $\dfrac{v\sin\theta+0}{2}$
$=v\cos\theta$에서 $\tan\theta=\dfrac{\sin\theta}{\cos\theta}=2$이다.

10 비스듬히 던진 물체의 운동

동시에 발사한 A, B가 x축의 $x=d$인 지점에 동시에 도달하므로, 발사하는 순간 A, B의 속도의 연직 성분이 같다.

④ 발사 속도의 연직 성분을 v라고 하면, A, B의 발사 속도의 수평 성분의 크기가 각각 $\frac{1}{\sqrt{3}}v$, $\sqrt{3}v$이다. 속도의 수평 성분의 크기가 B가 A의 3배이므로, 변위의 크기도 B가 A의 3배이다. 따라서 $d=2.5d_0$이다.

11 빗면과 포물선 운동

발사 속도와 가속도의 x성분과 y성분은 그림과 같다.

[속도의 x, y성분]　　[가속도의 x, y성분]

✗. 발사 속도의 x성분의 크기는 $v_0\cos30°=\dfrac{\sqrt{3}}{2}v_0$이다.

✗. 가속도의 y성분의 크기는 $g\cos30°=\dfrac{\sqrt{3}}{2}g$이다.

ⓒ. 빗면에서 발사하는 순간 속도의 y성분이 $+0.5v_0$이므로, 다시 빗면에 도달하는 순간 속도의 y성분은 $-0.5v_0$이다. 따라서 빗면에 충돌하는 순간, 속도의 y성분의 크기는 $0.5v_0$이다.

12 빗면과 포물선 운동

O에서 q까지의 직선 방향을 x방향, p에서 O까지의 직선 방향을 y방향이라고 하면, 포물선 운동을 하는 동안 가속도의 x, y성분은 각각 $a_x=\dfrac{1}{\sqrt{2}}g$, $a_y=-\dfrac{1}{\sqrt{2}}g$이고, O에서 속도의 x, y성분은 각각 $v_x=0$, $v_y=\sqrt{2}v$이다.

⑤ q에서 속도의 y성분이 $-\sqrt{2}v$이므로 O에서 q까지 걸린 시간은 $\dfrac{2\sqrt{2}v}{\frac{1}{\sqrt{2}}g}=\dfrac{4v}{g}$이다. 따라서 q에서 속도의 x성분은 $\dfrac{1}{\sqrt{2}}g \times \dfrac{4v}{g}$
$=2\sqrt{2}v$이고, 속력은 $\sqrt{(2\sqrt{2}v)^2+(\sqrt{2}v)^2}=\sqrt{10}v$이다. p, q의 높이가 같으므로 p에서 속력도 $\sqrt{10}v$이다.

수능 ③점 테스트　　　　본문 28~33쪽

01 ⑤　**02** ③　**03** ①　**04** ②　**05** ③　**06** ⑤　**07** ②
08 ①　**09** ④　**10** ⑤　**11** ⑤　**12** ②

01 평면에서의 등가속도 운동

$v_x=4-2t$, $v_y=3-t$이므로 가속도는 $\vec{a}=(-2, \ -1)$이다.

⑤. 가속도의 크기는 $a=\sqrt{2^2+1^2}=\sqrt{5}(\text{m/s}^2)$이다.

ⓛ. $t=1$초일 때 속도의 x, y성분이 2 m/s로 같다. 따라서 $t=1$초일 때, 운동 방향이 $+x$방향과 이루는 각은 45°이다.

ⓒ. $x=4t-t^2$, $y=3t-\dfrac{1}{2}t^2$이므로 $t=4$초일 때 $x=0$, $y=4$ m이다. 따라서 $t=4$초일 때, y축의 $y=4$ m인 점을 통과한다.

02 평면에서 등가속도 운동

A, B가 각각 p, q를 동시에 통과한 후 r에 동시에 도달한다. 그런데 A, B의 가속도가 같으므로, A, B의 속도의 y성분이 같다.

ⓒ. $\vec{a}$의 x성분을 a_x라고 하고, A, B의 속도의 x성분을 각각 v_{Ax}, v_{Bx}라고 하면 $v_{Ax}=a_x t$, $v_{Bx}=-v+a_x t$이다. 그런데 $a_x>0$이므로 r에서 속도의 x성분의 크기는 A가 B보다 크다. r에서 A, B의 속도의 y성분이 같으므로, r에서 속력은 A가 B보다 크다.

ⓛ. q에서 B의 속도의 x성분이 $-v$이고, q와 r에서 B의 속도의 x성분의 크기가 같으므로 r에서 B의 속도의 x성분은 $+v$이다. A, B의 속도 차가 일정하므로 r에서 A의 속도의 x성분은 $2v$이다. 따라서 p에서 r까지 A의 평균 속도의 x성분이 v이므로, 평균 속도의 y성분도 v이다. $a_x>0$이고 속도의 y성분이 일정하므로 $a_y=0$이다. 따라서 $\vec{a}$의 방향은 $+x$방향이다.

✗. $(2v)^2-0^2=2a_x\times4d$에서 $a_x=\dfrac{v^2}{2d}$이다. 따라서 $\vec{a}$의 크기는 $\dfrac{v^2}{2d}$이다.

03 평면에서의 등가속도 운동

가속도가 일정하므로, 가속도의 y성분이 일정하다. 따라서 x축을 통과할 때 속도의 y성분의 크기가 같다.

ⓒ. p에서 q까지 걸린 시간과 q에서 r까지 걸린 시간이 같으므로, $d_0=\dfrac{1}{2}a_x t_0^2$, $(d+d_0)=\dfrac{1}{2}a_x\times(2t_0)^2$에서 $d=3d_0$이다.

✗. r에서 속도가 $(2v_0,\ -v_0)$이므로, 속력은 $\sqrt{5}v_0$이다.

✗. 운동 방향이 가속도의 방향에 수직일 때 속력이 최소이다. 그런데 가속도가 $(1,\ -1)$ 방향이므로 속도가 $(1,\ 1)$ 방향일 때 속력이 최소이다. 가속도의 x성분의 크기를 a라고 하면 시간 t일 때 속도는 $\vec{v}=(at,\ v_0-at)$이고, $at=v_0-at$에서 $at=\dfrac{1}{2}v_0$일 때 속력이 최소이다. 따라서 $t=0$과 $t=t_0$ 사이에서 속력의 최솟값은 $\dfrac{\sqrt{2}}{2}v_0$이다.

04 포물선 운동

발사 속도의 수평 성분과 연직 성분을 각각 v_x, v_y라고 하면, 다시 수평면에 도달할 때까지 걸리는 시간이 $\dfrac{2v_y}{g}$이므로, 다시 수평면에 도달할 때까지 변위의 크기는 $v_x\times\dfrac{2v_y}{g}=\dfrac{2v_x v_y}{g}$이다.

✗. 최고점 높이를 H라고 하면, $v_y^2=2gH$에서 $v_y^2\propto H$이다. 따라서 수평면으로부터 최고점까지의 높이는 A가 B의 4배이다.

ⓒ. 속력의 최솟값은 속도의 수평 성분의 크기와 같다. 따라서 B가 A의 2배이다.

✗. 발사한 순간부터 다시 수평면에 도달할 때까지 A, B의 변위의 크기는 $\dfrac{4v^2}{g}$으로 같다.

05 수평으로 던진 물체의 운동

수평 방향을 x방향, 연직 아래 방향을 y방향으로 정하면, q에서 속력이 $\sqrt{2}v$이므로 속도는 $\vec{v_q}=(v,\ v)$이다.

ⓒ. p에서 q까지 평균 속도가 $\left(v,\ \dfrac{1}{2}v\right)$이므로, 변위의 수평 성분이 연직 성분의 2배이다. 따라서 p에서 q까지 변위의 크기는 $\sqrt{2^2+1^2}H=\sqrt{5}H$이다.

ⓛ. 연직 방향으로는 자유 낙하 운동과 똑같은 운동을 한다. 따라서 던진 지점으로부터 변위의 y성분을 h, 속도의 y성분을 v_1이라고 하면 $v_1^2=2gh$에서 $v_1\propto\sqrt{h}$이다. p에서 r까지가 p에서 q까지보다 h가 3배이므로, r에서 속도의 y성분은 $\sqrt{3}v$이고, r에 도달하는 속력은 $2v$이다.

✗. $v^2=2gH$에서 중력 가속도는 $g=\dfrac{v^2}{2H}$이다.

06 비스듬히 던진 물체의 운동

속도의 수평 성분이 $\dfrac{\sqrt{3}}{3}v$로 일정하므로, p에서 속도의 연직 성분은 $\sqrt{1-\dfrac{1}{3}}v=\dfrac{\sqrt{6}}{3}v$이다.

ⓒ. $\tan\theta=\dfrac{\dfrac{\sqrt{6}}{3}v}{\dfrac{\sqrt{3}}{3}v}=\sqrt{2}$이다.

ⓛ. p에서 r까지 평균 속도의 수평 성분은 $\dfrac{\sqrt{3}}{3}v$이고 연직 성분은 $\dfrac{\sqrt{6}}{6}v$이므로, $\dfrac{2Y}{X}=\dfrac{\dfrac{\sqrt{6}}{6}}{\dfrac{\sqrt{3}}{3}}=\dfrac{\sqrt{2}}{2}$에서 $\dfrac{Y}{X}=\dfrac{\sqrt{2}}{4}$이다.

ⓒ. 속도의 연직 성분은 p에서가 q에서의 $\sqrt{2}$배이므로, q에서 속도는 $\left(\dfrac{\sqrt{3}}{3}v,\ \dfrac{\sqrt{3}}{3}v\right)$이다. 따라서 q에서 운동 방향은 수평면과 $45°$ 방향이다.

07 포물선 운동

$t=t_0$일 때 A, B가 같은 연직선상을 통과하므로, 속도의 수평 성분이 같다. A, B의 속도의 수평 성분을 v라고 하면, $t=0$일 때 B의 속도의 연직 성분은 $v\tan30°=\dfrac{\sqrt{3}}{3}v$이다.

✗. A, B의 가속도가 같으므로 A, B의 속도 차는 일정하다. 따라서 $\dfrac{\sqrt{3}}{3}vt_0=H$에서 A의 발사 속력은 $v=\dfrac{\sqrt{3}H}{t_0}$이다.

✗. 수평 방향을 x방향, 연직 위쪽을 y방향으로 정하면, $t=t_0$일 때 A, B의 속도는 각각 $\vec{v_A}=\left(v,\ -\dfrac{2\sqrt{3}}{3}v\right)$, $\vec{v_B}=\left(v,\ -\dfrac{\sqrt{3}}{3}v\right)$이다. 따라서 $t=t_0$일 때 속력은 A가 B의 $\dfrac{\sqrt{1+\dfrac{4}{3}}}{\sqrt{1+\dfrac{1}{3}}}=\dfrac{\sqrt{7}}{2}$배이다.

ⓒ. $H=\dfrac{1}{2}gt_0^2$에서 중력 가속도는 $g=\dfrac{2H}{t_0^2}$이다.

08 포물선 운동

오른쪽을 $+x$방향, 연직 위쪽을 $+y$방향이라고 하면, B를 발사하는 속도가 $(-2v\cos\theta,\ 2v\sin\theta)$이다.

㉠ A, B의 가속도가 같으므로 A에 대한 B의 속도가 일정하다. 그런데 A, B가 충돌하므로, A를 기준으로 하면 B는 A를 향해 등속 직선 운동을 한다. A에 대한 B의 속도가 $\vec{v}_{AB}=(-2v\cos\theta-v,\ 2v\sin\theta)$이므로 $\dfrac{2v\sin\theta}{2v\cos\theta+v}=\dfrac{\sqrt{3}}{2}$이 성립한다. $\cos\theta=t$라고 하면 $\sin\theta=\sqrt{1-t^2}$이므로, $4\sqrt{1-t^2}=\sqrt{3}(2t+1)$, $28t^2+12t-13=0$에서 $t=\dfrac{1}{2}$이다.

09 포물선 운동

A와 B의 속도 차가 일정하므로, B를 발사하는 순간 속도의 방향은 p를 향한다.

㉠. $\tan\theta=\dfrac{2H}{2H}=1$이다.

✗. B의 속도의 수평 성분이 $v\cos\theta=\dfrac{v}{\sqrt{2}}$로 일정하므로, $t_0=\dfrac{2H}{\dfrac{v}{\sqrt{2}}}=\dfrac{2\sqrt{2}H}{v}$이다.

㉢. q에서 r까지 B의 평균 속도의 수평 성분이 연직 성분의 2배이므로, r에서 B의 속도의 연직 성분을 v_y라고 하면, $\dfrac{v}{\sqrt{2}}=2\times\dfrac{\dfrac{v}{\sqrt{2}}+v_y}{2}$에서 $v_y=0$이다. 따라서 r에서 A의 속도는 연직 아래 방향으로 $\dfrac{v}{\sqrt{2}}$이고, B의 속도는 수평 방향으로 $\dfrac{v}{\sqrt{2}}$이다.

10 등가속도 직선 운동과 곡선 운동

빗면의 기울기가 $45°$이므로 B의 가속도의 크기는 $\dfrac{1}{\sqrt{2}}g$이다. 따라서 B가 q에서 r까지 걸린 시간을 t라고 하면 r에서 B의 속력은 $\dfrac{1}{\sqrt{2}}gt$이고, 속도의 수평 성분과 연직 성분의 크기는 $\dfrac{1}{2}gt$이다.

㉠. q에서 r까지 B의 평균 속도의 수평 성분과 연직 성분의 크기가 $\dfrac{1}{4}gt$이므로, p에서 r까지 A의 속도의 수평 성분의 크기는 $v_x=\dfrac{3}{4}gt$이고, p에서 A의 속도의 연직 성분을 v_y라고 하면 $\dfrac{v_y+(v_y-gt)}{2}=\dfrac{1}{4}gt$에서 $v_y=\dfrac{3}{4}gt$이다. 따라서 $\tan\theta=\dfrac{v_y}{v_x}=1$에서 $\theta=45°$이다.

㉡. r에서 A의 속도의 수평 성분과 연직 성분의 크기가 각각 $\dfrac{3}{4}gt$, $\dfrac{1}{4}gt$이므로, A의 속력은 $\dfrac{\sqrt{10}}{4}gt$이다. $\dfrac{\sqrt{10}}{4}gt>\dfrac{1}{\sqrt{2}}gt$이므로, r에 도달하는 속력은 A가 B보다 크다.

㉢. r에 도달하기 전 A, B의 가속도의 크기는 각각 g, $\dfrac{1}{\sqrt{2}}g$이다. 따라서 A가 B의 $\sqrt{2}$배이다.

11 빗면과 포물선 운동

기울기가 $30°$인 빗면에 나란한 방향을 x방향, 수직 위쪽 방향을 y방향으로 정하면, 가속도의 x성분은 $a_x=g\cos60°=\dfrac{1}{2}g$이고 가속도의 y성분은 $a_y=-g\cos30°=-\dfrac{\sqrt{3}}{2}g$이다.

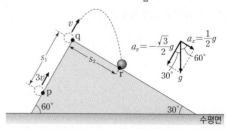

⑤ 기울기가 $60°$인 빗면에서 가속도의 크기가 $g\sin60°=\dfrac{\sqrt{3}}{2}g$이므로, $(3v)^2-v^2=2\times\dfrac{\sqrt{3}}{2}g\times s_1$에서 $s_1=\dfrac{8v^2}{\sqrt{3}g}$이다.

q에서 속도의 y성분이 v이므로, r에서 속도의 y성분은 $-v$이고 q에서 r까지 걸린 시간은 $\dfrac{2v}{\dfrac{\sqrt{3}}{2}g}=\dfrac{4v}{\sqrt{3}g}$이다.

따라서 $s_2=\dfrac{1}{2}\times\dfrac{1}{2}g\times\left(\dfrac{4v}{\sqrt{3}g}\right)^2=\dfrac{4v^2}{3g}$이고 $\dfrac{s_2}{s_1}=\dfrac{\sqrt{3}}{6}$이다.

12 포물선 운동

빗면에 나란한 아래쪽 방향을 x방향, 빗면에 수직인 위쪽 방향을 y방향이라고 하면, p에서 A의 속도의 x성분과 y성분은 각각 $v_{x0}=v\cos60°=\dfrac{1}{2}v$, $v_{y0}=v\cos30°=\dfrac{\sqrt{3}}{2}v$이고, 포물선 운동을 하는 동안 가속도의 x성분과 y성분은 각각 $a_x=g\cos60°=\dfrac{1}{2}g$, $a_y=-g\cos30°=-\dfrac{\sqrt{3}}{2}g$이다.

② q에서 속도의 y성분이 $-\dfrac{\sqrt{3}}{2}v$이므로 p에서 q까지 걸린 시간은 $t=\dfrac{\sqrt{3}v}{\dfrac{\sqrt{3}}{2}g}=\dfrac{2v}{g}$이다. 따라서 p에서 q까지 변위의 크기는 $\dfrac{1}{2}vt+\left(\dfrac{1}{2}\times\dfrac{1}{2}gt^2\right)=\dfrac{2v^2}{g}$이다.

03 물체의 운동(2)

01 등속 원운동

등속 원운동의 반지름이 r, 속력이 v, 각속도가 ω이면, 가속도의 크기는 $a=\dfrac{v^2}{r}=r\omega^2$이다.

㉠. $v=r\omega$이므로 각속도가 같으면 v는 r에 비례한다. 따라서 속력은 b가 a의 1.5배이다.

✗. $a=r\omega^2$에서 가속도의 크기도 r에 비례한다. 따라서 가속도의 크기는 b가 a의 1.5배이다.

㉢. 가속도의 방향은 원운동의 중심 방향이다. 따라서 a와 b의 가속도의 방향이 이루는 각은 90°이다.

02 등속 원운동

컨베이어 벨트에 연결되어 있으므로, A, B의 가장자리가 회전하는 속력이 같다. 따라서 A, B의 각속도의 크기를 각각 ω_A, ω_B라고 하면, $\omega_A \times 2r = \omega_B \times 3r$에서 $\omega_A = \dfrac{3}{2}\omega_B$이다.

✗. p, q의 속력이 각각 $\omega_A \times r = \dfrac{3}{2}\omega_B r$, $\omega_B \times 2r = 2\omega_B r$이므로, q가 p보다 크다.

㉡. p, q의 가속도의 크기는 각각 $a_p = \left(\dfrac{3}{2}\omega_B\right)^2 \times r = \dfrac{9}{4}\omega_B^2 r$, $a_q = \omega_B^2 \times 2r = 2\omega_B^2 r$이다. 따라서 p가 q보다 크다.

✗. 등속 원운동의 가속도의 방향은 원의 중심 방향이다. 따라서 $t=0$일 때, p, q의 가속도의 방향은 반대이다.

03 등속 원운동

물체에 작용하는 중력의 크기가 1 N이므로, 실이 물체를 당기는 힘의 크기를 T, 물체에 작용하는 알짜힘의 크기를 F라고 하면, 물체에 작용하는 힘은 그림과 같다.

② $F=1 \times \tan60° = \sqrt{3}$(N)이므로 가속도의 크기는 $a=10\sqrt{3}(\text{m/s}^2)$이고, 회전 반지름은 $0.15 \times \sin60° = \dfrac{15\sqrt{3}}{200}$(m)이다. 따라서 $\dfrac{v^2}{\frac{15\sqrt{3}}{200}} = 10\sqrt{3}$에서 $v = \dfrac{3}{2} = 1.5(\text{m/s})$이다.

04 등속 원운동

플라스틱 관과 관 위쪽으로 나온 실이 이루는 각을 θ라고 하면, $\cos\theta = \dfrac{h}{l}$이다.

㉠. 실의 양쪽 끝에서 실을 당기는 힘의 크기가 같으므로, A와 추가 실을 당기는 힘의 크기가 같다. 따라서 실이 A를 당기는 힘의 크기는 추의 무게와 같은 Mg이다.

✗. A에 작용하는 알짜힘의 연직 성분이 0이다. 따라서 $mg = Mg\cos\theta$에서 $\dfrac{m}{M} = \cos\theta = \dfrac{h}{l}$이다.

㉢. A에 작용하는 구심력의 크기는 실이 A를 당기는 힘의 수평 성분의 크기와 같으므로 $Mg\sin\theta = \dfrac{Mg\sqrt{l^2 - h^2}}{l}$이다.

05 구심력과 등속 원운동

알짜힘은 중력과 수직 항력을 더한 값과 같고, 그 방향은 원운동의 중심 방향이다.

㉠. 통이 물체를 미는 힘과 구심력의 방향이 이루는 각이 45°이다. 따라서 구심력의 크기는 $mg\tan45° = mg$이다.

✗. A의 가속도의 방향이 원의 중심 방향이므로 계속 변한다. 따라서 등가속도 운동을 하지 않는다.

✗. 원운동의 반지름을 r_0이라고 하면, $r_0 = \dfrac{r}{\sqrt{2}}$이다. 따라서 $\dfrac{mv^2}{r_0} = mg$에서 $v^2 = gr_0 = \dfrac{gr}{\sqrt{2}}$이다.

06 등속 원운동

반지름이 r인 원궤도를 따라 속력 v, 각속도 ω로 등속 원운동을 하는 물체의 가속도의 크기는 $a = \dfrac{v^2}{r} = r\omega^2$이다.

✗. 실이 A, B를 당기는 힘의 크기가 같으므로, A, B에 작용하는 알짜힘의 크기가 같다. 따라서 A, B의 가속도의 크기는 같다.

㉡. $a = \dfrac{v^2}{r}$에서 가속도의 크기가 같으므로 $v \propto \sqrt{r}$이다. 따라서 속력은 B가 A보다 크다.

✗. $a = r\omega^2$에서 $\omega \propto \dfrac{1}{\sqrt{r}}$이므로 각속도는 A가 B보다 크다. 주기는 각속도에 반비례하므로 B가 A보다 크다.

07 케플러 법칙과 역학적 에너지 보존

위성에 작용하는 중력 이외의 힘이 일을 하지 않으므로, 위성의 역학적 에너지는 일정하게 보존된다.

㉠. 위성의 면적 속도가 일정하므로, 행성 중심에서 위성까지 떨어진 거리가 짧을수록 위성의 속력이 크다. 따라서 위성의 속력은 p에서가 q에서보다 크다.

✗. 가속도의 크기는 행성 중심으로부터 떨어진 거리의 제곱에 반비례하므로 위성의 가속도의 크기는 p에서가 q에서의 4배이다.

✗. 위성의 운동 에너지는 p에서가 q에서보다 크다. 그런데 위성의 역학적 에너지가 일정하게 보존되므로, 위성의 중력 퍼텐셜 에너지는 q에서가 p에서보다 크다.

08 케플러 법칙

X는 태양으로부터 받는 중력에 의해 타원 궤도를 따라 운동한다.
㉠. 면적 속도가 일정하므로 태양에 가까울수록 X의 속력이 크다. 따라서 X의 속력은 p에서가 q에서보다 크다.
㉡. 태양으로부터 받는 중력의 크기가 태양으로부터 떨어진 거리의 제곱에 반비례하므로, 가속도의 크기도 거리의 제곱에 반비례한다. 따라서 가속도의 크기는 p에서가 q에서보다 크다.
✗. 면적 속도가 일정하므로 p에서 q까지 걸리는 시간이 q에서 r까지 걸리는 시간보다 작다. 따라서 평균 속력은 p에서 q까지가 q에서 r까지보다 크다.

09 중력과 가속도

중력의 크기가 지구로부터 떨어진 거리의 제곱에 반비례하므로, 가속도의 크기도 지구로부터 떨어진 거리의 제곱에 반비례한다.
④ 지구로부터 p, q까지 떨어진 거리가 각각 $1.5d$, $\sqrt{(2d)^2+(1.5d)^2}=2.5d$이다. 따라서 $\frac{a_p}{a_q}=\left(\frac{2.5}{1.5}\right)^2=\frac{25}{9}$이다.

10 케플러 법칙

A가 지구 중력만 받으면서 운동하므로, 면적 속도가 일정하다.
㉠. 면적 속도가 일정하므로, 지구에 가까울수록 A의 속력이 크다. 따라서 q에서 속력은 v보다 크다.
㉡. 지구 중심에서 p, r까지 떨어진 거리가 각각 $2d$, $3d$이다. 따라서 r에서 가속도의 크기는 $\frac{4}{9}a$이다.
✗. 지구와 A를 연결한 선분이 쓸고 지나가는 면적이 q에서 r까지가 p에서 q까지의 2배보다 크다. 따라서 q에서 r까지 걸리는 시간은 p에서 q까지 걸리는 시간의 2배보다 크다.

11 케플러 법칙

A의 r가 일정하므로, A는 등속 원운동을 한다.
㉠. A의 질량을 m_A라고 하면, 행성과 A 사이에 작용하는 중력의 크기가 $F=\frac{GMm_A}{r_0^2}$이다. 따라서 A의 가속도의 크기는 $a=\frac{F}{m_A}=\frac{GM}{r_0^2}$이다.
✗. B가 행성으로부터 가장 가까울 때의 거리와 가장 멀 때의 거리가 각각 r_0, $5r_0$이므로, B의 타원 궤도의 긴반지름은 $\frac{r_0+5r_0}{2}=3r_0$이다. 긴반지름이 B가 A의 3배이므로, 공전 주기는 B가 A의 $3\sqrt{3}$배이다.

✗. B가 행성으로부터 떨어진 거리의 최댓값이 최솟값의 5배이므로, B의 가속도의 크기의 최댓값은 최솟값의 $5^2=25$배이다.

12 중력에 의한 등속 원운동

지구의 중력이 구심력으로 작용하므로, A와 지구의 질량을 각각 m, M이라고 하면 $\frac{mv^2}{2R}=\frac{GMm}{(2R)^2}$에서 $v=\sqrt{\frac{GM}{2R}}$이다.
✗. A가 속력 v로 등속 원운동을 하므로 지표면으로부터 고도 R인 지점에서 속력 v로 운동하는 물체는 지구를 탈출할 수 없다. 지표면에서 속력 v로 발사한 물체는 지표면으로부터 고도 R인 지점에서 속력이 v보다 작으므로, 지표면에서 탈출 속력은 v보다 크다.
㉡. A의 가속도의 크기는 $\frac{v^2}{2R}$이다. 가속도의 크기는 지구 중심으로부터 떨어진 거리의 제곱에 반비례하므로, B의 가속도의 크기는 $\frac{v^2}{2R}\times\frac{4}{9}=\frac{2v^2}{9R}$이다.
✗. A의 공전 주기가 $T_A=\frac{2\pi\times 2R}{v}=\frac{4\pi R}{v}$이다. 그런데 원운동의 반지름이 B가 A의 $\frac{3}{2}$배이므로, B의 공전 주기는 $T_B=\frac{3}{2}\sqrt{\frac{3}{2}}T_A=\frac{3\sqrt{6}\pi R}{v}$이다.

수능 **3**점 테스트　　　　　　본문 45~49쪽

01 ⑤　**02** ③　**03** ⑤　**04** ①　**05** ③　**06** ②　**07** ①
08 ⑤　**09** ②　**10** ③

01 등속 원운동

반구의 중심과 A를 연결한 선분이 연직 아래 방향과 이루는 각을 θ라고 하면, $\tan\theta=\frac{F}{mg}$에서 구심력의 크기는 $F=mg\tan\theta$이고, 가속도의 크기는 $a=g\tan\theta$이다.
⑤ $r=r_0$, $r=2r_0$일 때, 반구의 중심과 A를 연결한 선분이 연직 아래 방향과 이루는 각을 각각 θ_1, θ_2라고 하면 $\sin\theta_1=\frac{1}{3}$에서 $\tan\theta_1=\frac{1}{2\sqrt{2}}$, $\sin\theta_2=\frac{2}{3}$에서 $\tan\theta_2=\frac{2}{\sqrt{5}}$이다.
따라서 $\frac{a_2}{a_1}=\frac{\tan\theta_2}{\tan\theta_1}=\frac{4\sqrt{10}}{5}$이다.

02 등속 원운동

실이 연직 방향과 이루는 각이 θ이면, 가속도의 크기는 $g\tan\theta$이다.

③ $g\tan\theta=\dfrac{v^2}{r}=\dfrac{2gl}{l\sin\theta}$에서 $\dfrac{\sin\theta}{\cos\theta}=\dfrac{2}{\sin\theta}$이다. 따라서 $\sin^2\theta$ $=2\cos\theta$, $\cos^2\theta+2\cos\theta-1=0$에서 $\cos\theta=\sqrt{2}-1$이다.

03 등속 원운동

등속 원운동을 하는 물체에 작용하는 알짜힘을 구심력이라고 하며, 구심력의 방향은 원의 중심 방향이다.

㉠. A에서 자동차에 작용하는 알짜힘이 연직 위 방향으로 $\dfrac{5}{3}mg-mg=\dfrac{2}{3}mg$이므로 $\dfrac{2}{3}mg=\dfrac{mv^2}{r}$에서 $v=\sqrt{\dfrac{2gr}{3}}$이다.

㉡. A, B에서 가속도의 크기는 각각 $\dfrac{v^2}{r}$, $\dfrac{v^2}{2r}$이므로 A에서가 B에서의 2배이다.

㉢. B에서 자동차에 작용하는 알짜힘은 연직 아래 방향으로 $\dfrac{1}{3}mg$이다. 따라서 B에서 도로면이 자동차를 연직 위 방향으로 미는 힘의 크기를 N_B라고 하면, $mg-N_B=\dfrac{1}{3}mg$에서 $N_B=\dfrac{2}{3}mg$이다.

04 케플러 법칙과 역학적 에너지

X에는 행성에 의한 중력만 작용하므로 X의 역학적 에너지는 일정하게 보존되며, 운동 에너지 변화량은 알짜힘이 한 일과 같다.

✗. 행성과 X를 연결한 선분이 쓸고 지나가는 면적이 p에서 q까지가 q에서 r까지보다 크다. 따라서 X가 p에서 q까지 이동하는 데 걸리는 시간이 q에서 r까지 이동하는 데 걸리는 시간보다 길다.

㉡. 행성에 의한 중력이 일을 한 만큼 X의 중력 퍼텐셜 에너지는 감소한다. 따라서 행성이 X에 작용하는 중력이 p에서 q까지 하는 일은 $-\dfrac{E_0}{3}-\left(-\dfrac{E_0}{2}\right)=\dfrac{E_0}{6}$이고, q에서 r까지 하는 일은 $-\dfrac{E_0}{2}-(-E_0)=\dfrac{E_0}{2}$이다. 따라서 행성이 X에 작용하는 중력이 하는 일은 q에서 r까지가 p에서 q까지의 3배이다.

✗. X의 역학적 에너지가 $-\dfrac{E_0}{4}$으로 일정하므로 p, r에서 X의 운동 에너지는 각각 $-\dfrac{E_0}{4}-\left(-\dfrac{E_0}{3}\right)=\dfrac{E_0}{12}$, $-\dfrac{E_0}{4}-(-E_0)=\dfrac{3E_0}{4}$이다. 따라서 r에서가 p에서의 9배이다.

05 케플러 제2법칙

행성과 위성을 연결한 선분이 단위 시간 동안 쓸고 지나가는 면적을 면적 속도라고 하며, 케플러 제2법칙에 따라 위성의 면적 속도는 일정하다.

③ 행성과 위성을 연결한 선분이 쓸고 지나가는 면적이 A에서 B까지는 $\dfrac{1}{4}S-\dfrac{1}{8}S=\dfrac{1}{8}S$이고, B에서 C까지는 $\dfrac{1}{4}S+\dfrac{1}{8}S=\dfrac{3}{8}S$이다. 그런데 면적 속도가 일정하므로 걸리는 시간은 행성과 위성을 연결한 선분이 쓸고 지나가는 면적에 비례한다.

따라서 $\dfrac{t_2}{t_1}=\dfrac{\dfrac{3}{8}S}{\dfrac{1}{8}S}=3$이다.

06 케플러 법칙과 중력 법칙

가속도 크기는 P의 중심으로부터 떨어진 거리의 제곱에 반비례한다.

✗. A가 P로부터 떨어진 거리의 최댓값이 $2d$이고 이때 $a_{최소}$가 a이다. 따라서 $\dfrac{1}{(2d)^2}:\dfrac{1}{㉠^2}=1:\dfrac{16}{25}$에서 $㉠=\dfrac{5}{2}d$이다.

㉡. $\dfrac{1}{d^2}:\dfrac{1}{(2d)^2}=㉡:a$에서 $㉡=4a$이다.

✗. B의 $a_{최대}$가 $16a$이므로, B가 P로부터 떨어진 거리의 최솟값이 $\dfrac{1}{2}d$이다. 따라서 A, B의 타원 궤도의 긴반지름이 $\dfrac{3}{2}d$로 같다. 주기의 제곱이 긴반지름의 세제곱에 비례하므로, A, B의 공전 주기는 같다.

07 등속 원운동과 케플러 법칙

A의 가속도의 크기는 $a=\dfrac{v^2}{2r_0}$이다.

㉠. p에서 지구와 B 사이의 거리가 r_0이므로, 가속도 크기의 최댓값은 $4a=\dfrac{2v^2}{r_0}$이다.

✗. A의 공전 주기가 $\dfrac{2\pi\times(2r_0)}{v}=\dfrac{4\pi r_0}{v}$이다. 그런데 A의 원 궤도 반지름과 B의 타원 궤도 긴반지름이 같으므로, B의 주기도 $\dfrac{4\pi r_0}{v}$이다.

✗. B에는 지구 중력 이외의 힘이 작용하지 않으므로 역학적 에너지가 일정하게 보존된다. 따라서 p, q에서 B의 역학적 에너지는 같다.

08 등속 원운동과 케플러 법칙

P의 속력을 v라고 하면 가속도의 크기는 $a=\dfrac{v^2}{2d}$이므로, $v=\sqrt{2ad}$이다.

⑤ P의 원 궤도 반지름과 Q의 타원 궤도의 긴반지름이 각각 $2d$, $4d$이므로 주기는 Q가 P의 $2\sqrt{2}$배이다. 그런데 P의 공전 주기가 $\dfrac{2\pi\times2d}{\sqrt{2ad}}=2\pi\sqrt{2\dfrac{d}{a}}$이므로 Q의 공전 주기는 $2\sqrt{2}\times2\pi\sqrt{2\dfrac{d}{a}}=8\pi\sqrt{\dfrac{d}{a}}$이다.

09 중력 법칙과 탈출 속도

천체의 반지름과 질량을 각각 R_0, M_0이라고 하면
$\frac{1}{2}mv_e^2 - \frac{GM_0m}{R_0} = 0$에서 탈출 속도의 크기는 $v_e = \sqrt{\frac{2GM_0}{R_0}}$
이다.

ㄱ. (가)에서 물체에는 행성의 중력만 작용한다. 따라서 물체의 역학적 에너지는 일정하다.

ㄴ. A, B의 반지름이 같은데, 질량은 A가 B의 2배이다. 따라서 평균 밀도는 A가 B의 2배이다.

ㄷ. 질량이 같으면 탈출 속도의 크기는 $\sqrt{\frac{1}{R_0}}$에 비례한다. 따라서 행성 표면에서 탈출 속도의 크기는 B가 C의 $\sqrt{2}$배이다.

10 중력 법칙과 등속 원운동

공전 주기가 같으면 회전 각속도도 같다. 따라서 $a = r\omega^2$에서 가속도의 크기는 회전 반지름에 비례한다.

ㄱ. A, B의 각속도는 같은데, 회전 반지름은 B가 A보다 크다. 따라서 가속도의 크기는 B가 A보다 크다.

ㄴ. 가속도의 크기가 B가 A보다 크므로, 알짜힘의 크기도 B가 A보다 크다. 따라서 태양과 지구 중력의 합력의 크기는 B가 A보다 크다.

ㄷ. A에 작용하는 알짜힘의 방향이 태양을 향한다. 따라서 A가 태양으로부터 받는 중력의 크기는 A가 지구로부터 받는 중력의 크기보다 크다.

---

04 일반 상대성 이론

수능 **2**점 테스트   본문 56~57쪽

01 ① **02** ③ **03** ① **04** ④ **05** ⑤ **06** ⑤ **07** ②
08 ③

01 관성 좌표계와 가속 좌표계

정지해 있거나 등속도로 운동하는 좌표계를 관성 좌표계라 하고, 가속도 운동을 하는 좌표계를 가속 좌표계라고 한다.

ㄱ. P는 가속도 운동을 하므로 P의 좌표계는 가속 좌표계이다.

ㄴ. Q의 좌표계에서 P는 등속 원운동을 하므로 원의 중심 방향으로 구심력이 작용한다. 따라서 P에 작용하는 알짜힘은 0이 아니다.

ㄷ. P는 등속 원운동을 하므로 원의 중심 방향으로 구심력이 작용한다. 따라서 P에 작용하는 관성력(원심력)의 방향은 구심력의 방향과 반대이다.

02 등가 원리

등가 원리에 의하면 중력과 관성력은 근본적으로 구별할 수 없다.

ㄱ. A와 B가 각각 우주선의 운동 상태를 알 수 없다면 등가 원리에 의해 가속 좌표계에서는 빛이 휘어지는 까닭이 중력 때문인지 우주선의 가속 운동 때문인지를 구별할 수 없다.

ㄴ. (나)의 광원에서 O를 향해 방출된 빛이 P에 도달하였으므로 우주선의 가속도의 방향은 우주선의 운동 방향과 같다.

ㄷ. 광원에서 O를 향해 방출된 빛이 (가)와 (나)에서 모두 P에 도달하였으므로 (나)에서 우주선의 가속도의 크기는 (가)에서 중력 가속도의 크기와 같다. 따라서 $t_{(가)} = t_{(나)}$이다.

03 관성력과 가속 좌표계

빗면이므로 용수철은 원래 길이보다 늘어나야 하지만 물체에 작용하는 관성력으로 인해 원래 길이를 유지하고 있다.

ㄱ. A의 좌표계에서 물체는 정지해 있으므로 물체에 작용하는 알짜힘은 0이다.

ㄴ. A의 좌표계에서 물체에는 $+x$방향으로 관성력이 작용하여 용수철이 원래 길이를 유지한다. 따라서 관성력의 방향은 버스의 가속도의 방향과 반대이므로 B의 좌표계에서 버스의 가속도의 방향은 $-x$방향이다.

ㄷ. 버스의 가속도의 크기만 증가하면 A의 좌표계에서 $+x$방향으로 작용하는 관성력의 크기가 증가한다. 따라서 용수철의 길이는 L_0보다 작다.

04 관성력과 등가 원리

관성력의 방향은 가속도의 방향과 반대이고, 관성력의 크기는 물체의 질량과 가속도의 크기의 곱과 같다.

④ 물체의 중력의 크기는 20 N이고, 1초일 때 실이 물체를 당기는 힘의 크기가 20 N이므로 물체에 작용하는 알짜힘은 0이다. 따라서 1초일 때 엘리베이터는 $+y$방향으로 등속 운동 한다. 3초일 때 실이 물체를 당기는 힘의 크기가 10 N이므로 물체는 $+y$방향으로 크기가 10 N인 관성력을 받는다. 관성력의 방향은 엘리베이터의 가속도의 방향과 반대이므로 엘리베이터의 가속도의 방향은 $-y$방향이다. 또한, 관성력의 크기는 10 N이고 물체의 질량은 2 kg이므로 엘리베이터의 가속도의 크기는 5 m/s²이다.

05 중력 렌즈 효과

먼 곳에 있는 밝은 별로부터 빛이 지구에 도달할 때 중간에 질량이 매우 큰 천체가 있으면 빛이 휘어져 별의 상이 여러 개로 보이게 되는 것을 중력 렌즈 효과라고 한다.

✗. 은하단을 지나며 만들어진 빛의 고리는 중력에 의해 만들어진 별의 상이다. 따라서 실제 별의 위치가 아니다.

ㄴ. 일반 상대성 이론에 의하면 은하단과 같은 질량이 큰 천체 주위는 시공간이 휘어져 있다.

ㄷ. 은하단의 중력으로 인해 빛이 휘어지는 현상은 중력 렌즈 효과로 설명할 수 있다.

06 블랙홀과 중력파

블랙홀이 병합될 때 시공간이 일그러지고 빛은 이 일그러진 시공간을 따라 진행하므로 위상이 변하게 되어 중력파를 검출할 수 있다.

ㄱ. 블랙홀의 질량이 클수록 중력의 크기가 크므로 블랙홀 주변의 시공간은 더 많이 휘어진다.

ㄴ. 블랙홀에서는 탈출 속력이 빛의 속력보다 크므로 빛조차도 탈출할 수 없다.

ㄷ. 두 블랙홀의 병합으로 발생한 시공간의 일그러짐이 파동으로 퍼져 나가는 중력파는 일반 상대성 이론의 증거이다.

07 탈출 속력

행성의 질량이 M, 반지름이 R일 때 행성의 표면에서 탈출 속력은 $\sqrt{\dfrac{M}{R}}$에 비례한다.

✗. A의 표면에서 탈출 속력은 $4v$이므로 A의 표면에서 물체를 $3v$의 속력으로 발사시키면 물체는 A의 중력에 의해 A의 표면으로 되돌아온다.

ㄴ. 행성의 표면에서 탈출 속력은 $\sqrt{\dfrac{M}{R}}$에 비례한다. 탈출 속력은 B와 C가 같고 행성의 반지름은 B가 C보다 작으므로 행성의 질량은 B가 C보다 작다.

✗. 행성의 표면에서 탈출 속력은 $\sqrt{\dfrac{M}{R}}$에 비례한다. 행성의 반지름은 A와 B가 같고 탈출 속력은 A가 B보다 크므로 질량은 A가 B보다 크다. 따라서 일반 상대성 이론에 의하면 질량이 큰 A에서가 B에서보다 행성 표면에서의 시공간이 휘어진 정도가 더 크다.

08 블랙홀

질량이 아주 큰 별이 진화의 마지막 단계에서 자체 중력이 매우 커서 스스로 붕괴되어 빛조차도 탈출할 수 없는 천체를 블랙홀이라고 한다.

ㄱ. 천체 주변의 시공간이 휘어진 현상은 중력을 시공간의 휘어짐으로 나타내는 일반 상대성 이론으로 설명할 수 있다.

✗. 빛은 휘어진 시공간을 따라 진행한다. 천체 주변의 시공간이 휘어진 정도는 A에서가 B에서보다 작으므로 천체 주변에서 빛이 휘어지는 정도도 A에서가 B에서보다 작다.

ㄷ. 중력이 매우 커서 빛조차도 탈출할 수 없는 천체이므로 C는 블랙홀이다.

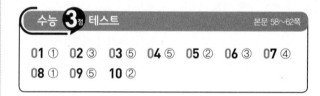

수능 3점 테스트　　　　본문 58~62쪽

01 ①　**02** ③　**03** ⑤　**04** ⑤　**05** ②　**06** ③　**07** ④
08 ①　**09** ⑤　**10** ②

01 관성력과 가속 좌표계

A의 좌표계에서 물체는 정지해 있고, B의 좌표계에서 물체는 등가속도 운동한다.

ㄱ. 버스의 속력이 일정하게 감소하며 $+x$방향으로 운동하므로 버스의 가속도의 방향은 $-x$방향이다. 따라서 A의 좌표계에서 물체에 작용하는 관성력의 방향은 $+x$방향이다.

✗. A의 좌표계에서 물체에 작용하는 알짜힘은 0이지만, B의 좌표계에서 물체는 버스의 가속도로 등가속도 운동을 한다.

✗. A의 좌표계에서 물체는 정지해 있으므로 힘의 평형을 이루고 있다. 물체에 작용하는 관성력의 크기를 F, p와 q가 물체를 당기는 힘의 크기를 각각 T_p, T_q라 하면 $T_p = T_q\sin60° + F$, $T_q\cos60° = mg$이고 $T_p = 2\sqrt{3}mg$이므로 $F = \sqrt{3}mg$이다.

02 관성력과 가속 좌표계

A와 B 각각의 좌표계에서는 구심 가속도의 반대 방향으로 관성력이 작용한다.

✗. A에 작용하는 구심 가속도의 방향은 회전축을 향하는 방향이므로 A의 좌표계에서 A에 작용하는 관성력의 방향은 회전축을 향하는 방향과 반대 방향이다.

✗. A와 B는 회전축으로부터 떨어진 거리가 같고 같은 각속도로 등속 원운동을 하므로 구심 가속도의 크기가 같다. 질량이 A가 B의 $\frac{1}{2}$배이므로 A의 좌표계에서 A에 작용하는 관성력의 크기는 B의 좌표계에서 B에 작용하는 관성력의 크기의 $\frac{1}{2}$배이다.

ⓒ. C의 좌표계에서 A와 B의 구심 가속도의 방향은 회전축을 향하는 방향이다. 따라서 A와 B의 가속도의 방향은 서로 반대이다.

03 등가 원리
우주선의 가속도의 크기가 지표면에서의 중력 가속도의 크기와 같으면 물체의 운동 경로는 같다.

ⓐ. (가), (나)에서 바닥으로부터 같은 높이에서 같은 속력으로 던져진 물체의 수평 이동 거리가 같으므로 물체를 던진 순간부터 바닥에 도달할 때까지 물체의 운동 시간이 같다. 따라서 (나)의 우주선의 가속도의 방향은 우주선의 운동 방향과 같고 가속도의 크기는 (가)의 지표면에서 중력 가속도의 크기와 같다.

ⓑ. (다)에서 물체가 포물선 운동을 하여 바닥에 도달하였으므로 우주선의 가속도의 방향은 우주선의 운동 방향과 같다.

ⓒ. 물체의 수평 이동 거리가 (나)에서가 (다)에서보다 작으므로 물체를 던진 순간부터 바닥에 도달할 때까지 물체의 운동 시간은 (나)에서가 (다)에서보다 작다. 따라서 우주선의 가속도의 크기는 (나)에서가 (다)에서보다 크므로 빛이 휘어진 정도는 B가 관측할 때가 C가 관측할 때보다 크다.

04 관성력과 가속 좌표계
정지해 있거나 등속도로 운동하는 좌표계를 관성 좌표계라 하고, 가속도 운동하는 좌표계를 가속 좌표계라고 한다.

ⓐ. A의 좌표계에서 기차의 가속도의 반대 방향으로 물체는 관성력을 받는다. 1초일 때 물체를 가만히 놓으면 A의 좌표계에서 물체는 $-x$방향으로 운동하므로 물체에 작용하는 관성력의 방향은 $-x$방향이다. 따라서 기차의 가속도의 방향은 $+x$방향이고, B의 좌표계에서 기차는 0초부터 2초까지 속력이 일정하게 감소하므로 기차의 운동 방향은 $-x$방향이다.

ⓑ. 기차의 가속도의 방향은 1초일 때와 3초일 때가 반대이므로 A의 좌표계에서 물체에 작용하는 관성력의 방향도 1초일 때와 3초일 때가 반대이다. A의 좌표계에서 1초일 때 물체에 작용하는 관성력의 방향이 $-x$방향이므로 3초일 때 물체에 작용하는 관성력의 방향은 $+x$방향이다.

ⓒ. 기차의 가속도의 크기가 클수록 물체에 작용하는 관성력의 크기는 크다. 기차의 가속도의 크기는 1초일 때가 3초일 때의 $\frac{2}{3}$배이므로 A의 좌표계에서 물체에 작용하는 관성력의 크기는 1초일 때가 3초일 때의 $\frac{2}{3}$배이다.

05 관성력과 등가 원리
엘리베이터가 정지해 있을 때 탄성력의 크기는 물체의 중력의 크기와 같다.

✗. 엘리베이터가 정지해 있을 때 물체에 작용하는 탄성력의 크기는 물체의 중력의 크기와 같은 mg이다. 엘리베이터의 가속도의 크기가 a_1일 때 물체에 작용하는 탄성력의 크기는 mg보다 작으므로 물체에 작용하는 관성력의 방향은 $+y$방향이다. 따라서 엘리베이터의 가속도의 방향은 $-y$방향이다. 또한, 엘리베이터의 가속도의 크기가 a_2일 때 물체에 작용하는 탄성력의 크기는 mg보다 크므로 물체에 작용하는 관성력의 방향은 $-y$방향이다. 따라서 엘리베이터의 가속도의 방향은 $+y$방향이다.

ⓑ. 엘리베이터의 가속도의 크기가 a_1일 때 물체에 작용하는 관성력의 방향은 $+y$방향이므로 관성력의 크기를 F_1이라 하면 $\frac{1}{2}mg + F_1 = mg$이므로 $F_1 = \frac{1}{2}mg$이고 $\frac{1}{2}mg = ma_1$에서 $a_1 = \frac{1}{2}g$이다.

✗. 엘리베이터의 가속도의 크기가 a_2일 때 물체에 작용하는 관성력의 방향은 $-y$방향이므로 관성력의 크기를 F_2라 하면 $3mg = mg + F_2$에서 $F_2 = 2mg$이다. 따라서 엘리베이터의 좌표계에서 물체에 작용하는 관성력의 크기는 엘리베이터의 가속도의 크기가 a_1일 때가 a_2일 때의 $\frac{1}{4}$배이다.

06 중력 렌즈 효과
O에 위치한 천체의 질량이 클수록 중력 렌즈 효과가 크게 나타나므로 a를 지난 빛은 더 많이 휘어진 시공간을 따라 진행한다.

ⓐ. O에 A가 위치할 때 a를 지난 빛이 q를 통과하므로 빛은 A 주변의 휘어진 시공간을 따라 진행한다.

ⓑ. O에 B가 위치할 때 a를 지난 빛이 p를 통과하는 것은 중력 렌즈 효과이며 이것은 일반 상대성 이론으로 설명할 수 있다.

✗. 천체의 질량이 클수록 중력 렌즈 효과가 더 크므로 천체의 질량은 A가 B보다 작다.

07 일반 상대성 이론
일반 상대성 이론에 따르면 천체의 질량이 클수록, 천체에 가까워질수록 시공간이 휘어진 정도가 크고 빛은 휘어진 시공간을 따라 진행한다.

ⓐ. 구슬이 직진하지 않고 경로가 휘어졌으므로 빛은 휘어진 시공간을 따라 진행한다.

✗. O에 A를 놓고 구슬을 발사하였을 때 구슬이 휘어진 정도는 p를 따라 발사했을 때가 q를 따라 발사했을 때보다 크다. 따라서 공을 천체로 생각할 때 천체에 가까울수록 시공간이 휘어지는 정도가 크다.

ⓒ. q를 따라 구슬을 발사하였을 때 구슬이 휘어진 정도는 A일 때가 B일 때보다 작다. 따라서 p를 따라 구슬을 발사하였을 때

구슬이 휘어진 정도는 A일 때가 B일 때보다 작아야 하므로 ㉠은 52 cm보다 작다.

08 중력파

초신성이 폭발하거나 두 블랙홀이 병합할 때 질량의 공간적 분포에 변화가 생겨 중력파가 발생한다.

㉠. 질량 분포의 변화에 의해 시공간의 흔들림이 파동으로 퍼져 나가는 것을 중력파라고 한다.

✗. 일반 상대성 이론에 의하면 질량이 클수록 중력의 크기가 크므로 시공간이 휘어진 정도는 크다.

✗. 중력파는 아인슈타인의 일반 상대성 이론으로 설명할 수 있다.

09 탈출 속력

행성의 질량이 M, 반지름이 R일 때 행성의 표면에서 탈출 속력은 $\sqrt{\dfrac{M}{R}}$에 비례한다.

㉠. P의 발사 속력은 v이고 A의 표면에서 탈출 속력은 $\dfrac{3}{2}v$이므로 P는 A의 중력에 의해 A의 표면으로 되돌아온다.

㉡. 행성의 표면에서 탈출 속력은 $\sqrt{\dfrac{M}{R}}$에 비례하므로 $v_1=3v$이다. 따라서 $v<v_1$이다.

㉢. Q의 발사 속력은 $4v$이고 B의 표면에서 탈출 속력은 $3v$이므로 Q는 B의 중력을 벗어나 무한히 먼 곳에 도달할 수 있다.

10 블랙홀

중력이 매우 커서 시공간을 극단적으로 휘게 만들어 빛조차도 빠져나올 수 없는 천체를 블랙홀이라 한다.

✗. 등속 원운동을 하는 우주선은 회전 속력이 클수록 구심 가속도의 크기가 크므로 등속 원운동을 하는 우주선의 좌표계에서 주인공에게 작용하는 관성력의 크기는 크다.

㉡. 중력이 매우 커서 빛조차도 탈출할 수 없는 천체를 블랙홀이라고 한다.

✗. 블랙홀에 가까운 지점일수록 중력의 크기가 크므로 시공간이 휘어진 정도는 크다.

---

05 일과 에너지

수능 2점 테스트 본문 72~75쪽

01 ②	02 ④	03 ⑤	04 ②	05 ①	06 ③	07 ③
08 ④	09 ⑤	10 ①	11 ①	12 ②	13 ③	14 ④
15 ⑤	16 ②					

01 일과 운동 에너지

알짜힘이 물체에 한 일은 물체의 운동 에너지 변화량과 같다.

② 크기가 10 N인 힘은 물체의 알짜힘이므로 물체가 2 m 이동하는 동안 크기가 10 N인 힘이 물체에 한 일은 10 N × 2 m = 20 J이고 물체의 운동 에너지 변화량과 같다. 물체의 이동 거리가 2 m일 때 물체의 속력을 v라 하면 $20\,J=\dfrac{1}{2}\times 2\,kg\times v^2-0$에서 $v=2\sqrt{5}$ m/s이다. 따라서 ㉠은 운동 에너지이고 ㉡은 $2\sqrt{5}$ m/s이다.

02 일과 운동 에너지

경사각이 θ인 빗면과 나란한 방향으로 질량이 m인 물체에 작용하는 힘의 크기는 $mg\sin\theta$이다.

④ 수평면과 30°의 각을 이루는 빗면에서 질량이 m인 물체에 빗면과 나란한 아래 방향으로 작용하는 힘의 크기는 $\dfrac{1}{2}mg$이다. 따라서 물체에 작용하는 알짜힘은 $mg-\dfrac{1}{2}mg=\dfrac{1}{2}mg$이고, p의 높이가 h이므로 빗면에서 물체가 이동한 거리를 s라 하면 $\sin 30°=\dfrac{1}{2}=\dfrac{h}{s}$에서 $s=2h$이다. 알짜힘이 한 일은 물체의 운동 에너지 변화량과 같으므로 p에서 물체의 속력을 v라 하면 $\dfrac{1}{2}mg\times 2h=\dfrac{1}{2}mv^2$에서 $v=\sqrt{2gh}$이다.

03 알짜힘이 하는 일

A의 중력이 알짜힘이므로 A의 중력이 한 일은 A와 B의 운동 에너지 변화량의 합과 같다.

㉠. A가 h만큼 이동하였을 때 A와 B의 속력은 같고, 질량은 B가 A의 2배이므로 운동 에너지는 B가 A의 2배이다.

㉡. A의 중력이 한 일은 A와 B의 운동 에너지 변화량의 합과 같으므로 A가 h만큼 이동하였을 때 A의 속력을 v라 하면 $mg\times h=\dfrac{1}{2}(m+2m)v^2$이므로 $v=\sqrt{\dfrac{2gh}{3}}$이다.

ⓒ. B에 작용하는 알짜힘의 크기를 F라 하면 F가 한 일은 B의 운동 에너지 변화량과 같으므로 $F \times h = \frac{1}{2} \times 2m \times \left(\sqrt{\frac{2gh}{3}} \right)^2$이다. 따라서 $F = \frac{2}{3} mg$이다.

04 알짜힘이 하는 일

등가속도 운동을 하는 물체의 이동 거리 $s = v_0 t + \frac{1}{2} at^2$이고, 물체가 평면상에서 운동을 할 때 물체에 작용하는 알짜힘의 크기는 벡터의 합성으로 구한다.

② 물체의 가속도의 x성분의 크기와 y성분의 크기를 각각 a_x, a_y라 하면 $18\,\mathrm{m} = \frac{1}{2} \times a_x \times (3\,\mathrm{s})^2$에서 $a_x = 4\,\mathrm{m/s^2}$이고 $9\,\mathrm{m} = \frac{1}{2} \times a_y \times (3\,\mathrm{s})^2$에서 $a_y = 2\,\mathrm{m/s^2}$이므로 물체의 가속도의 크기는 $\sqrt{(4\,\mathrm{m/s^2})^2 + (2\,\mathrm{m/s^2})^2} = 2\sqrt{5}\,\mathrm{m/s^2}$이다. 물체의 질량이 $2\,\mathrm{kg}$이므로 물체에 작용하는 알짜힘의 크기는 $2\,\mathrm{kg} \times 2\sqrt{5}\,\mathrm{m/s^2} = 4\sqrt{5}\,\mathrm{N}$이고 0초부터 3초까지 물체의 이동 거리는 $\sqrt{(18\,\mathrm{m})^2 + (9\,\mathrm{m})^2} = 9\sqrt{5}\,\mathrm{m}$이다. 물체에 작용하는 알짜힘이 한 일은 물체의 운동 에너지 변화량과 같으므로 3초일 때 물체의 속력을 v라 하면 $4\sqrt{5}\,\mathrm{N} \times 9\sqrt{5}\,\mathrm{m} = \frac{1}{2} \times 2\,\mathrm{kg} \times v^2 - 0$에서 $v = 6\sqrt{5}\,\mathrm{m/s}$이다.

05 알짜힘이 하는 일

속력이 같을 때 운동 에너지는 물체의 질량에 비례한다.

ⓐ. A가 정지 상태에서 $5\,\mathrm{m}$ 이동하였을 때, B의 속력은 A의 속력과 같다. 따라서 A가 $5\,\mathrm{m}$ 이동하였을 때, A의 속력을 v라 하면 $100\,\mathrm{J} = \frac{1}{2} \times 2\,\mathrm{kg} \times v^2 - 0$에서 $v = 10\,\mathrm{m/s}$이다.

✗. A의 운동 에너지 변화량인 $100\,\mathrm{J}$은 A가 $5\,\mathrm{m}$ 이동하는 동안 A에 작용하는 알짜힘이 한 일과 같다. 따라서 A에 작용하는 알짜힘의 크기는 $20\,\mathrm{N}$이고 A의 중력의 크기는 $20\,\mathrm{N}$이므로 실이 A를 당기는 힘의 크기는 $40\,\mathrm{N}$이다.

✗. A가 $5\,\mathrm{m}$ 이동하였을 때 B의 운동 에너지는 $50\,\mathrm{J}$이므로 A가 $5\,\mathrm{m}$ 이동하는 동안 B에 작용하는 알짜힘의 크기는 $10\,\mathrm{N}$이다. 또한, 실이 B를 당기는 힘의 크기는 $40\,\mathrm{N}$이고 B의 중력의 크기는 $10\,\mathrm{N}$이므로 전동기가 B를 당기는 힘의 크기는 $40\,\mathrm{N}$이 되어야 한다. 따라서 A가 $5\,\mathrm{m}$ 이동하는 동안 전동기가 한 일은 $40\,\mathrm{N} \times 5\,\mathrm{m} = 200\,\mathrm{J}$이다.

06 일과 역학적 에너지

q에서 r까지 물체는 중력 퍼텐셜 에너지만 감소한다.

ⓐ. p에서 q까지, r에서 s까지 물체의 운동 에너지 증가량은 E_0으로 같으므로 p에서 q까지, r에서 s까지 물체의 중력 퍼텐셜 에너지 감소량도 같아야 한다. 따라서 p에서 q까지, r에서 s까지의 높이 차는 h로 같다.

ⓑ. 높이 h에 해당하는 물체의 중력 퍼텐셜 에너지가 E_0이므로 q에서 r까지 물체의 역학적 에너지 감소량은 물체의 중력 퍼텐셜 에너지 감소량과 같은 E_0이다.

✗. p에서 물체의 중력 퍼텐셜 에너지는 $3E_0$이므로 p에서 물체의 역학적 에너지는 $4E_0$이다.

07 포물선 운동과 역학적 에너지

물체가 포물선 운동을 하는 동안 물체의 역학적 에너지는 보존된다.

ⓐ. 포물선 운동을 하는 물체는 수평 방향으로는 등속도 운동을 하고 연직 방향으로는 등가속도 운동을 한다.

✗. 물체는 수평 방향으로는 등속도 운동하므로 최고점에서 물체의 속도의 크기는 물체가 던져진 순간의 수평 방향의 속도의 크기와 같다. 따라서 ⓒ은 $v\cos\theta$이다.

ⓒ. 수평면에서 던져진 순간의 역학적 에너지와 최고점에서의 역학적 에너지는 같다. 따라서 ⓒ은 '역학적 에너지'가 적절하다.

08 포물선 운동과 역학적 에너지

물체가 포물선 운동을 하는 동안 수평 방향으로는 등속도 운동을 하고 연직 방향으로는 등가속도 운동을 한다.

④ r에서 속력의 방향이 수평 방향과 $45°$의 각을 이루므로 물체의 속도의 수평 방향 성분의 크기와 연직 방향 성분의 크기는 같다. 따라서 속도의 수평 방향 성분의 크기와 연직 방향 성분의 크기는 모두 v이다. 물체가 포물선 운동을 하는 동안 수평 방향으로는 등속도 운동을 하므로 최고점인 q에서 물체의 속력은 v이다. 물체의 질량을 m, q에서 물체의 운동 에너지를 E_0, r의 높이를 h_r이라 하면 역학적 에너지 보존에 따라 $4E_0 = E_0 + mgh = 2E_0 + mgh_r$이므로 $h_r = \frac{2}{3}h$이다.

09 포물선 운동과 역학적 에너지

물체가 포물선 운동을 하는 동안 물체의 운동 에너지와 물체의 중력 퍼텐셜 에너지의 합은 일정하다.

ⓐ. s에서는 물체의 운동 에너지가 물체의 역학적 에너지이다. 따라서 물체의 역학적 에너지는 $10E_0$이므로 p, q, r, s에서 물체의 중력 퍼텐셜 에너지는 각각 $9E_0$, $8E_0$, $5E_0$, 0이다. 따라서 물체의 중력 퍼텐셜 에너지는 p에서가 r에서의 $\frac{9}{5}$배이다.

ⓑ. 운동 에너지는 물체의 속력의 제곱에 비례한다. 물체의 운동 에너지는 s에서가 q에서의 5배이므로 물체의 속력은 s에서가 q에서의 $\sqrt{5}$배이다.

ⓒ. 물체는 포물선 운동을 하므로 수평 방향으로는 등속도 운동을 하고 연직 아래 방향으로는 자유 낙하 운동을 한다. p와 q의 높이 차, q와 r의 높이 차, r와 s의 높이 차의 비는 1 : 3 : 5이므로 물체의 운동 시간은 p에서 q까지, q에서 r까지, r에서 s까지가 모

두 같다. 따라서 물체의 수평 이동 거리는 p에서 q까지와 r에서 s까지가 같다.

10 단진자와 역학적 에너지

물체가 최고점에서 최저점까지 운동하는 동안 물체의 역학적 에너지는 보존된다.

㉠. 물체가 최고점에서 최저점까지 운동하는 동안 물체의 역학적 에너지는 보존되므로 물체의 중력 퍼텐셜 에너지는 물체의 운동 에너지로 전환된다.

✗. 단진자의 단진동 주기 $T=2\pi\sqrt{\dfrac{l}{g}}$이므로 l이 클수록 단진동의 주기는 크다.

✗. 물체가 최고점에서 최저점까지 운동하는 동안 물체의 중력 퍼텐셜 에너지 감소량은 물체의 운동 에너지 증가량과 같다. 최고점과 최저점의 높이 차 $h=l(1-\cos\theta)$이므로 물체의 중력 퍼텐셜 에너지 감소량은 $mgl(1-\cos\theta)$이다. 따라서 최저점에서 물체의 운동 에너지는 $mgl(1-\cos\theta)$이다.

11 단진자와 역학적 에너지

실의 길이를 l, 중력 가속도를 g라 하면 단진자의 단진동 주기 $T=2\pi\sqrt{\dfrac{l}{g}}$이고, 물체의 중력 퍼텐셜 에너지 감소량은 물체의 운동 에너지 증가량과 같다.

㉠. 물체의 최고점과 최저점의 높이 차 $h=l(1-\cos\theta)$이므로 높이 차는 A가 B보다 작다.

✗. 단진자의 단진동 주기 $T=2\pi\sqrt{\dfrac{l}{g}}$이므로 l이 클수록 단진동의 주기는 크다. 따라서 단진동의 주기는 C가 B의 $\sqrt{2}$배이다.

✗. 물체가 최고점에서 최저점까지 운동하는 동안 물체의 중력 퍼텐셜 에너지 감소량은 물체의 운동 에너지 증가량과 같고 최저점에서 물체는 속력의 최댓값을 가진다. 물체의 질량을 m이라 하면 물체가 최고점에서 최저점까지 운동하는 동안 물체의 중력 퍼텐셜 에너지 감소량은 $mgl(1-\cos\theta)$이고 최저점에서 물체의 속력을 v라 하면 $\dfrac{1}{2}mv^2=mgl(1-\cos\theta)$이므로 $v=\sqrt{2gl(1-\cos\theta)}$이다. 따라서 물체의 속력의 최댓값은 C가 A의 $\sqrt{2}$배이다.

12 물체의 역학적 에너지

물체가 O를 중심으로 왕복 운동하므로 O는 물체가 운동할 때 최저점에 해당한다. 또한 물체의 중력 퍼텐셜 에너지 감소량은 물체의 운동 에너지 증가량과 같다.

② 최고점에서 O까지의 높이 차 $h=l(1-\cos60°)=\dfrac{l}{2}$이므로 O와 p의 높이 차 $\dfrac{3}{8}l=\dfrac{3}{4}h$에 해당한다. 따라서 최고점과 p의 높이 차 $h'=\dfrac{1}{4}h=\dfrac{1}{8}l$이고 물체의 질량을 m, p에서 물체의 속력을 v

라 하면 최고점에서 p까지 물체의 퍼텐셜 에너지 감소량은 물체의 증가한 운동 에너지와 같아야 하므로 $mg\left(\dfrac{1}{8}l\right)=\dfrac{1}{2}mv^2$에서 $v=\dfrac{\sqrt{gl}}{2}$이다.

13 열과 일의 전환

열은 일로 전환될 수 있고, 일도 열로 전환될 수 있다.

㉠. 나무를 서로 마찰시키면 나무에 한 일이 열로 전환되어 불을 피울 수 있다. 따라서 ㉠은 일이고 ㉡은 열이다.

㉡. ㉡은 열이고, 열은 고온에서 저온으로 저절로 이동한다.

✗. 뜨거운 물로부터 열을 흡수한 탁구공 안의 기체는 부피가 팽창하여 외부에 일을 한다. 따라서 열이 일로 전환된 것이다.

14 열과 일의 전환

열역학 제1법칙에 의해 기체가 받은 열량은 기체의 내부 에너지의 증가량과 기체가 외부에 한 일의 합과 같다.

④ 기체가 외부에 한 일은 기체의 압력과 부피 변화의 곱과 같으므로 $250~\text{N/m}^2 \times (0.4-0.2)\text{m}^3 = 50~\text{J}$이다. 기체의 내부 에너지 증가량을 $\varDelta U$라 하면, 열역학 제1법칙에 따라 $30~\text{cal} \times 4.2~\text{J/cal} = 126~\text{J} = \varDelta U + 50~\text{J}$이므로 $\varDelta U = 76~\text{J}$이다.

15 열의 일당량

추가 일정한 속력으로 낙하하는 동안 중력이 추에 한 일은 추의 중력 퍼텐셜 에너지 감소량과 같고, 추의 중력 퍼텐셜 에너지 감소량은 액체가 얻은 열량과 같다.

㉠. 중력이 추에 한 일은 추의 중력 퍼텐셜 에너지 감소량과 같으므로 ㉠은 '추의 중력 퍼텐셜 에너지 감소량'이 적절하다.

㉡. 추의 중력 퍼텐셜 에너지 감소량은 액체가 얻은 열량과 같으므로 $J=\dfrac{W}{Q}$이다.

㉢. 추의 질량이 클수록 액체가 얻은 열량은 크다. 액체가 얻은 열량은 '액체의 비열×액체의 질량×액체의 온도 변화량'과 같으므로 추의 질량이 클수록 액체의 온도 변화는 크다.

16 열의 일당량

중력이 추에 한 일을 W, 추의 질량을 M, 중력 가속도를 g, 추의 낙하 거리를 h, 액체의 비열을 c, 액체의 질량을 m, 액체의 온도 변화량을 $\varDelta T$, 열의 일당량을 J라고 하면, $W=JQ$이므로 $Mgh=Jcm\varDelta T$이다.

② 추의 중력 퍼텐셜 에너지의 감소량은 액체가 얻은 열량과 같으므로 $Mgh=Jcm\varDelta T$에서 $\varDelta T=\dfrac{Mgh}{Jcm}$이다. 따라서 $\varDelta T$는 $\dfrac{Mh}{m}$에 비례하므로 $\varDelta T_A > \varDelta T_C > \varDelta T_B$이다.

01 ①   **02** ③   **03** ⑤   **04** ②   **05** ①   **06** ②   **07** ①

08 ③   **09** ③   **10** ⑤   **11** ④   **12** ④   **13** ⑤   **14** ④

15 ①   **16** ②

01 일과 에너지

빗면과 나란하게 아래 방향으로 A와 B에 작용하는 힘의 합력의 크기는 mg이다.

㉠. 빗면과 나란하게 아래 방향으로 A에 작용하는 힘의 크기를 F라 하면, 실이 끊어지기 전 A, B는 등속도 운동을 하므로 $F+\frac{1}{2}mg$ $=mg$에서 $F=\frac{1}{2}mg$이다. 따라서 A의 질량은 m이다.

✗. 실이 끊어진 순간부터 A에는 빗면과 나란하게 아래 방향으로 크기가 $\frac{1}{2}mg$인 알짜힘이 작용하고, B에는 빗면과 나란하게 위 방향으로 크기가 $mg-\frac{1}{2}mg=\frac{1}{2}mg$인 알짜힘이 작용한다. 따라서 A, B는 가속도의 크기가 같으므로 A가 정지한 순간 B의 속력은 $2v$이고 B의 운동 에너지는 $2mv^2$이다.

✗. A가 p를 지나는 순간부터 A가 정지한 순간까지 $-\frac{1}{2}mg \times L=$ $0-\frac{1}{2}mv^2$에서 $mgL=mv^2$이고 A가 p를 지나는 순간부터 A가 정지할 때까지 B의 이동 거리를 L_B라 하면 $\frac{1}{2}mg \times L_B=\frac{1}{2}m(2v)^2$ $-\frac{1}{2}mv^2$에서 $L_B=3L$이다.

02 일과 에너지

실로 연결되어 있으므로 A, B, C의 가속도의 크기는 같고, C의 중력의 크기에서 A의 중력의 크기를 뺀 값이 알짜힘이며 알짜힘이 한 일은 A, B, C의 운동 에너지 변화량의 합과 같다.

㉠. $x=L$일 때 B의 속력을 v라 하면 $\frac{1}{2}mv^2=\frac{1}{4}mgL$이므로 $v=\sqrt{\frac{gL}{2}}$이다.

㉡. B에 작용하는 알짜힘이 B에 한 일은 B의 운동 에너지 변화량과 같으므로 B에 작용하는 알짜힘의 크기를 F_B라 하면 $F_B \times L$ $=\frac{1}{4}mgL$이므로 $F_B=\frac{1}{4}mg$이고 B의 가속도의 크기는 $\frac{1}{4}g$이다. C에 작용하는 알짜힘의 크기를 F_C라 하면 $F_C \times L=\frac{1}{2}mgL$이므로 $F_C=\frac{1}{2}mg$이다. B와 C의 가속도의 크기는 $\frac{1}{4}g$로 같아야 하므로 C의 질량은 $2m$이 되어야 한다. 또한 A의 질량을 m_A라 하면 A, B, C의 운동 방정식은 $(2m-m_A)g=(m_A+m+2m)$

$\times \frac{1}{4}g$이므로 $m_A=m$이다. 따라서 질량은 A가 C의 $\frac{1}{2}$배이다.

✗. 질량은 A와 B가 같으므로 운동 에너지의 변화량도 A와 B가 같다. 따라서 ㉠은 $\frac{1}{4}mgL$이다.

03 알짜힘이 하는 일

운동 에너지-이동 거리 그래프에서 기울기는 물체에 작용하는 알짜힘이다.

㉠. $x=2d$부터 $x=4d$까지 물체는 운동 에너지가 감소하므로 크기가 F_2인 힘의 방향은 물체의 운동 방향과 반대 방향이다.

㉡. $x=0$에서 $x=2d$까지 $F_1 \times 2d=6E$이므로 $F_1=\frac{3E}{d}$이고, $x=2d$에서 $x=4d$까지 $(F_1-F_2) \times 2d=4E-6E$이므로 $F_2=$ $\frac{4E}{d}$이다. 따라서 $F_1=\frac{3}{4}F_2$이다.

㉢. 물체의 질량을 m, $x=2d$와 $x=4d$에서 물체의 속력을 각각 v_1, v_2라 하면 $\frac{1}{2}mv_1^2=6E$이고 $\frac{1}{2}mv_2^2=4E$이므로 $v_1=\sqrt{\frac{3}{2}}v_2$이다.

04 일과 에너지

수레에 작용하는 알짜힘이 한 일은 수레의 운동 에너지 증가량과 같다.

✗. 추에 작용하는 중력이 한 일은 수레와 추의 운동 에너지 증가량의 합과 같다.

✗. 수레의 가속도의 크기를 a라 하면 $2\,N=1.2\,kg \times a$에서 $a=$ $\frac{5}{3}\,m/s^2$이다. 따라서 수레에 작용하는 알짜힘의 크기는 $1\,kg \times \frac{5}{3}\,m/s^2=\frac{5}{3}\,N$이다.

㉢. A와 B 사이의 거리를 d라 하면 $\frac{1}{2} \times 1\,kg \times (2\,m/s)^2-\frac{1}{2}$ $\times 1\,kg \times (1\,m/s)^2=\frac{5}{3}\,N \times d$에서 $d=0.9\,m$이다.

05 알짜힘이 하는 일

F_1이 한 일과 F_2가 한 일의 차이는 d에서 물체의 운동 에너지와 같다.

㉠. b, d에서 물체의 속력을 각각 $2v$, v라 하면 $F_1h=\frac{1}{2}m(2v)^2$이고 $-F_2h=\frac{1}{2}mv^2-\frac{1}{2}m(2v)^2$이다. 역학적 에너지 보존에 따라 $\frac{1}{2}mv^2=mgh$이므로 $F_1=\frac{2mv^2}{h}=4mg$이고, $F_2=\frac{3mv^2}{2h}=$ $3mg$이다.

✗. $F_1=4mg$이므로 $(4mg) \times h=\frac{1}{2}m(2v)^2-0$에서 $2v=2\sqrt{2gh}$이다.

✗. 높이가 h인 지점에서 물체의 역학적 에너지는 mgh이므로 다시 내려온 물체는 F_2가 mgh만큼 물체의 운동 방향과 반대 방향으로 일을 하였을 때 정지한다. 따라서 $mgh=(3mg)\times\frac{1}{3}h$이므로 물체는 d에서 $\frac{1}{3}h$만큼 이동하여 정지한다.

06 알짜힘이 하는 일

S_1과 S_2를 제외한 구간에서 물체의 역학적 에너지는 보존되고, S_1과 S_2에서는 물체의 역학적 에너지가 증가한다.

② 물체의 질량을 m, 중력 가속도를 g, S_2의 시작점과 끝점의 속력을 각각 v_1, v_2라 하고, S_1의 시작점과 끝점의 높이 차를 h_1, S_2의 시작점과 끝점의 높이 차를 h_2라 하면 $\frac{1}{2}m(5v)^2-\frac{1}{2}m(4v)^2=mgh$에서 $\frac{9}{2}mv^2=mgh$이다. S_1의 끝점에서 물체의 속력은 $4v$이므로 $\frac{1}{2}m(4v)^2-\frac{1}{2}mv_1^2=mgh$에서 $v_1=\sqrt{7}v$이고, $\frac{1}{2}mv_2^2-\frac{1}{2}m(2v)^2=mgh$에서 $v_2=\sqrt{13}v$이다. 또한, S_2에서 물체의 운동 에너지 증가량과 물체의 중력 퍼텐셜 에너지 증가량이 같으므로 $\frac{1}{2}m(\sqrt{13}v)^2-\frac{1}{2}m(\sqrt{7}v)^2=3mv^2=\frac{2}{3}mgh=mgh_2$이다. 따라서 $h_2=\frac{2}{3}h$이고 $h_1+h_2=h$이므로 $h_1=\frac{1}{3}h$이다. S_1에서 물체는 중력 퍼텐셜 에너지만 증가하므로 $E_1=\frac{1}{3}mgh$이고, $E_2=\frac{2}{3}mgh+\frac{2}{3}mgh=\frac{4}{3}mgh$이므로 $E_1:E_2=1:4$이다.

07 포물선 운동과 역학적 에너지

물체가 포물선 운동을 하는 동안 물체의 역학적 에너지는 보존된다.

㉠. 물체를 던진 순간 물체의 운동 에너지는 물체의 역학적 에너지이므로 $\frac{1}{2}\times1\,\mathrm{kg}\times v^2=50\,\mathrm{J}$이다. 따라서 $v=10\,\mathrm{m/s}$이다.

✗. 물체의 속도의 수평 방향 성분의 크기는 $10\,\mathrm{m/s}\times\cos45°=5\sqrt{2}\,\mathrm{m/s}$이므로 최고점에서 물체의 운동 에너지는 $\frac{1}{2}\times1\,\mathrm{kg}\times(5\sqrt{2}\,\mathrm{m/s})^2=25\,\mathrm{J}$이다. 물체의 역학적 에너지는 $50\,\mathrm{J}$이므로 최고점에서 물체의 중력 퍼텐셜 에너지는 $25\,\mathrm{J}$이다. 따라서 최고점에서 물체의 운동 에너지는 물체의 중력 퍼텐셜 에너지와 같다.

✗. 최고점에서 물체의 중력 퍼텐셜 에너지는 $25\,\mathrm{J}$이므로 최고점의 높이를 h라 하면, $25\,\mathrm{J}=1\,\mathrm{kg}\times10\,\mathrm{m/s^2}\times h$에서 $h=2.5\,\mathrm{m}$이다.

08 포물선 운동과 역학적 에너지

중력 가속도를 g라 하면, 물체의 최고점의 높이 $H=\frac{v_0^2\sin^2\theta}{2g}$이다.

㉠. A, B의 질량을 각각 m_A, m_B라 하면 $m_\mathrm{A}g(2h)=m_\mathrm{B}gh$이므로 $2m_\mathrm{A}=m_\mathrm{B}$이다. 따라서 질량은 B가 A의 2배이다.

✗. 수평면에서 던져지는 순간 A, B의 속력을 각각 v_A, v_B라 하면 최고점의 높이는 A가 B의 2배이므로 $\frac{v_\mathrm{A}^2\times\frac{1}{2}}{2g}=2\times\frac{v_\mathrm{B}^2\times\frac{1}{4}}{2g}$이므로 $v_\mathrm{A}=v_\mathrm{B}$이다. 수평면에서 물체의 운동 에너지가 물체의 역학적 에너지와 같으므로 A의 역학적 에너지는 $\frac{1}{2}m_\mathrm{A}v_\mathrm{A}^2$이고, B의 역학적 에너지는 $\frac{1}{2}(2m_\mathrm{A})v_\mathrm{A}^2$이므로 역학적 에너지는 B가 A의 2배이다.

㉢. 최고점에서 B의 속력은 $v_\mathrm{B}\cos30°=\frac{\sqrt{3}}{2}v_\mathrm{B}$이고 B의 역학적 에너지는 보존되므로 $\frac{1}{2}m_\mathrm{B}v_\mathrm{B}^2=\frac{3}{4}\times\frac{1}{2}m_\mathrm{B}v_\mathrm{B}^2+m_\mathrm{B}gh$이다. 따라서 $m_\mathrm{B}gh=\frac{1}{4}\times\frac{1}{2}m_\mathrm{B}v_\mathrm{B}^2$이므로 B의 최고점에서 B의 운동 에너지는 B의 중력 퍼텐셜 에너지의 3배이다.

09 포물선 운동과 역학적 에너지

A는 던진 순간부터 p까지 수평 방향으로 등속도 운동을 하고, p에서 A와 B의 높이는 같다.

㉠. p에서 A와 B의 높이가 같으므로 A와 B의 중력 퍼텐셜 에너지는 같고, p에서 A와 B의 운동 에너지는 같으므로 A와 B의 역학적 에너지는 같다.

✗. 중력 가속도를 g, A와 B의 질량을 m, A를 던진 순간 A의 운동 에너지를 E_0, p에서 A와 B의 운동 에너지를 E_1이라 하면 역학적 에너지 보존에 따라 $E_0+3mgh=E_1+2mgh=4E_0$이다. 따라서 $E_0=mgh$, $E_1=2mgh$이므로 p에서 B의 운동 에너지는 B의 중력 퍼텐셜 에너지와 같다.

㉢. A를 던진 순간 A의 운동 에너지는 E_0이고, p에서 A의 운동 에너지는 $2E_0$이므로 p에서 A의 속도의 크기는 $\sqrt{2}v$이다. A는 수평 방향으로 등속도 운동을 하므로 p에서 A의 속도의 크기가 $\sqrt{2}v$가 되려면 p에서 A의 속도의 연직 방향 성분의 크기는 v가 되어야 한다.

10 단진자와 역학적 에너지

물체의 운동 에너지는 A에서 최댓값을 가지며, 물체의 중력 퍼텐셜 에너지 감소량은 물체의 운동 에너지 증가량과 같다.

㉠. 물체가 A를 지난 순간부터 처음으로 다시 A로 돌아오는 데 걸리는 시간은 단진동의 주기의 절반에 해당한다. 따라서 단진동의 주기는 $4t_0$이다.

㉡. $2t_0$일 때 물체의 중력 퍼텐셜 에너지가 최솟값을 가지므로 물체의 운동 에너지는 최댓값을 가진다. 물체의 중력 퍼텐셜 에너지 감소량은 물체의 운동 에너지 증가량과 같으므로 $2t_0$일 때 물체의

운동 에너지는 $2E_0$이다. 따라서 $2t_0$일 때 물체의 속력을 v라 하면 $\frac{1}{2}mv^2=2E_0$이므로 속력 $v=\sqrt{\frac{4E_0}{m}}$이다.

ㄷ. t_0일 때 물체는 최고점인 B에 위치하고 $2t_0$일 때 물체는 최저점인 A에 위치한다. 물체의 중력 퍼텐셜 에너지는 t_0일 때가 $2t_0$일 때의 3배이므로 높이는 B가 A의 3배이다. 따라서 A의 높이를 h라 할 때 B의 높이는 $3h$이고 A와 B의 높이 차는 $2h$이므로 A와 B의 높이 차는 A의 높이의 2배이다.

11 단진자와 역학적 에너지

실의 길이를 l, 중력 가속도를 g라 하면 단진자의 단진동 주기 $T=2\pi\sqrt{\frac{l}{g}}$이다.

ㄱ. 물체의 최저점에서 물체의 운동 에너지는 (나)에서가 (가)에서의 2배이고, 물체의 질량은 (가)에서가 (나)에서의 2배이므로 물체의 최저점에서 물체의 속력은 (나)에서가 (가)에서의 2배이다.

ㄴ. 물체의 역학적 에너지는 보존되므로 물체의 최저점에서의 속력 $v=\sqrt{2gl(1-\cos\theta)}$이다. 물체의 최저점에서 속력은 (나)에서가 (가)에서의 2배이므로 실의 길이는 (나)에서가 (가)에서의 4배이다. 또한 물체의 최고점과 최저점의 높이 차 $h=l(1-\cos\theta)$이므로 물체의 최저점에서 최고점까지의 높이 차는 (나)에서가 (가)에서의 4배이다.

ㄷ. 단진자의 단진동 주기 $T=2\pi\sqrt{\frac{l}{g}}$이다. 실의 길이는 (나)에서가 (가)에서의 4배이므로 단진동의 주기는 (나)에서가 (가)에서의 2배이다.

12 물체의 역학적 에너지

A가 최저점에서 최고점에 도달하는 동안 A의 운동 에너지 감소량은 A의 중력 퍼텐셜 에너지 증가량과 같고, B가 던져진 순간부터 최고점에 도달하는 동안 B의 운동 에너지 감소량은 B의 중력 퍼텐셜 에너지 증가량과 같다.

④ 중력 가속도를 g, A의 질량을 m_A, B의 질량을 m_B라 하면 A의 최저점과 최고점의 높이 차는 $l(1-\cos60°)$이므로 역학적 에너지 보존에 따라 $\frac{1}{2}m_Av^2=m_Agl(1-\cos60°)$, $\frac{1}{2}m_B(\sqrt{2}v)^2=m_Bgh$이다. 따라서 $l=h$이다.

13 열과 일의 전환

Q는 A의 내부 에너지 증가량과 A가 한 일의 합과 같고, B에서는 단열 과정이 일어나므로 A가 한 일은 B가 받은 일과 같으므로 B가 받은 일은 B의 내부 에너지 증가량과 같다. 따라서 Q는 A와 B의 내부 에너지 증가량의 합과 같다.

ㄱ. A가 한 일은 B의 내부 에너지 증가량과 같으므로 A가 일을 하는 동안 B의 온도는 증가한다.

ㄴ. B가 받은 일은 B의 내부 에너지 증가량과 같으므로 A의 내부 에너지 증가량은 168 J이다.

ㄷ. Q는 A와 B의 내부 에너지 증가량의 합과 같으므로 $Q=252$ J이고, 열의 일당량은 4.2 J/cal이므로 $Q=60$ cal이다.

14 열과 일의 전환

열역학 제1법칙에 의해 기체가 받은 열량은 기체의 내부 에너지의 증가량과 기체가 외부에 한 일의 합과 같고, 기체가 외부에 한 일은 물체의 중력 퍼텐셜 에너지 증가량과 같다.

④ $Q=76$ J$+(5\text{ kg}\times10\text{ m/s}^2\times1\text{ m})$ J에서 $Q=126$ J이고, 열의 일당량은 4.2 J/cal이므로 $Q=30$ cal이다.

15 열의 일당량

추가 일정한 속력으로 낙하하는 동안 추의 중력이 한 일은 추의 중력 퍼텐셜 에너지 감소량과 같고, 추의 중력 퍼텐셜 에너지 감소량은 액체가 얻은 열량과 같다.

ㄱ. 2초부터 4초까지 추의 이동 거리는 1 m이므로 2초부터 4초까지 추의 중력 퍼텐셜 에너지 감소량은 $21\text{ kg}\times10\text{ m/s}^2\times1\text{ m}=210$ J이다.

ㄴ. 추의 중력 퍼텐셜 에너지 감소량은 액체가 얻은 열량과 같다. 열의 일당량이 4.2 J/cal이므로 액체가 얻은 열량은 $\frac{210\text{ J}}{4.2\text{ J/cal}}=50$ cal이다.

ㄷ. 2초부터 4초까지 액체의 온도 변화를 ΔT라 하면 액체가 얻은 열량은 '액체의 비열×액체의 질량×액체의 온도 변화량'과 같다. 따라서 $50\text{ cal}=1\text{ cal/g}\cdot℃\times500\text{ g}\times\Delta T$에서 $\Delta T=0.1$ ℃이다.

16 열의 일당량

힘-이동 거리 그래프에서 그래프와 x축이 만드는 면적은 힘이 한 일이고, 전동기가 한 일은 모두 액체의 온도 변화에만 사용되므로 액체가 얻은 열량과 같다.

② p가 0부터 $3d$까지 이동하는 동안 전동기가 한 일 $W=(F_0\times2d)+(4F_0\times d)=6F_0d$이고 액체가 얻은 열량 $Q=mc(T_1-T_0)$이다. 따라서 $W=JQ$이므로 $6F_0d=Jmc(T_1-T_0)$에서 $T_1-T_0=\frac{6F_0d}{Jmc}$이다.

06 전기장과 정전기 유도

01 전기력

A와 B 사이에 작용하는 전기력의 크기는 A와 B의 전하량의 크기의 곱에 비례하고, A와 B 사이의 거리의 제곱에 반비례한다. A와 B를 접촉시켰다가 떼어내면 A와 B의 전하량의 크기와 전하의 종류는 같다.

㉠. I 일 때, A는 양(+)전하를 띠고 B는 음(−)전하를 띠므로 A와 B 사이에는 서로 당기는 전기력이 작용한다.

㉡. A와 B를 접촉하면 전하량이 $+3q_0$으로 동일하게 대전된다. 따라서 ㉠과 ㉡은 서로 같다.

㉢. I 에서 $F_0 = k\dfrac{27q_0^2}{r_0^2}$이고, ㉢은 $k\dfrac{9q_0^2}{4r_0^2}$이므로 $\dfrac{1}{12}F_0$이다.

02 전기력

A, B가 C에 작용하는 전기력의 방향이 $-y$방향이 되기 위해서는 A와 C 사이, B와 C 사이에는 각각 서로 당기는 전기력이 작용해야 하고, A가 C에 작용하는 전기력의 $-x$방향의 성분과 B가 C에 작용하는 전기력의 $+x$방향의 성분은 크기가 같아야 한다.

✗. A, B가 C에 작용하는 전기력의 방향이 $-y$방향이고 A와 C 사이에는 서로 당기는 전기력이 작용하므로 C는 양(+)전하이고, B와 C 사이에도 서로 당기는 전기력이 작용해야 하므로 B는 음(−)전하이다.

㉡. A, B, C의 전하량의 크기를 각각 q_A, q_B, q_C라 하고, A와 C 사이에 작용하는 전기력의 크기를 F_1, B와 C 사이에 작용하는 전기력의 크기를 F_2라 하면 F_1의 x방향 성분의 크기는

$F_{1x} = k\dfrac{q_A q_C}{5d^2} \times \dfrac{1}{\sqrt{5}}$이고, F_2의 x방향 성분의 크기는

$F_{2x} = k\dfrac{q_B q_C}{8d^2} \times \dfrac{1}{\sqrt{2}}$이다. $F_{1x} = F_{2x}$에서 $q_B = \dfrac{8\sqrt{10}}{25}q_A$이므로 전하량의 크기는 B가 A보다 크다.

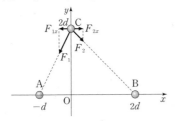

03 전기력

A와 B 사이에 고정된 C에 작용하는 전기력이 0이므로 A와 B는 같은 종류의 전하이고, 전하량의 크기는 B가 A의 4배이다.

✗. A와 B는 같은 종류의 전하이므로 B는 음(−)전하이다.

㉡. 두 점전하 사이에 작용하는 전기력의 크기는 두 점전하의 전하량의 크기의 곱에 비례하고, 두 점전하 사이의 거리의 제곱에 반비례하므로 전하량의 크기는 B가 A의 4배이다.

✗. A에서 C까지의 거리는 $6d$이고, A의 전하량의 크기가 q일 때 B의 전하량의 크기는 $4q$이다. A가 C에 작용하는 전기력의 크기를 F_1, B가 C에 작용하는 전기력의 크기를 F_2라 하면, $F_1 = k\dfrac{qq_C}{36d^2}$이고 $F_2 = k\dfrac{4qq_C}{9d^2}$이므로 F_2는 F_1의 16배이다.

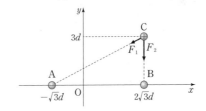

04 전기력과 전기장

A에 작용하는 전기력이 0이므로 전하량의 크기는 C가 B보다 크다. A, B, C에 작용하는 전기력은 서로 작용 반작용 관계이므로 전기력의 총합은 0이다.

㉠. B와 C가 A에 작용하는 전기력이 0이므로 B와 C는 서로 다른 종류의 전하이다. 따라서 B는 음(−)전하이다.

㉡. A, B, C의 전하량의 크기가 각각 q_A, q_B, q_C일 때, B가 A에 작용하는 전기력의 크기와 C가 A에 작용하는 전기력의 크기는 같으므로 $k\dfrac{q_A q_B}{(2d)^2} = k\dfrac{q_A q_C}{(3d)^2}$에서 전하량의 크기는 B가 C의 $\dfrac{4}{9}$배이다.

✗. A와 B 사이, A와 C 사이, B와 C 사이에 작용하는 전기력은 작용 반작용 관계이므로 A, B, C에 작용하는 전기력의 총합은 0이다. 따라서 A에 작용하는 전기력이 0이고, B에 작용하는 전기력의 크기가 F일 때 C에는 $-x$방향으로 크기가 F인 전기력이 작용한다. 따라서 $x = 2d$에서 전기장의 방향은 $-x$방향이다.

㉢. B의 전하량의 크기가 A의 전하량의 크기의 4배보다 작기 때문에 C를 원점 O에 고정하였을 때 C에 작용하는 전기력의 방향은 A가 C에 작용하는 전기력의 방향인 $-x$방향이다.

05 중력과 전기력을 받는 입자의 등가속도 운동

정지해 있던 물체의 등가속도 직선 운동에서 가속도가 a, 변위가 s, 시간이 t일 때, $s=\frac{1}{2}at^2$이므로 물체의 변위의 크기는 가속도의 크기에 비례한다.

③ A에는 $+x$방향으로 전기력이 작용하고, 연직 방향으로는 중력이 작용한다. A에 작용하는 전기력의 크기는 $F_x=qE=ma_x$이므로 $+x$방향의 가속도의 크기는 $a_x=\frac{qE}{m}$이다. $-y$방향으로 중력이 작용하므로 $-y$방향의 가속도의 크기는 $a_y=g$이다. 정지 상태에서 한 방향으로 등가속도 직선 운동을 하는 물체의 이동 거리는 가속도의 크기에 비례하므로 $a_x : a_y = 3 : 4$이고 $g=\frac{4qE}{3m}$이다. 따라서 A의 가속도의 크기는 $a=\sqrt{a_x{}^2+a_y{}^2}$

$=\sqrt{\left(\frac{qE}{m}\right)^2+g^2}=\sqrt{\left(\frac{qE}{m}\right)^2+\left(\frac{4qE}{3m}\right)^2}=\frac{5qE}{3m}$이다.

06 전기장에서 전기를 띤 물체가 받는 전기력

전기장에 수직인 단위 면적을 지나는 전기력선의 수(밀도)는 전기장의 세기에 비례하고, 전기장의 세기가 클수록 대전된 물체에 작용하는 전기력의 크기도 크다.

㉠. A가 전기장의 방향으로 전기력을 받으므로 A는 양(+)전하를 띤다.

㉡. 전기장에 의해 A에 작용하는 전기력의 크기는 (나)에서가 (가)에서보다 크므로 실이 연직 방향과 이루는 각은 (나)에서가 (가)에서보다 크다. 따라서 $\theta_1 < \theta_2$이다.

✕. A가 정지해 있는 곳의 전기력선의 밀도는 (나)에서가 (가)에서보다 크므로 A에 작용하는 전기력의 크기는 (나)에서가 (가)에서보다 크다.

07 균일한 전기장에서 입자의 운동

세기가 E로 균일한 전기장에서 전하량이 q인 전하가 받는 전기력의 크기는 $F=qE$이고, 전기장의 방향은 양(+)전하가 받는 전기력의 방향과 같다.

㉠. 전기장에 입사한 음(−)전하는 $-x$방향으로 전기력을 받으므로 전기장의 방향은 $+x$방향이다.

㉡. $x=0$에서 $x=8d$까지 입자의 가속도의 크기가 a일 때 입자는 등가속도 운동을 하므로 $0=v^2+2(-a)(8d)$에서 $d=\frac{v^2}{16a}$이다. $x=0$에서 $x=x_1$까지 변위가 x_1이므로 $\left(\frac{1}{2}v\right)^2=v^2+2(-a)x_1$에서 $x_1=6d$이다.

✕. 입자에 작용하는 전기력 $F=qE=ma$에서 가속도 $a=\frac{qE}{m}$이다. 입자가 전기장 영역에 입사하여 $x=8d$에서 방향을 바꾸어 $x=x_1$을 두 번째 지날 때까지 운동하는 동안 걸린 시간이 t일 때, $-\frac{1}{2}v=v-at$에서 $t=\frac{3v}{2a}$이다. 따라서 $t=\frac{3}{2}v \times \frac{m}{qE}=\frac{3mv}{2qE}$이다.

08 전기력선

전기력선은 양(+)전하에서 나오는 방향이고, 음(−)전하로 들어가는 방향이다. 두 전하가 서로 같은 종류일 때 전기력선은 서로 밀어내는 모양이고, 두 전하가 서로 다른 종류일 때 양(+)전하에서 나와 음(−)전하로 들어가는 이어진 모양이다. 전하에서 나오거나 전하로 들어가는 전기력선 수(밀도)가 클수록 전하량의 크기가 크다.

㉠. 전기력선이 서로 밀어내는 모양이므로 A와 B는 같은 종류의 전하이다. B에서 전기력선이 나가는 방향이므로 A와 B는 양(+)전하이다.

㉡. 전하에서 나오는 전기력선의 수(밀도)가 A가 B보다 크므로 전하량의 크기는 A가 B보다 크다.

㉢. 전하량의 크기가 A가 B보다 크므로 O에서 전기장의 방향은 $+x$방향이다.

09 정전기 유도

A는 대전된 막대와 접촉하였으므로 막대와 같은 음(−)전하를 띤다. A와 가깝게 놓인 B와 C에서 전기력에 의해 전자는 C로 이동하여 B는 양(+)전하를 띠게 되고 C는 음(−)전하를 띠게 된다.

㉠. (가)에서 A가 음(−)전하를 띠므로 전기력에 의해 전자가 B에서 C로 이동하여 B는 양(+)전하를 띠고, C는 음(−)전하를 띠게 되는데, 이러한 현상을 정전기 유도라고 한다.

✕. 대전되지 않은 B와 C가 정전기 유도에 의해 B는 양(+)전하를 띠고 C는 음(−)전하를 띠므로 B와 C의 전하량의 크기는 같다.

✕. (나)에서 A는 대전된 막대와 같은 음(−)전하를 띠고, C는 정전기 유도에 의해 음(−)전하를 띠므로 A와 C 사이에는 서로 밀어내는 전기력이 작용한다.

10 전기력과 중력이 작용하는 구

균일한 전기장에서 A가 정지해 있으므로 A에 작용하는 전기력, 중력, 수직 항력의 합은 0이다.

✕. A는 음(−)전하이므로 전기장의 방향과 반대 방향으로 전기력을 받는다. 따라서 전기장의 방향은 $-x$방향이다.

ⓒ. 중력의 빗면 방향의 힘의 크기와 전기력의 빗면 방향의 힘의 크기가 같아야 하므로 $mg\sin30° = qE\cos30°$에서 전기장의 세기는 $E = \dfrac{mg}{\sqrt{3}q}$이다.

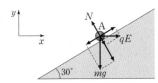

ⓔ. 중력의 빗면에 수직인 방향의 힘과 전기력의 빗면에 수직인 방향의 힘의 합의 크기는 수직 항력의 크기와 같으므로 $N = qE\sin30° + mg\cos30° = \dfrac{1}{2}(qE + \sqrt{3}mg) = \dfrac{2\sqrt{3}}{3}mg$이다.

11 전기력선

전기력선은 A와 B가 이어져 있으므로 A와 B는 서로 다른 종류의 전하이다. 전하에서 나오거나 전하로 들어가는 전기력선 수가 클수록 전하량의 크기가 크다. 전하량의 크기는 A가 B보다 크므로 A와 B에 의한 전기장이 0인 곳은 B의 오른쪽에 있다.

✗. A의 왼쪽에서 전기장의 방향은 A에 의한 전기장의 방향과 같고, 전기장의 방향은 양(+)전하가 받는 전기력의 방향과 같으므로 A는 음(−)전하이다.

ⓛ. 전기력선의 수(밀도)가 A에서가 B에서보다 크므로 전하량의 크기는 A가 B보다 크다.

✗. A와 B는 서로 다른 종류의 전하이므로 A와 B 사이에는 전기장이 0인 곳이 없다.

12 물줄기의 정전기 유도

흐르는 가는 물줄기에 대전체를 가까이하면 물 분자를 이루는 산소 원자가 수소 원자보다 공유 전자쌍을 더 당기기 때문에 물 분자가 극성을 띠게 된다.

✗. (가)의 결과에서 물줄기가 A쪽으로 휘어지므로 물줄기와 A 사이에는 서로 당기는 전기력이 작용한다.

ⓛ. A와 물줄기 사이에 서로 당기는 전기력이 작용하므로 물 분자가 A에 가까운 곳을 지날 때 유전 분극에 의해 물 분자의 수소 쪽이 A를 향하는 방향으로 배열되므로 A와 반대쪽으로 향하고 있는 산소 쪽(㉠)은 A와 같은 음(−)전하를 띤다.

ⓒ. 두 전하 사이에 작용하는 전기력의 크기는 두 전하 사이의 거리의 제곱에 반비례하므로 A와 물줄기 사이의 거리가 가까울수록 A와 물줄기 사이에 작용하는 전기력의 크기는 크다.

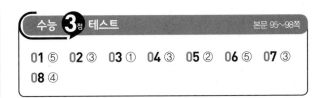

본문 95~98쪽

01 ⑤ **02** ③ **03** ① **04** ③ **05** ② **06** ⑤ **07** ③
08 ④

01 전기력

두 점전하 사이에 작용하는 전기력의 크기는 두 전하량의 곱에 비례하고, 두 점전하 사이의 거리의 제곱에 반비례한다. 정삼각형의 한 변의 길이가 $2d$일 때 각 꼭짓점에서 p까지의 거리는 $\dfrac{2}{\sqrt{3}}d$이다.

ⓞ. 정삼각형의 무게중심 방향은 B와 C 사이를 잇는 직선에서 B와 C로부터 같은 거리의 지점을 향하는 방향이다. 따라서 B와 C가 A에 작용하는 전기력의 크기는 같고, A와 B 사이, A와 C 사이에는 서로 당기는 전기력이 작용해야 하므로 B와 C는 모두 음(−)전하이다.

ⓛ. B와 C의 전하량의 크기는 같으므로 C의 전하량의 크기는 $2q$이다. 따라서 전하량의 크기는 C가 A의 2배이다.

ⓒ. 정삼각형 한 변의 길이가 $2d$일 때, A와 B 사이에 작용하는 전기력의 크기는 $k\dfrac{2q^2}{(2d)^2} = \dfrac{1}{2}F_0\dfrac{1}{\cos30°}$에서 $k\dfrac{q^2}{d^2} = \dfrac{2}{\sqrt{3}}F_0$이다. A를 p에 고정하면 A와 B 사이에 작용하는 전기력의 크기는 $k\dfrac{2q^2}{\left(\dfrac{2}{\sqrt{3}}d\right)^2} = k\dfrac{3q^2}{2d^2}$이므로 A를 p에 고정할 때 A에 작용하는 전기력의 크기는 $k\dfrac{3q^2}{2d^2} \times \cos60° \times 2 = \sqrt{3}F_0$이다.

02 전기장

전하량이 q인 점전하로부터 거리가 r인 곳에서 전기장의 세기는 $k\dfrac{q}{r^2}$이고, 전기장의 방향은 양(+)전하가 받는 전기력의 방향과 같다.

ⓞ. O에서 A, B, C에 의한 전기장의 방향이 $-y$방향과 45°를 이루기 위해서는 O에서 A에 의한 전기장의 방향이 $-y$방향이 되어야 하므로 A는 양(+)전하이다.

ⓛ. O에서 전기장의 방향이 $-y$축 방향과 45°를 이루기 위해서는 $-x$방향과 $-y$방향으로의 전기장의 세기가 같아야 한다. O에서 A에 의한 전기장의 세기는 $E_0 = k\dfrac{3q}{d^2}$이므로 O에서 B와 C에 의한 전기장의 세기도 E_0이다. B는 양(+)전하이고 전하량의 크기가 q이므로 C도 양(+)전하이고 전하량의 크기는 $4q$이다.

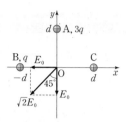

ㄨ. (나)의 O에서 A에 의한 전기장의 방향은 $+y$방향이고, 전기장의 세기는 $k\dfrac{3q}{\left(\dfrac{\sqrt{3}}{2}d\right)^2}=k\dfrac{4q}{d^2}=\dfrac{4}{3}E_0$이다. (가)의 O에서 전기장의 세기는 $\sqrt{2}E_0$이고 (나)의 O에서 전기장의 세기는 $\dfrac{5}{3}E_0$이므로 O에서 전기장의 세기는 (가)에서가 (나)에서의 $\dfrac{3\sqrt{2}}{5}$배이다.

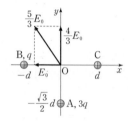

03 전기장에서 전하의 운동
균일한 전기장의 세기가 E일 때, 전하는 $-x$방향으로 크기가 $F=qE$인 전기력을 받는다. 전기력은 빗면에 나란한 방향(x'방향)과 빗면에 수직인 방향(y'방향)의 성분으로 분해할 수 있고, 전하의 처음 속도도 x'방향과 y'방향 성분으로 분해할 수 있다.

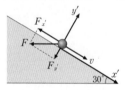

① 세기가 E인 균일한 전기장에서 전하에 작용하는 전기력의 크기는 $qE=ma$이고 전하의 가속도의 크기 $a=\dfrac{qE}{m}$이므로 가속도의 x'방향의 성분은 $a_{x'}=-\dfrac{qE}{m}\cos30°=-\dfrac{\sqrt{3}qE}{2m}$이다. 전하는 빗면에서 속력 v로 출발하여 정지할 때까지 등가속도 직선 운동을 하였으므로 $0=v^2+2\left(-\dfrac{\sqrt{3}qE}{2m}\right)L$에서 $E=\dfrac{\sqrt{3}mv^2}{3qL}$이다.

04 전기력과 전기장
A와 C 사이에 고정된 전하 B에 작용하는 전기력이 0이므로 A와 C는 같은 종류의 전하이고, B와 C에 의해 A에 작용하는 전기력이 0이므로 B와 C는 서로 다른 종류의 전하이다.

ㄱ. (가)에서 B에 작용하는 전기력이 0이므로 A와 C는 같은 종류의 전하이고, 전하량의 크기는 C가 A의 4배이다. A와 C 사이에는 서로 밀어내는 전기력이 작용하고 A에 작용하는 전기력이 0이므로 A와 B 사이에는 서로 당기는 전기력이 작용하며, 전하량의 크기는 C가 B의 9배이다.

ㄨ. A와 B 사이에는 서로 당기는 전기력이 작용하고, B와 C 사이에도 서로 당기는 전기력이 작용한다. 그러나 전하량의 크기는 C가 A의 4배이므로 (나)에서 B에 작용하는 전기력의 방향은 $-y$방향이 아니다.

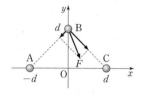

ㄷ. 전기장의 세기는 전하로부터의 거리의 제곱에 반비례하고 전하량의 크기에 비례한다. (나)의 O에서 A와 C까지의 거리는 같고, 전하량의 크기는 C가 A의 4배이므로 O에서 A와 C에 의한 전기장의 방향은 C에 의한 전기장의 방향과 같다.

05 전기장에서 전하가 받는 전기력
세기가 E인 전기장 안에서 전하량이 q인 전하가 받는 전기력의 크기는 qE이고, 전기장의 방향은 양$(+)$전하가 받는 전기력의 방향이다.

ㄨ. A와 B 사이, A와 C 사이에는 서로 당기는 전기력이 작용한다. A와 C 사이에 작용하는 전기력의 크기 $F=k\dfrac{q_Aq}{2d^2}$이므로 A와 B 사이에 작용하는 전기력의 크기는 $k\dfrac{q_A(\sqrt{3}q)}{2d^2}=\sqrt{3}F$이다.

ㄴ. B와 C가 A에 작용하는 전기력은 $-y$방향에 대해 $-x$방향으로 $15°$를 이루는 방향으로 크기가 $2F$이다. 전기장에 의해 A가 받는 전기력의 크기는 B, C에 의해 A가 받는 전기력의 크기 $2F$와 같다. B, C 전기장에 의해 A가 받는 전기력은 $-y$방향이므로 전기장에 의해 A가 받는 전기력의 방향은 $-y$방향에 대해 $+x$방향으로 $15°$를 이루는 방향이다. 따라서 $2F=q_AE$에서 $E=\dfrac{2F}{q_A}$이다.

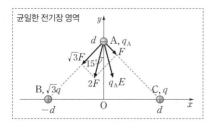

✗. 전기장에 의해 A가 받는 전기력의 방향은 $-y$방향에 대해 $+x$방향으로 15°를 이루는 방향이고, 전기장에 의해 음($-$)전하인 A가 받는 전기력의 방향은 전기장의 방향과 반대 방향이므로 전기장의 방향은 $+x$방향에 대해 $+y$방향으로 105°를 이루는 방향이다.

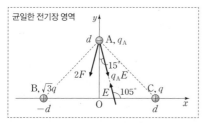

06 전기력선과 전기장

전기력선의 방향은 양($+$)전하가 받는 전기력의 방향과 같고, 양($+$)전하에서 나와 음($-$)전하로 들어가는 방향이다. 전기장에 수직인 단위 면적을 지나는 전기력선의 수(밀도)는 전기장의 세기에 비례한다.

ㄱ. A가 양($+$)전하이고 A와 B 사이에 전기력선의 모양이 서로 밀어내는 모양이므로 A와 B는 같은 종류의 전하이다. 따라서 B는 양($+$)전하이다.

ㄴ. b에서가 a에서보다 전기력선의 밀도가 더 크므로 전기장의 세기는 b에서가 a에서보다 크다.

ㄷ. B와 C 사이의 전기력선이 이어져 있으므로 B와 C는 서로 다른 종류의 전하이다. C는 음($-$)전하이므로 전기력선은 C로 들어가는 방향이다.

07 검전기에서의 정전기 유도

대전되지 않은 검전기의 금속판에 대전체를 가까이하면 정전기 유도에 의해 금속판은 대전체와 다른 종류의 전하로, 금속박은 대전체와 같은 종류의 전하로 대전된다. 대전체를 금속판에 가까이한 상태로 손가락을 금속판에 접촉하면 손가락을 통해 전자가 검전기로 들어오기도 하고 검전기에서 나가기도 한다.

ㄱ. 음($-$)전하로 대전된 대전체를 금속판에 가까이한 상태에서 금속판에 손가락을 접촉하면 전자가 대전체와 멀어지려고 하므로 전자는 손가락을 통해 검전기에서 빠져나간다. 따라서 ㉠은 '전자'이다.

✗. (다)에서 대전체와 손가락을 검전기로부터 멀리하면 금속판과 금속박은 양($+$)전하로 대전되므로 금속박은 벌어져 있다. 따라서 '오므라들어 있다.'는 ㉡으로 적절하지 않다.

ㄷ. (가)에서 금속판은 정전기 유도에 의해 양($+$)전하로 대전되고, (다)에서 금속판은 양($+$)전하로 대전되므로 (가)와 (다)에서 금속판은 같은 종류의 전하로 대전된다.

08 도체구와 절연체구의 정전기 유도

대전되지 않은 도체구에 대전된 금속 막대를 가까이하면 정전기 유도가 발생하고, 접촉하면 대전체와 금속 막대는 같은 종류의 전하를 띤다. B는 금속 막대 Q에 의해 대전되고 C는 절연체이므로 유전 분극 현상이 나타난다.

✗. (다)에서 전기력선을 보면 A와 D는 양($+$)전하로 대전되어 있고, B는 음($-$)전하로 대전되어 있으므로 P는 양($+$)전하로 대전된 금속 막대이고, Q는 음($-$)전하로 대전된 금속 막대이다. 따라서 P와 Q는 서로 다른 종류의 전하로 대전된 금속 막대이다.

ㄴ. (나)에서 D는 양($+$)전하로 대전되므로 D에 연결된 도선을 통해 지면으로 전자가 빠져나간다.

ㄷ. B가 음($-$)전하로 대전되었으므로 유전 분극 현상에 의해 C의 B에 가까운 쪽은 양($+$)전하로 대전되어 있다. 따라서 (가)의 A와 (나)에서 C의 B에 가까운 쪽은 같은 종류의 전하를 띤다.

07 저항의 연결과 전기 에너지

수능 2점 테스트

본문 103~104쪽

01 ① **02** ④ **03** ③ **04** ② **05** ④ **06** ① **07** ⑤
08 ④

01 전위와 전위차

전위는 단위 양(+)전하가 가지는 전기력에 의한 퍼텐셜 에너지이고, 두 지점 사이의 전위의 차이를 전위차 또는 전압이라고 한다.

⊙. 전기장이 $+y$방향이므로 전위는 a에서가 b에서보다 높다.

✗. $+y$방향으로 형성된 균일한 전기장에서 y방향으로 b와 c 사이의 거리는 a와 b 사이의 거리와 같으므로 전위차는 a와 b 사이에서와 b와 c 사이에서가 같다.

✗. 전하량의 크기가 q인 입자가 세기가 E인 균일한 전기장에서 전기장과 나란한 방향으로 변위 d만큼 이동했을 때 전기력이 입자에 한 일은 $W=qEd$이다. 따라서 전기력이 p에 한 일은 p가 a에서 b까지 운동하는 동안과 b에서 c까지 운동하는 동안이 같다.

02 전기장에서 점전하의 운동

세기가 E로 균일한 전기장 내에서 전하량의 크기가 q인 양(+)전하는 전기장의 방향으로 크기가 qE인 전기력을 받는다.

✗. d에서 $2d$까지 전위가 증가하므로 점전하는 운동 반대 방향으로 전기력을 받는다. 따라서 d에서 $2d$까지 점전하가 운동하는 동안 점전하의 속력은 감소한다.

⊙. 전위−위치 그래프의 직선의 기울기는 전기장의 세기와 같다. 전기장의 세기는 $1.5d$에서가 $0.5d$에서의 2배이고, 전기력은 전하량의 크기와 전기장의 세기의 곱이므로 점전하가 받는 전기력의 크기는 $1.5d$에서가 $0.5d$에서의 2배이다.

⊙. 전위차가 ΔV인 두 지점 사이에서 전하량이 q인 점전하에 전기력이 한 일은 $q\Delta V$이다. $2d$에서 $3d$까지 전위차는 0이므로 전기력이 점전하에 한 일은 0이다.

03 비저항과 저항

비저항이 ρ, 길이가 l, 단면적이 A인 저항의 저항값은 $R=\rho\dfrac{l}{A}$이다.

⊙. A의 저항값은 $R_A=\rho\dfrac{2l}{A}$이고, C의 저항값은 $R_C=\rho\dfrac{2l}{2A}=\rho\dfrac{l}{A}$이므로 저항값은 A가 C의 2배이다.

✗. B의 저항값은 $R_B=2\rho\dfrac{l}{2A}=\rho\dfrac{l}{A}$이므로 S를 열었을 때 A에 걸리는 전압은 $\dfrac{2}{3}V$이고, S를 닫으면 A와 C가 병렬연결되고 B에 전류가 흐르지 않으므로 A에 걸리는 전압은 V이다. 따라서 A에 걸리는 전압은 S를 열었을 때가 닫았을 때의 $\dfrac{2}{3}$배이다.

⊙. A의 저항값이 $2R$일 때 B와 C의 저항값은 R이다. S를 열었을 때 회로의 합성 저항은 $\dfrac{3}{4}R$이고, S를 닫았을 때 회로의 합성 저항은 $\dfrac{2}{3}R$이다. 전압이 일정할 때 전류의 세기는 저항값에 반비례하므로 전류계에 흐르는 전류의 세기는 S를 열었을 때가 S를 닫았을 때의 $\dfrac{8}{9}$배이다.

04 저항의 직렬연결과 병렬연결

P의 길이 또는 단면적을 변화시켜도 P의 부피는 일정하게 유지된다. P의 단면적을 크게 하면 길이가 짧아지고 저항값이 작아진다. P의 단면적을 작게 하면 길이가 길어지고 저항값이 커진다.

② P의 비저항이 ρ, 길이가 l일 때, P의 저항값은 $\rho\dfrac{l}{2A}$이고 P의 부피는 $2Al$이다. P_1의 단면적이 $3A$이고 길이는 $\dfrac{2}{3}l$이므로 P_1의 저항값은 $R_1=\rho\dfrac{\frac{2}{3}l}{3A}=\rho\dfrac{2l}{9A}$이고, P_2의 단면적이 A이고 길이는 $2l$이므로 P_2의 저항값은 $R_2=\rho\dfrac{2l}{A}$이다. $R_1=R_0$이면 $R_2=9R_0$이므로 (나)에서 합성 저항은 $10R_0$, (다)에서 합성 저항은 $\dfrac{9}{10}R_0$이다. 따라서 $\dfrac{R_\text{나}}{R_\text{다}}=\dfrac{100}{9}$이다.

05 저항의 연결과 소비 전력

A와 B에 흐르는 전류의 세기가 같을 때, 저항에서 소비되는 전력은 $P=I^2R$에서 저항값에 비례하고, A와 B에 걸리는 전압이 일정할 때, 저항에서 소비되는 전력은 $P=\dfrac{V^2}{R}$에서 저항값에 반비례한다.

④ (가)에서 A에 걸리는 전압이 $\dfrac{1}{3}V$이므로 B에 걸리는 전압은 $\dfrac{2}{3}V$이다. A와 B가 직렬연결되어 있으므로 저항에 걸리는 전압은 저항값에 비례한다. 따라서 B의 저항값은 $2R$이다. (나)에서 A와 B에 걸리는 전압은 같으므로 저항에서 소비되는 전력의 비는 $\dfrac{P_A}{P_B}=\dfrac{\dfrac{V^2}{R}}{\dfrac{V^2}{2R}}=2$이다.

06 저항의 연결과 소비 전력

S를 열었을 때 저항의 연결은 (가)와 같고, S를 닫았을 때 저항의 연결은 (나)와 같다.

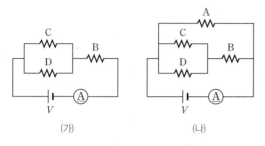

(가)　　　　(나)

㉠. S를 열었을 때 C와 D의 합성 저항값은 $\frac{1}{2}R$이므로 C와 D의 합성 저항과 B에 걸리는 전압의 비는 1 : 2이다. 따라서 B에 걸리는 전압은 $\frac{2}{3}V$이다.

✗. S를 열었을 때 합성 저항값은 $\frac{3}{2}R$이고, S를 닫았을 때 합성 저항값은 $\frac{3}{5}R$이다. 따라서 전류계에 흐르는 전류의 세기는 S를 열었을 때가 닫았을 때의 $\frac{2}{5}$배이다.

✗. 회로 전체에 걸리는 전압은 같으므로 회로 전체의 소비 전력은 합성 저항값에 반비례한다. 따라서 회로 전체의 소비 전력은 S를 열었을 때가 닫았을 때의 $\frac{2}{5}$배이다.

07 저항의 연결과 소비 전력

S를 열었을 때 저항의 연결은 (가)와 같고, S를 닫았을 때 저항의 연결은 (나)와 같다.

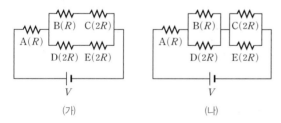

(가)　　　　(나)

㉠. 저항에 걸리는 전압은 저항값에 비례하므로 A에 걸리는 전압은 S를 열었을 때가 $\frac{7}{19}V$이고, S를 닫았을 때가 $\frac{3}{8}V$이다. 따라서 A에 걸리는 전압은 S를 열었을 때가 닫았을 때의 $\frac{56}{57}$배이다.

㉡. S를 닫았을 때, B에 흐르는 전류의 세기는 $\frac{\frac{2}{8}V}{R}=\frac{V}{4R}$이고, C에 흐르는 전류의 세기는 $\frac{\frac{3}{8}V}{2R}=\frac{3V}{16R}$이다. 따라서 S를 닫았을 때, B에 흐르는 전류의 세기는 C에 흐르는 전류의 세기의 $\frac{4}{3}$배이다.

㉢. S를 닫았을 때 합성 저항값은 $\frac{8}{3}R$이다. 따라서 회로 전체에서 소비되는 전력은 $\frac{3V^2}{8R}$이다.

08 저항의 합성과 전력

S를 열었을 때 저항의 연결은 (가)와 같고, S를 닫았을 때 저항의 연결은 (나)와 같다.

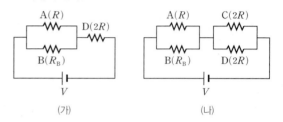

(가)　　　　(나)

④ (가)에서의 합성 저항값은 $\frac{RR_B+2R(R+R_B)}{R+R_B}$이고, (나)에서 합성 저항값은 $\frac{RR_B+R(R+R_B)}{R+R_B}$이다. A~D의 소비 전력의 합은 S를 닫았을 때가 열었을 때의 $\frac{8}{5}$배이므로 $3R_B+2R=(2R_B+R)\times\frac{8}{5}$에서 $R_B=2R$이다.

수능 3점 테스트
본문 105~108쪽

01 ②　**02** ①　**03** ⑤　**04** ②　**05** ③　**06** ②　**07** ④
08 ⑤

01 전기력이 한 일과 전위차

전기장의 세기가 E인 균일한 전기장 내에서 전하량의 크기가 q인 점전하가 받는 전기력의 크기는 qE이고, 전위차가 V인 두 지점에서 전기력이 점전하에 한 일(W)은 점전하의 운동 에너지 변화량(ΔE_k)과 같으므로 $W=qV=\Delta E_k$이다.

✗. P는 t 동안 $+y$방향으로 d만큼 이동하고 $+x$방향으로 d만큼 이동하였으며, 속도 변화량의 크기는 x방향과 y방향 모두 v로 같다. 따라서 $d=\frac{v}{2}\times t$에서 $t=\frac{2d}{v}$이다.

㉢. 영역 Ⅰ에서 전기장의 세기가 E, P의 가속도 a의 x성분과 y성분이 각각 a_x와 a_y일 때, P가 받는 전기력의 x성분 $F_x=qE_x=ma_x$에서 $E_x=\frac{ma_x}{q}$이고, $a_x=\frac{v}{t}=\frac{v}{\frac{2d}{v}}=\frac{v^2}{2d}$이므로 $E_x=\frac{mv^2}{2qd}$이다. 마찬가지로 $a_y=-\frac{v^2}{2d}$이고 $E_y=-\frac{mv^2}{2qd}$이므로 영역 Ⅰ에서 전기장의 세기는 $E=\frac{\sqrt{2}mv^2}{2qd}$이다.

✗. 영역 Ⅱ의 c에서 d까지 전기력(알짜힘)이 P에 한 일은 P의 운동 에너지 증가량과 같으므로 c와 d 사이의 전위차가 V일 때, $qV = \frac{1}{2}m(3v)^2 - \frac{1}{2}mv^2$에서 $V = \frac{4mv^2}{q}$이다.

02 물체의 역학적 에너지와 전기력이 한 일

높이가 h인 지점에서 정지한 P의 중력 퍼텐셜 에너지는 수평면에 도달하는 순간 P의 운동 에너지와 같고, 전기장 영역에서 전기력이 P에 한 일은 수평면에 도달하는 순간 P의 운동 에너지와 같다.
① 수평면으로부터 높이 h인 지점에 정지해 있을 때 P의 중력 퍼텐셜 에너지는 mgh이고, 이것은 수평면에 도달하는 순간 물체의 운동 에너지와 같다. P가 $x=0$에서 $x=4d$까지 운동하는 동안 전기력이 P에 한 일은 P의 운동 에너지와 같으므로 $x=0$과 $x=4d$ 사이의 전위차가 V일 때 $QV=mgh$에서 $V=\frac{mgh}{Q}$이고, $V=E(4d)$이므로 $E=\frac{mgh}{4Qd}$이다.

03 저항에서 소비되는 전기 에너지

원통형 금속 A와 B는 직렬연결되어 있으므로 A와 B에 흐르는 전류의 세기(I)는 같고, A와 B에서 소비되는 전력(P)을 비교하기 위해서는 $P=I^2R$(R는 저항값)을 이용한다. A와 B에 걸리는 전압의 합은 C에 걸리는 전압(V)과 같으므로 A와 B의 합에서 소비되는 전력과 C에서 소비되는 전력을 비교하기 위해서는 $P=\frac{V^2}{R}$을 이용한다.

⊙. A의 저항값은 $R_A = \rho_A \frac{2l}{A}$, B의 저항값은 $R_B = \rho_B \frac{l}{2A}$이고, $P=I^2R$이므로 단위 시간당 저항에서 소비되는 전기 에너지는 저항값에 비례한다. $\rho_A \frac{2l}{A} : \rho_B \frac{l}{2A} = 2 : 1$에서 $\rho_B = 2\rho_A$이고 저항값은 A가 B의 2배이므로 저항에 걸리는 전압은 A가 B의 2배이다.

ⓒ. A와 B의 저항값의 합은 $\rho_A \frac{3l}{A}$, A와 B에서 단위 시간당 소비되는 전기 에너지는 $3P_0$이고 A와 B의 합성 저항과 C에 각각 걸리는 전압(V)은 같으므로 A와 B에서 단위 시간당 소비되는 전기 에너지는 $3P_0 = \frac{V^2}{\rho_A \frac{3l}{A}}$이고, C에서 단위 시간당 소비되는 전기 에너지는 $4P_0 = \frac{V^2}{\rho_C \frac{l}{A}}$에서 $\rho_C = \frac{9}{4}\rho_A$이다. C의 저항값 $R_C = \rho_A \frac{9l}{4A}$이고, A와 B가 연결된 쪽과 C에 흐르는 전류의 세기의 비는 저항값에 반비례하므로 저항에 흐르는 전류의 세기는 B에서

가 C에서의 $\frac{3}{4}$배이다.

ⓒ. $\rho_B = 2\rho_A$이고, $\rho_C = \frac{9}{4}\rho_A$이므로 $\rho_A : \rho_B : \rho_C = \rho_A : 2\rho_A : \frac{9}{4}\rho_A = 4 : 8 : 9$이다.

04 옴의 법칙과 저항에서 소비되는 전기 에너지

A, B, C의 길이의 비는 3 : 2 : 1이고 A, B, C의 단면적이 같으므로 전기 저항은 비저항과 길이의 곱에 비례한다.
② 스위치를 닫으면 A, B, C는 직렬연결되므로 A, B, C에 흐르는 전류의 세기(I)가 같고, 이때 A, B, C에서 단위 시간당 소비되는 전기 에너지(P)는 $P=I^2R$를 적용하면 P와 R는 비례한다. A, B, C의 길이의 비는 3 : 2 : 1이고, A, B, C에서 단위 시간당 소비되는 전기 에너지가 같다고 하였으므로 $\rho_A : \rho_B : \rho_C = 2 : 3 : 6$이다.

05 옴의 법칙과 저항에서 소비되는 전기 에너지

S를 a에 연결하면 저항값이 R인 저항과 저항값이 $2R$인 저항이 병렬로 연결된다. S를 b에 연결할 때 p와 q 사이의 전압이 0이므로 저항값이 R인 저항과 저항값이 $2R$인 저항에 각각 걸리는 전압이 같다.
⊙. S를 b에 연결할 때 저항값이 R인 저항과 저항값이 $2R$인 저항에 걸리는 전압이 같으므로 저항값이 $2R$인 저항과 저항값이 R_0인 저항에 걸리는 전압의 비는 1 : 3이다. 따라서 $1 : 3 = 2R : R_0$에서 $R_0 = 6R$이다.

✗. S를 a에 연결할 때 합성 저항값은 $\frac{5}{8}R$이므로 전류계에 흐르는 전류의 세기는 $\frac{8V}{5R}$이고, S를 b에 연결할 때 합성 저항값은 $\frac{8}{5}R$이므로 전류계에 흐르는 전류의 세기는 $\frac{5V}{8R}$이다. 따라서 전류계에 흐르는 전류의 세기는 S를 a에 연결할 때가 b에 연결할 때의 $\frac{64}{25}$배이다.

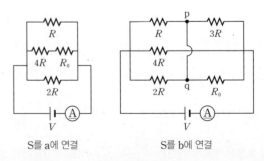

S를 a에 연결   S를 b에 연결

ⓒ. S를 b에 연결할 때 합성 저항값은 $\frac{8}{5}R$이므로 단위 시간당 회로 전체에서 소비하는 전기 에너지는 $\frac{5V^2}{8R}$이다.

06 저항의 연결과 소비 전력

S를 a에 연결했을 때 저항의 연결은 (가)와 같고, S를 b에 연결했을 때 저항의 연결은 (나)와 같다.

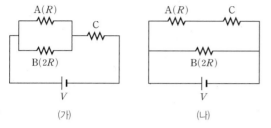

(가)　　　　　　　　(나)

✗. S를 a에 연결할 때 A에 흐르는 전류의 세기가 $5I_0$이므로 B에 흐르는 전류의 세기는 $\frac{5}{2}I_0$이고, C에 흐르는 전류의 세기는 $\frac{15}{2}I_0$이다. S를 b에 연결할 때 C에 흐르는 전류의 세기는 A에 흐르는 전류의 세기와 같으므로 $7I_0$이다. 따라서 C에 흐르는 전류의 세기는 S를 a에 연결할 때가 b에 연결할 때의 $\frac{15}{14}$배이다.

ⓛ. S를 a에 연결하였을 때와 S를 b에 연결하였을 때, A와 C에 각각 걸리는 전압의 합은 V이다. C의 저항을 R_C라고 하고 옴의 법칙을 적용하면 $V=5I_0R+\frac{15}{2}I_0R_C=7I_0R+7I_0R_C$에서 $R_C=4R$이다.

✗. $R_C=4R$이므로 S를 a에 연결하였을 때, A와 B의 합성 저항에 걸리는 전압과 C에 걸리는 전압은 각각 $\frac{1}{7}V$, $\frac{6}{7}V$이므로 B에서 소비되는 전력은 $P_0=\frac{\left(\frac{1}{7}V\right)^2}{2R}=\frac{V^2}{98R}$이고, S를 b에 연결하였을 때 B에 걸리는 전압은 V이므로 B에서 소비되는 전력 $P_B=\frac{V^2}{2R}$이다. 따라서 $P_B(\bigcirc)=49P_0$이다.

07 저항의 합성

도체 막대를 기준으로 A의 왼쪽 부분과 C의 오른쪽 부분은 저항의 역할을 하지 못한다. A의 도체 막대 오른쪽에 의한 저항값을 R_A, B의 도체 막대 왼쪽에 의한 저항값을 B_1, B의 도체 막대 오른쪽에 의한 저항값을 B_2, C의 도체 막대 왼쪽에 의한 저항값을 R_C라고 하면 A, B, C에 의한 저항의 연결은 그림과 같다.

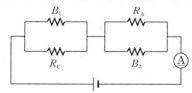

④ A~C의 단면적을 S, $\rho\frac{L}{3S}=R$라 하자. $d=\frac{L}{3}$일 때 $B_1=2\rho\frac{L}{3S}=2R$, $R_C=3\rho\frac{L}{3S}=3R$, $R_A=\rho\frac{2L}{3S}=2R$,

$B_2=2\rho\frac{2L}{3S}=4R$이고, 회로의 총합성 저항값은 $\frac{38}{15}R$이다.

$d=\frac{2L}{3}$일 때 $B_1=2\rho\frac{2L}{3S}=4R$, $R_C=3\rho\frac{2L}{3S}=6R$, $R_A=\rho\frac{L}{3S}=R$, $B_2=2\rho\frac{L}{3S}=2R$이고, 회로의 총합성 저항값은 $\frac{46}{15}R$이다. 전류의 세기는 저항값에 반비례하므로 $\frac{I_2}{I_1}=\frac{19}{23}$이다.

08 저항의 연결과 전기 에너지

저항을 직렬로 연결하면 각 저항에 흐르는 전류의 세기가 같으므로 각 저항에서 소비되는 전기 에너지는 저항값에 비례하고, 저항을 병렬로 연결하면 각 저항에 걸리는 전압이 같으므로 각 저항에서 소비되는 전기 에너지는 저항값에 반비례한다.

ⓜ. A, B, C가 직렬로 연결되어 있으므로 A, B, C의 저항에 흐르는 전류의 세기는 같다.

ⓝ. 단위 시간당 온도 증가량은 저항에서 단위 시간당 소비하는 전기 에너지(전력)에 비례한다. (나)에서 A, B, C가 병렬로 연결되어 있으므로 A, B, C에 걸리는 전압은 동일하고 단위 시간당 소비하는 전기 에너지는 저항값에 반비례한다. 따라서 단위 시간당 온도 증가량은 A에서가 C에서보다 크다.

ⓞ. (가), (나)에서 전원 장치의 전압이 V일 때, (가)에서 A, B, C는 직렬연결되어 있다. A, B, C에 걸리는 전압의 비는 저항값의 비와 같으므로 B에 걸리는 전압은 $\frac{1}{3}V$이고, (나)에서 B에 걸리는 전압은 V이다. 따라서 B에 걸리는 전압은 (나)에서가 (가)에서의 3배이다.

08 트랜지스터와 축전기

01 ④   **02** ②   **03** ⑤   **04** ③   **05** ①   **06** ④   **07** ①
08 ③   **09** ①   **10** ①   **11** ⑤   **12** ⑤

01 트랜지스터

p−n−p형 트랜지스터에서는 전류가 이미터에서 베이스와 컬렉터 쪽으로 흐른다.

✗. (나)에서 이미터에서 베이스로 전류가 흐르므로 (가)는 p−n−p형 트랜지스터이다. 따라서 X는 p형 반도체이다.

Ⓛ. 트랜지스터는 증폭 작용과 스위칭 작용을 할 수 있다.

Ⓒ. Y는 n형 반도체이므로 주로 전자가 전류를 흐르게 하는 반도체이다.

02 트랜지스터 원리

트랜지스터의 이미터와 베이스에는 순방향 전압을 연결하고, 베이스와 컬렉터 사이에는 역방향 전압을 연결한다.

✗. 이미터와 베이스 사이에는 순방향 전압이 걸리므로 전원의 (−)극과 연결된 이미터는 n형 반도체이고, 전원의 (+)극과 연결된 베이스는 p형 반도체이다. 따라서 A는 n−p−n형 트랜지스터이다.

✗. 이미터와 베이스 사이에는 순방향 전압이 연결되어 있으므로 p와 E 사이에서 전류는 E → R_1 → p 방향으로 흐른다.

Ⓒ. 이미터에 흐르는 전류는 컬렉터와 베이스에 흐르는 전류의 합과 같으므로 E에 흐르는 전류의 세기는 C에 흐르는 전류의 세기보다 크다.

03 트랜지스터

트랜지스터의 이미터와 베이스 사이에는 순방향 전압이 걸리고, 베이스와 컬렉터 사이에는 역방향 전압이 걸린다. 트랜지스터는 베이스의 약한 전류의 변화를 컬렉터에서 큰 전류의 변화로 나타나게 하는 증폭 작용을 할 수 있다.

㉠. 베이스의 전류가 트랜지스터에서 나오는 방향이므로 트랜지스터는 p−n−p형 트랜지스터이다.

Ⓛ. 트랜지스터는 p−n−p형 트랜지스터이고, 베이스와 컬렉터 사이에는 역방향 전압이 걸리므로 전원 장치 Q의 단자 a는 (+)극이다.

Ⓒ. 트랜지스터가 증폭 작용을 하므로 이미터와 베이스 사이에는 순방향 전압이 걸린다.

04 트랜지스터와 전류 증폭률

베이스에서 이미터로 전류가 흐르므로 트랜지스터는 n−p−n형 트랜지스터이다. 이미터 전류는 베이스와 컬렉터로 전류가 나누어져 흐른다.

✗. 이미터의 전류는 베이스와 컬렉터에 흐르는 전류의 합과 같으므로 $I_E = I_B + I_C$이다.

✗. n−p−n형 트랜지스터이므로 베이스는 p형 반도체이다.

Ⓒ. 트랜지스터가 증폭 작용을 할 때 증폭률은 $\dfrac{I_C}{I_B} = \dfrac{I_E - I_B}{I_B} = \dfrac{I_E}{I_B} - 1$이다.

05 트랜지스터와 전류 증폭률

세기가 I_1, I_2, I_3인 전류가 흐르는 단자는 각각 이미터 단자, 베이스 단자, 컬렉터 단자이므로 트랜지스터는 p−n−p형 트랜지스터이다.

✗. 트랜지스터가 p−n−p형 트랜지스터이므로 X는 p형 반도체이다.

Ⓛ. 이미터 단자에 흐르는 전류 $I_1 = I_2 + I_3$이므로 $I_1 > I_3$이다.

✗. 전류 증폭률 = $\dfrac{\text{컬렉터에 흐르는 전류의 세기}}{\text{베이스에 흐르는 전류의 세기}}$이므로 $\dfrac{I_3}{I_2}$이다.

06 전기 용량

평행판 축전기는 전하를 저장할 수 있는 장치로, 축전기의 전기 용량은 축전기 극판의 면적에 비례하고, 극판 사이의 간격에 반비례한다.

✗. 완전히 충전하였을 때 축전기 양단의 전위차는 전원의 전압 V와 같으므로 축전기 양단의 전위차는 A와 B가 같다.

Ⓛ. 진공 유전율이 ε_0일 때, A의 전기 용량은 $C_A = \varepsilon_0 \dfrac{S}{d}$이고, B의 전기 용량은 $\varepsilon_0 \dfrac{4S}{2d} = \varepsilon_0 \dfrac{2S}{d} = 2C_A$이다. 따라서 전기 용량은 B가 A의 2배이다.

Ⓒ. A와 B의 전압은 같으므로 축전기에 충전된 전하량은 전기 용량에 비례한다. 따라서 충전된 전하량은 B가 A의 2배이다.

07 전기 용량과 축전기에 저장된 전기 에너지

축전기를 전압이 일정한 전원에 연결하고 완전히 충전하면 축전기 양단의 전위차는 전원의 전압과 같다. 전원에 연결된 축전기가 완전히 충전된 상태에서 스위치를 열고 전기 용량을 변화시켜도 축전기에 저장된 전하량은 일정하다.

㉠. (가)에서 축전기의 전기 용량이 C_0이라면 (나)에서 축전기의 전기 용량은 $\dfrac{1}{2}C_0$이다. (가)와 (나)에서 축전기 양단에 걸린 전위차는 V로 같고 전기 용량은 (가)에서가 (나)에서의 2배이므로 충전된 전하량은 (가)에서가 (나)에서의 2배이다.

X. (가)에서 축전기에 저장된 전하량이 Q_0일 때 (나)에서 축전기에 저장된 전하량은 $\frac{1}{2}Q_0$이다. S를 열고 (다)에서 두 극판 사이의 간격을 d로 할 때 전기 용량은 C_0이고 전하량은 (나)에서와 같은 $\frac{1}{2}Q_0$이다. (나)에서 축전기 양단의 전위차는 $V_{(나)}=\frac{Q_0}{C_0}$이고, (다)에서 축전기 양단의 전위차는 $V_{(다)}=\frac{Q_0}{2C_0}=\frac{1}{2}V_{(나)}$이므로 축전기 양단의 전위차는 (나)에서가 (다)에서의 2배이다.

X. 축전기에 저장된 전기 에너지는 (가)에서 $U_{(가)}=\frac{1}{2}Q_0V$이고, (다)에서 $U_{(다)}=\frac{1}{2}\left(\frac{1}{2}Q_0\right)\left(\frac{1}{2}V\right)=\frac{1}{8}Q_0V$이므로 축전기에 저장된 전기 에너지는 (가)에서가 (다)에서의 4배이다.

08 축전기의 병렬연결

축전기를 병렬연결하면 축전기 양단에 걸리는 전위차가 같다. 진공 유전율이 ε_0일 때, 축전기 속에 유전율이 ε인 유전체를 넣으면 전기 용량은 진공 상태일 때의 $\frac{\varepsilon}{\varepsilon_0}$배가 된다.

ㄱ. A, B의 두 극판 사이의 간격과 극판의 면적이 같으므로 축전기 내부에 넣은 유전체의 유전율이 클수록 전기 용량이 크다. 따라서 전기 용량은 A가 B보다 작다.

ㄴ. A와 B가 병렬연결되어 있으므로 S를 닫고 A, B를 완전히 충전시켰을 때, 축전기 양단의 전위차는 A와 B에서 같다.

X. A와 B의 양단의 전위차가 같고, 전기 용량은 B가 A의 2배이므로 전기 에너지 $U=\frac{1}{2}CV^2$에서 축전기에 저장된 전기 에너지는 B가 A의 2배이다.

09 축전기의 직렬연결

축전기를 직렬연결하면 축전기에 충전되는 전하량이 같다. 축전기에 걸리는 전압은 축전기의 전기 용량에 반비례한다.

ㄱ. A의 전기 용량은 $(4\varepsilon_0)\frac{S_0}{2d_0}=2\varepsilon_0\frac{S_0}{d_0}$이다.

X. B의 전기 용량은 $\varepsilon_0\frac{4S_0}{d_0}$이므로 A의 전기 용량이 C_0이면 B의 전기 용량은 $2C_0$이다. A와 B에 충전된 전하량은 같으므로 $C_0V_A=2C_0V_B$이고, $V_A+V_B=V$이다. 따라서 A에 걸린 전압은 $\frac{2}{3}V$이고, B에 걸린 전압은 $\frac{1}{3}V$이다.

X. B에 저장된 전기 에너지는
$U_B=\frac{1}{2}CV^2=\frac{1}{2}\left(\varepsilon_0\frac{4S_0}{d_0}\right)\left(\frac{1}{3}V\right)^2=\frac{2\varepsilon_0S_0V^2}{9d_0}$이다.

10 전기 용량과 축전기에 저장된 전기 에너지

축전기 양단에 걸린 전위차가 V, 축전기에 저장된 전하량이 Q, 축전기의 전기 용량이 C, 축전기의 두 극판의 면적이 S, 극판 사이의 간격이 d, 극판에 채워진 유전체의 유전율이 ε일 때, 축전기

에 저장된 전기 에너지는
$$U=\frac{1}{2}QV=\frac{1}{2}CV^2=\frac{1}{2}\left(\varepsilon\frac{S}{d}\right)V^2=\frac{1}{2}\frac{Q^2}{C}=\frac{1}{2}\left(\frac{d}{\varepsilon S}\right)Q^2$$이다.

ㄱ. $2E=\frac{1}{2}\left(\varepsilon_A\frac{S}{d}\right)V^2=\frac{1}{2}\left(\varepsilon_B\frac{S}{d}\right)(3V)^2$에서 $\varepsilon_A=9\varepsilon_B$이다.

X. $E=\frac{1}{2}\left(\varepsilon_B\frac{S}{d}\right)V_1^2=\frac{1}{2}\left(\varepsilon_B\frac{S}{d}\right)(3V)^2\times\frac{1}{2}$에서 $V_1^2=\frac{(3V)^2}{2}$이므로 $V_1=\frac{3\sqrt{2}}{2}V$이다.

X. $V_1^2=\frac{9}{2}V^2$이므로 A에 저장된 전기 에너지는
$\frac{1}{2}\left(\varepsilon_A\frac{S}{d}\right)\left(\frac{9}{2}V^2\right)=9E$이다.

11 축전기의 직렬연결과 저장된 전기 에너지

축전기를 직렬연결하면 축전기에 저장되는 전하량이 같다. (나)와 같이 축전기 안에 유전체를 일부 채우면 두 극판 사이의 거리가 d이고 유전율이 ε_0인 축전기와 $4\varepsilon_0$인 축전기를 직렬로 연결한 것과 같다.

ㄱ. (가)에서 A와 B의 극판의 면적이 S일 때 A의 전기 용량은 $C_0=\varepsilon_0\frac{S}{d}$이고, B의 전기 용량은 $\frac{1}{2}C_0$이다. A와 B에 저장된 전하량은 같고, A에 걸린 전압은 $\frac{1}{3}V$이므로 A에 저장된 전하량은 $Q_A=\frac{1}{3}C_0V$이다. (나)에서 B에 유전체를 넣었을 때 두 극판 사이의 거리가 d이고 유전율이 각각 ε_0, $4\varepsilon_0$인 축전기(B_1, B_2)를 직렬로 연결한 것과 같으므로 A, B_1, B_2를 직렬로 연결한 것과 같고 전기 용량은 A, B_1, B_2가 각각 C_0, C_0, $4C_0$이다. 세 축전기에 저장된 전하량은 같고, A에 걸린 전압은 $\frac{4}{9}V$이므로 A에 저장된 전하량은 $Q_A'=\frac{4}{9}C_0V$이다. 따라서 A에 저장된 전하량은 (가)에서가 (나)에서의 $\frac{3}{4}$배이다.

ㄴ. (가)에서 A에 걸리는 전압이 $\frac{1}{3}V$이므로 B에 걸리는 전압은 $\frac{2}{3}V$이고, (나)에서 A에 걸리는 전압이 $\frac{4}{9}V$이므로 B에 걸리는 전압은 $\frac{5}{9}V$이다. 따라서 B의 양단에 걸리는 전압은 (가)에서가 (나)에서의 $\frac{6}{5}$배이다.

ㄷ. (가)에서 A에 저장된 전기 에너지는
$U_A=\frac{1}{2}C_0\left(\frac{1}{3}V\right)^2=\frac{1}{18}C_0V^2$이고, (나)에서 B에 저장된 전기 에너지는 B_1, B_2에 저장된 에너지의 합과 같으므로
$U_B=\frac{1}{2}C_0\left(\frac{4}{9}V\right)^2+\frac{1}{2}(4C_0)\left(\frac{1}{9}V\right)^2=\frac{10}{81}C_0V^2$이다. 따라서 축전기에 저장된 전기 에너지는 (가)의 A에서가 (나)의 B에서의 $\frac{9}{20}$배이다.

12 축전기와 저항의 연결

축전기와 저항이 병렬연결되어 있을 때 축전기 양단에 걸리는 전압과 저항에 걸리는 전압은 같다. 축전기와 저항의 연결은 그림과 같다.

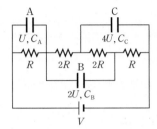

㉠. 축전기 양단에 걸린 전압은 축전기와 병렬로 연결된 저항에 걸리는 전압과 같다. 따라서 A에 걸리는 전압은 $\frac{1}{6}V$, B에 걸리는 전압은 $\frac{2}{3}V$, C에 걸리는 전압은 $\frac{1}{2}V$이므로 축전기 양단에 걸린 전압은 C가 A의 3배이다.

㉡. B에 저장된 전기 에너지 $2U=\frac{1}{2}C_B\left(\frac{2}{3}V\right)^2=\frac{2}{9}C_BV^2$이고, C에 저장된 전기 에너지 $4U=\frac{1}{2}C_C\left(\frac{1}{2}V\right)^2=\frac{1}{8}C_CV^2$이다. 따라서 $C_B : C_C = 9 : 32$이다.

㉢. A에 저장된 전기 에너지 $U=\frac{1}{2}C_A\left(\frac{1}{6}V\right)^2=\frac{1}{72}C_AV^2$이고, B에 저장된 전기 에너지 $2U=\frac{1}{2}C_B\left(\frac{2}{3}V\right)^2=\frac{2}{9}C_BV^2$이므로 $C_A=8C_B$이다. 따라서 $Q_A=\frac{4}{3}C_BV$이고, $Q_B=\frac{2}{3}C_BV$이므로 축전기에 저장된 전하량은 A가 B의 2배이다.

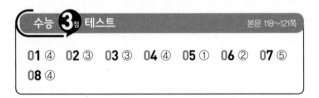

수능 ③점 테스트   본문 118~121쪽

01 ④   **02** ③   **03** ③   **04** ④   **05** ①   **06** ②   **07** ⑤
08 ④

01 트랜지스터

이미터에 흐르는 전류의 세기는 베이스에 흐르는 전류의 세기와 컬렉터에 흐르는 전류의 세기의 합과 같고, 전류 증폭률은 $\frac{컬렉터에 흐르는 전류의 세기}{베이스에 흐르는 전류의 세기}$이다.

✕. 트랜지스터는 n-p-n형 트랜지스터이고, $I_1 < I_2$이므로 a는 컬렉터 단자, b는 베이스 단자, c는 이미터 단자이다. 따라서 ㉠은 (+)극이다.

㉡. 베이스에 흐르는 전류의 세기는 I_2-I_1이고, 컬렉터에 흐르는 전류의 세기는 I_1이므로 전류 증폭률은 $\frac{I_1}{I_2-I_1}$이다.

㉢. 트랜지스터는 n-p-n형 트랜지스터이므로 n형 반도체인 이미터의 전자의 대부분은 컬렉터로 이동한다.

02 트랜지스터

n-p-n형 트랜지스터가 증폭 작용을 할 때 이미터의 대부분의 전자가 컬렉터로 이동한다. 트랜지스터를 정상적으로 작동시키기 위해 이미터와 베이스 사이에 걸어 주는 전압이 바이어스 전압이다.

㉠. 이미터와 베이스 사이에 순방향 전압이 연결되어야 하고, 이미터에 전원의 (−)극이 연결되어 있으므로 이미터에 연결된 반도체는 n형 반도체이다. 따라서 ㉠은 전자이다.

㉡. 트랜지스터는 n-p-n형 트랜지스터이므로 B에 흐르는 전류의 방향은 a이다.

✕. R의 저항값을 증가시키면 베이스 단자와 이미터 단자 사이에 걸리는 전압도 증가하므로 이미터 단자에 흐르는 전류의 세기가 증가하고 베이스 단자에 흐르는 전류의 세기도 증가한다.

03 트랜지스터

베이스에서 이미터로 전류가 흐르므로 트랜지스터는 n-p-n형 트랜지스터이다. 증폭 작용에 의해 베이스에 입력된 작은 신호는 컬렉터에서 증폭된 신호로 출력된다.

㉠. a는 컬렉터 단자, b는 베이스 단자, c는 이미터 단자이다. ㉠은 n-p-n형 트랜지스터의 컬렉터 단자에 연결되었으므로 ㉠은 전원 장치의 (+)극이다.

㉡. 증폭 작용이 일어나는 동안 베이스와 컬렉터 사이에는 역방향 바이어스가 걸리므로 단자의 전위는 a에서가 b에서보다 높다.

✕. b와 c는 순방향 연결되어 있으므로 c는 이미터 단자이다.

04 바이어스 전압

트랜지스터가 연결된 회로에서 증폭 작용을 위해 이미터와 베이스 사이에 걸어 주는 적절한 전압을 바이어스 전압이라고 한다. 이미터와 베이스에 별도의 전원을 걸어 주지 않을 때, 저항의 전압 분할을 이용하여 컬렉터에 연결된 하나의 전원을 나누어 베이스와 이미터 사이에 바이어스 전압을 걸어 줄 수 있다.

✕. V_1은 저항에 의해 V_0이 전압 분할되어 P에 걸리는 전압이므로 ㉠은 $\frac{R_1}{R_1+R_2}V_0$이다.

㉡. (가)에서 Q에 걸리는 전압은 V_0-V_1이므로 Q에 흐르는 전류의 세기는 $\frac{V_0-V_1}{R_2}$이다.

㉢. V_B는 V_C를 이용하여 R_1과 R_2의 전압 분할에 의한 바이어스 전압이므로 ㉡은 $\frac{R_2}{R_1+R_2}V_C$이다.

05 축전기 원리 실험

알루미늄 포일로 감싼 유리컵을 겹치면, 겹쳐진 상태의 두 알루미늄 포일은 축전기의 두 극판과 같다. 이때 안쪽 알루미늄 포일을 대전체로 접촉하여 대전시키면 바깥쪽에는 대전체와 다른 종류의 전하로 대전되어 전하를 알루미늄 포일에 저장할 수 있다.

✗. 안쪽 유리컵을 감싼 알루미늄 포일은 에보나이트 막대와 같은 종류의 전하로 대전되고, 바깥쪽 유리컵을 감싼 알루미늄 포일은 정전기 유도에 의해 에보나이트 막대와 다른 종류의 전하로 대전된다.

ⓒ. 유리컵을 감싼 알루미늄 포일의 면적이 (나)에서가 (가)에서보다 크므로 완전히 충전되었을 때 유리컵을 감싼 알루미늄 포일 사이에 저장된 전하량은 (나)에서가 (가)에서보다 크다.

✗. 안쪽 컵에 감싼 알루미늄 포일에는 에보나이트 막대에 대전된 전하와 같은 종류의 전하가 충전되고, 바깥쪽 컵에 감싼 알루미늄 포일에는 에보나이트 막대에 대전된 전하와 다른 종류의 전하가 충전된다. 따라서 안쪽 컵에 감싼 알루미늄 포일과 바깥쪽 컵에 감싼 알루미늄 포일 사이에는 서로 당기는 전기력이 작용한다.

06 축전기와 저항의 연결

축전기를 저항에 병렬로 연결하면 축전기에 걸리는 전압은 저항에 걸리는 전압과 같다. 그림은 회로를 알기 쉽게 재구성한 것이다. X와 Y는 전원에 직렬로 연결되어 있으므로 전원의 전압이 V일 때, X에 걸리는 전압은 $\frac{R_1}{R_1+R}V$이고, Y에 걸리는 전압은 $\frac{R}{R_1+R}V$이다.

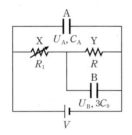

✗. $R_1=2R$일 때 Y에 걸리는 전압은 $\frac{1}{3}V$이다. R_1에 관계없이 A에 걸리는 전압은 V이므로 $U_0=\frac{1}{2}C_A V^2$이고, $U_B=\frac{1}{2}(3C_0)\left(\frac{1}{3}V\right)^2=\frac{1}{3}U_0$에서 $C_A=C_0$이다.

ⓒ. $R_1=5R$일 때 Y에 걸리는 전압은 $\frac{1}{6}V$이므로 $U_B=\frac{1}{2}(3C_0)\left(\frac{1}{6}V\right)^2=\frac{1}{24}C_0V^2=\frac{1}{12}U_0$이다.

✗. $R_1=5R$일 때 $Q_0=(3C_0)\left(\frac{1}{6}V\right)=\frac{1}{2}C_0V$이고, A에 걸리는 전압은 항상 V이므로 $Q_A=C_0V$이다. 따라서 ⓒ은 $2Q_0$이다.

07 축전기에 저장된 전기 에너지

축전기를 직렬로 연결하면 축전기에 저장된 전하량이 같다. 축전기를 병렬로 연결하면 축전기에 걸리는 전압은 같고, 축전기의 극판의 면적이 넓어지는 효과가 있으므로 축전기의 전체 전기 용량이 커진다.

㉠. (가)에서 A와 B에 충전된 전하량은 같고, A와 B의 두 극판 사이의 간격이 d, 두 극판의 면적이 S일 때, 전기 용량은

$C_0=\varepsilon_0\frac{S}{d}$로 같다. 전원의 전압을 V라고 하면 A와 B에 걸리는 전압은 각각 $\frac{1}{2}V$이므로 (가)의 A에서 $U_0=\frac{1}{2}C_0\left(\frac{1}{2}V\right)^2=\frac{1}{8}C_0V^2$이다. (나)에서 B와 C에 걸리는 전압을 V'라고 하면 $\frac{1}{4}U_0=\frac{1}{4}\left(\frac{1}{8}C_0V^2\right)=\frac{1}{2}C_0V'^2$에서 $V'=\frac{1}{4}V$이고, A에 걸리는 전압은 $\frac{3}{4}V$이다. 따라서 A의 양단에 걸리는 전압은 (가)에서가 (나)에서의 $\frac{2}{3}$배이다.

ⓒ. B에 걸리는 전압은 (가)에서가 (나)에서의 2배이므로 저장되는 전하량도 (가)에서가 (나)에서의 2배이다.

ⓒ. (나)의 C에서 $\frac{1}{2}U_0=\frac{1}{2}\times\frac{1}{8}\left(\varepsilon_0\frac{S}{d}\right)V^2=\frac{1}{2}\left(\varepsilon_C\frac{S}{d}\right)\left(\frac{1}{4}V\right)^2$이므로 $\varepsilon_C=2\varepsilon_0$이다.

08 축전기에 저장된 전기 에너지

(가)에서 A의 양단에 걸린 전압은 전원 장치의 전압과 같다. (가)의 A에 저장된 전하량은 (나)에서 A와 B에 저장된 전하량의 합과 같고, (다)에서 A와 B에 저장된 전하량의 합과 같다.

✗. (가)에서 전원의 전압이 V일 때, A의 양단에 걸린 전압은 V이고, A의 전기 용량이 C_0일 때, B의 전기 용량은 $2C_0$이다. (가)에서 A에 저장된 전하량은 $Q=C_0V$이다. (나)에서 A에 저장된 전하량이 Q'이면 B에 저장된 전하량은 $2Q'$이고, B에 걸린 전압이 V'일 때, $2Q'=\frac{2}{3}Q=2C_0V'$에서 $V'=\frac{1}{3}\frac{Q}{C_0}=\frac{1}{3}V$이다. 따라서 (가)에서 A에 걸리는 전압은 (나)에서 B에 걸리는 전압의 3배이다.

ⓒ. (나)에서 B에 저장된 전하량은 $\frac{2}{3}Q$이다. (다)에서 A의 전기 용량은 $3C_0$이고 B의 전기 용량은 $2C_0$이므로 A에 저장된 전하량이 $3Q''$이면 B에 저장된 전하량은 $2Q''$이고 B에 저장된 전하량은 $\frac{2}{5}Q$이다. 따라서 B에 저장되는 전하량은 (나)에서가 (다)에서의 $\frac{5}{3}$배이다.

ⓒ. (가)에서 A에 저장된 전기 에너지가 $U_0=\frac{1}{2}C_0V^2$이면, (나)에서 A에 걸린 전압은 $\frac{1}{3}V$이므로 A에 저장된 전기 에너지는 $U_{A(나)}=\frac{1}{2}C_0\left(\frac{1}{3}V\right)^2=\frac{1}{9}U_0$이고, (다)에서 A에 걸린 전압은 $\frac{1}{5}V$이므로 A에 저장된 전기 에너지는 $U_{A(다)}=\frac{1}{2}(3C_0)\left(\frac{1}{5}V\right)^2=\frac{3}{25}U_0$이다. 따라서 A에 저장되는 전기 에너지는 (나)에서가 (다)에서의 $\frac{25}{27}$배이다.

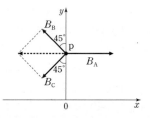

09 전류에 의한 자기장

수능 2점 테스트

본문 128~130쪽

01 ④ **02** ① **03** ③ **04** ④ **05** ① **06** ④ **07** ②
08 ⑤ **09** ② **10** ⑤ **11** ③ **12** ④

---

01 두 직선 전류에 의한 자기장과 자기력선

나란한 두 직선 도선에 전류가 흐를 때 두 도선의 중앙인 원점에서 자기장의 세기는 두 전류에 의한 자기장의 방향이 같으면 자기장의 세기의 합과 같고, 반대이면 자기장의 세기의 차와 같다. 자기력선의 간격이 좁을수록 자기장의 세기는 크다.

✗. (나)의 Ⅰ에서 p, q, 원점 O에서 A와 B에 의한 자기장의 방향이 모두 $-y$방향이므로 A와 B에 흐르는 전류의 방향은 각각 xy 평면에 수직으로 들어가는 방향, xy 평면에서 수직으로 나오는 방향이다.

ⓒ. (나)의 Ⅰ에서 자기력선의 간격은 p에서가 q에서보다 좁으므로 자기장의 세기는 p에서가 q에서보다 크다.

ⓒ. (나)의 Ⅱ의 p와 q는 A와 B로부터 떨어진 거리가 각각 같으며, p와 q에서 자기장의 방향은 모두 $-x$방향이다. 따라서 A, B에 흐르는 전류의 세기는 서로 같다.

02 직선 전류에 의한 자기장

앙페르 법칙을 적용하면 직선 전류로부터 떨어진 지점에서 전류의 방향을 오른손 엄지손가락의 방향과 일치시킬 때 나머지 네 손가락을 감아쥔 방향이 전류에 의한 자기장의 방향이다. A에 흐르는 전류의 방향이 xy 평면에서 나오는 방향이면 p에서 A에 의한 자기장의 방향은 $+x$방향이고 B와 C에 의한 자기장의 방향은 $-x$방향이다.

ⓒ. 앙페르 법칙을 적용하면 A에 흐르는 전류의 방향이 xy 평면에서 나오는 방향이므로 p에서 A에 의한 자기장의 방향은 $+x$방향이다.

✗. p에서 A에 의한 자기장의 방향은 $+x$방향이므로 B와 C가 p에 형성하는 자기장의 방향은 $-x$방향이 되어야 한다. B와 C에 흐르는 전류의 방향은 모두 xy 평면에서 나오는 방향이다. 따라서 A와 B에 흐르는 전류의 방향은 서로 같다.

✗. B와 C에 흐르는 전류의 방향은 모두 xy 평면에서 나오는 방향이므로 p에서 B에 흐르는 전류에 의한 자기장(B_B)과 C에 흐르는 전류에 의한 자기장(B_C)의 방향과 각각 y축이 이루는 각은 그림과 같이 모두 45°이다.

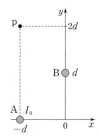

또, p에서 A에 흐르는 전류에 의한 자기장의 세기는 B에 흐르는 전류에 의한 자기장의 세기의 $\sqrt{2}$배이므로 A, B에 흐르는 전류의 세기를 각각 I_A, I_B라 하면 $k\dfrac{I_A}{d}=\sqrt{2}k\dfrac{I_B}{2\sqrt{2d}}$이다. 따라서 $I_B=2I_A$이다.

03 직선 전류에 의한 자기장

직선 전류에 의한 자기장의 세기는 전류의 세기에 비례하고 전류로부터 떨어진 거리에 반비례한다. p에서 A에 흐르는 전류에 의한 자기장의 방향은 x축과 나란하므로 p에서 A, B에 흐르는 전류에 의한 자기장의 방향이 $-y$방향이 되기 위해서는 B에 흐르는 전류에 의한 자기장의 y성분의 방향이 $-y$방향이 되어야 한다.

✗. p에서 A에 흐르는 전류에 의한 자기장의 방향은 x축과 나란하므로 p에서 A, B에 흐르는 전류에 의한 자기장의 방향이 $-y$방향이 되기 위해서는 A, B에 흐르는 전류의 방향은 각각 xy 평면에서 수직으로 들어가는 방향, 나오는 방향이 되어야 한다.

✗. p에서 A에 흐르는 전류에 의한 자기장의 세기를 B_0이라 하면, p에서 B에 흐르는 전류에 의한 자기장의 세기는 $\sqrt{2}B_0$이 되어야 한다. p로부터 떨어진 거리는 A가 B의 $\sqrt{2}$배이므로 B에 흐르는 전류의 세기는 I_0이다.

[별해]

B에 흐르는 전류의 세기를 I_B라 하면 p에서 A, B에 흐르는 전류에 의한 자기장의 세기는 각각 $B_0=k\dfrac{I_0}{2d}$, $\sqrt{2}B_0=k\dfrac{I_B}{\sqrt{2d}}$이다.

따라서 $I_B=I_0$이다.

ⓒ. A에 흐르는 전류의 세기만을 $2I_0$으로 바꾸면 p에서 A에 흐르는 전류에 의한 자기장의 세기가 $2B_0$이 되므로 A, B에 흐르는 전류에 의한 자기장의 세기는 $\sqrt{2}B_0$이 된다.

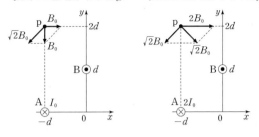

[A에 흐르는 전류의 세기 I_0]　　　[A에 흐르는 전류의 세기 $2I_0$]

⊙: xy 평면에서 수직으로 나오는 방향
⊗: xy 평면에 수직으로 들어가는 방향

04 직선 전류에 의한 자기장

A에 흐르는 전류의 방향이 xy 평면에 수직으로 들어가는 방향이
고, p에서 A와 B에 의한 자기장의 방향이 x축과 나란한 방향이
므로 B에 흐르는 전류의 방향은 xy 평면에 수직으로 들어가는 방
향이다. 직선 전류에 의한 자기장의 세기는 전류의 세기에 비례하
고 도선으로부터 떨어진 거리에 반비례한다.

④ p에서 A와 B에 의한 자기장의 방향이 x축과 나란한 방향이
되려면 A, B에 흐르는 전류의 방향이 같아야 한다. A에 흐르는
전류의 방향이 xy 평면에 수직으로 들어가는 방향이므로 B에 흐
르는 전류의 방향도 xy 평면에 수직으로 들어가는 방향이다. A
와 B에 흐르는 전류가 p에 형성하는 자기장의 세기를 각각 B_A,
B_B라 하면 p에서 A와 B에 의한 자기장은 다음과 같다.

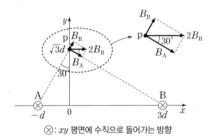

⊗: xy 평면에 수직으로 들어가는 방향

B에 흐르는 전류의 세기를 I_B라 하면, p와 A, p와 B 사이의 거리
는 각각 $2d$, $2\sqrt{3}d$이고 $B_A=\sqrt{3}B_B$이므로, $k\dfrac{I}{2d}=\sqrt{3}k\dfrac{I_B}{2\sqrt{3}d}$
가 되어 $I_B=I$이다.

05 직선 전류에 의한 자기장

O에서 A에 의한 자기장과 B에 의한 자기장의 방향은 x축과 나
란하게 형성되고 C에 의한 자기장의 방향은 y축과 나란하게 형성
된다. (가)와 (나)의 O에서 B에 의한 자기장의 세기는 서로 같고
자기장의 방향만 서로 반대인데 A, B, C에 의한 자기장이 세기
와 y축과 이루는 각이 커진 것은 (가)의 O에서 A에 의한 자기장
의 방향과 B에 의한 자기장의 방향이 서로 반대이고 (나)의 O에
서 A에 의한 자기장의 방향과 B에 의한 자기장의 방향이 서로 같
기 때문이다.

① O에서 C에 의한 자기장의 방향은 $+y$방향이므로 C에 흐르
는 전류의 방향은 xy 평면에 들어가는 방향이다. (가)와 (나)의 O
에서 A와 B에 의한 자기장의 방향이 $-x$방향이므로 A가 O에
형성하는 자기장의 방향은 항상 $-x$방향이다. 따라서 A에 흐르
는 전류의 방향은 xy 평면에 수직으로 들어가는 방향이다. 또,
(나)에서가 (가)에서보다 O에서 A와 B에 의한 자기장의 세기가
크므로 (가)에서 B에 흐르는 전류의 방향은 xy 평면에 수직으로
들어가는 방향이고, (나)에서 B에 흐르는 전류의 방향은 xy 평면
에서 수직으로 나오는 방향이다. A, B, C에 흐르는 전류가 O에
형성하는 자기장의 세기를 각각 B_A, B_B, B라 하면 (가)에서는
$B_A-B_B:B=1:\sqrt{3}\cdots$ ①이고 (나)에서는 $B:B_A+B_B=$
$1:\sqrt{3}\cdots$ ②이다. ①과 ②를 연립하면 $B_A=2B_B$이므로 $k\dfrac{I_A}{d}=$
$2k\dfrac{I_B}{2d}$가 되어 $I_A=I_B$이다.

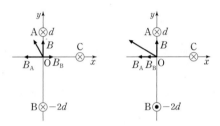

⊙: xy 평면에서 수직으로 나오는 방향
⊗: xy 평면에 수직으로 들어가는 방향

(가)　　　　　　　　　(나)

06 직선 전류에 의한 자기장

직선 도선에 흐르는 전류에 의한 자기장의 세기는 전류의 세기에
비례하고, 도선으로부터 떨어진 거리에 반비례한다. 전류에 의한
자기장의 방향은 오른나사 법칙으로 찾는다.

④ A와 C에 흐르는 전류가 r에 형성하는 자기장의 방향은 xy
평면에서 수직으로 나오는 방향이므로 B에 흐르는 전류가 r에 형
성하는 자기장의 방향은 xy 평면에 수직으로 들어가는 방향이다.
따라서 B에 흐르는 전류의 방향은 q → p 방향이다.

$\angle pqr=\theta$라 하고 B와 r 사이의 거리를 d_0이라 하면 $\cos\theta=\dfrac{4d}{5d}$
$=\dfrac{d_0}{3d}$이다. 따라서 $d_0=\dfrac{12}{5}d$이다. r에서 A, B, C에 의한 자기
장이 0이므로 $k\dfrac{I}{5d}+k\dfrac{I}{2d}=k\dfrac{I_B}{\dfrac{12}{5}d}$가 되어 $I_B=\dfrac{42}{25}I$이다.

07 원형 전류에 의한 자기장

O에서 B에 의한 자기장의 세기는 $B_0=k'\dfrac{2I}{2d}=k'\dfrac{I}{d}$이고, O에
서 C에 의한 자기장의 세기는 $k'\dfrac{I}{3d}=\dfrac{1}{3}k'\dfrac{I}{d}=\dfrac{1}{3}B_0$이며, A에

흐르는 전류의 세기가 $\frac{4}{3}I$일 때 O에서 A에 의한 자기장의 세기는 $k'\frac{4I}{3d}=\frac{4}{3}k'\frac{I}{d}=\frac{4}{3}B_0$이다. 따라서 O에서 A에 의한 자기장의 세기는 B와 C에 의한 자기장의 세기보다 크다.

② $B_0=k'\frac{2I}{2d}=k'\frac{I}{d}$이므로 O에서 C에 의한 자기장의 세기는 $\frac{1}{3}B_0$이다. O에서 A에 의한 자기장의 세기를 B_A라 하면, B_A는 O에서 B, C에 의한 자기장의 세기의 최댓값 $B_0+\frac{1}{3}B_0=\frac{4}{3}B_0$보다 항상 크다.

O에서 A, B, C에 의한 자기장의 세기의 최댓값과 최솟값은 각각 $B_A+\frac{4}{3}B_0$, $B_A-\frac{4}{3}B_0$이므로 O에서 A, B, C에 의한 자기장의 세기의 최댓값과 최솟값의 차는 $\frac{8}{3}B_0$이다.

[별해]

O에서 A에 의한 자기장의 세기는 O에서 B와 C에 의한 자기장의 세기의 최댓값 $B_0+\frac{1}{3}B_0=\frac{4}{3}B_0$보다 항상 크기 때문에 O에서 A, B, C에 의한 자기장의 세기의 최댓값과 최솟값의 차는 O에서 A에 의한 자기장의 세기와 무관하다. 따라서 O에서 A, B, C에 의한 자기장의 세기의 최댓값과 최솟값의 차는 O에서 B와 C에 의한 자기장의 세기의 최댓값의 2배인 $\frac{8}{3}B_0$이다.

08 직선 전류와 원형 전류에 의한 자기장

(가)의 O에서 A와 C에 의한 자기장은 xy 평면에 수직으로 들어가는 방향이고, B에 의한 자기장은 xy 평면에서 수직으로 나오는 방향이다. (나)의 O에서 A와 B에 의한 자기장은 xy 평면에 수직으로 들어가는 방향이고, C에 의한 자기장은 xy 평면에서 수직으로 나오는 방향이다.

⑤ xy 평면에 수직으로 들어가는 방향을 (+)로 하고 O에서 A에 의한 자기장의 세기를 B_0이라 하면 (가)의 O에서 C에 의한 자기장은 $+\frac{1}{3}B_0$이고, B에 의한 자기장은 (가)와 (나)에서 각각 $-\frac{2}{3}B_0$, $+\frac{2}{3}B_0$이다. (가)의 O에서 A, B, C에 의한 자기장은 $B_0-\frac{2}{3}B_0+\frac{1}{3}B_0=\frac{2}{3}B_0$이므로 (나)의 O에서 C에 의한 자기장의 세기를 B'라 하면 (나)의 O에서 A, B, C에 의한 자기장은 $\frac{2}{3}B_0=B_0+\frac{2}{3}B_0-B'$가 되어 $B'=B_0$이다. 따라서 $k\frac{I_C}{4d}=3k\frac{I_0}{2d}$이 되어 $I_C=6I_0$이다.

09 솔레노이드에 의한 자기장과 자기력선

자기력선은 나침반 자침의 N극이 가리키는 방향을 연속적으로 연결한 선으로, 자기력선이 조밀한 곳일수록 자기장의 세기가 크다.

X. 자침의 S극이 솔레노이드로 향하고 있으므로 솔레노이드 오른쪽은 N극이 되어야 한다. 솔레노이드 내부에서 자기장의 방향은 오른손의 네 손가락을 전류의 방향으로 감아줄 때 엄지손가락이 가리키는 방향이다. 따라서 솔레노이드에 흐르는 전류의 방향은 ⓑ방향이다.

X. 솔레노이드에 흐르는 전류의 세기를 증가시키면 솔레노이드 내부와 외부에 형성되는 자기장의 세기는 증가한다. 솔레노이드에 흐르는 전류의 세기를 증가시키면 p에서 자기력선의 간격이 좁아진다.

©. 솔레노이드에 흐르는 전류의 방향을 반대로 바꾸면 솔레노이드 내부에는 자기장의 방향이 반대로 형성된다. 따라서 자침이 있는 곳에 솔레노이드에 흐르는 전류에 의한 자기장의 방향이 반대로 형성되므로 자침의 N극이 가리키는 방향은 반대가 된다.

10 솔레노이드에 의한 자기장

솔레노이드 내부에서 자기장의 방향은 오른손의 네 손가락을 전류의 방향으로 감아줄 때 엄지손가락이 가리키는 방향이고, 자기장의 세기는 도선의 단위 길이당 감은 수와 전류의 세기에 비례한다. O에 대해 점대칭인 두 점 p와 q에서 A와 B에 의한 자기장의 세기가 같다면 p와 q에서 A와 B에 의한 자기장의 방향은 서로 반대이다.

X. A와 B가 y축으로부터 떨어진 거리가 같고 p와 q가 O를 중심으로 점대칭이며, p와 q에서 A, B에 의한 자기장의 세기가 같으므로 A와 B의 내부에 형성하는 자기장의 세기도 같아야 한다. 솔레노이드 내부에서 자기장의 세기는 단위 길이당 감은 수와 전류의 세기에 비례하고 감은 수는 $N_A<N_B$이므로 전류의 세기는 감은 수가 작은 A에서가 B에서보다 크다. 따라서 $I_A>I_B$이다.

©. A에 흐르는 전류가 O에 형성하는 자기장의 방향과 B에 흐르는 전류가 O에 형성하는 자기장의 방향은 서로 반대이다. A와 B가 y축으로부터 떨어진 거리가 같고 A와 B의 내부에 형성하는 자기장의 세기도 같으므로 O에서 자기장은 0이다.

©. A와 B의 중심에 형성하는 자기장의 세기는 같고 방향은 서로 반대이므로 p와 q에서 A와 B에 의한 자기장의 방향이 서로 반대이다.

11 솔레노이드에 의한 자기장

정지한 물체가 받는 알짜힘은 0이고, 경사각이 θ인 빗면에 놓인 질량이 m인 물체에 작용하는 중력(mg)을 빗면에 나란한 성분의 힘과 빗면에 수직인 성분의 힘으로 분해하면 각각 크기가 $mg\sin\theta$, $mg\cos\theta$이다. 전류가 흐르는 솔레노이드와 자석은 서로 자기력을 주고받는다.

X. 솔레노이드는 빗면 위쪽이 S극, 아래쪽이 N극을 형성하므로 자석과 솔레노이드는 서로 당기는 자기력이 작용한다.

X. 자석에는 솔레노이드가 자석을 당기는 자기력(F), 중력(mg),

실이 자석을 당기는 힘(T), 빗면이 자석을 미는 힘(N)이 작용하여 정지해 있다. 정지해 있는 자석이 받는 알짜힘은 0이므로 $N=mg\cos30°$, $T=mg\sin30°+F$이다. 따라서 $mg\cos30°=mg\sin30°+F$가 되어 $F=\dfrac{(\sqrt{3}-1)}{2}mg$이다.

ㄷ. 솔레노이드에 흐르는 전류의 세기가 커지면 솔레노이드가 형성하는 자기장의 세기도 커지므로 자석과 솔레노이드 사이에 작용하는 자기력의 크기도 커진다. 따라서 솔레노이드에 흐르는 전류의 세기가 커지면 실이 자석을 당기는 힘의 크기도 커진다.

12 전자석과 자기 부상 열차

전자석은 전류가 흐르는 솔레노이드에 강자성체인 철심을 넣어 도선만 감았을 때보다 매우 센 자기장을 얻을 수 있고, 전류의 방향에 따라 자기장의 방향을 반대로 바꿀 수 있다.

ㄱ. 전자석에 흐르는 전류의 방향이 반대가 되면 전자석 중심의 자기장의 방향은 반대가 된다.

ㄨ. 지지 자석은 기차가 공중 부양하여 기차가 정지해 있도록 한다. 따라서 지지 자석과 가이드 선로 사이에 서로 당기는 자기력이 작용한다.

ㄷ. 가이드 선로와 지지 자석 사이의 거리가 멀어지면 가이드 선로와 지지 자석 사이에 서로 당기는 자기력의 크기가 작아져 가이드 선로와 지지 자석 사이의 거리를 일정하게 유지할 수 있다.

수능 3점 테스트

본문 131~135쪽

| 01 ① | 02 ① | 03 ④ | 04 ③ | 05 ① | 06 ⑤ | 07 ③ |
| 08 ⑤ | 09 ③ | 10 ③ |

01 직선 전류에 의한 자기장

자기력선이 조밀한 곳일수록 자기장의 세기가 크다. 세기가 같은 전류가 흐르는 두 직선 도선이 xy 평면에 수직으로 고정되어 있는 경우 각각의 도선에 흐르는 전류에 의한 자기장이 서로 중첩된다. 같은 세기의 전류가 흐르는 두 도선에 서로 반대 방향으로 전류가 흐르면 두 도선 사이에 자기장이 0이 되는 지점이 없고 서로 같은 방향으로 전류가 흐르면 두 도선 사이에 자기장이 0이 되는 지점이 있다.

ㄱ. 자기력선의 간격이 p에서가 q에서보다 넓다. 따라서 자기장의 세기는 p에서가 q에서보다 작다.

ㄨ. 같은 세기의 전류가 A와 B에 흐르고 O에서 자기장의 세기가 0보다 크므로 A와 B에 흐르는 전류의 방향은 서로 반대이다.

ㄨ. O 주변의 자기력선은 이어지므로 O에서 자기력선의 방향은 $+y$방향이다. 따라서 O에서 자기장의 방향은 $+y$방향이다.

02 직선 전류에 의한 자기장

A와 B에 흐르는 전류의 방향이 서로 같으면 O에서 A에 의한 자기장의 방향과 B에 의한 자기장의 방향은 서로 반대이고 A와 B에 흐르는 전류의 방향이 서로 반대이면 O에서 A에 의한 자기장의 방향과 B에 의한 자기장의 방향은 서로 같다.

ㄱ. O에서 A에 의한 자기장의 방향과 B에 의한 자기장의 방향이 같을 때 B에 의한 자기장의 세기가 증가하면 O에서 A, B에 의한 자기장의 세기는 증가해야 한다. 하지만 B에 의한 자기장의 세기가 증가할 때 O에서 A, B에 의한 자기장의 세기는 감소했다가 증가하므로 O에서 A에 의한 자기장의 방향과 B에 의한 자기장의 방향이 서로 반대이므로 A와 B에 흐르는 전류의 방향은 같아야 한다.

ㄨ. A에 흐르는 전류의 세기를 I_A라 하면 B에 흐르는 전류의 세기가 0일 때 O에서 A에 의한 자기장의 세기는 $\dfrac{3}{2}B_0=k\dfrac{I_A}{2d}$이다. B에 흐르는 전류의 세기가 I이면 O에서 A와 B에 의한 자기장의 세기는 $k\dfrac{I_A}{2d}-k\dfrac{I}{d}=\dfrac{1}{2}B_0$이 되어 $k\dfrac{I}{d}=B_0$이다. 따라서 $\dfrac{3}{2}k\dfrac{I}{d}=k\dfrac{I_A}{2d}$가 되어 $I_A=3I$이다.

ㄨ. B에 흐르는 전류의 세기가 $\dfrac{3}{2}I$이면 O에서 B에 의한 자기장의 세기가 $\dfrac{3}{2}B_0$이므로 O에서 A와 B에 의한 자기장은 0이다.

03 직선 전류에 의한 자기장

직선 전류에 의한 자기장의 세기는 전류의 세기에 비례하고 직선 도선으로부터의 거리에 반비례한다. 나란한 두 직선 도선에 같은 세기의 전류가 흐르고 자기장을 측정하는 점으로부터 두 도선까지 떨어진 거리의 비가 1 : 2이면 자기장의 세기의 비는 2 : 1이다.

ㄱ. O에서 A에 의한 자기장의 세기가 B_0이므로 B에 의한 자기장의 세기도 B_0이다. O에서 A, B, C에 의한 자기장의 세기가 $\sqrt{2}B_0$이 되려면 B와 C에 의한 자기장의 세기도 B_0이 되어야 한다. 따라서 O에서 B에 의한 자기장의 방향과 C에 의한 자기장의 방향은 서로 반대이므로 전류의 방향은 B에서와 C에서가 서로 같다.

ㄨ. O에서 B, C에 의한 자기장의 방향은 x축과 나란하지만 A에 의한 자기장의 방향은 xy 평면에 수직이다. 따라서 O에서 A, B, C에 의한 자기장의 방향은 x축과 나란하지 않다.

ㄷ. B의 전류의 방향만을 반대로 바꾸면 O에서 B에 의한 자기장의 방향과 C에 의한 자기장의 방향이 같다. 따라서 O에서 B와 C에 의한 자기장의 방향은 x축과 나란하고 자기장의 세기는 $3B_0$이 되어 O에서 A, B, C에 의한 자기장의 세기는 $\sqrt{10}B_0$이다.

04 지구 자기장과 직선 전류에 의한 자기장

P, Q의 회전각을 각각 θ_P, θ_Q라 하면 $\theta_P=0°$, $\theta_Q=0°$일 때, 자침이 북서쪽을 향하고 O에서 자기장의 세기가 $2\sqrt{2}B_0$이므로 O에서 자기장의 x성분과 y성분의 크기는 모두 $2B_0$으로 같고 O에서 P에 의한 자기장의 방향은 $-x$방향, Q에 의한 자기장의 방향은 $+y$방향이다. 따라서 P와 Q에 흐르는 전류의 방향은 모두 xy평면에 수직으로 들어가는 방향이다. 또, O에서 P에 의한 자기장의 세기와 Q에 의한 자기장의 세기는 각각 $2B_0$, B_0이다.

③ O에서 자침의 N극이 북쪽을 기준으로 시계 반대 방향으로 45°의 각을 이루고 있고 자기장의 세기가 $2\sqrt{2}B_0$이므로 O에서 지구, P, Q에 의한 자기장의 x성분과 y성분의 크기는 모두 $2B_0$으로 같고, O에서 P에 의한 자기장의 방향은 $-x$방향이고 세기는 $2B_0$, Q에 의한 자기장의 방향은 $+y$방향이고 세기는 B_0이다. 따라서 P와 Q에 흐르는 전류의 방향은 모두 xy 평면에 수직으로 들어가는 방향이다.

P는 y축상의 $y=d$인 점에, Q는 x축상의 $x=d$인 점에 있을 때

P와 Q를 각각 시계 반대 방향으로 30°, 시계 방향으로 60°만큼 이동시켰을 때

P와 Q를 반지름이 d이고 중심이 O인 원 궤도를 따라 각각 시계 반대 방향으로 30°, 시계 방향으로 60° 이동하여 고정시켰을 때, O에서 P에 의한 자기장의 방향은 x축과 30°를 이루고 Q에 의한 자기장의 방향은 y축과 60°를 이룬다. 따라서 O에서 자기장의 x성분과 y성분의 크기는 각각 $\left(\sqrt{3}-\dfrac{\sqrt{3}}{2}\right)B_0=\dfrac{\sqrt{3}}{2}B_0$, $B_0+\dfrac{1}{2}B_0-B_0=\dfrac{1}{2}B_0$이다. 따라서 O에서 지구, P, Q에 의한 자기장의 세기는 $\sqrt{\left(\dfrac{\sqrt{3}}{2}B_0\right)^2+\left(\dfrac{1}{2}B_0\right)^2}=B_0$이다.

05 전류에 의한 자기장과 지구 자기장의 합성

나침반 자침의 N극은 합성된 자기장의 방향을 가리키고, 직선 도선에 흐르는 전류의 세기가 클수록 전류가 형성하는 자기장의 세기는 커진다.

㉠. (가)에서 직선 도선에 흐르는 전류가 형성하는 자기장의 방향은 직선 도선 방향과 항상 수직이다. 지구 자기장의 세기를 B_0, P와 Q에 흐르는 전류가 나침반 자침에 형성하는 자기장의 세기를 각각 B_P, B_Q라 하고, 자침의 N극이 북쪽을 가리키려면 자침에 형성하는 자기장은 그림 (가)와 같다. 따라서 P에 흐르는 전류의 방향은 ⓐ 방향이다.

✕. P, Q에 흐르는 전류의 세기를 각각 I_P, I_Q라 하고, 자침과 P 사이의 거리를 r라 하면 (가)에서 B_Q의 동서 방향의 성분과 B_P가 같아야 한다. 따라서 $B_Q\sin30°=B_P$이고, $k\dfrac{I_Q}{r}\times\dfrac{1}{2}=k\dfrac{I_P}{r}$가 되어 $I_Q=2I_P$이다.

✕. (나)에서 자침에 형성하는 자기장은 그림 (나)와 같다. (나)의 자침이 있는 점에서 자기장의 세기를 $B_{(나)}$라 하면 (가)에서 $B_Q\sin30°=B_P$ … ㉠이고, (나)에서 $B_0=B_Q\cos60°$ … ㉡, $B_{(나)}=B_Q\sin60°-B_P$ … ㉢이다. ㉡에서 $B_Q=2B_0$이고, ㉠에서 $B_P=B_0$이므로 ㉢에서 $B_{(나)}=B_0(\sqrt{3}-1)$이다.

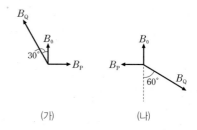

(가)　　　　(나)

06 원형 전류에 의한 자기장

A, B의 원형 전류에 의한 자기장의 방향은 O에서 A, B 각각에 의한 자기장을 벡터로 합하여 구한다.

⑤ O에서 A, B에 의한 자기장의 방향이 $+x$방향이 되려면 A, B에 흐르는 전류의 방향은 각각 시계 반대 방향, 시계 방향이어야 한다. 따라서 O에서 A에 의한 자기장 B_A와 B에 의한 자기장 B_B는 그림과 같고 자기장의 세기는 B_B의 크기가 B_A의 크기의 $\cos30°$배이다. 따라서 $k'\dfrac{I_A}{r}\times\dfrac{\sqrt{3}}{2}=k'\dfrac{I_B}{2r}$가 되어 $\dfrac{I_B}{I_A}=\sqrt{3}$이다.

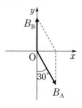

07 원형 전류에 의한 자기장

원형 전류 중심에서 형성되는 자기장의 세기는 전류의 세기에 비례하고, 원의 반지름에 반비례한다. 원형 전류의 방향이 시계 방향이면 원형 전류 중심에 형성되는 자기장의 방향은 종이면에 수직으로 들어가는 방향이다.

㉠. Ⅰ과 Ⅱ에서 P에 흐르는 전류는 일정하고 Q에서 흐르는 전류의 세기는 다르며, O에서 P와 Q에 의한 자기장의 세기가 같으므로 Ⅰ과 Ⅱ에서 O에서 P와 Q에 의한 자기장의 방향은 서로 반대이다. 따라서 ㉠은 'ⓞ(종이면에서 수직으로 나오는 방향)'이다.

✕. 종이면에서 수직으로 나오는 방향을 (+)라 하면, Ⅰ과 Ⅱ의

경우 O에서 P, Q에 의한 자기장은 각각 $k'\dfrac{I_0}{r}-k'\dfrac{I}{R}=B$, $k'\dfrac{I_0}{r}$ $-k'\dfrac{3I}{R}=-B$이다. 두 식을 연립하면 $I=\dfrac{R}{2r}I_0$이다.

ⓒ. I 에서 $k'\dfrac{I_0}{r}-k'\dfrac{I}{R}=B$이다. Ⅲ의 경우 O에서 P, Q에 의한 자기장은 $k'\dfrac{I_0}{r}-k'\dfrac{5I}{R}=-k'\dfrac{3I_0}{2r}=-3B$이므로 ⓒ은 $3B$이다.

08 직선 전류와 원형 전류에 의한 자기장

직선 전류에 의한 자기장의 세기는 전류의 세기에 비례하고 도선으로부터 떨어진 거리에 반비례한다. 원형 전류 중심에서 형성되는 자기장의 세기는 전류의 세기에 비례하고, 원의 반지름에 반비례한다. 원형 전류의 방향이 시계 반대 방향이면 원형 전류 중심에 형성되는 자기장의 방향은 xy 평면에서 수직으로 나오는 방향이다.

ㄱ. xy 평면에 수직으로 들어가는 방향을 (+)으로 하면 B에 의한 자기장은 $-\dfrac{1}{2}B_0$이므로 P에 의한 자기장은 $-\dfrac{1}{2}B_0$이다. 따라서 O에서 P에 의한 자기장의 방향이 xy 평면에서 수직으로 나오는 방향이 되려면 P에 흐르는 전류의 방향은 $-y$방향이 되어야 한다.

ⓒ. (나)의 O에서 A, C에 의한 자기장의 방향은 xy 평면에 수직으로 들어가는 방향이고 P에 의한 자기장의 방향은 xy 평면에 수직으로 들어가는 방향이다. 따라서 A, C, P에 의한 자기장의 방향은 xy 평면에 수직으로 들어가는 방향이다.

ⓒ. 직선 전류에 의한 자기장의 세기는 도선으로부터의 거리에 반비례한다. (가)의 O에서 P에 의한 자기장이 $-\dfrac{1}{2}B_0$이므로 (나)의 O에서 P에 의한 자기장은 $+\dfrac{3}{4}B_0$이다. (나)의 O에서 C에 의한 자기장은 $+\dfrac{1}{3}B_0$이므로 (나)의 O에서 A, C, P에 의한 자기장은 $B_0+\dfrac{1}{3}B_0+\dfrac{3}{4}B_0=\dfrac{25}{12}B_0$이다.

09 솔레노이드에 의한 자기장

솔레노이드 내부에서 자기장의 세기는 전류의 세기와 감은 수에 비례하고 솔레노이드 길이에 반비례한다. 또, 자기력선이 조밀한 곳일수록 자기장의 세기가 크다.

ㄱ. 솔레노이드에 흐르는 전류의 세기만을 서서히 증가시키면 솔레노이드 내부의 자기장의 세기가 커지므로 솔레노이드 내부의 자기력선의 간격은 좁아진다.

ⓒ. 솔레노이드 내부에서 자기장의 세기는 감은 수에 비례한다. 따라서 '비례'는 ⓢ으로 적절하다.

ㄷ. 솔레노이드 내부에서 자기장의 세기는 도선의 감은 수에 비례한다. 따라서 '비례'는 ⓒ으로 적절하다.

10 솔레노이드에 의한 자기장

오른손의 네 손가락으로 전류가 흐르는 솔레노이드를 감아쥐고 엄지손가락을 세우면 엄지손가락의 방향이 솔레노이드 내부에서의 자기장의 방향이다.

ㄱ. p에서 자기장의 방향은 y축과 θ의 각을 이루므로 p에서 솔레노이드에 흐르는 전류가 형성하는 자기장의 방향은 $-x$방향이고 직선 도선에 흐르는 전류가 형성하는 자기장의 방향은 $-y$방향이다. 따라서 직선 도선에는 종이면에서 수직으로 나오는 방향으로 전류가 흐른다.

ㄴ. p에서 솔레노이드에 흐르는 전류가 형성하는 자기장의 방향이 $-x$방향이므로 단자 a는 (+)극이다.

ⓒ. 직류 전원의 전압을 증가시키면 p에서 솔레노이드에 흐르는 전류가 형성하는 자기장의 세기가 증가하므로 θ는 커진다. 자기장들을 화살표로 그리면 다음과 같다.

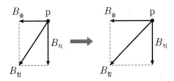

$B_솔$: 솔레노이드에 흐르는 전류에 의한 자기장
$B_직$: 직선 도선에 흐르는 전류에 의한 자기장
$B_합$: 합성 자기장

⑩ 전자기 유도와 상호유도

수능 2점 테스트

본문 142~144쪽

01 ⑤ 02 ③ 03 ③ 04 ⑤ 05 ② 06 ④ 07 ①
08 ③ 09 ④ 10 ⑤ 11 ⑤ 12 ⑤

01 자기 선속

자기장의 세기가 B, 원형 도선의 면적이 S, 자기장의 방향과 원형 도선의 면이 이루는 각이 θ일 때, 원형 도선을 통과하는 자기 선속 Φ는 $\Phi=BS\sin\theta$이다.

㉠. P, Q, R의 면적을 S라 하면 P, Q를 통과하는 자기 선속은 각각 $3B_0S$, $2B_0S\sin\theta$이다. $\sin\theta \leq 1$이므로 도선을 통과하는 자기 선속은 P에서가 Q에서보다 크다.

㉡. P, R를 통과하는 자기 선속은 각각 $3B_0S$, B_0S이므로 P에서가 R에서의 3배이다.

㉢. Q와 R를 통과하는 자기 선속이 같으므로 $2B_0S\sin\theta=B_0S$가 되어 $\sin\theta=\dfrac{1}{2}$이다. 따라서 $\theta=30°$이다.

02 전자기 유도

자석이 p, q, r를 지날 때 저항에 유도되는 기전력은 그림과 같다. 자석이 코일에 가까워질 때와 멀어질 때 저항에 유도되는 기전력의 방향은 서로 반대이므로 저항에 흐르는 전류의 방향도 서로 반대이다. 또, 자석의 속력이 빠를수록 유도 전류의 세기는 크다.

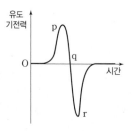

㉠. 자석이 코일 중심을 지날 때 코일을 통과하는 단위 시간당 자기 선속 변화량은 0에 가까워지므로 저항에 유도되는 기전력은 0에 가까워진다. 따라서 저항에 흐르는 전류의 세기는 자석이 p를 지날 때가 q를 지날 때보다 크다.

㉡. 자석의 속력은 r에서가 p에서보다 크므로 코일에 유도되는 기전력의 크기도 r에서가 p에서보다 크다.

✗. 코일이 자석에 작용하는 자기력의 방향은 자석의 운동을 방해하는 방향, 즉 운동 방향과 반대 방향이다. 자석이 r를 지날 때 자석의 운동을 방해하려면 자석과 코일 사이에는 서로 당기는 자기력이 작용해야 한다.

03 전자기 유도

면적이 S인 도선을 통과하는 자기장 B가 시간 t에 따라 변할 때 도선에 유도되는 기전력 V는 $V=-S\dfrac{\Delta B}{\Delta t}$이다.

㉢ P와 Q의 면적은 각각 $9L^2$, L^2이다. Ⅰ과 Ⅱ에서 단위 시간당 자기장 변화량의 크기를 각각 $\dfrac{B}{t}$, $\dfrac{2B}{t}$라 하면 $V_P=9L^2\times\dfrac{B}{t}$, $V_Q=L^2\times\dfrac{2B}{t}$가 되어 $\dfrac{V_P}{V_Q}=\dfrac{9}{2}$이다.

04 전자기 유도

자석이 코일에 가까이 가면 코일을 통과하는 자기 선속이 증가하므로 자기 선속을 감소시키는 방향으로 유도 전류가 흐르고, 자석이 코일에서 멀어지면 코일을 통과하는 자기 선속이 감소하므로 자기 선속을 증가시키는 방향으로 유도 전류가 흐른다. 코일과 자석 사이의 상대 운동에 의해 자석의 역학적 에너지는 감소한다.

㉠. 자석이 a에서 b까지 운동하는 동안 코일과 자석 사이의 거리가 감소하고 자석의 속력은 증가하므로 R_1에 걸리는 전압(유도 기전력의 크기)이 증가한다. 따라서 자석이 a에서 b까지 운동하는 동안 R_1에서 소비 전력은 증가한다.

㉡. 자석이 c에서 d까지 운동하는 동안 R_2에는 ㉠ 방향으로 전류가 흐르므로 X는 S극이다.

㉢. 자석이 c에서 d까지 운동하는 동안 코일의 왼쪽이 N극이 되도록 R_2에 ㉠ 방향으로 전류가 흐른다. 따라서 자석과 코일 사이에는 서로 당기는 자기력이 작용한다.

05 전자기 유도

금속 고리가 회전하여 Ⅰ에 들어가는 순간부터 Ⅰ에 완전히 들어간 순간까지 걸린 시간은 $\dfrac{\pi}{2\omega}$이고 자기 선속 변화량 $\Delta\Phi=B_0\times\dfrac{\pi(2d)^2}{4}=B_0\pi d^2$이다.

✗. $t=0$일 때, 금속 고리에 유도되는 기전력의 크기는 $\dfrac{\Delta\Phi}{\Delta t}=\dfrac{B_0\pi d^2}{\dfrac{\pi}{2\omega}}=2B_0\omega d^2$이다. 따라서 $t=0$일 때, 고리에 흐르는 전류의 세기는 $\dfrac{2B_0\omega d^2}{R}$이다.

㉡. Ⅱ를 기준으로 금속 고리는 $t=\dfrac{\pi}{2\omega}$일 때 Ⅰ과 Ⅱ 사이에서 운동하는 순간이고 $t=\dfrac{\pi}{\omega}$일 때 Ⅱ에서 자기장이 형성되지 않은 공간으로 나오는 순간이므로 유도 전류의 방향은 서로 반대이다.

✗. Ⅰ과 Ⅱ의 방향은 서로 반대이므로 단위 시간 동안의 자기 선속 변화량의 크기는 $t=\dfrac{\pi}{2\omega}$일 때가 $t=\dfrac{\pi}{\omega}$일 때보다 크다. 따라서 유도 전류의 세기는 $t=\dfrac{\pi}{2\omega}$일 때가 $t=\dfrac{\pi}{\omega}$일 때보다 크다.

06 전자기 유도

금속 고리에 유도되는 기전력의 크기는 고리를 통과하는 자기 선속의 시간에 따른 변화율에 비례한다. (나)에서 기울기는 자기장의 시간에 따른 변화량이다.

④ 정사각형 금속 고리의 단면적을 $3S$라 하면 1초일 때 Ⅰ과 Ⅱ에서 고리에 형성되는 유도 기전력의 크기는 $S \times \dfrac{\Delta B_1}{\Delta t} + 2S \times$

$\dfrac{\Delta B_2}{\Delta t} = S \times \dfrac{2B_0}{2\,\text{s}} + 2S \times \dfrac{-2B_0}{2\,\text{s}} = -\dfrac{SB_0}{1\,\text{s}}$ 이고, 3초일 때 Ⅰ과

Ⅱ에서 고리에 형성되는 유도 기전력의 크기는 $S \times \dfrac{\Delta B_1}{\Delta t} + 2S \times$

$\dfrac{\Delta B_2}{\Delta t} = 0 + 2S \times \dfrac{-B_0}{2\,\text{s}} = -\dfrac{SB_0}{1\,\text{s}}$ 이다. 따라서 1초일 때와 3초일 때 금속 고리에 유도되는 기전력의 크기가 같으므로 $I_1 = I_3$ 이다.

07 렌츠 법칙과 유도 기전력

도선의 운동에 의해 정사각형 도선 내부를 통과하는 자기 선속이 변할 때, 자기 선속의 변화를 방해하는 방향으로 유도 전류가 흐르고 유도 기전력의 크기는 시간에 따른 자기 선속의 변화량의 크기에 비례한다.

㉠. 도선이 $+x$방향으로 이동하는 순간 도선은 xy 평면에서 수직으로 나오는 자기 선속을 만들기 위해 도선에는 시계 반대 방향으로 유도 전류가 흘러 xy 평면에서 수직으로 나오는 자기 선속을 만든다.

✗. 도선이 $-y$방향으로 이동하는 순간 도선은 xy 평면에 수직으로 들어가는 자기 선속을 만들기 위해 도선에는 시계 방향으로 유도 전류가 흘러 xy 평면에 수직으로 들어가는 자기 선속을 만든다. 따라서 R에는 $+y$방향으로 전류가 흐른다.

✗. 도선이 $+x$방향으로 속력 v_1로 이동하는 순간 R에 걸리는 전압과 $-y$방향으로 속력 v_2로 이동하는 순간 R에 걸리는 전압은 각각 $(5B_0 + 2B_0)2dv_1 = 14B_0 dv_1$, $(5B_0 - 2B_0)dv_2 = 3B_0 dv_2$ 이다. 따라서 $14B_0 dv_1 = 3B_0 dv_2$가 되어 $v_2 = \dfrac{14}{3}v_1$이다.

08 전자기 유도

정사각형 도선에 유도되는 유도 기전력의 크기는 정사각형 도선 내부를 통과하는 단위 시간 동안의 자기 선속 변화량의 크기에 비례한다.

③ (가)에서 정사각형 도선에 유도되는 유도 기전력의 크기는

$B_0 L \times \dfrac{\Delta x}{\Delta t} = B_0 L v$ 이고, (나)에서 자기장의 세기를 B라 하면,

정사각형 도선에 유도되는 유도 기전력의 크기는 $L^2 \times \dfrac{\Delta B}{\Delta t}$이다.

따라서 $B_0 L v = L^2 \dfrac{\Delta B}{\Delta t}$가 되어 $\dfrac{\Delta B}{\Delta t} = \dfrac{B_0 v}{L}$이다.

09 자기 선속

자기장에 수직인 단면을 지나는 자기력선의 총 개수를 자기 선속이라고 한다. 자기장의 세기를 B, 자기장이 수직으로 통과하는 면적을 S라 하면 자기 선속 $\Phi = BS$이다.

④ 금속 막대가 $x = d$에서 $x = 2d$까지, $x = 2d$에서 $x = 4d$까지 이동하는 동안 자기 선속 변화량의 크기는 각각 $B_1 \times d \times 2d$, $B_{II} \times 2d \times 2d$이다. $B_1 \times d \times 2d = B_{II} \times 2d \times 2d$이므로 $\dfrac{B_1}{B_{II}} = 2$이다.

10 상호유도

1차 코일에 흐르는 전류의 세기 또는 방향이 변할 때 2차 코일에 유도 기전력이 발생하는 현상을 상호유도라고 한다.

✗. 1차 코일에 흐르는 전류의 세기와 방향이 일정하면 1차 코일에서 I_1이 형성하는 자기장이 일정하므로 상호유도가 발생하지 않는다. 따라서 2차 코일에 전류가 흐르지 않는다.

Ⓑ. 1차 코일에 흐르는 전류의 세기와 방향이 변하면 1차 코일에 흐르는 전류가 변하는 자기장을 형성하고 이 자기장에 의해 2차 코일에 유도 기전력이 형성되어 유도 전류가 흐른다.

Ⓒ. I_1이 감소하는 동안 1차 코일이 형성하는 자기 선속이 감소하므로 2차 코일이 1차 코일이 형성하는 자기 선속과 같은 방향의 자기 선속을 만들기 위해 유도 전류를 흐르게 한다. 따라서 1차 코일과 2차 코일에 흐르는 전류의 방향이 같으므로 1차 코일과 2차 코일 사이에는 서로 당기는 자기력이 작용한다.

11 변압기와 전자기 유도

변압기에서 코일의 감은 수는 코일에 걸리는 전압에 비례하고 코일에 흐르는 전류의 세기에 반비례한다. 에너지 보존 법칙을 적용하면, 1차 코일에 공급하는 전력은 저항에서 소비되는 전력과 같다.

㉠. 코일의 감은 수와 코일에 걸리는 전압은 비례한다. 코일의 감은 수가 2차 코일이 1차 코일의 4배이므로 코일에 걸리는 전압도 2차 코일이 1차 코일의 4배이다. 따라서 저항에 걸리는 전압은 $4V$이다.

㉡. 2차 코일에 걸리는 전압이 $4V$이고 저항의 저항값이 R이므로 2차 코일에 흐르는 전류의 세기는 $\dfrac{4V}{R}$이다.

㉢. 에너지 보존 법칙을 적용하면, 1차 코일에 공급하는 전력은 저항에서 소비되는 전력과 같다. 저항에서 소비되는 전력은 $\dfrac{(4V)^2}{R} = \dfrac{16V^2}{R}$이다.

12 상호유도의 이용

한쪽 코일에 흐르는 전류의 변화에 의한 자기 선속의 변화로 근처에 있는 다른 코일에서 유도 기전력이 발생하는 현상을 상호유도라고 한다.

ㄨ. 상호유도 현상은 1차 코일에 흐르는 전류의 세기가 변하면 2차 코일에 유도 기전력이 발생하는 현상이다.

ㄴ. 상호유도 현상에서 코일의 감은 수와 코일에 걸리는 전압은 비례한다. 따라서 1차 코일과 2차 코일의 감은 수의 비가 2 : 1이면 1차 코일과 2차 코일에 걸리는 전압의 비는 2 : 1이다.

ㄷ. 충전 패드에 있는 1차 코일에 교류 전원이 연결되면 스마트폰에 있는 2차 코일에 유도 기전력이 발생하여 충전한다.

수능 ❸점 테스트   본문 145~149쪽

01 ②   **02** ④   **03** ①   **04** ③   **05** ②   **06** ①   **07** ③
08 ③   **09** ②   **10** ④

01 전자기 유도

도선을 통과하는 자기 선속이 변할 때 도선에 유도 기전력이 형성되어 저항에 유도 전류가 흐른다.

ㄱ. 단위 시간 동안 도선을 통과하는 자기 선속 변화량은 $t=t_0$일 때는 $\dfrac{-3\Phi_0+2\Phi_0}{2t_0}=-\dfrac{\Phi_0}{2t_0}$이고, $t=2.5t_0$일 때는 $\dfrac{+3\Phi_0-\Phi_0}{t_0}$ $=\dfrac{2\Phi_0}{t_0}$이다. 따라서 단위 시간 동안 도선을 통과하는 자기 선속 변화량의 크기는 $t=t_0$일 때가 $t=2.5t_0$일 때보다 작다.

ㄴ. $t=3.5t_0$일 때 Ⅰ과 Ⅱ에서 자기장의 세기를 각각 $B_{\text{Ⅰ}}$, $B_{\text{Ⅱ}}$라 하면 Ⅰ과 Ⅱ에서 자기 선속은 각각 $2\Phi_0=B_{\text{Ⅰ}}\times 4d^2$, $3\Phi_0=B_{\text{Ⅱ}}\times d^2$이다. 두 식을 연립하면 $B_{\text{Ⅱ}}=6B_{\text{Ⅰ}}$이다.

ㄷ. $t=0$부터 $t=2t_0$까지 xy 평면에서 수직으로 나오는 자기 선속이 감소하므로 도선에서는 시계 반대 방향으로 유도 전류가 흐른다. 따라서 저항에 흐르는 전류의 방향은 b → 저항 → a이다.

02 전자기 유도

도선의 면적을 S, 도선을 통과하는 자기장의 세기를 B라 할 때, 자기 선속 Φ는 $\Phi=BS$이고, 도선에 유도되는 기전력의 크기 $V=\dfrac{\Delta\Phi}{\Delta t}$ (t: 시간)이다.

ㄱ. $3t$일 때 저항에 유도되는 기전력의 크기는 $\dfrac{\Delta\Phi}{\Delta t}=B_0\times\dfrac{3}{4}d$ $\times\dfrac{0.5d}{2t}=\dfrac{3B_0d^2}{16t}$이다. 따라서 $3t$일 때 저항에 흐르는 전류의 세기를 I라 하면 $IR=\dfrac{3B_0d^2}{16t}$이 되어 $I=\dfrac{3B_0d^2}{16Rt}$이다.

ㄴ. 단위 시간당 자기장의 세기 변화량((나)의 그래프의 기울기)은 $5t$일 때가 t일 때의 2배이다. 단위 시간당 자기 선속 변화량의 크

기는 t일 때 $\dfrac{\Delta\Phi}{\Delta t}=\dfrac{B_0}{2t}\times\dfrac{3}{4}d\times d=\dfrac{3B_0d^2}{8t}$이고, $5t$일 때 $\dfrac{\Delta\Phi}{\Delta t}=\dfrac{2B_0}{2t}\times\dfrac{3}{4}d\times\dfrac{d}{2}=\dfrac{3B_0d^2}{8t}$이다. 따라서 저항에 흐르는 전류의 세기는 t일 때와 $5t$일 때가 같다.

ㄷ. $7t$일 때 도선을 통과하는 자기 선속이 감소하므로 도선에서는 시계 방향으로 전류가 흐른다. 따라서 $7t$일 때 저항에 흐르는 전류의 방향은 p → 저항 → q이다.

03 전자기 유도

금속 고리는 $\dfrac{\pi}{2\omega}$ 동안 90°씩 회전한다. 따라서 $t=0$부터 $t=\dfrac{\pi}{2\omega}$까지 고리를 통과하는 자기 선속 변화량 $\Delta\Phi=2B_0\times\dfrac{1}{4}\pi d^2$이다.

ㄱ. 금속 고리에 유도되는 기전력의 크기는 $\dfrac{\Delta\Phi}{\Delta t}=2B_0\times\dfrac{\dfrac{1}{4}\pi d^2}{\dfrac{\pi}{2\omega}}$ $=B_0\omega d^2$이다. 따라서 금속 고리의 소비 전력은 $\dfrac{(B_0\omega d^2)^2}{R}$이다.

ㄴ. 3사분면에 형성된 자기장의 방향이 xy 평면에 들어가는 방향이라 하면 4사분면에 형성된 자기장의 방향은 xy 평면에서 나오는 방향이다. 따라서 $t=\dfrac{3\pi}{8\omega}$일 때 고리에 흐르는 유도 전류의 방향은 시계 반대 방향이고 $t=\dfrac{5\pi}{8\omega}$일 때 고리에 흐르는 유도 전류의 방향은 시계 방향이다.

ㄷ. 같은 시간 동안 자기장의 형성된 면적 변화량의 크기는 $t=$ $\dfrac{\pi}{8\omega}$일 때가 $t=\dfrac{9\pi}{8\omega}$일 때의 4배이다. $t=\dfrac{\pi}{8\omega}$일 때 금속 고리에 흐르는 유도 전류의 세기는 $\dfrac{B_0\omega d^2}{R}$이고, $t=\dfrac{9\pi}{8\omega}$일 때 금속 고리에 유도되는 기전력의 크기는 $B_0\times\dfrac{\dfrac{1}{4}\pi\left(\dfrac{1}{2}d\right)^2}{\dfrac{\pi}{2\omega}}=\dfrac{B_0\omega d^2}{8}$이므로 금속 고리에 흐르는 유도 전류의 세기는 $\dfrac{B_0\omega d^2}{8R}$이다. 따라서 고리에 흐르는 유도 전류의 세기는 $t=\dfrac{\pi}{8\omega}$일 때가 $t=\dfrac{9\pi}{8\omega}$일 때의 8배이다.

04 전자기 유도

세기가 B인 균일한 자기장 영역에서 ㄷ자 도선 위에 있는 금속 막대가 일정한 속력 v로 운동할 때, 회로에 유도되는 기전력의 크기 V는 $V=\dfrac{\Delta\Phi}{\Delta t}=B\dfrac{\Delta S}{\Delta t}=Blv$ (l: ㄷ자 도선의 폭)이다.

ㄱ. 도체 막대가 Ⅰ에서 운동하는 동안 회로를 통과하는 자기 선속이 증가하므로 자기 선속의 증가를 방해하려면 유도 전류는 시

계 방향으로 흘러야 한다. 따라서 저항에 흐르는 전류의 방향은 $+y$방향이다. $t=3.5t_0$일 때 저항에 유도되는 기전력의 크기 V는 $V=3B_0 \times 2d \times \dfrac{d}{t_0}=\dfrac{6B_0 d^2}{t_0}$이고 소비 전력은 $\dfrac{V^2}{R}=\dfrac{36B_0^2 d^4}{Rt_0^2}$이다.

05 전자기 유도

(가)와 (나)에서 도선이 $t=0$부터 $t=\dfrac{T}{6}$까지 고리는 60° 회전한다. (가)와 (나)에서 60° 회전하는 동안 도선을 통과하는 단위 시간당 자기 선속 변화량은 같다.

✗. (가)에서 도선이 일정한 각속도로 회전하면 도선이 이루는 면적을 통과하는 자기 선속은 $BA\cos\omega t$(B: 자기장의 세기, A: 도선의 면적)이므로 시간에 따라 변하고 단위 시간당 자기 선속 변화량의 크기도 시간에 따라 변한다.

✗. (나)에서 $t=0$부터 $t=\dfrac{T}{6}$까지 회전하는 동안 도선을 통과하는 자기 선속이 감소하므로 $t=\dfrac{T}{8}$일 때 저항에 흐르는 전류의 방향은 ㉠과 반대 방향이다.

㉢. 도선이 $t=\dfrac{T}{6}$ 이후부터 $t=\dfrac{T}{3}$ 이전까지 (나)에서 도선을 통과하는 단위 시간당 자기 선속 변화량은 0이다. 따라서 도선에는 전류가 흐르지 않는다.

06 정사각형 도선과 전자기 유도

한 변의 길이가 L인 정사각형 도선이 v의 속력으로 세기가 B인 균일한 자기장에 수직하게 들어갈 때 크기가 BLv인 유도 기전력이 생긴다.

㉠. 자기장의 방향이 xy 평면에서 수직으로 나오는 방향이므로 p가 $x=\dfrac{1}{2}L$을 지나는 순간 고리에서는 고리를 통과하여 나오는 방향의 자기 선속이 증가하므로 저항에 흐르는 유도 전류의 방향은 $+y$방향이다.

✗. p가 $x=\dfrac{1}{2}L$을 지날 때 저항에 유도되는 기전력의 크기는 $B\dfrac{\Delta S}{\Delta t}=B\dfrac{L\Delta x}{\Delta t}=BLv$이다. p가 $x=\dfrac{3}{2}L$을 지날 때 저항에 유도되는 기전력의 크기는 $L^2\dfrac{\Delta B}{\Delta t}=L^2\dfrac{B}{\dfrac{L}{v}}=BLv$이다. 따라서 저항에 걸리는 전압은 p가 $x=\dfrac{1}{2}L$을 지날 때와 $x=\dfrac{3}{2}L$을 지날 때가 같다.

✗. p가 $x=\dfrac{5}{2}L$을 지날 때 저항에 유도되는 기전력의 크기는 $2BLv$이다. 이때 소비 전력은 $\dfrac{4B^2L^2v^2}{R}$이다.

07 전자기 유도

금속 고리가 자기장 영역 안으로 들어가는 동안 금속 고리에는 자기장 영역의 자기장 방향과 반대 방향의 자기장을 만드는 방향으로 유도 전류가 흐른다.

㉠. 금속 고리의 중심이 $x=-d$인 지점을 지나는 순간 금속 고리에 흐르는 유도 전류의 방향은 시계 방향이므로 금속 고리에 흐르는 유도 전류가 금속 고리의 면에 형성하는 자기장의 방향은 xy 평면에 수직으로 들어가는 방향이다. 따라서 Ⅰ에서 자기장의 방향은 xy 평면에서 수직으로 나오는 방향이다.

㉡. 금속 고리의 중심이 $x=-3d$인 지점과 $x=0$인 지점을 지나는 순간 금속 고리에 흐르는 전류의 세기와 방향이 같으므로 금속 고리를 통과하는 단위 시간당 자기 선속의 변화량은 같다. 금속 고리의 면적을 S라 하면 금속 고리의 중심이 $x=-3d$인 지점을 지나는 순간 금속 고리는 $\dfrac{S}{4}$가 Ⅰ에 들어가 있고 금속 고리의 중심이 $x=0$인 지점을 지나는 순간 금속 고리는 $\dfrac{S}{4}$가 각각 Ⅰ, Ⅱ, Ⅲ에 들어가 있다. Ⅰ, Ⅱ에서 자기장의 방향이 같으므로 Ⅲ에서의 자기장의 방향도 Ⅰ과 같고 자기장의 세기는 B가 되어야 한다.

✗. 금속 고리의 중심이 $x=-3d$인 지점에서 $x=-2d$인 지점까지 이동하는 동안 자기 선속 변화량의 크기를 $\dfrac{S}{4}\times 2B=\dfrac{SB}{2}$라 하면 금속 고리의 중심이 $x=3d$인 지점에서 $x=4d$인 지점까지 이동하는 동안 자기 선속 변화량의 크기는 $\dfrac{S}{4}\times 3B+\dfrac{S}{4}\times B=SB$이다. 따라서 금속 고리에 유도되는 기전력의 크기는 금속 고리의 중심이 $x=3.5d$인 지점을 지날 때가 금속 고리의 중심이 $x=-2.5d$인 지점을 지날 때의 2배이다.

08 도선의 운동과 전자기 유도

금속 막대의 운동에 의해 유도된 기전력의 크기는 저항에 걸리는 전압과 같다.

㉢ 금속 막대가 Ⅰ을 지날 때 금속 막대의 속력은 v이다. 이때 저항에 걸리는 전압인 금속 막대에 유도되는 기전력의 크기 $V=B_0 \times 2d \times v=2B_0 dv$이다. 따라서 저항의 저항값을 R라 하면 $P=\dfrac{(2B_0 dv)^2}{R}=\dfrac{4B_0^2 d^2 v^2}{R}$이다. 금속 막대가 Ⅱ를 지날 때 금속 막대의 속력은 $2v$이다. 이때 저항에 걸리는 전압인 금속 막대에 유도되는 기전력의 크기 $V'=3B_0 \times \dfrac{1}{2}d \times 2v-2B_0 \times \dfrac{1}{2}d \times 2v=B_0 dv$이다. 따라서 저항의 소비 전력 $P'=\dfrac{(B_0 dv)^2}{R}=\dfrac{B_0^2 d^2 v^2}{R}$이 되어 $P'=\dfrac{1}{4}P$이다.

정답과 해설 **43**

09 변압기의 원리

변압기는 상호유도를 이용하여 전압을 바꾸는 장치로, 코일의 감은 수와 기전력의 크기는 서로 비례하고 코일의 감은 수와 코일에 흐르는 전류의 세기는 서로 반비례한다.

✗. 코일의 감은 수와 기전력의 크기는 서로 비례한다. 1차 코일과 2차 코일의 감은 수의 비가 1 : 2이므로 1차 코일에 걸리는 전압이 V_0일 때 2차 코일에 걸리는 전압은 $2V_0$이다.

✗. 스위치를 닫기 전 2차 코일에는 저항값이 R인 저항 2개가 직렬연결되어 있으므로 회로의 합성 저항값은 $2R$이다. 옴의 법칙을 적용하면 저항에 흐르는 전류의 세기는 $\dfrac{V_0}{R}$이다.

ⓒ. 스위치를 닫으면 저항값이 R인 저항과 저항값이 $2R$인 저항의 병렬연결이 되고 병렬연결된 부분의 합성 저항값 R'는 $\dfrac{1}{R'}=\dfrac{1}{R}+\dfrac{1}{2R}$이 되어 $R'=\dfrac{2}{3}R$가 된다. 2차 코일은 저항값이 R인 저항과 저항값이 $\dfrac{2}{3}R$인 저항이 직렬연결이 되므로 저항값이 $\dfrac{2}{3}R$인 저항에 걸리는 전압은 $\dfrac{4}{5}V_0$이 된다. 따라서 저항값이 $2R$인 저항에 걸리는 전압이 $\dfrac{4}{5}V_0$이므로 스위치를 닫은 후 저항값이 $2R$인 저항의 소비 전력은 $\dfrac{\left(\dfrac{4}{5}V_0\right)^2}{2R}=\dfrac{8V_0{}^2}{25R}$이다.

10 상호유도

상호유도를 적용하면 1차 코일에 흐르는 전류가 형성하는 자기장의 변화를 방해하는 방향으로 2차 코일에 유도 전류가 흐른다.

㉠. (나)에서 I_A가 커지므로 A에 흐르는 전류가 형성하는 자기장의 변화를 방해하는 방향으로 B에 유도 전류가 흐르는데, 이때 A와 B 사이에는 서로 미는 자기력이 작용한다.

ⓒ. B에 형성되는 유도 기전력의 크기는 단위 시간 동안 A에 흐르는 전류의 변화량의 크기에 비례한다. 따라서 ⓑ>ⓐ이다.

✗. (라)에서 I_A가 t에 따라 일정하게 감소하므로 A에 흐르는 전류가 형성하는 자기장의 변화를 방해하는 방향으로 B에 유도 전류가 흐르는데, 이때 A와 B 사이에 서로 당기는 자기력이 작용한다. 따라서 B에 흐르는 전류의 방향은 (나)와 (라)에서 서로 반대이다.

⑪ 전자기파의 간섭과 회절

수능 2점 테스트 　　　　　　　　　　本文 158~160쪽

01 ⑤　**02** ①　**03** ④　**04** ②　**05** ②　**06** ③　**07** ④
08 ③　**09** ⑤　**10** ①　**11** ③　**12** ①

01 빛의 간섭

이중 슬릿을 통과한 단색광이 스크린의 한 점에서 마루와 마루(또는 골과 골)가 만나면 보강 간섭이 일어나 밝은 무늬가 생기고, 마루와 골이 만나면 상쇄 간섭이 일어나 어두운 무늬가 생긴다.

㉠. P는 밝은 무늬의 중심이므로 단색광의 마루와 마루(또는 골과 골)가 만나 보강 간섭이 일어난 것이다. 따라서 P의 밝은 무늬는 보강 간섭에 의해 생긴다.

ⓒ. Q는 어두운 무늬의 중심이므로 단색광의 마루와 골이 만나 상쇄 간섭이 일어난 것이다. 따라서 Q의 어두운 무늬는 상쇄 간섭에 의해 생긴다.

ⓒ. 이웃한 밝은 무늬 사이의 간격은 단색광의 파장에 비례한다. 따라서 파장이 더 긴 단색광을 사용하면 x가 커진다.

02 영의 이중 슬릿 실험

단일 슬릿을 통과한 단색광은 회절하여 이중 슬릿의 S_1, S_2에 도달하고 S_1, S_2를 통과한 단색광은 O, P에서 각각 보강 간섭하여 스크린에 밝은 무늬가 생긴다.

㉠. O에서 밝은 무늬가 생겼으므로 O에서는 보강 간섭이 일어난다.

✗. 경로차 $\varDelta=\dfrac{\lambda}{2}(2m)$ $(m=0, 1, 2, 3, \cdots)$일 때 보강 간섭이 일어나고, 경로차 $\varDelta=\dfrac{\lambda}{2}(2m+1)$ $(m=0, 1, 2, 3, \cdots)$일 때 상쇄 간섭이 일어나므로 S_1, S_2로부터 P까지의 경로차는 λ이다.

✗. 단색광의 파장만 2λ로 바꾸면 S_1, S_2로부터 P까지의 경로차는 반파장의 홀수배 $\left(\dfrac{2\lambda}{2}=\lambda\right)$이므로 P에서는 상쇄 간섭이 일어난다.

03 빛의 간섭

단색광이 이중 슬릿을 통과하여 스크린에 간섭무늬가 생길 때, 단색광이 보강 간섭하면 밝은 무늬가 생기고 상쇄 간섭하면 어두운 무늬가 생긴다. 이웃한 밝은 무늬 사이의 간격을 $\varDelta x$, 슬릿 사이의 간격을 d, 단색광의 파장을 λ, 이중 슬릿과 스크린 사이의 거리를 L이라고 할 때 $\varDelta x=\dfrac{L}{d}\lambda$의 관계가 성립한다.

✗. 점 P에는 O로부터 첫 번째 어두운 무늬가 생겼으므로 P에서는 상쇄 간섭이 일어난다. 따라서 S_1, S_2를 통과한 단색광이 P에서 중첩될 때의 위상은 서로 반대이다.

ㄴ. 가장 밝은 무늬와 첫 번째 어두운 무늬 사이의 간격이 x이므로 이웃한 밝은 무늬 사이의 간격 $2x=\dfrac{L}{d}\lambda$이다. 따라서 슬릿과 스크린 사이의 거리만 $\dfrac{L}{2}$로 바꾸면 이웃한 밝은 무늬 사이의 간격이 x가 되므로 P에서 보강 간섭이 일어난다.

ㄷ. 이웃한 밝은 무늬 사이의 간격은 $2x=\dfrac{L}{d}\lambda$이므로 슬릿 간격만 $2d$로 바꾸면 이웃한 밝은 무늬 사이의 간격은 x가 된다.

04 파장에 따른 빛의 간섭

이웃한 밝은 무늬 사이의 간격을 Δx, 슬릿 사이의 간격을 d, 단색광의 파장을 λ, 이중 슬릿과 스크린 사이의 거리를 L이라고 할 때 $\lambda=\dfrac{d}{L}\Delta x$의 관계가 성립한다.

② O, P 사이의 거리를 x라고 하면 A, B의 간섭무늬에서 이웃한 밝은 무늬 사이의 간격은 각각 $\dfrac{x}{2}$, $\dfrac{2x}{3}$이다. 슬릿 사이의 간격과 이중 슬릿과 스크린 사이의 거리가 같을 때 단색광의 파장은 이웃한 밝은 무늬 사이의 간격에 비례하므로 $\dfrac{\lambda_B}{\lambda_A}=\dfrac{\frac{2x}{3}}{\frac{x}{2}}=\dfrac{4}{3}$이다.

05 빛의 간섭 실험

레이저를 이중 슬릿에 비추면 스크린에 간섭무늬가 나타난다. 이때 슬릿 사이의 간격(d)이 좁을수록, 단색광의 파장(λ)이 길수록, 이중 슬릿과 스크린 사이의 거리(L)가 클수록 이웃한 밝은 무늬 사이의 간격은 크다.

✗. 간섭은 파동의 성질이므로 빛의 간섭 실험은 빛의 파동성을 보여 주는 실험이다.

ㄴ. A는 x축 방향으로 간섭무늬가 나타나고, Q는 y축 방향으로 간섭무늬가 나타나므로 Q는 C이다.

✗. 이웃한 밝은 무늬 사이의 간격은 $\Delta x=\dfrac{L}{d}\lambda$이므로 (다)에서는 $\Delta x_A=\dfrac{2L}{d}\lambda$이고, P는 B이므로 (나)의 P에서는 $\Delta x_B=\dfrac{L}{2d}\lambda$이다. 따라서 이웃한 밝은 무늬 사이의 간격은 (다)에서가 (나)의 P에서보다 크다.

06 간섭 현상과 회절 현상의 예

간섭은 파동이 중첩될 때 진폭이 커지거나 작아지는 현상이고, 회절은 파동이 진행하다가 장애물을 만났을 때 장애물 뒤쪽까지 퍼져 나가는 현상이다.

Ⓐ. 비눗방울에 다양한 색이 나타나는 현상은 특정 색이 보강 간섭하기 때문이다. 따라서 A는 간섭의 예이다.

Ⓑ. 소음 제거 이어폰은 이어폰에 외부 소음이 입력되면 소음과 상쇄 간섭을 일으킬 수 있는 파동을 발생시켜 소음을 상쇄시킨다. 따라서 B는 간섭의 예이다.

✗. 담 너머에서 소리가 들리는 현상은 소리가 담 뒤쪽까지 퍼져 나가기 때문이다. 따라서 C는 회절의 예이다.

07 파동의 간섭

S_1, S_2에서 같은 거리만큼 떨어져 있는 O에서 보강 간섭이 일어나기 위해서는 S_1, S_2에서 발생시키는 파동의 위상은 같아야 한다. S_1, S_2에서 P까지의 경로차는 2 m이므로 P에서 보강 간섭이 일어나며, 파장이 λ일 때 보강 간섭이 일어나기 위한 조건은 경로차 $\Delta=\dfrac{\lambda}{2}(2m)$ ($m=0, 1, 2, 3, \cdots$)이다.

ㄱ. S_1, S_2에서 같은 거리만큼 떨어져 있는 O에서 보강 간섭이 일어나므로 S_1, S_2에서 발생시킨 파동의 위상은 서로 같다.

ㄴ. S_1, S_2에서 P까지의 경로차는 2 m로, 이는 파장과 같으므로 P에서는 보강 간섭이 일어난다.

✗. O는 S_1, S_2에서 같은 거리만큼 떨어져 있으므로 S_1에서 발생한 파동의 위상만 반대로 하면 O에서는 상쇄 간섭이 일어난다.

08 파동의 회절

파동의 회절은 슬릿의 폭이 좁을수록, 파동의 파장이 길수록 잘 일어난다. 물의 깊이가 같을 때 수면파의 속력은 같으므로 진동수가 크면 파장이 짧다.

ㄱ. 회절은 파동이 좁은 틈을 통과한 후에 퍼져 나가는 현상이므로 (가)에서가 (나)에서보다 더 잘 일어난다. 따라서 (가), (나)를 통해 슬릿의 폭이 좁을수록 회절이 잘 일어난다는 것을 알 수 있다.

ㄴ. 회절은 파동의 파장이 길수록 잘 일어나고, 회절은 (다)에서가 (라)에서보다 잘 일어나므로 수면파의 파장은 (다)에서가 (라)에서보다 길다.

✗. (라)에서 진동수만을 증가시키면 수면파의 파장이 짧아진다. 따라서 회절이 더 잘 일어나지 않는다.

09 빛의 회절

단색광이 단일 슬릿을 통과하여 스크린에 회절 무늬가 나타나는 것은 빛이 파동의 성질을 가지기 때문이다. 이때 밝은 무늬는 보강 간섭에 의한 것이고 어두운 무늬는 상쇄 간섭에 의한 것이다.

Ⓐ. 회절 현상은 파동이 진행하다가 장애물을 만났을 때 장애물의 뒤쪽으로 돌아 들어가거나, 좁은 틈을 통과한 후에 퍼져 나가는 현상이므로 회절 무늬는 빛의 파동성 때문에 나타난다.

Ⓑ. 회절 무늬에서 가운데 밝은 무늬의 폭은 슬릿의 폭에 반비례하므로 슬릿의 폭만 증가시키면 x는 감소한다.

❌ 단색광의 파장이 길수록 회절이 더 잘 일어나므로 단색광의 파장만 증가시키면 x는 증가한다.

10 빛의 회절

단일 슬릿을 통과한 빛의 회절은 파장이 길수록, 단일 슬릿의 폭이 좁을수록 잘 일어난다. 가운데 밝은 무늬의 폭을 x, 단색광의 파장을 λ, 슬릿과 스크린 사이의 거리를 L이라고 할 때 $x \propto L\lambda$이다.

㉠. 가운데 밝은 무늬로부터 첫 번째 어두운 무늬가 나타나는 지점들 사이의 거리는 A를 비출 때가 B를 비출 때보다 크므로 단일 슬릿을 통과한 빛의 회절은 A가 B보다 잘 일어난다.

❌. 파장이 길수록 회절이 잘 일어나므로 스크린의 중앙으로부터 첫 번째 어두운 무늬가 나타나는 지점들 사이의 거리가 크다. 따라서 파장은 A가 B보다 길다.

❌. 가운데 밝은 무늬의 폭은 L에 비례하므로 L만 증가시키고 A를 단일 슬릿에 비추면 가운데 밝은 무늬의 폭은 커진다.

11 전자기파 회절의 활용

언덕 너머 안테나에서 A는 수신이 잘 되고, B는 수신이 잘 되지 않는 까닭은 A는 회절이 잘 일어나고, B는 회절이 잘 일어나지 않기 때문이다.

㉠. 파동이 진행하다가 장애물을 만났을 때 장애물 뒤쪽으로 돌아들어가는 현상을 회절이라고 하므로 언덕 너머 안테나에서 A가 수신되는 것은 회절로 설명할 수 있다.

㉡. 언덕 너머 안테나에서 A는 수신이 잘 되고, B는 수신이 잘 되지 않으므로 회절은 A가 B보다 더 잘 일어난다.

❌. 전자기파의 파장이 길수록 회절이 잘 일어나므로 파장은 A가 B보다 길다. 따라서 진동수는 B가 A보다 크다.

12 회절의 이용

가까이 있는 두 별을 관측할 때 회절 현상이 나타나 두 별의 상이 겹치는 현상이 나타난다. 구경이 큰 망원경을 사용하면 회절의 영향을 줄여 분해능이 좋아진다.

㉠. 빛이 렌즈를 통과할 때 회절 현상이 나타난다. 따라서 (나)에서 두 별의 상이 겹치는 것은 빛의 회절로 설명할 수 있다.

❌. 렌즈의 구경이 작을수록 회절이 더 잘 일어나므로 회절은 B에서가 A에서보다 더 잘 일어난다.

❌. 렌즈의 구경이 클수록 분해능이 좋다. 따라서 분해능은 A를 사용할 때가 B를 사용할 때보다 좋다.

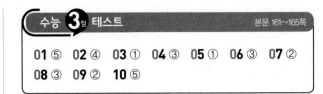

본문 161~165쪽

01 ⑤ **02** ④ **03** ① **04** ③ **05** ① **06** ③ **07** ②
08 ③ **09** ② **10** ⑤

01 빛의 간섭과 회절

단색광은 S_1을 통과한 후 회절하여 각각 S_2, S_3에 도달하고, S_2, S_3을 통과한 단색광은 다시 회절하여 스크린에 밝고 어두운 무늬를 만든다. 이때 밝고 어두운 무늬가 생기는 것은 빛의 간섭 현상 때문이고, 밝은 무늬가 생기는 지점은 보강 간섭이 일어나고, 어두운 무늬가 생기는 지점은 상쇄 간섭이 일어난다.

㉠. 회절은 파동이 진행하다가 좁은 틈을 통과한 후에 퍼져 나가는 현상을 말한다. 따라서 S_1을 통과한 단색광이 S_2에 도달하는 것은 빛의 회절로 설명할 수 있다.

㉡. 빛의 간섭은 두 개 이상의 빛이 중첩될 때 진폭이 커지거나 작아지는 현상으로 스크린에 생기는 밝고 어두운 무늬는 빛의 간섭 때문이다.

㉢. O는 가장 밝은 무늬가 생긴 지점이므로 보강 간섭이 일어난다. 따라서 S_2, S_3을 통과한 단색광이 O에서 중첩될 때 단색광의 위상은 서로 같다.

02 빛의 간섭

보강 간섭이 일어나는 지점에서는 두 파동이 같은 위상으로 만나고, 상쇄 간섭이 일어나는 지점에서는 두 파동이 반대 위상으로 만난다.

❌. S_1, S_2에서 O까지의 거리는 같고, O에는 가장 밝은 무늬가 생겼으므로 O에서는 보강 간섭이 일어난다. 따라서 S_1, S_2에서 단색광의 위상은 서로 같다.

㉡. 빛의 간섭에서 밝은 무늬는 경로차 $\Delta = \frac{\lambda}{2}(2m)$ ($m=0, 1, 2, 3, \cdots$)일 때, 즉 반파장의 짝수 배가 되는 지점에서 나타난다. 따라서 S_1, S_2에서 P까지의 경로차는 λ이므로 P에는 O로부터 첫 번째 밝은 무늬가 생긴다.

㉢. Q에는 O로부터 첫 번째 어두운 무늬가 생기고, 어두운 무늬는 경로차 $\Delta = \frac{\lambda}{2}(2m+1)$ ($m=0, 1, 2, 3, \cdots$)일 때, 즉 반파장의 홀수 배가 되는 지점에서 나타나므로 x는 $\frac{\lambda}{2}$이다.

03 빛의 간섭 실험

빛의 간섭 실험에서 밝은 무늬는 경로차 $\Delta = \frac{\lambda}{2}(2m)$ ($m=0, 1, 2, 3, \cdots$)일 때, 즉 반파장의 짝수 배가 되는 지점에서 나타나고, 어두운 무늬는 경로차 $\Delta = \frac{\lambda}{2}(2m+1)$ ($m=0, 1, 2, 3, \cdots$)일 때, 즉 반파장의 홀수 배가 되는 지점에서 나타난다.

$\bigcirc$. P에는 O로부터 두 번째 어두운 무늬가 생겼으므로 S_1, S_2로부터 P까지의 경로차는 $\frac{3}{2}\lambda$이다. 따라서 $\bigcirc$은 $\frac{3}{2}\lambda$이다.

✗. P에는 어두운 무늬가 생겼으므로 상쇄 간섭이 일어난다. 따라서 '보강'은 $\bigcirc$에 해당하지 않는다.

✗. 이웃한 밝은 무늬 사이의 간격을 Δx, 이중 슬릿과 스크린 사이의 거리를 L이라고 하면 $\Delta x = \frac{L}{d}\lambda$이므로 이중 슬릿만을 간격이 $\frac{d}{2}$인 것으로 바꾸면 이웃한 밝은 무늬 사이의 간격은 $2x$가 된다. 따라서 $\bigcirc$은 $2x$이다.

04 빛의 간섭 실험

이중 슬릿을 통과한 빛에 의해 스크린에 간섭무늬가 생기는 것은 빛의 파동성을 보여주는 실험이다. 이웃한 밝은 무늬 사이의 간격을 Δx, 슬릿 사이의 간격을 d, 단색광의 파장을 λ, 이중 슬릿과 스크린 사이의 거리를 L이라고 할 때 $\Delta x = \frac{L}{d}\lambda$, $\lambda = \frac{d}{L}\Delta x$의 관계가 성립한다.

$\bigcirc$. 간섭은 파동의 성질이다. 따라서 간섭무늬는 빛의 파동성으로 설명할 수 있다.

$\bigcirc$. O와 P 사이의 거리를 x라고 하면 (가), (나)의 간섭무늬에서 이웃한 밝은 무늬 사이의 간격은 각각 $\frac{2}{3}x$, x이다. 따라서 $\lambda \propto \Delta x$의 관계가 성립하므로 $\frac{\lambda_2}{\lambda_1} = \frac{3}{2}$이다.

✗. (다)에서 이중 슬릿과 스크린 사이의 거리는 $\frac{L}{2}$이므로 O와 P 사이의 간섭무늬는 그림과 같다. 따라서 (다)에서 O와 P 사이에 상쇄 간섭이 일어나는 지점의 개수는 3개이다.

05 빛의 간섭

이웃한 밝은 무늬 사이의 간격을 Δx, 슬릿 사이의 간격을 d, 단색광의 파장을 λ, 이중 슬릿과 스크린 사이의 거리를 L이라고 할 때 $\Delta x = \frac{L}{d}\lambda$의 관계가 성립한다. 밝은 무늬의 중심에서 이중 슬릿을 통과하여 스크린에 도달한 단색광의 위상은 서로 같고, 어두운 무늬의 중심에서 이중 슬릿을 통과하여 스크린에 도달한 단색광의 위상은 서로 반대이다.

$\bigcirc$. 어두운 무늬의 중심에서 이중 슬릿을 통과한 단색광은 상쇄 간섭한다. 따라서 어두운 무늬의 중심에서 이중 슬릿을 통과하여 스크린에 도달한 단색광의 위상은 서로 반대이다.

✗. $\Delta x = \frac{L}{d}\lambda$이므로 I 에서 $\lambda_0 = \frac{d_0}{L_0}x_0$이다. 따라서 $\bigcirc = \frac{2d_0}{3L_0}x_0 = \frac{2}{3}\lambda_0$이다.

✗. $\Delta x = \frac{L}{d}\lambda$이므로 $\bigcirc = \frac{2L_0}{d_0} \times \frac{5}{4}\lambda_0 = \frac{5}{2}x_0$이다.

06 전자기파의 간섭

전자기파 송신기에서 방출된 전자기파가 이중 슬릿에 도달할 때, 두 슬릿에 도달한 전자기파의 위상은 서로 같다. 수신기의 회전 각도가 변하면 전자기파 수신기에 도달하는 전자기파의 위상이 달라지면서 세기가 강해지는 보강 간섭과 세기가 약해지는 상쇄 간섭이 일어나는 지점이 교대로 나타난다.

$\bigcirc$. $\theta = 0$일 때 수신기에서 측정된 전자기파의 세기가 최댓값을 가지므로 보강 간섭이 일어난다. 따라서 $\theta = 0$일 때, 수신기에 도달하는 이중 슬릿을 통과한 전자기파의 위상은 서로 같다.

$\bigcirc$. $\theta = \theta_1$일 때 수신기에서 측정된 전자기파의 세기가 0이므로 $\theta = 0$을 기준으로 $\theta = \theta_1$일 때 첫 번째 상쇄 간섭이 일어난다. 따라서 상쇄 간섭이 일어나기 위한 조건은 경로차 $\Delta = \frac{\lambda}{2}(2m+1)$ ($m = 0, 1, 2, 3, \cdots$)이므로, $\theta = \theta_1$일 때 두 슬릿으로부터 수신기까지의 경로차는 $\frac{\lambda}{2}$이다.

✗. 전자기파의 파장만을 $\frac{\lambda}{2}$인 것으로 바꾸면 $\theta = \theta_1$일 때와 $\theta = -\theta_1$일 때 $x = 0$으로부터 첫 번째 보강 간섭이 일어난다. 보강 간섭이 일어나는 두 지점 사이에는 상쇄 간섭이 일어나는 지점이 있으므로 전자기파의 파장만을 $\frac{\lambda}{2}$인 것으로 바꾸었을 때, $-\theta_1 < \theta < \theta_1$인 구간에서 상쇄 간섭이 일어나는 지점의 개수는 2개이다.

07 빛의 회절

단일 슬릿에 의한 빛의 회절에서 가운데 가장 밝은 무늬의 중심에서 첫 번째 어두운 무늬까지의 거리는 파장이 길수록 크고, 슬릿의 폭이 좁을수록 크다.

✗. 단색광의 세기를 증가시켜도 x는 변하지 않는다.

$\bigcirc$. 단색광을 단일 슬릿에 비출 때 단일 슬릿의 폭이 좁을수록 회절이 잘 일어난다. 따라서 단일 슬릿의 폭을 a보다 크게 하면 x는 작아진다.

✗. 단색광을 단일 슬릿에 비출 때 단색광의 파장이 길수록 회절이 잘 일어나고, 파장이 짧을수록 회절이 잘 일어나지 않는다. 따라서 파장이 λ보다 짧은 단색광을 단일 슬릿에 비추면 x는 작아진다.

08 빛의 회절 실험

폭이 a인 원형 슬릿을 이용한 파장이 λ인 빛의 회절 실험에서 중앙의 가장 밝은 무늬로부터 첫 번째 어두운 무늬까지의 지름을 x라고 할 때, a가 커지면 x는 작아지고, λ가 커지면 x는 커진다.

③ (다)에서는 파장만을 1.5λ인 레이저로 바꾸었으므로 x는 커지고 $x_2 > x_1$이다. (라)에서는 원형 슬릿만을 폭이 $2a$인 슬릿으로 바꾸었으므로 x는 작아지고 $x_1 > x_3$이다. 따라서 x_1, x_2, x_3을 옳게 비교한 것은 $x_2 > x_1 > x_3$이다.

09 빛의 회절 실험

빛의 회절 실험에서 중앙의 가장 밝은 무늬로부터 첫 번째 어두운 무늬가 생긴 지점까지의 거리는 단일 슬릿의 폭이 좁을수록 크고, 파장이 길수록 크다.

ㄨ. 중앙의 밝은 무늬로부터 첫 번째 어두운 무늬까지의 거리가 슬릿 간격이 a_1일 때가 a_2일 때보다 크므로 슬릿의 폭은 $a_2 > a_1$이다.

ⓛ. 레이저의 파장이 길수록 회절이 잘 일어나므로 중앙의 밝은 무늬로부터 첫 번째 어두운 무늬까지의 거리가 크다. 따라서 $\lambda_2 > \lambda_1$이다.

ㄨ. 슬릿과 스크린 사이의 거리만을 감소시키면 스크린의 회절 무늬에서 가운데 밝은 무늬 폭은 좁아지고, 슬릿과 스크린 사이의 거리만을 증가시키면 스크린의 회절 무늬에서 가운데 밝은 무늬 폭은 넓어진다.

10 회절의 이용

카메라 조리개 구멍의 크기가 작을수록 회절이 더 잘 일어나므로 (나)는 A로 찍은 사진이고, (다)는 B로 찍은 사진이다.

ⓞ. B로 찍은 사진이 A로 찍은 사진보다 회절이 더 잘 일어나므로 (나)는 A로 찍은 사진이다.

ⓛ. 조리개 구멍의 크기가 작을수록 회절이 잘 일어나므로 B를 통과한 빛이 A를 통과한 빛보다 회절이 더 잘 일어난다.

ⓒ. 조리개 구멍의 크기가 작을수록 빛의 회절이 더 잘 일어나므로 조리개 구멍의 크기에 따라 사진에서 태양 빛이 퍼지는 정도가 다르게 나타나는 것은 회절로 설명할 수 있다.

12 도플러 효과와 전자기파의 송수신

수능 **2**점 테스트   본문 172~174쪽

01 ①   **02** ④   **03** ②   **04** ③   **05** ④   **06** ②   **07** ⑤
08 ③   **09** ⑤   **10** ②   **11** ⑤   **12** ③

01 도플러 효과의 이용

박쥐가 초음파를 발생하며 음파 측정기를 향해 운동하면 음파 측정기에서 측정하는 박쥐의 초음파 진동수는 커지고, 박쥐가 초음파를 발생하며 음파 측정기로부터 멀어지는 방향으로 운동하면 음파 측정기에서 측정한 박쥐의 초음파 진동수는 작아진다.

① 음파 측정기로 측정한 음파 측정기에 대해 정지해 있는 박쥐의 초음파 진동수는 f_2이고, 음파 측정기를 향해 운동하는 박쥐의 초음파 진동수는 f_1이므로 $f_1 > f_2$이다. 음파 측정기로부터 멀어지는 방향으로 운동하는 박쥐의 초음파 진동수는 f_3이므로 $f_3 < f_2$이다. 따라서 $f_1 > f_2 > f_3$이다.

02 도플러 효과

음원이 관찰자에 가까워질 때 관찰자가 측정한 진동수는 증가하고, 음원이 관찰자로부터 멀어질 때 관찰자가 측정한 음파의 진동수는 감소한다. 음속을 v, 음원의 속력을 v_S, 음파의 진동수를 f라고 할 때, 관찰자가 측정한 음파의 진동수는 $f' = \left(\dfrac{v}{v \mp v_S}\right)f$이다.

④ A가 측정한 음파의 진동수는 구급차가 접근할 때는 $f_1 = \left(\dfrac{340}{340-20}\right)f = \dfrac{17}{16}f$이고, 구급차가 멀어질 때는 $f_2 = \left(\dfrac{340}{340+20}\right)f = \dfrac{17}{18}f$이다. 따라서 $\dfrac{f_1}{f_2} = \dfrac{9}{8}$이다.

03 도플러 효과에 의한 파장의 변화

음원이 음파 측정기 P에서 Q를 향해 운동할 때, 음원은 P에서는 멀어지고 Q에는 가까워진다. 따라서 음파의 파장은 P가 측정할 때는 길어지고, Q가 측정할 때는 짧아진다.

② 음파의 진동수를 f, 음파의 주기를 T, 음파의 파장을 λ라고 하면, 음속은 $10v$이므로 P가 측정할 때 파면 사이의 거리는 vT만큼 증가하고, Q가 측정할 때 파면 사이의 거리는 vT만큼 감소한다. 따라서 $\lambda_1 = \lambda + vT$, $\lambda_2 = \lambda - vT$이고, $T = \dfrac{1}{f}$, $10v = f\lambda$이므로 $\lambda_1 = \dfrac{10v}{f} + \dfrac{v}{f} = \dfrac{11v}{f}$, $\lambda_2 = \dfrac{10v}{f} - \dfrac{v}{f} = \dfrac{9v}{f}$이고, $\dfrac{\lambda_1}{\lambda_2} = \dfrac{11}{9}$이다.

04 음원의 운동에 따른 도플러 효과

음원 Q가 정지해 있는 음파 측정기 P에 대해 속력 v로 직선 운동하므로 Q의 속력은 0부터 $2t$까지는 P로부터 멀어지는 방향으로 v이고, $2t$부터 $4t$까지는 P에 가까워지는 방향으로 v이다. 음속을 V라고 하면 P가 측정한 음파의 진동수는 $f'=\left(\dfrac{V}{V\pm v}\right)f$ (+: 음원이 음파 측정기로부터 멀어지는 경우, −: 음원이 음파 측정기에 가까워지는 경우)이다.

㉠. t일 때 음파 측정기 P가 측정한 음파의 진동수는 $\dfrac{9}{10}f$이므로 $\dfrac{9}{10}f=\dfrac{V}{V+v}f$의 관계가 성립한다. 따라서 음속 $V=9v$이다.

㉡. t일 때 Q는 P로부터 멀어지는 방향으로 운동하므로 P가 측정한 음파의 파장은 $\lambda'=\lambda+\dfrac{v}{f}$이고, 음파의 파장은 $\lambda=\dfrac{9v}{f}$이므로 t일 때 P가 측정한 음파의 파장은 $\dfrac{10v}{f}$이다.

✗. $3t$일 때 Q는 P에 가까워지는 방향으로 운동하므로 P가 측정한 음파의 진동수는 $f'=\dfrac{9v}{9v-v}f=\dfrac{9}{8}f$이다.

05 도플러 효과에 의한 파장과 진동수의 변화

음원이 음파 측정기에서 멀어지는 방향으로 운동하면 음파 측정기가 측정한 음파의 파장은 길어지고, 진동수는 작아진다. 음원이 음파 측정기에 가까워지는 방향으로 운동하면 음파 측정기가 측정한 음파의 파장은 짧아지고, 진동수는 커진다.

④ P가 측정한 음파의 파장은 A가 정지해 있을 때의 파장보다 $\dfrac{v}{f}$만큼 증가하므로 음속을 V라고 하면 $\lambda_P=\dfrac{V}{f}+\dfrac{v}{f}=\dfrac{6v}{f}$이고 $V=5v$이다. Q가 측정한 음파의 파장은 $\dfrac{v}{f}$만큼 감소하므로 $\lambda_Q=\dfrac{V}{f}-\dfrac{v}{f}=\dfrac{4v}{f}$이다. P가 측정한 음파의 진동수는 $f_P=\dfrac{V}{V+v}f=\dfrac{5}{6}f$이고, Q가 측정한 음파의 진동수는 $f_Q=\dfrac{V}{V-v}f=\dfrac{5}{4}f$이다. 따라서 f_Q-f_P는 $\dfrac{5}{12}f$이다.

06 빗면에서 도플러 효과의 이용

A가 구간 Ⅰ, Ⅱ를 지날 때 P에서 측정한 음파의 진동수는 각각 $\dfrac{6}{5}f$, $\dfrac{4}{3}f$로 일정하므로 A의 속력은 구간 Ⅱ에서가 구간 Ⅰ에서보다 크다.

② A가 구간 Ⅰ을 지날 때 P에서 측정한 음파의 진동수는 $\dfrac{6}{5}f$이므로 음파의 속력을 V라고 하면 $\dfrac{6}{5}f=\dfrac{V}{V-v}f$이고, 음속 $V=6v$

이다. A가 구간 Ⅱ를 지날 때 P에서 측정한 음파의 진동수는 $\dfrac{4}{3}f$이므로 구간 Ⅱ에서 A의 속력을 v_A라고 하면 $\dfrac{4}{3}f=\dfrac{6v}{6v-v_A}f$이고, $v_A=\dfrac{3}{2}v$이다. 따라서 A가 구간 Ⅰ, Ⅱ를 통과하는 데 걸리는 시간은 같고, A의 속력은 구간 Ⅱ에서가 구간 Ⅰ에서의 $\dfrac{3}{2}$배이므로 구간 Ⅱ의 길이는 $\dfrac{3}{2}d$이다.

07 도플러 효과의 이용

속력 측정기는 도플러 효과를 이용하여 자동차와 같이 움직이는 물체의 속력을 측정하는 장치이다. 속력 측정기를 이용하여 정지해 있는 자동차를 향해 진동수가 f_0인 전자기파를 방출하면 자동차에서 반사되어 돌아오는 전자기파의 진동수는 f_0이다. 자동차가 A를 향해 속력 v로 운동할 때 A가 측정한 전자기파의 진동수는 f_0보다 크고, 자동차의 속력이 클수록 A가 측정한 전자기파의 진동수는 크다. 이러한 진동수의 변화를 측정하여 속력을 계산한다.

㉠. 속력 측정기는 움직이는 자동차를 향해 발사한 전자기파가 자동차에 반사되어 되돌아올 때 진동수의 변화를 통해 속력을 측정하므로 도플러 효과를 이용한다. 따라서 ㉠은 '도플러'이다.

㉡. 전자기파를 방출하며 정지해 있는 A를 향해 자동차가 속력 v로 운동할 때, 도플러 효과에 의해 자동차에서 반사된 전자기파의 진동수는 f이므로 자동차의 속력이 v보다 크면 A가 측정한 전자기파의 진동수는 f보다 크다. 따라서 '크다'는 ㉡으로 적절하다.

㉢. 자동차의 속력이 클수록 반사된 전자기파의 진동수는 커지므로 자동차의 속력이 v보다 작으면 A가 측정한 전자기파의 진동수는 f보다 작다. 따라서 '작다'는 ㉢으로 적절하다.

08 전기장에 의한 자기장의 변화

(가)의 직선 도선에는 직류 전원이 연결되어 있으므로 전기장의 세기와 방향은 일정하고, (나)의 직선 도선에는 교류 전원이 연결되어 있으므로 전기장의 세기와 방향은 주기적으로 변한다.

㉠. (가)에서 직선 도선에는 직류 전원이 연결되어 있으므로 직선 도선에서 전기장의 세기와 방향은 일정하다. 따라서 전류의 세기와 방향은 일정하다.

✗. (나)에서 직선 도선에는 교류 전원이 연결되어 있으므로 직선 도선에서 전기장의 세기와 방향은 주기적으로 변한다. 따라서 직선 도선 주위의 점 p에서 자기장의 세기와 방향은 주기적으로 변한다.

㉢. (가)에서는 직선 도선에서 전기장의 세기와 방향이 일정하므로 전자기파가 발생하지 않고, (나)에서는 직선 도선에서 전기장의 세기와 방향이 변하므로 도선 주위에 변하는 자기장이 발생하므로 전자기파가 발생한다.

09 전자기파의 송신과 수신

교류 전원에 연결된 축전기의 평행판 사이에는 시간에 따라 변하는 전기장이 만들어지고, 이 전기장은 자기장을 유도한다. 전기장과 자기장이 계속해서 서로를 유도하면서 공간으로 퍼져 나가는 파동을 전자기파라고 한다.

㉠. (가)에서 축전기가 교류 전원에 연결되어 있으므로 평행판 사이에서는 시간에 따라 변하는 전기장이 만들어지고, 이 전기장이 자기장을 유도한다.

㉡. 전자기파의 진행 방향이 $+z$방향이므로 ㉠은 전기장이고, ㉡은 자기장이다.

㉢. (나)에서 전기장에 의해 안테나의 전자는 전기력을 받고, 전기장의 세기와 방향은 주기적으로 변하므로 안테나에는 교류가 흐른다.

10 교류 회로에서 축전기와 코일의 역할

교류 전원이 연결된 회로에서 코일은 교류 전원의 진동수가 클수록 전류의 흐름을 방해하는 정도가 크고, 축전기는 교류 전원의 진동수가 작을수록 전류의 흐름을 방해하는 정도가 크다.

✗. 축전기는 교류 전원의 진동수가 클수록 전류의 흐름을 방해하는 정도가 작으므로 저항 역할이 작아진다.

㉡. 코일은 교류 전원의 진동수가 작을수록 전류의 흐름을 방해하는 정도가 작고, 진동수가 클수록 전류의 흐름을 방해하는 정도가 크다. 따라서 (나)는 S를 b에 연결했을 때이다.

✗. 축전기는 교류 전원의 진동수가 클수록 전류의 흐름을 방해하는 정도가 작으므로 저항에 흐르는 전류의 세기가 크다. 따라서 S를 a에 연결했을 때 교류 전원의 진동수가 클수록 저항 양단에 걸리는 전압의 최댓값이 크다.

11 전자기파의 수신

수신 회로의 공명 진동수와 안테나에서 수신한 전자기파의 진동수가 같을 때 수신 회로에는 최대 전류가 흐르고, 이러한 현상을 전자기파 공명이라고 한다.

㉠. 축전기의 전기 용량이 C일 때 수신 회로에서는 진동수가 f_1인 전자기파를 수신할 때 최대 전류가 흐르므로 수신 회로의 공명 진동수는 f_1이다.

㉡. 축전기의 전기 용량을 C, 코일의 자체 유도 계수를 L이라고 할 때, 공명 진동수는 $f=\dfrac{1}{2\pi\sqrt{LC}}$이다. 따라서 진동수는 f_1이 f_2보다 크다.

㉢. 코일은 진동수가 클수록 전류의 흐름을 방해하는 정도가 크다. 따라서 진동수는 f_1이 f_2보다 크므로 코일의 저항 역할은 진동수가 f_1인 전자기파를 수신할 때가 f_2인 전자기파를 수신할 때보다 크다.

12 전기 소자가 연결된 교류 회로

저항과 코일이 연결된 교류 회로에서는 진동수가 클수록 저항에 흐르는 전류의 최댓값이 작고, 저항과 축전기가 연결된 교류 회로에서는 진동수가 클수록 저항에 흐르는 전류의 최댓값이 크다.

㉠. 교류 전원의 진동수가 f일 때 R_1과 R_2에 흐르는 전류의 최댓값은 같으므로, 교류 전원의 진동수가 f일 때 P, Q가 전류의 흐름을 방해하는 정도는 같다. 또한 교류 전원의 진동수가 $2f$일 때 R_1에 흐르는 전류의 최댓값은 R_2에 흐르는 전류의 최댓값보다 크므로 P는 진동수가 클수록 전류의 흐름을 방해하는 정도가 작다. 따라서 P는 축전기, Q는 코일이다.

㉡. Q는 코일이므로 진동수가 큰 전류를 잘 흐르지 못하게 하는 성질이 있다.

✗. P는 축전기, Q는 코일이므로 교류 전원의 진동수가 $0.5f$일 때, R_1에 흐르는 전류의 최댓값은 R_2에 흐르는 전류의 최댓값보다 작다.

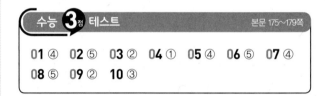

수능 **3**점 테스트   본문 175~179쪽

| 01 ④ | 02 ⑤ | 03 ② | 04 ① | 05 ④ | 06 ⑤ | 07 ④ |
| 08 ⑤ | 09 ② | 10 ③ |

01 도플러 효과

음원이 정지한 관찰자로부터 멀어지면 음파의 파장은 길어지고, 음원이 관찰자 쪽으로 가까이 가면 음파의 파장은 짧아진다. 음파의 진동수를 f, 파장을 λ라고 할 때, 음속은 $v=f\lambda$이다.

✗. 비행기가 P에서 Q를 향해 운동하므로 P에서 측정한 진동수는 f보다 작고, Q에서 측정한 진동수는 f보다 크다.

㉡. 음속은 $v=f\lambda$이고, 음파의 진동수는 Q에서 측정할 때가 P에서 측정할 때보다 크므로 음파의 파장은 음파가 P를 통과할 때가 Q를 통과할 때보다 길다.

㉢. 파원에서 발생한 파동의 진동수가 파원이 정지해 있을 때와 움직일 때 다르게 관측되는 현상을 도플러 효과라고 한다. 따라서 P, Q에서 측정한 음파의 진동수가 서로 다른 것은 도플러 효과로 설명할 수 있다.

02 도플러 효과

A가 정지해 있을 때 음파의 파장을 λ라고 하면, A의 음파의 파장은 P가 측정할 때는 $\lambda+\dfrac{v}{f}$이고 Q가 측정할 때는 $\lambda-\dfrac{v}{f}$이다. 음속을 V라고 하면 A의 음파의 진동수는 P가 측정하면 $f'=\dfrac{V}{V+v}f$이고, Q가 측정하면 $f'=\dfrac{V}{V-v}f$이다.

ㄱ. A의 음파의 파장은 P가 측정할 때가 Q가 측정할 때의 $\frac{5}{4}$배이 므로 $\lambda+\frac{v}{f}=\frac{5}{4}\times(\lambda-\frac{v}{f})$이다. 따라서 음속은 $V=f\lambda=9v$이다.

ㄴ. P가 측정한 A의 음파의 파장은 $\lambda'=\lambda+\frac{v}{f}$이고, 음속은 $9v$이 므로 $\lambda=\frac{9v}{f}$이다. 따라서 P가 측정한 A의 음파의 파장은 $\frac{10v}{f}$ 이다.

ㄷ. Q가 측정한 A의 음파의 진동수는 $f_A=\frac{9v}{9v-v}f=\frac{9}{8}f$이고, Q가 측정한 B의 음파의 진동수는 $f_B=\frac{9v}{9v+2v}f=\frac{9}{11}f$이다. 따라서 Q가 측정한 A의 음파의 진동수는 B의 음파의 진동수의 $\frac{11}{8}$배이다.

03 도플러 효과에 의한 진동수의 변화
음속을 V, 음원의 속력을 v, 음파의 진동수를 f라고 할 때, 음원 이 음파 측정기를 향해 운동할 때 음파 측정기가 측정한 음파의 진동수는 $f'=\frac{V}{V-v}f$이고, 음원이 음파 측정기로부터 멀어지는 방향으로 운동할 때 음파 측정기가 측정한 음파의 진동수는 $f'=\frac{V}{V+v}f$이다.

② 음원 B의 속력은 v로 일정하고, 음파 측정기 P가 측정한 B의 음파의 진동수는 $\frac{8}{9}f$이므로 음속을 V라고 하면 $\frac{8}{9}f=\frac{V}{V+v}f$이 고 음속은 $8v$이다. 0부터 $3t_0$까지 A의 속력은 $\frac{4}{3}v$이므로 A의 속력은 B의 속력보다 $\frac{v}{3}$만큼 크고, A, B 사이의 거리 x를 시간 t에 따라 나타낸 그래프에서 기울기는 $3t_0$부터 $5t_0$까지가 0부터 $3t_0$까지의 $\frac{3}{2}$배이다. 따라서 $3t_0$부터 $5t_0$까지 B의 속력은 A의 속력보다 $\frac{v}{2}$만큼 크므로 A의 속력은 $\frac{v}{2}$이다. $2t_0$일 때 A의 속력은 $\frac{4}{3}v$ 이고 P가 측정한 A의 음파의 진동수는 f_0이므로 $f_0=\frac{8v}{8v-\frac{4}{3}v}f$ $=\frac{6}{5}f$이다. 따라서 $4t_0$일 때 P가 측정한 A의 음파의 진동수는 $\frac{8v}{8v-\frac{v}{2}}f=\frac{16}{15}f$이고, $f_0=\frac{6}{5}f$이므로 $\frac{8}{9}f_0$이다.

04 음원의 운동에 따른 도플러 효과
음원의 속력을 v, 음파의 진동수를 f, 음파의 파장을 λ라고 할 때, 음파 측정기가 측정한 음파의 파장은 음원이 음파 측정기에 접근 할 때는 $\lambda-\frac{v}{f}$, 음원이 음파 측정기에서 멀어질 때는 $\lambda+\frac{v}{f}$ 이다.

① 음파의 속력을 V라고 할 때, P에서 측정한 A, B의 음파의 진동수는 $f_A=\frac{V}{V-v}f$, $f_B=\frac{V}{V+v_B}f$이다. 음파의 파장을 λ라고 할 때, P에서 측정한 A, B의 음파의 파장은 각각 $\lambda_A=\lambda-\frac{v}{f}$, $\lambda_B=\lambda+\frac{v_B}{f}$이고, P에서 측정한 음파의 파장은 B의 음파가 A의 음파보다 $\frac{2v}{f}$만큼 길므로 $\lambda_B-\lambda_A=\frac{2v}{f}=\frac{v_B}{f}+\frac{v}{f}$이고, B의 속 력은 $v_B=v$이다. 시간 t 동안 P에서 수신한 펄스의 개수는 A의 음파가 6개, B의 음파가 4개이므로 P에서 측정한 A의 음파의 진 동수는 B의 음파의 진동수의 $\frac{3}{2}$배이고, $\frac{V}{V-v}f=\frac{3}{2}\times\frac{V}{V+v}f$ 이므로 음파의 속력은 $V=5v$이다. 따라서 $f_A=\frac{5}{4}f$, $f_B=\frac{5}{6}f$이 고, $f_A-f_B=\frac{5}{12}f$이다.

05 음파의 간섭과 도플러 효과
음원이 $+x$방향으로 운동할 때 슬릿을 통과하는 음파의 파장은 짧아지고, $-x$방향으로 운동할 때 슬릿을 통과하는 음파의 파장 은 길어진다.

④ 중앙의 보강 간섭이 일어나는 지점에서 첫 번째 보강 간섭이 일어나는 지점까지의 거리 Δx는 슬릿을 통과하는 파장이 길수록 커진다. 따라서 슬릿을 통과하는 파장은 음원 A가 $-x$방향으로 운동할 때가 가장 크고, $+x$방향으로 운동할 때가 가장 작으므로 x_1, x_2, x_3을 옳게 비교한 것은 $x_3>x_1>x_2$이다.

06 도플러 효과와 별의 운동
지상에 있는 관측소에서 측정할 때 가시광선을 방출하는 별이 관 측소에 접근할 때는 가시광선의 진동수가 커지므로 관측한 흡수 스펙트럼은 청색 이동하고, 별이 관측소에서 멀어질 때는 가시광 선의 진동수가 작아지므로 흡수 스펙트럼이 적색 이동한다.

ㄱ. 파원이 움직이게 되면 정지해 있을 때와는 다른 진동수의 파 동을 관측하게 되는 것을 도플러 효과라고 한다. 별이 관측소에 접근할 때는 가시광선의 진동수가 커지고, 별이 관측소에서 멀어 질 때는 가시광선의 진동수가 작아지므로 P, Q는 도플러 효과로 설명할 수 있다.

ㄴ. P는 흡수 스펙트럼이 적색 이동했으므로 별이 관측소에서 멀 어질 때이고, Q는 흡수 스펙트럼이 청색 이동했으므로 별이 관측 소에 접근할 때이다.

ㄷ. 도플러 효과에서 파원의 속력이 클수록 진동수의 변화가 크 다. 따라서 별의 속력이 클수록 청색 이동은 더 크게 나타난다.

07 교류 회로에서 코일과 축전기의 역할

코일에 교류 전류가 흐르면 코일 내부의 자기장 변화를 방해하는 방향으로 유도 기전력이 생겨서 전류의 흐름을 방해하고, 축전기에 교류 전류가 흐르면 금속판의 전하가 전류의 흐름을 방해한다.

✗. 축전기에 연결된 교류 전원의 진동수가 클수록 축전기의 저항 역할은 작아지므로 전류의 세기는 커진다. 따라서 A는 (다)의 결과이다.

㉡. 코일에 연결된 교류 전원의 진동수가 클수록 코일에서는 큰 유도 기전력이 발생하므로 저항 역할이 커지고, 전류의 세기는 작아진다. 따라서 아래 그림은 ㉠으로 적절하다.

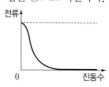

㉢. 코일이 연결된 교류 회로에서는 진동수가 작을수록 회로에 흐르는 전류의 세기가 커지므로 코일은 진동수가 작을수록 저항 역할이 작다.

08 전자기파의 수신

안테나에서 수신 회로의 공명 진동수와 같은 진동수의 전파를 수신할 때 수신 회로에는 최대 전류가 흐른다. 축전기의 전기 용량을 C, 코일의 자체 유도 계수를 L이라고 할 때 공명 진동수는 $f = \frac{1}{2\pi\sqrt{LC}}$이다.

㉠. 스위치 S를 a에 연결했을 때 저항에 흐르는 전류의 세기는 최대가 되고 스피커에서는 A에 의한 방송만이 나오므로, S를 a에 연결했을 때 수신 회로의 공명 진동수는 f_A이다.

㉡. 축전기의 전기 용량을 C, 코일의 자체 유도 계수를 L이라고 할 때 공명 진동수는 $f = \frac{1}{2\pi\sqrt{LC}}$이므로 $f_B = \frac{1}{2\pi\sqrt{2LC}}$이다.

㉢. $f_A = \frac{1}{2\pi\sqrt{LC}}$, $f_B = \frac{1}{2\pi\sqrt{2LC}}$이므로 $f_A > f_B$이다.

09 교류 회로에서 축전기와 코일의 특성

S를 a에 연결했을 때 교류 전원의 진동수가 클수록 저항 양단에 걸리는 전압의 최댓값은 크고, S를 b에 연결했을 때 교류 전원의 진동수가 클수록 저항 양단에 걸리는 전압의 최댓값은 작다.

✗. 교류 회로에서 축전기는 진동수가 클수록 전류의 흐름을 방해하는 정도가 작으므로 저항에 흐르는 전류의 세기는 크고 저항 양단에 걸리는 전압의 최댓값은 크다. 따라서 스위치 S를 a에 연결했을 때 저항 양단에 걸리는 전압의 최댓값은 교류 전원의 진동수가 f_1일 때가 f_2일 때보다 크므로 진동수는 f_1이 f_2보다 크다.

㉡. 코일은 진동수가 클수록 전류의 흐름을 방해하는 정도가 크고, 교류 전원의 진동수는 f_1이 f_2보다 크므로 저항 양단에 걸리는 전압의 최댓값은 교류 전원의 진동수가 f_2일 때가 f_1일 때보다 크다. 따라서 V_2가 V_1보다 크다.

✗. 축전기의 전기 용량이 클수록 축전기가 전류의 흐름을 방해하는 정도는 작다. 따라서 교류 전원의 진동수가 f_1이고 축전기의 전기 용량을 증가시킨 후 S를 a에 연결할 때, 저항 양단에 걸리는 전압의 최댓값은 $\frac{2}{3}V$보다 크다.

10 코일의 자체 유도 계수에 따른 공명 진동수의 변화

교류 전원의 진동수를 변화시켜 회로에 최대 전류가 흐를 때의 진동수를 공명 진동수라고 하고, 코일의 자체 유도 계수를 L, 축전기의 전기 용량을 C라고 할 때 회로의 공명 진동수는 $f = \frac{1}{2\pi\sqrt{LC}}$이다.

㉠. S를 a에 연결했을 때 회로에 최대 전류가 흐를 때의 진동수는 f_0이므로 회로의 공명 진동수는 f_0이다.

㉡. 공명 진동수는 $f = \frac{1}{2\pi\sqrt{LC}}$이고, 스위치 S를 a에 연결했을 때는 f_0, b에 연결했을 때는 $2f_0$이므로 $L_1 > L_2$이다.

✗. 회로의 공명 진동수는 $f = \frac{1}{2\pi\sqrt{LC}}$이므로 S를 b에 연결하고 축전기의 전기 용량을 증가시키면 회로의 공명 진동수는 $2f_0$보다 작아진다.

13 볼록 렌즈에 의한 상

수능 2점 테스트
본문 184~185쪽

01 ⑤ **02** ③ **03** ② **04** ④ **05** ④ **06** ③ **07** ①
08 ②

01 볼록 렌즈에 의한 상

렌즈로 물체를 관찰할 때, 확대상을 관찰할 수 있는 렌즈는 볼록 렌즈이다. 볼록 렌즈를 이용해 물체의 확대된 정립 허상이 관찰될 때는 렌즈 중심으로부터 물체까지의 거리가 렌즈의 초점 거리보다 작을 때이다.

Ⓐ. P로 글자를 보았을 때 원래 크기보다 확대된 정립상이 관찰되므로 P는 볼록 렌즈이다.

Ⓑ. P에 의한 확대상은 글자에서 렌즈를 향하는 광선이 렌즈에서 굴절된 후 진행하는 광선의 연장선이 모여서 만들어진 상으로 허상이다.

Ⓒ. P에 의한 글자의 상이 확대된 정립 허상이므로 P의 중심에서 글자까지의 거리는 P의 초점 거리보다 작다.

02 볼록 렌즈에 의한 상의 작도

볼록 렌즈에 의한 상의 작도법에서 물체에서 렌즈를 향한 광선의 경로는 다음 세 가지의 원리에 의해 나타낼 수 있다.

Ⅰ. 광축에 나란하게 입사한 광선은 렌즈에서 굴절된 후 렌즈 뒤 초점을 지난다.

Ⅱ. 렌즈 중심을 향해 입사한 광선은 렌즈를 지난 후 그대로 직진한다.

Ⅲ. 렌즈 앞 초점을 지나서 입사한 광선은 렌즈에서 굴절된 후 광축에 나란하게 진행한다.

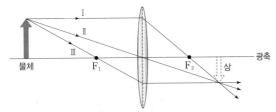

Ⓐ. Ⅰ은 광축에 나란하게 입사한 광선이므로 렌즈를 통과한 후 렌즈 뒤 초점 F_2를 지난다.

Ⓑ. Ⅱ는 렌즈의 중심을 향해 입사한 광선이므로 렌즈를 통과한 후 그대로 직진한다.

Ⓒ. Ⅲ은 렌즈 앞 초점 F_1을 지나 입사한 광선이므로 렌즈를 통과한 후 광축에 나란하게 진행한다.

03 볼록 렌즈에 의한 상

물체와 상 사이의 거리가 15 cm이므로 렌즈 중심과 상 사이의 거리는 5 cm이다. 렌즈 방정식에서 물체와 렌즈 중심 사이의 거리 $a=10$ cm, 렌즈 중심과 상 사이의 거리 $b=5$ cm이며 렌즈 중심으로부터 상까지의 거리가 물체까지 거리의 $\frac{1}{2}$배이므로 렌즈에 의한 상의 배율은 $\frac{1}{2}$이다.

Ⓐ. 렌즈를 중심으로 물체의 반대편에 생긴 상은 렌즈를 통과한 빛이 모여서 생긴 실상이다.

Ⓑ. 물체와 렌즈 중심 사이의 거리 $a=10$ cm, 렌즈 중심과 상 사이의 거리 $b=5$ cm이므로 렌즈에 의한 상의 배율은 $\left|\frac{b}{a}\right|=\frac{1}{2}$이다.

Ⓒ. 렌즈의 초점 거리를 f라 할 때, 렌즈 방정식 $\frac{1}{a}+\frac{1}{b}=\frac{1}{f}$에서 $\frac{1}{10\text{ cm}}+\frac{1}{5\text{ cm}}=\frac{1}{f}$이므로 $f=\frac{10}{3}$ cm이다.

04 물체의 위치에 따른 볼록 렌즈에 의한 상의 변화

볼록 렌즈에 의한 물체의 상의 위치와 크기는 물체와 렌즈 중심 사이의 거리에 따라 달라진다. 볼록 렌즈에 확대된 정립 허상이 생겼을 때, 상의 위치는 그림과 같이 렌즈를 기준으로 물체와 같은 쪽에 생긴다.

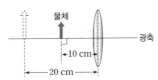

Ⓐ. $x=10$ cm일 때, 상의 위치가 렌즈 앞쪽에 렌즈 중심으로부터 20 cm인 지점이므로 렌즈의 초점 거리를 f라 할 때, 렌즈 방정식 $\frac{1}{a}+\frac{1}{b}=\frac{1}{f}$에 $a=10$ cm, $b=-20$ cm를 대입하면 $\frac{1}{10\text{ cm}}+\frac{1}{-20\text{ cm}}=\frac{1}{f}$이므로 $f=20$ cm이다.

Ⓑ. $x=30$ cm일 때, 물체와 렌즈 중심 사이의 거리는 렌즈의 초점 거리보다 크므로 렌즈에 의한 물체의 상은 도립 실상이 생긴다.

Ⓒ. $x=30$ cm일 때, 렌즈 방정식 $\frac{1}{a}+\frac{1}{b}=\frac{1}{f}$에 $a=30$ cm, $f=20$ cm를 대입하면 $\frac{1}{30\text{ cm}}+\frac{1}{b}=\frac{1}{20\text{ cm}}$이므로 $b=60$ cm이다. 따라서 렌즈에 의한 상의 배율은 $\left|\frac{b}{a}\right|=2$이다.

05 볼록 렌즈에 의한 광선의 진행 경로

광축과 나란하게 진행하는 광선은 볼록 렌즈에서 굴절한 후 렌즈 뒤쪽의 초점을 지나고, 초점에서 나온 광선은 볼록 렌즈에서 굴절한 후 광축과 나란하게 진행한다.

✗. 광축과 나란하게 진행하는 광선이 A를 지난 후 p를 지나고, p를 지난 광선이 B를 지난 후 광축과 나란하게 진행하므로 p는 A, B의 초점이다. 따라서 A, B의 초점 거리는 각각 $2L$, $3L$이므로 초점 거리는 A가 B의 $\frac{2}{3}$배이다.

◯. 물체를 q에 놓았을 때, A의 중심과 물체 사이의 거리 $3L$은 A의 초점 거리 $2L$의 $\frac{3}{2}$배이므로 이때 A에 의한 물체의 상은 확대된 도립 실상이다.

◯. 물체를 q에 놓았을 때, 물체와 A의 중심, 물체와 B의 중심 사이의 거리는 각각 $3L$, $2L$이다. 따라서 A의 초점 거리, A의 중심과 물체 사이의 거리, A의 중심과 A에 의한 상 사이의 거리를 각각 f_A, a_A, b_A라 할 때, $\frac{1}{a_A}+\frac{1}{b_A}=\frac{1}{f_A}$에서 $\frac{1}{3L}+\frac{1}{b_A}=\frac{1}{2L}$이고, $b_A=6L$이므로 A에 의한 상의 위치는 A를 중심으로 q와 반대 쪽에 거리가 $6L$인 지점이다. B의 초점 거리, B의 중심과 물체 사이의 거리, B의 중심과 B에 의한 상 사이의 거리를 각각 f_B, a_B, b_B라 할 때, $\frac{1}{a_B}+\frac{1}{b_B}=\frac{1}{f_B}$에서 $\frac{1}{2L}+\frac{1}{b_B}=\frac{1}{3L}$이고 $b_B=-6L$이므로 B에 의한 상의 위치는 B를 중심으로 q와 같은 쪽에 거리가 $6L$인 지점이다. 따라서 물체를 q에 놓았을 때, A에 의한 물체의 상과 B에 의한 물체의 상 사이의 거리는 $5L$이다.

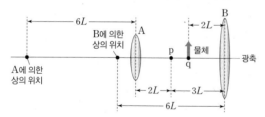

[물체를 q에 놓았을 때, A, B에 의한 상의 위치]

06 볼록 렌즈에 의한 물체의 상
볼록 렌즈에 의한 물체의 상의 위치와 크기는 볼록 렌즈의 초점 거리에 따라 달라진다. 물체와 볼록 렌즈의 중심 사이의 거리가 렌즈의 초점 거리보다 작을 때 렌즈에 의해 확대된 정립 허상이 생긴다.

❸ 초점 거리가 $2a$인 A를 사용했을 때, 렌즈 중심과 상 사이의 거리를 b_A라 하면 렌즈 방정식 $\frac{1}{a}+\frac{1}{b_A}=\frac{1}{2a}$에서 $b_A=-2a$이므로 A에 의한 상의 배율 $m_A=\left|\frac{b_A}{a}\right|=2$이다. 또한 초점 거리가 $3a$인 B를 사용했을 때, 렌즈 중심과 상 사이의 거리를 b_B라 하면 렌즈 방정식 $\frac{1}{a}+\frac{1}{b_B}=\frac{1}{3a}$에서 $b_B=-\frac{3}{2}a$이므로 B에 의한 상의 배율 $m_B=\left|\frac{b_B}{a}\right|=\frac{3}{2}$이다. 따라서 $\frac{m_A}{m_B}=\frac{4}{3}$이다.

07 볼록 렌즈의 활용
의사들이 치료 부위를 확대하여 정확하게 보려고 할 때 사용하는 의료용 루페에는 볼록 렌즈가 이용된다.

❶ 의사들이 환자들을 치료할 때 치료하고자 하는 부위를 더욱 크게 관찰하고자 할 때 사용하는 의료용 루페에는 렌즈에 의해 확대상을 생기게 하는 볼록 렌즈를 사용한다. 루페를 이용해 확대상을 관찰하고자 할 때 볼록 렌즈에서 치료 부위까지의 거리는 루페에 사용하는 렌즈의 초점 거리보다 작아야 하며, 이때 생기는 렌즈에 의한 상은 확대된 정립 허상이다.

08 망원경의 원리
두 개의 볼록 렌즈를 이용한 망원경은 초점 거리가 긴 대물렌즈와 초점 거리가 짧은 접안렌즈를 이용한다. 망원경의 대물렌즈에 의해서는 축소된 도립 실상이 생기고, 대물렌즈에 의해 생긴 실상이 접안렌즈에 의해서는 확대된 정립 허상으로 보인다.

망원경의 배율
물체의 크기를 h, 대물렌즈에 의한 실상의 크기를 h_I, 접안렌즈에 의한 허상의 크기를 h_{II}, 대물렌즈와 접안렌즈의 중심을 향하는 광선이 광축과 이루는 각을 각각 θ_I, θ_{II}라 할 때 물체의 위치가 두 렌즈로부터 먼 곳에 있으므로 망원경의 배율 m은 다음과 같다.

$$m=\frac{h_{II}}{h}=\frac{\tan\theta_{II}}{\tan\theta_I}=\frac{\dfrac{h_I}{f_{II}}}{\dfrac{h_I}{f_I}}=\frac{f_I}{f_{II}}$$

✗. 망원경은 대물렌즈에 의해 실상이 생기고, 접안렌즈에 의해 확대된 허상이 보이므로 접안렌즈에 의한 상 Ⅱ는 허상이다.

◯. 대물렌즈에 의해 물체의 축소된 도립 실상이 생기므로 물체는 대물렌즈의 초점 거리의 2배인 $2f_I$보다 멀리 있다. 따라서 물체와 대물렌즈 사이의 거리는 f_I보다 크다.

✗. 접안렌즈에 의해 대물렌즈에 의한 상 Ⅰ의 확대된 정립 허상이 생기므로 Ⅰ과 접안렌즈의 중심 사이의 거리는 접안렌즈의 초점 거리 f_{II}보다 작다.

| 01 ⑤ | 02 ② | 03 ② | 04 ④ | 05 ① | 06 ③ | 07 ① |
| 08 ⑤ | 09 ④ | 10 ③ |

01 볼록 렌즈의 초점 거리 구하기

스크린에 생긴 상은 빛이 모여서 생긴 실상이고, (다), (라)에서 스크린에 생긴 상의 배율은 $m=\dfrac{80-d}{d}$이다.

ㄱ. 렌즈를 기준으로 물체의 반대편에 있는 스크린에 생기는 상은 빛이 모여서 생긴 실상이다.

ㄴ. (라)에서 물체와 렌즈 사이의 거리가 20 cm이므로 렌즈와 상이 생긴 스크린 사이의 거리는 60 cm이다. 따라서 (라)에서 상의 배율은 $\dfrac{60\,\text{cm}}{20\,\text{cm}}=3$이다.

ㄷ. (다)에서 물체와 렌즈 사이의 거리, 렌즈와 상이 생긴 스크린 사이의 거리가 40 cm로 같으므로 $\dfrac{1}{40\,\text{cm}}+\dfrac{1}{40\,\text{cm}}=\dfrac{1}{f_{\text{I}}}$에서 $f_{\text{I}}=20\,\text{cm}$이다. 또한 (라)에서 물체와 렌즈 사이의 거리, 렌즈와 상이 생긴 스크린 사이의 거리가 각각 20 cm, 60 cm이므로 $\dfrac{1}{20\,\text{cm}}+\dfrac{1}{60\,\text{cm}}=\dfrac{1}{f_{\text{II}}}$에서 $f_{\text{II}}=15\,\text{cm}$이다.

따라서 $\dfrac{f_{\text{I}}}{f_{\text{II}}}=\dfrac{20\,\text{cm}}{15\,\text{cm}}=\dfrac{4}{3}$이다.

02 볼록 렌즈에 의한 상

(가), (나)에서 볼록 렌즈에 의한 물체의 상의 크기가 같으므로 렌즈 중심으로부터 상까지의 거리는 (가)에서가 (나)에서의 $\dfrac{1}{2}$배이다. 따라서 그림과 같이 물체와 렌즈 중심 사이의 거리가 a인 (가)에서는 확대된 정립 허상, 물체와 렌즈 사이의 거리가 $2a$인 (나)에서는 확대된 도립 실상이 생긴다.

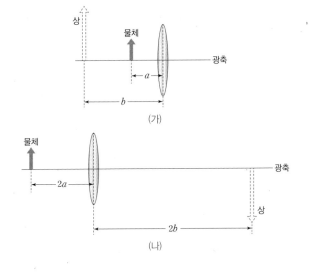

(가)

(나)

ㄱ. 렌즈의 초점 거리를 f, (가), (나)에서 렌즈 중심과 상 사이의 거리를 각각 b, $2b$라 할 때, (가), (나)에서 렌즈 방정식은 다음과 같다.

(가): $\dfrac{1}{a}-\dfrac{1}{b}=\dfrac{1}{f}$ … ①,   (나): $\dfrac{1}{2a}+\dfrac{1}{2b}=\dfrac{1}{f}$ … ②

식 ①, ②에서 $b=3a$, $f=\dfrac{3}{2}a$이므로 렌즈의 초점 거리 $f=\dfrac{3}{2}a$이다.

ㄴ. (가)에서 렌즈 중심과 상 사이의 거리가 $b=3a$이므로 (가)에서 상의 배율은 $\dfrac{3a}{a}=3$이다.

ㄷ. (가)에서 상의 위치는 렌즈를 기준으로 물체와 같은 쪽에 렌즈로부터 거리가 $3a$인 지점이고, (나)에서 상의 위치는 렌즈를 기준으로 물체와 반대쪽에 거리가 $6a$인 지점이다. 따라서 (가), (나)에서 상이 생긴 지점 사이의 거리는 $3a+6a=9a$이다.

03 볼록 렌즈에 의해 스크린에 생긴 상

물체와 볼록 렌즈 사이의 거리가 a일 때, 렌즈와 상이 생긴 스크린 사이의 거리는 $b-a$이므로 렌즈의 초점 거리를 f라 할 때, 렌즈 방정식 $\dfrac{1}{a}+\dfrac{1}{b-a}=\dfrac{1}{f}$이 성립한다.

ㄱ. $a=10\,\text{cm}$일 때, 렌즈와 상이 생긴 스크린 사이의 거리 $b-a=4\,\text{cm}$이다. 따라서 렌즈 방정식 $\dfrac{1}{10\,\text{cm}}+\dfrac{1}{4\,\text{cm}}=\dfrac{1}{f}$에서 $f=\dfrac{20}{7}\,\text{cm}$이다.

ㄴ. $a=㉠(\text{cm})$일 때, $b=14\,\text{cm}$이므로 렌즈 방정식 $\dfrac{1}{㉠}+\dfrac{1}{14-㉠}=\dfrac{1}{f}=\dfrac{7}{20}$에서 $㉠=4(\text{cm})$이다.

[별해]

a가 ㉠, 10 cm일 때는 렌즈의 초점 거리가 일정한 상태에서 물체와 스크린 사이의 거리 $b=14\,\text{cm}$로 같은 두 가지의 상황이다. 두 경우 물체와 렌즈 사이의 거리와 렌즈와 상이 생긴 스크린 사이의 거리는 서로 대칭이다. 따라서 $a=10\,\text{cm}$, $b=14\,\text{cm}$일 때 렌즈와 상이 생긴 스크린 사이의 거리가 4 cm이므로, $b=14\,\text{cm}$인 또 다른 경우는 $a=㉠=4\,\text{cm}$이고, 렌즈와 상이 생긴 스크린 사이의 거리가 10 cm인 경우이다.

ㄷ. $a=20\,\text{cm}$일 때, 렌즈 방정식 $\dfrac{1}{20}+\dfrac{1}{㉡-20}=\dfrac{1}{f}=\dfrac{7}{20}$에서 $㉡=\dfrac{70}{3}(\text{cm})$이다.

04 볼록 렌즈에 의한 상과 상의 배율

볼록 렌즈에 의한 물체의 상의 위치가 렌즈를 기준으로 물체의 반대쪽에 생길 때의 상은 빛이 모여서 생긴 실상이다. 따라서 볼록 렌즈의 초점 거리를 f라 할 때, (가), (나)에서 렌즈 방정식은 각각 $\dfrac{1}{a}+\dfrac{1}{b}=\dfrac{1}{f}$ … ①, $\dfrac{1}{a}+\dfrac{1}{2b}=\dfrac{1}{f}$ … ②이다.

✗. (나)에서 상은 렌즈를 기준으로 물체의 반대쪽에 생긴 상으로 빛이 모여서 생긴 실상이다.

ⓒ. (나)에서 렌즈 방정식 ②에서 $f=\frac{2}{3}b$ … ③이고 식 ③을 식 ①에 대입하면 $b=\frac{1}{2}a$이므로 (가)에서 생긴 상의 배율은 $\left|\frac{b}{a}\right|=\frac{1}{2}$이다. 따라서 (가)에서 상의 크기 $h=\frac{1}{2}h_0$이다.

[별해]
(가), (나)의 렌즈 방정식 ①, ②에서 렌즈의 초점 거리가 같으므로 ①=②이다. 따라서 $\frac{1}{a}+\frac{1}{b}=\frac{1}{b}+\frac{1}{2b}$에서 $b=\frac{1}{2}a$이다. 따라서 (가)에서 생긴 상의 배율은 $\left|\frac{b}{a}\right|=\frac{1}{2}$이므로 (가)에서 상의 크기 $h=\frac{1}{2}h_0$이다.

ⓒ. 렌즈의 초점 거리 $f=\frac{2}{3}b=\frac{1}{3}a$이다.

05 볼록 렌즈에 의한 상과 상의 배율
물체와 볼록 렌즈 사이의 거리를 a, 렌즈와 상 사이의 거리를 b라 할 때, 렌즈에 의한 상의 배율 $m=\left|\frac{b}{a}\right|$이므로 (가)에서 물체와 렌즈 사이의 거리는 렌즈와 상 사이의 거리의 $\frac{2}{3}$배이고, (나)에서 물체와 렌즈 사이의 거리는 렌즈와 상 사이의 거리의 $\frac{1}{2}$배이다.

ⓒ. (가)에서 물체와 볼록 렌즈 사이의 거리를 a_1이라 할 때, 렌즈와 상 사이의 거리는 $\frac{3}{2}a_1$이므로 $a_1+\frac{3}{2}a_1=\frac{5}{2}a_1=d_0$이다. 따라서 (가)에서 물체와 렌즈 사이의 거리 $a_1=\frac{2}{5}d_0$이다.

✗. (가)에서 렌즈 방정식 $\frac{1}{\frac{2}{5}d_0}+\frac{1}{\frac{3}{5}d_0}=\frac{1}{f}$을 적용하면 $f=\frac{6}{25}d_0$이다.

✗. (나)에서 물체와 볼록 렌즈 사이의 거리를 a_2라 할 때, $a_2+2a_2=d$이므로 $a_2=\frac{1}{3}d$가 되어 물체와 렌즈 사이의 거리와 렌즈와 상 사이의 거리는 각각 $\frac{1}{3}d$, $\frac{2}{3}d$이다. (나)에서 렌즈 방정식 $\frac{1}{\frac{1}{3}d}+\frac{1}{\frac{2}{3}d}=\frac{1}{f}=\frac{25}{6d_0}$를 적용하면 $d=\frac{27}{25}d_0$이다.

06 두 개의 볼록 렌즈에 의한 상과 배율 비교
$a>2f$이므로 그림과 같이 A에 의한 물체의 상은 A를 기준으로 물체의 반대편에 도립 실상이 생기고, A에 의한 물체의 상의 위치와 B에 의한 물체의 상의 위치가 같으므로 B에 의한 상은 B를 기준으로 물체와 같은 쪽에 정립 허상이 생긴다. 따라서 A의 중심에서 상까지의 거리를 b라고 할 때, B의 중심에서 상까지의 거리는 $3a+b$이다.

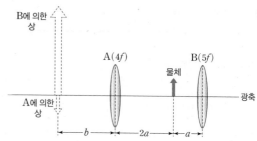

ⓒ. A에 의한 상은 렌즈를 기준으로 물체의 반대쪽에 생긴 상으로 빛이 모여서 생긴 실상이다.

ⓒ. A, B에 의한 렌즈 방정식은 다음과 같다.

A: $\frac{1}{2a}+\frac{1}{b}=\frac{1}{4f}$ … ①, B: $\frac{1}{a}-\frac{1}{3a+b}=\frac{1}{5f}$ … ②

식 ①, ②를 연립하면 $b=2a$, $f=\frac{1}{4}a$이므로 A의 초점 거리 $4f=a$이다.

✗. $b=2a$이므로 B의 중심에서 상까지의 거리는 $5a$이다. 따라서 B에 의한 상의 배율은 $\left|\frac{5a}{a}\right|=5$이다.

07 물체와 볼록 렌즈에 의한 상의 관계
볼록 렌즈의 초점 거리를 f라 할 때, 물체와 볼록 렌즈의 중심 사이의 거리 a에 따른 렌즈에 의한 상의 모습은 다음과 같다.

a의 범위	렌즈에 의한 상
$a<f$	확대된 정립 허상
$a=f$	상이 생기지 않음
$f<a<2f$	확대된 도립 실상
$a>2f$	축소된 도립 실상

ⓒ. $t=4$초일 때, 물체의 위치는 $x=4\,\text{cm}$이고 렌즈에 의한 물체의 상이 생기지 않으므로 이때의 볼록 렌즈 중심과 물체 사이의 거리는 렌즈의 초점 거리와 같다. 렌즈의 중심의 위치가 $x=10\,\text{cm}$이므로 렌즈의 초점 거리는 6 cm이다.

✗. $t=1$초일 때, 렌즈 중심과 물체 사이의 거리 $a_1=9\,\text{cm}$이고 이때 렌즈 중심에서 상까지의 거리 b_1은 렌즈 방정식 $\frac{1}{9\,\text{cm}}+\frac{1}{b_1}=\frac{1}{f}=\frac{1}{6\,\text{cm}}$에 의해 $b_1=18\,\text{cm}$이므로 상의 위치 $x_1=28\,\text{cm}$이다. 또한 $t=2$초일 때, 렌즈 중심과 물체 사이의 거리 $a_2=8\,\text{cm}$이고 이때 렌즈 중심에서 상까지의 거리 b_2는 렌즈 방정식 $\frac{1}{8\,\text{cm}}+\frac{1}{b_2}=\frac{1}{f}=\frac{1}{6\,\text{cm}}$에 의해 $b_2=24\,\text{cm}$이므로 상의 위치 $x_2=34\,\text{cm}$

이다. 따라서 $t=1$초일 때 상위 위치와 $t=2$초일 때 상의 위치 사이의 거리 $d=x_2-x_1=6$ cm이다.

✗. $t=8$초일 때, 렌즈 중심과 물체 사이의 거리 $a_8=2$ cm이고 이때 렌즈 중심에서 상까지의 거리 b_8는 렌즈 방정식 $\dfrac{1}{2\text{ cm}}+\dfrac{1}{b_8}$ $=\dfrac{1}{f}=\dfrac{1}{6\text{ cm}}$에 의해 $b_8=-3$ cm이다. 따라서 상의 위치 $x_8=$ 7 cm이고 상의 배율은 $\left|\dfrac{b_8}{a_8}\right|=\dfrac{3}{2}$이다.

08 물체의 이동에 따른 볼록 렌즈에 의한 상의 변화

그림과 같이 (가)에서 볼록 렌즈의 중심과 상 사이의 거리는 $b-a$이고, (나)에서 렌즈 중심과 물체 사이의 거리는 $a-x$, 렌즈 중심과 상 사이의 거리는 $b-a+x$이다. 또한 (나)에서 렌즈에 의한 상의 배율이 2이므로 $b-a+x=2(a-x)$이다.

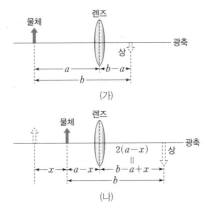

⊙. 볼록 렌즈의 초점 거리를 f라 할 때, (가)와 (나)에서 렌즈 방정식은 다음과 같다.

(가): $\dfrac{1}{a}+\dfrac{1}{b-a}=\dfrac{1}{f}$ ⋯ ①,

(나): $\dfrac{1}{a-x}+\dfrac{1}{b-a+x}=\dfrac{1}{f}$ ⋯ ②

또한, (나)에서 렌즈 중심에서 상까지의 거리가 물체까지의 거리의 2배이므로 $b-a+x=2(a-x)$ ⋯ ③이다. 식 ①, ②, ③에 의해 $x=\dfrac{1}{2}a$이다.

Ⓛ. 식 ①, ②, ③에 의해 $b=\dfrac{3}{2}a$ ⋯ ④이다. 식 ④를 식 ①에 대입하면 $\dfrac{1}{a}+\dfrac{1}{b-a}=\dfrac{1}{a}+\dfrac{1}{\frac{1}{2}a}=\dfrac{1}{f}$이므로 렌즈의 초점 거리 $f=$ $\dfrac{1}{3}a$이다.

Ⓒ. (가)에서 상의 배율 $m_{(가)}=\left|\dfrac{b-a}{a}\right|=\dfrac{1}{2}$이고, (나)에서 상의 배율 $m_{(나)}=2$이다. 따라서 상의 배율은 (나)에서가 (가)에서의 4배이다.

09 두 볼록 렌즈에 의해 스크린에 생긴 상

A에 의한 물체의 상 I_A와 B에 의해 스크린에 생긴 I_A의 상 I_B는 모두 실상이다. 또한 A의 중심과 A에 의한 물체의 상 I_A 사이의 거리를 b_A라 할 때, B와 I_A 사이의 거리는 $x-b_A$이고 A와 B에 의해 스크린에 생긴 최종 상의 배율은 A에 의한 물체의 상의 배율 m_A와 B에 의한 I_A의 상의 배율 m_B의 곱과 같다.

✗. 스크린에 생긴 상은 빛이 모여서 생긴 실상이다.

Ⓛ. (나)에서 A의 중심과 A에 의한 물체의 상 I_A 사이의 거리를 b_A라 할 때, A에 의한 물체의 상의 배율 $m_A=\left|\dfrac{b_A}{20\text{ cm}}\right|$, B에 의한 I_A의 상의 배율 $m_B=\left|\dfrac{40\text{ cm}}{60\text{ cm}-b_A}\right|$이고 전체 상의 배율 $m_A\times m_B=1$이므로 $b_A=20$ cm이다. 따라서 (나)에서 $m_A=$ $\left|\dfrac{b_A}{20\text{ cm}}\right|=1$이다.

Ⓒ. A, B의 초점 거리를 각각 f_A, f_B라 할 때, (나)에서 A, B에 의한 렌즈 방정식은 다음과 같다.

A: $\dfrac{1}{20\text{ cm}}+\dfrac{1}{b_A}=\dfrac{1}{20\text{ cm}}+\dfrac{1}{20\text{ cm}}=\dfrac{1}{f_A}$ ⋯ ①,

B: $\dfrac{1}{60\text{ cm}-b_A}+\dfrac{1}{b}=\dfrac{1}{40\text{ cm}}+\dfrac{1}{40\text{ cm}}=\dfrac{1}{f_B}$ ⋯ ②

식 ①, ②에 의해 $f_A=10$ cm, $f_B=20$ cm이므로 $\dfrac{f_A}{f_B}=\dfrac{1}{2}$이다.

10 현미경의 원리

A에 의한 상의 배율이 4, A와 B에 의한 최종 배율이 12이므로 B에 의한 I_A의 상의 배율은 3이다. 따라서 그림과 같이 A의 중심과 I_A 사이의 거리는 $4a$, B의 중심과 I_A 사이의 거리는 $3a$, B의 중심과 I_B 사이의 거리는 $9a$이다.

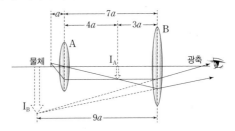

③ 물체와 I_A에 대한 A의 렌즈 방정식은 $\dfrac{1}{a}+\dfrac{1}{4a}=\dfrac{1}{f_A}$이므로 A의 초점 거리 $f_A=\dfrac{4}{5}a$이고, I_A와 I_B에 대한 B의 렌즈 방정식은 $\dfrac{1}{3a}-\dfrac{1}{9a}=\dfrac{1}{f_B}$이므로 B의 초점 거리 $f_B=\dfrac{9}{2}a$이다.

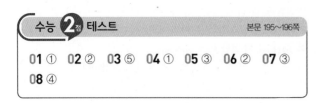

14 빛과 물질의 이중성

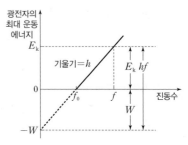

01 광전 효과

금속판의 문턱(한계) 진동수보다 큰 진동수의 빛을 금속판에 비추었을 때 금속판에서 광전자가 방출되는 현상을 광전 효과라 한다.

Ⓐ. 광전 효과는 빛을 에너지가 hf(h: 플랑크 상수, f: 빛의 진동수)인 광자로 해석하는 광양자설을 바탕으로 설명하고 있다. 따라서 광전 효과는 빛의 입자성으로 설명할 수 있는 현상이다.

Ⓧ. 동일한 금속판에 P, Q를 비추었을 때, Q를 비춘 금속판에서만 광전자가 방출되므로 P의 진동수는 금속판의 문턱(한계) 진동수보다 작고, Q의 진동수는 금속판의 문턱(한계) 진동수보다 크다. 따라서 진동수는 P가 Q보다 작다.

Ⓧ. 금속판의 문턱(한계) 진동수보다 작은 진동수의 빛은 아무리 세게, 오래 비추어도 광전자가 방출되지 않는다. 따라서 금속판의 문턱(한계) 진동수보다 진동수가 작은 P의 세기를 증가시켜도 금속판에서는 광전자가 방출되지 않는다.

02 광전 효과 결과 해석

광전 효과에 의해 금속판에서 방출된 광전자의 최대 운동 에너지(E_k)는 비춰진 빛의 세기에는 관계없고, 비춰진 빛의 진동수에 따라 변하며 비춰진 빛의 진동수가 클수록 방출된 광전자의 최대 운동 에너지는 크다. 또한 광전 효과가 일어나는 동안 단위 시간당 방출되는 광전자의 수는 빛의 세기가 셀수록 크다.

②. 방출되는 광전자의 최대 운동 에너지는 A를 비출 때가 B를 비출 때의 2배이므로 A, B의 진동수를 각각 f_A, f_B라 할 때 $E_{kA}=h(f_A-f)$ … ①, $E_{kB}=h(f_B-f)$ … ②, $E_{kA}=2E_{kB}$ … ③이다. 식 ①, ②, ③에 의해 제시된 자료 중 A, B의 진동수로 가장 적절한 것은 $f_A=3f$, $f_B=2f$이다. 또한 C를 비출 때 광전자가 방출되지 않으므로 C의 진동수는 f보다 작다. 따라서 A~C의 상대적 세기와 진동수를 가장 적절히 나타낸 것은 ②이다.

03 빛의 진동수와 광전자의 최대 운동 에너지

문턱(한계) 진동수가 f_0인 금속 표면에 진동수가 f인 단색광을 비출 때 방출되는 광전자가 가지는 최대 운동 에너지 $E_k=h(f-f_0)=hf-W$(h: 플랑크 상수, W: 금속판의 일함수)이고, 광전자의 최대 운동 에너지를 금속판에 비추는 단색광의 진동수에 따라 나타내면 다음과 같다.

Ⓐ. 진동수 축과 그래프가 만나는 진동수의 값이 금속판의 문턱(한계) 진동수이다. P, Q의 문턱(한계) 진동수는 각각 f_0, $2f_0$이고, P, Q의 일함수는 문턱(한계) 진동수에 비례하는 값으로 각각 hf_0, $2hf_0$이다. 따라서 일함수는 Q가 P의 2배이다.

Ⓛ. 문턱(한계) 진동수가 f_0인 P에 진동수가 $2f_0$인 단색광을 비출 때 방출되는 광전자의 최대 운동 에너지 $E_0=h(2f_0-f_0)=hf_0$이므로 $f_0=\dfrac{E_0}{h}$이다.

Ⓒ. 진동수가 $3f_0$인 단색광을 비출 때 P, Q에서 방출되는 광전자의 최대 운동 에너지를 각각 E_P, E_Q라 할 때, $E_P=h(3f_0-f_0)=2hf_0$, $E_Q=h(3f_0-2f_0)=hf_0$이므로 방출되는 광전자의 최대 운동 에너지는 P에서가 Q에서의 2배이다.

04 광전자의 최대 운동 에너지와 정지 전압

일함수가 W인 광전 효과 실험 장치의 금속판에 진동수가 f인 단색광을 비출 때, 방출되는 광전자의 최대 운동 에너지 $E_k=hf-W$이다. 실험 장치에 흐르는 광전류가 0이 되는 순간의 전압의 크기를 정지 전압이라고 하며, 정지 전압이 V일 때 광전자의 최대 운동 에너지 $E_k=eV$(e: 전자의 전하량 크기)이다. 따라서 $E_k=hf-W=eV$이다.

Ⓐ. 단색광을 비출 때 방출되는 광전자의 최대 운동 에너지는 정지 전압에 비례한다. 금속판에서 방출되는 광전자의 최대 운동 에너지는 A를 비출 때가 $E_{kA}=eV_0$, B를 비출 때가 $E_{kB}=2eV_0$이므로 B를 비출 때가 A를 비출 때의 2배이다.

Ⓧ. B, C의 진동수를 각각 f_B, f_C라 할 때, B, C를 비출 때 방출된 광전자의 최대 운동 에너지 $E_{kB}=2eV_0=hf_B-W$, $E_{kC}=4eV_0=hf_C-W$이므로 $h(2f_B-f_C)=W>0$이다. 따라서 진동수는 C가 B의 2배보다 작다.

Ⓧ. 진동수가 다른 두 단색광을 동시에 금속판에 비출 때 방출되는 광전자의 최대 운동 에너지는 두 단색광 중 진동수가 큰 단색광만을 비출 때와 같다. 진동수는 C가 A보다 크므로 A와 C를 동시에 비출 때 측정되는 정지 전압은 C만을 비출 때 측정된 정지 전압과 같은 $4V_0$이다.

05 데이비슨 · 거머 실험

데이비슨과 거머는 움직이는 전자를 입사시킨 후 검출기의 각을 변화시키며 각에 따라 검출되는 전자의 수를 측정하여 전자의 수가 가장 많은 검출기의 각을 측정하였다. 또한 이와 같은 각도에서 보강 간섭이 일어나는 X선의 파장과 입사시킨 전자의 물질파 파장이 일치하는 것을 확인하여 드브로이의 물질파 이론을 증명하였다.

㉠. 데이비슨·거머 실험의 결과는 전자의 물질파 이론을 증명한 실험으로 전자의 파동성을 보여주는 실험 결과이다.

㉡. 측정된 전자의 수가 가장 많은 각 $\theta=50°$로 산란된 전자의 물질파는 파동의 보강 간섭 조건을 만족한다.

✗. 전원 장치의 전압이 V일 때, 전자총에서 방출되는 전자의 운동 에너지 $E=eV$ (e: 전자의 전하량 크기)이고, 전자의 물질파 파장 $\lambda=\dfrac{h}{\sqrt{2meV}}$ (m: 전자의 질량)이다. 따라서 전원 장치의 전압을 $2V$로 증가시키면 전자총에서 방출되는 전자의 물질파 파장은 $\dfrac{1}{\sqrt{2}}$배로 짧아진다.

06 입자의 물질파 파장

음극판에 정지해 있던 전자가 양극판에 도달할 때까지 크기가 F인 힘이 전자에 한 일 $W=Fd$이고, 일·운동 에너지 정리에 의해 전자가 양극판을 통과하는 순간 전자의 운동 에너지 $E_k=Fd$이다.

② 양극판을 통과한 후 전자의 운동 에너지가 Fd이므로 전자의 물질파 파장 $\lambda=\dfrac{h}{p}=\dfrac{h}{\sqrt{2mFd}}$이다.

07 톰슨의 전자 회절 실험

톰슨은 X선의 파장과 동일한 물질파 파장을 갖는 전자선을 얇은 금속판에 입사시킬 때 X선에 의한 회절 무늬와 전자선에 의한 회절 무늬가 같다는 결과를 통해 전자의 물질파 이론을 증명하였다.

㉠. (가), (나)에서 형광판에 나타난 회절 무늬의 간격이 서로 같으므로 X선의 파장은 전자의 물질파 파장 $\lambda=\dfrac{h}{mv}$와 같다.

㉡. (나)의 실험 결과는 전자의 파동성 때문에 나타난 현상으로 이 실험 결과를 통해 전자의 물질파 이론이 증명되었다.

✗. 전자의 물질파 파장은 전자의 속력에 반비례하므로 전자의 회절 현상이 잘 나타나게 하기 위해서는 전자의 속력을 감소시켜야 한다. 따라서 전자의 속력을 $2v$로 증가시키면 전자의 물질파 파장이 $\dfrac{1}{2}$배로 짧아져 전자의 회절이 더 잘 일어나지 않으므로 회절 무늬 간격은 더 좁아진다.

08 보어의 수소 원자 모형

보어의 수소 원자 모형에서 제1가설(양자 조건)에 의해 원자 속의 전자가 궤도 운동하는 원의 둘레가 물질파 파장의 정수배가 되는 파동을 이룰 때 전자는 전자기파를 방출하지 않고 안정한 궤도 운동을 계속한다. ➡ $2\pi rmv=nh$ ($n=1, 2, 3, \cdots$) (m: 전자의 질량, v: 전자의 속력, r: 전자의 원 운동 궤도 반지름)

제2가설(진동수 조건)에 의해 전자가 양자 조건을 만족하는 원 궤도 사이에서 전이할 때 두 궤도의 에너지 차에 해당하는 에너지를 갖는 전자기파를 방출하거나 흡수한다. ➡ $E_n-E_m=hf$

✗.

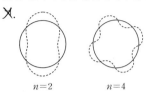

$n=2$ $n=4$

$n_A=2$, $n_B=4$이므로 $n_A<n_B$이다.

㉡. 전자의 에너지 준위는 $n=n_A=2$인 상태에서가 $n=n_B=4$인 상태에서보다 작다. 따라서 전자가 $n=n_A=2$의 상태에서 $n=n_B=4$인 상태로 전이할 때 에너지를 흡수한다.

㉢. 전자의 궤도 반지름 $r_n=a_0n^2$ (a_0: 보어 반지름)으로 양자수 n^2에 비례한다. 따라서 전자의 궤도 반지름은 $n=n_A=2$일 때가 $n=n_B=4$일 때보다 작다.

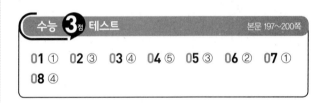

수능 ③점 테스트 본문 197~200쪽

01 ① **02** ③ **03** ④ **04** ⑤ **05** ③ **06** ② **07** ①
08 ④

01 광전 효과 실험 결과 분석

광전 효과 실험에서 금속판에 비춘 단색광 진동수를 f, 금속판의 일함수를 W라 할 때, 방출된 광전자의 최대 운동 에너지 $E_k=hf-W$이므로 금속판에 비춘 단색광의 진동수가 클수록 광전자의 최대 운동 에너지가 크다. 또한, 전자의 전하량 크기를 e, 정지 전압을 V라 할 때 $E_k=eV$이므로 광전자의 최대 운동 에너지가 클수록 정지 전압이 크다.

㉠. 광전류가 0이 될 때 전압의 크기인 정지 전압이 A는 V, B는 $2V$로 A가 B보다 작으므로 광전자의 최대 운동 에너지는 A가 B보다 작다. 따라서 정지 전압이 작은 A가 진동수가 $2f$인 빛을 비출 때, 정지 전압이 큰 B가 진동수가 $3f$인 빛을 비출 때이다.

✗. A, B에서 정지 전압이 각각 V, $2V$이므로 금속판의 문턱(한계) 진동수를 f_0이라 할 때, A, B에서 금속판에서 방출된 광전자의 최대 운동 에너지는 다음과 같다.

A: $h(2f-f_0)=eV$ … ①
B: $h(3f-f_0)=2eV$ … ②

식 ①, ②에서 금속판의 문턱(한계) 진동수 $f_0=f$이다.

✗. 금속판에 진동수가 $2f$인 단색광과 진동수가 $3f$인 단색광을 동시에 비출 때, 방출되는 광전자의 최대 운동 에너지는 진동수가 큰 $3f$인 단색광만을 비출 때와 같다. 따라서 이때 정지 전압의 크기는 진동수가 $3f$인 단색광만을 비추는 B에서와 같은 $2V$이다.

02 광전 효과와 물질파

금속판에서 방출된 광전자의 질량을 m, 최대 운동 에너지를 E_k 라 할 때, 광전자의 물질파 파장의 최솟값 $\lambda_{min} = \dfrac{h}{\sqrt{2mE_k}}$ 이므로 금속판이 P일 때, 광전자의 최대 운동 에너지는 A를 비출 때가 B를 비출 때의 4배이다. 또한, 금속판에 비추는 단색광의 진동수를 f, 금속판의 일함수를 W라 할 때 $E_k = hf - W$ (h: 플랑크 상수)이므로 금속판에서 방출된 광전자의 최대 운동 에너지는 금속판에 비추는 단색광의 진동수가 클수록 크다.

㉠. P에서 방출된 광전자의 최대 운동 에너지는 A를 비출 때가 B를 비출 때보다 크므로 진동수는 A가 B보다 크다.

㉡. B를 P, Q에 비출 때 방출되는 광전자의 최대 운동 에너지를 각각 E_P, E_Q라 할 때, $2\lambda = \dfrac{h}{\sqrt{2mE_P}}$에서 $E_P = \dfrac{h^2}{8m\lambda^2}$이고, $3\lambda = \dfrac{h}{\sqrt{2mE_Q}}$에서 $E_Q = \dfrac{h^2}{18m\lambda^2}$이므로 $\dfrac{E_P}{E_Q} = \dfrac{9}{4}$이다. 따라서 B를 비출 때 방출되는 광전자의 최대 운동 에너지는 금속판이 P일 때가 Q일 때의 $\dfrac{9}{4}$배이다.

✗. P에 A를 비출 때 방출되는 광전자의 최대 운동 에너지를 E_0이라 하면, P에 B를 비출 때와 Q에 B를 비출 때 광전자의 최대 운동 에너지는 각각 $\dfrac{1}{4}E_0$, $\dfrac{1}{9}E_0$이다. 동일한 금속판에 A, B를 비출 때 방출된 광전자의 최대 운동 에너지 차는 일정하므로 Q에 A를 비출 때 방출되는 광전자의 최대 운동 에너지는 $\dfrac{31}{36}E_0$이다. P에 A를 비출 때 방출된 광전자의 물질파 파장의 최솟값 $\lambda = \dfrac{h}{\sqrt{2mE_0}}$ 이므로 Q에 A를 비출 때 방출되는 광전자의 물질파 파장의 최솟값 $\lambda' = \dfrac{6h}{\sqrt{2m(31E_0)}} = \sqrt{\dfrac{36}{31}}\lambda$이다.

03 광전 효과와 단색광의 파장의 관계

(나)에서 광전자의 최대 운동 에너지가 0일 때의 파장은 금속판에서 광전자를 방출시키는 단색광 파장의 최댓값(한계 파장)이다. A, B에서 광전자를 방출시키는 단색광 파장의 최댓값(한계 파장)이 각각 2λ, 3λ이므로 A, B의 문턱(한계) 진동수는 각각 $\dfrac{c}{2\lambda}$, $\dfrac{c}{3\lambda}$ (c: 단색광의 속력)로 문턱(한계) 진동수는 A가 B의 $\dfrac{3}{2}$배이다.

✗. 금속판에서 광전자를 방출시키는 단색광 파장의 최댓값이 A가 B의 $\dfrac{2}{3}$배이므로, 금속판에서 광전자를 방출시키는 단색광 파장의 최댓값에 반비례하는 금속판의 문턱(한계) 진동수는 A가 B의 $\dfrac{3}{2}$배이다.

㉢. A, B의 문턱(한계) 진동수를 각각 $3f_0$, $2f_0$이라 할 때, 파장이 λ인 단색광의 진동수는 $6f_0$이다. 진동수가 $6f_0$인 단색광을 B에 비출 때 방출되는 광전자의 최대 운동 에너지 $E_B = h(6f_0 - 2f_0) = 4hf_0$이다. 따라서 B의 일함수 $W_B = 2hf_0 = \dfrac{1}{2}E_B$이다.

[별해]

일함수가 $W_B = \dfrac{hc}{3\lambda}$인 B에 파장이 λ인 단색광을 비출 때 방출되는 광전자의 최대 운동 에너지는 $E_B = \dfrac{hc}{\lambda} - \dfrac{hc}{3\lambda} = \dfrac{2hc}{3\lambda} = 2W_B$ 이므로 B의 일함수는 $\dfrac{1}{2}E_B$이다.

㉢. 진동수가 $6f_0$인 단색광을 A에 비출 때 방출되는 광전자의 최대 운동 에너지 $E_A = h(6f_0 - 3f_0) = 3hf_0$이므로 $\dfrac{E_B}{E_A} = \dfrac{4hf_0}{3hf_0} = \dfrac{4}{3}$이다.

04 광전자의 최대 운동 에너지

전자의 운동 에너지는 q에서가 p에서의 4배이므로 전자가 전기장 영역을 등가속도 직선 운동을 하는 동안 전자는 운동 방향으로 전기력을 받는다. 또한, 전자가 전기장 영역에서 운동하는 동안 전기력 $F = eE$가 전자에 한 일은 일·운동 에너지 정리에 의해 전자의 운동 에너지 변화량과 같다.

㉠. (가)에서 음($-$)전하인 전자가 p에서 q까지 $+x$방향으로 운동하며 속력이 빨라지는 등가속도 직선 운동을 하고 있으므로 전기장 영역에서 전자에 작용하는 전기력의 방향은 $+x$방향이고, 전기장의 방향은 전자의 운동 방향과 반대 방향인 $-x$방향이다.

㉡. (나)에서 금속판의 문턱(한계) 진동수가 f이므로 금속판의 일함수 $W = hf$이고, 방출된 B의 최대 운동 에너지 $E_{kB} = h(3f - f) = 2hf$이다. 또한, (가)에서 q를 지나는 순간 A의 운동 에너지 E_{qA}는 B의 최대 운동 에너지와 같으므로 $E_{qA} = 2hf$이다. 따라서 (가)에서 q를 지나는 순간 전자의 운동 에너지 $E_{qA} = 2hf$는 (나)의 금속판 일함수 $W = hf$의 2배이다.

㉢. 전기장 영역에서 전기력 $F = eE$가 전자에 한 일은 p, q에서 A의 운동 에너지 차와 같으므로 $W = eEd = \Delta E_{kA} = E_{qA} - E_{pA} = \dfrac{3}{2}hf$이다. 따라서 $f = \dfrac{2eEd}{3h}$이다.

05 광전 효과 실험과 정지 전압

광전 효과 실험 결과에서 금속판에서 방출된 광전자의 최대 운동 에너지는 광전류의 세기가 처음으로 0이 되었을 때의 전압의 크기인 정지 전압에 비례한다. 플랑크 상수를 h, 금속판에 비추는 단색광의 진동수를 f, 금속판의 문턱(한계) 진동수를 f_0, 전자의 전하량 크기를 e, 정지 전압을 V_s라 할 때, $E_k = h(f - f_0) = eV_s$ 이다.

㉠. 광전 효과 실험 장치에서 광전류가 0일 때의 정지 전압을 측정하기 위해서는 전자가 금속판 방향으로 전기력을 받도록 금속판에 전원 장치의 (+)극을 연결하여 역방향의 전압을 걸어 주어야 한다. 따라서 금속판과 연결된 전원 장치의 ㉠은 (+)극이다.

㉡. 금속판의 문턱(한계) 진동수를 f_0이라 할 때, 실험 Ⅰ, Ⅱ에서 광전자의 최대 운동 에너지와 정지 전압의 관계식은 다음과 같다.

Ⅰ: $E_{kⅠ}=h(f-f_0)=eV$ ⋯ ①

Ⅱ: $E_{kⅡ}=h(2f-f_0)=3eV$ ⋯ ②

따라서 식 ①, ②에 의해 $f_0=\dfrac{1}{2}f$이다.

✗. 실험 Ⅲ에서 방출된 광전자의 최대 운동 에너지 $E_{kⅢ}=h(4f-f_0)$ $=\dfrac{7}{2}hf$이므로 실험 Ⅰ에서 광전자의 최대 운동 에너지 $E_{kⅠ}=h(f-f_0)$ $=\dfrac{1}{2}hf$의 7배이다. 따라서 광전류가 0일 때의 전압인 정지 전압이 Ⅲ에서가 Ⅰ에서의 7배이므로 ㉡은 $7V$이다.

06 물질파 파장과 운동 에너지

입자의 질량, 속력, 운동 에너지가 각각 m, v, E_k일 때, 입자의 물질파 파장 $\lambda=\dfrac{h}{mv}=\dfrac{h}{\sqrt{2mE_k}}$($h$: 플랑크 상수)이다.

✗. A의 물질파 파장은 A의 운동 에너지가 E_0일 때가 $3E_0$일 때의 $\sqrt{3}$배이므로 $\lambda=2\sqrt{3}\lambda_0$이다.

㉡. B의 물질파 파장이 B의 운동 에너지가 E일 때가 E_0일 때의 $\dfrac{1}{2}$배이므로 E는 E_0의 4배인 $4E_0$이다.

✗. A, B의 물질파 파장이 $2\lambda_0$으로 같을 때, A, B의 운동 에너지가 각각 $3E_0$, E_0이므로 $2\lambda_0=\dfrac{h}{\sqrt{2m_A(3E_0)}}=\dfrac{h}{\sqrt{2m_BE_0}}$이다.

따라서 $m_A=\dfrac{h^2}{24\lambda_0{}^2E_0}$, $m_B=\dfrac{h^2}{8\lambda_0{}^2E_0}$이므로 $\dfrac{m_A}{m_B}=\dfrac{1}{3}$이다.

07 물질파

전기장 영역에서 포물선 운동을 하는 A, B는 x축 방향으로 등속도 운동, y축 방향으로는 등가속도 직선 운동을 한다. 같은 시간 동안 x축 방향으로 운동한 거리는 A가 B의 $\dfrac{3}{2}$배이므로 A가 p를 지나는 순간의 속력은 B가 q를 지나는 순간의 속력의 $\dfrac{3}{2}$배이다. 그림과 같이 p에서 A의 속력을 $3v$, q에서 B의 속력을 $2v$라 할 때, r에서 A의 속도의 x, y성분의 크기가 각각 $3v$, $2v$로 r에서 A의 속력 $v_A=\sqrt{(3v)^2+(2v)^2}=\sqrt{13}v$이고, s에서 B의 속도의 x, y성분의 크기가 각각 $2v$, $2v$로 s에서 B의 속력 $v_B=\sqrt{(2v)^2+(2v)^2}=2\sqrt{2}v$이다.

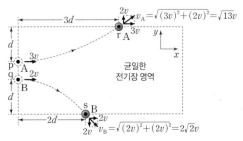

㉠. 전기장 영역에서 A, B가 x축 방향으로 등속도 운동을 하여 이동한 거리는 A가 B의 $\dfrac{3}{2}$배이므로 p에서 A의 속력은 q에서 B의 속력의 $\dfrac{3}{2}$배이다.

✗. 전기장 영역에서 포물선 운동을 하는 동안 A, B의 y축 방향으로의 속도 변화량의 크기가 $2v$로 같다. 따라서 질량이 같은 A, B의 가속도 크기가 서로 같고 A, B에 작용하는 전기력의 크기가 서로 같다. A, B에 작용하는 전기력의 크기는 A, B의 전하량의 크기에 비례하므로 전하량의 크기는 A와 B가 같다.

✗. r에서 A의 속력이 $\sqrt{13}v$, s에서 B의 속력이 $2\sqrt{2}v$이고, 질량이 같은 A, B의 물질파 파장은 속력에 반비례하므로 물질파 파장은 r에서 A가 s에서 B의 $\sqrt{\dfrac{8}{13}}$배이다.

08 보어의 수소 원자 모형

그림과 같이 n이 각각 n_A, n_B, n_C일 때 전자의 원운동 궤도 둘레는 전자의 물질파 파장의 2배, 5배, 4배이므로 $n_A=2$, $n_B=5$, $n_C=4$이다.

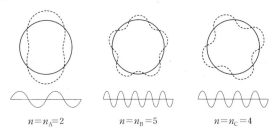

$n=n_A=2$ $n=n_B=5$ $n=n_C=4$

✗. $n_A=2$, $n_B=5$, $n_C=4$이므로 $n_A<n_C$이다.

㉡. 전자의 에너지 준위는 $n=n_A=2$인 상태에서가 $n=n_B=5$인 상태에서보다 작다. 따라서 전자가 $n=n_A=2$인 상태에서 $n=n_B=5$인 상태로 전이할 때 에너지를 흡수한다.

㉢. $n=n_A=2$일 때 전자의 에너지 준위 $E_2=-\dfrac{E_0}{4}$, $n=n_C=4$일 때 전자의 에너지 준위 $E_4=-\dfrac{E_0}{16}$이므로 이 사이에서 전자가 전이할 때, 흡수 또는 방출하는 광자 1개의 에너지는 $E_4-E_2=$ $-\dfrac{E_0}{16}-\left(-\dfrac{E_0}{4}\right)=\dfrac{3}{16}E_0$이다.

⑮ 불확정성 원리

수능 2점 테스트 본문 204~205쪽

01 ④ **02** ① **03** ① **04** ③ **05** ④ **06** ② **07** ⑤
08 ③

01 불확정성 원리

하이젠베르크의 불확정성 원리에 의하면 미시 세계를 다루는 양자 역학에서 입자의 위치와 운동량을 동시에 정확하게 측정하는 것은 불가능하다. 이는 측정 도구로 물리량을 측정하는 과정에서 측정 대상에 영향을 미치기 때문이다.

④ 하이젠베르크가 주장한 원리 ㉠은 불확정성 원리로서 하이젠베르크는 사고 실험을 통해 어떤 입자의 위치와 ㉡에 해당하는 운동량을 동시에 정확하게 측정할 수 없다고 확신했다. 운동량은 고전적으로 물체의 질량과 ㉢에 해당하는 속도의 곱으로 주어지는 물리량으로, 전자의 위치의 정확도를 높이기 위해 파장이 짧은 빛(광자)을 이용하면 운동량이 큰 광자가 전자와 충돌하여 입자의 운동량을 크게 변화시켜 입자 운동량의 불확정성이 커지기 때문이다. 따라서 ㉠, ㉡, ㉢으로 가장 적절한 것은 각각 불확정성, 운동량, 속도이다.

02 위치와 운동량에 대한 불확정성 원리

하이젠베르크의 불확정성 원리에 따르면 미시 세계에서 입자의 위치와 운동량을 동시에 정확하게 측정하는 것은 불가능하다. 위치와 운동량의 불확정성을 각각 Δx, Δp라 할 때, 위치와 운동량에 대한 불확정성 원리는 $\Delta x \Delta p \geq \dfrac{\hbar}{2}\left(단, \hbar = \dfrac{h}{2\pi}, h = 6.63 \times 10^{-34}\ \text{J}\cdot\text{s}\right)$이다.

Ⓐ. 보어의 수소 원자 모형에서는 전자가 원자핵으로부터 떨어진 거리의 불확정성 $\Delta r = 0$, 중심 방향의 운동량의 불확정성 $\Delta p_r = 0$으로 $\Delta r \Delta p_r = 0$이 되어 불확정성 원리를 만족하지 않는다.

✗ 위치와 운동량에 대한 불확정성 원리는 $\Delta x \Delta p \geq \dfrac{\hbar}{2}$로 ㉠의 부등호는 '≥'이다.

✗ 측정 장비가 발달하더라도 측정할 때 사용하는 빛(광자)과 입자와의 상호 작용이 존재하고, 이 상호 작용에 의한 입자의 위치와 운동량에 대한 불확정성이 항상 존재하므로 입자의 위치와 운동량을 동시에 정확하게 측정하는 것은 불가능하다.

03 입자의 회절과 불확정성 원리

단일 슬릿에 입사한 입자 A가 슬릿을 통과한 후 회절하는 실험에서 단일 슬릿의 폭은 A의 위치 불확정성이고, y축 방향으로의 회절 무늬의 폭이 클수록 A의 y축 방향의 운동량 불확정성이 크다.

㉠. 슬릿을 통과하기 전 A의 운동량 크기가 p이므로 드브로이의 물질파 이론에 따라 A의 물질파 파장 $\lambda = \dfrac{h}{p}$이다.

✗. 단일 슬릿의 폭 Δy를 증가시키면 A의 회절 무늬의 폭이 감소하므로 A의 y 방향의 운동량 불확정성 Δp_y는 감소한다.

✗. 단일 슬릿의 폭 Δy는 슬릿에서 A의 위치 불확정성이다. 따라서 Δy의 변화 없이 A의 운동량을 증가시키더라도 슬릿에서 입자의 위치 불확정성은 변함없다.

04 하이젠베르크의 양자 현미경

현미경을 이용하여 전자의 위치와 운동량을 측정할 때, 사용하는 빛(광자)의 파장에 따라 전자의 위치와 운동량의 불확정성은 달라진다. 불확정성 원리에 의해 위치의 불확정성(Δx)과 운동량의 불확정성(Δp)의 곱은 특정한 값($\dfrac{\hbar}{2}$)보다 크다.

㉠. 빛(광자)을 전자에 비춰 회절에 의해 상이 흐려지므로 위치를 정확하게 측정하기 어렵다. 따라서 빛(광자)의 파장을 짧게 할 때, 회절이 적게 일어나므로 전자의 위치 불확정성은 감소한다.

㉡. 전자에 비춰준 빛(광자)이 전자와 충돌하여 전자의 운동량을 변화시킨다. 빛(광자)의 파장이 λ일 때, 광자의 운동량 $p = \dfrac{h}{\lambda}$이므로 빛(광자)의 파장이 짧을수록 광자의 운동량이 크고, 전자의 운동량 불확정성은 증가한다.

✗. 불확정성 원리에 의해 $\Delta x \Delta p \geq \dfrac{\hbar}{2}$이므로 빛(광자)에 관계없이 전자의 위치와 운동량을 동시에 정확하게 측정하는 것은 불가능하다.

05 전자구름 모형

현대적 원자 모형은 불확정성 원리를 만족하는 원자 모형으로 원자에서 전자를 발견할 확률이 3차원적으로 분포된 전자구름 형태를 보인다.

✗. 보어가 제시한 원자 모형은 불확정성 원리가 적용되지 않고 정확한 전자의 궤도 반지름, 전자의 운동량을 나타내는 모형이다.

㉡. 현대적 원자 모형에서는 전자의 위치를 정확히 알 수 없고, 파동 함수에 의해 일정 범위에서 전자가 존재할 확률로 알 수 있다.

㉢. 현대적 원자 모형은 하이젠베르크의 불확정성 원리를 만족한다.

06 보어의 원자 모형과 현대적 원자 모형

보어의 원자 모형은 불확정성 원리가 적용되지 않고 정확한 전자 궤도 반지름, 전자의 운동량을 나타낸다. 현대적 원자 모형은 원

62 EBS 수능특강 물리학 Ⅱ

자에서 전자를 발견할 확률이 3차원으로 분포된 전자 구름 형태를 보인다.

✗. (가)는 현대적 원자 모형, (나)는 보어의 원자 모형이다.

○. 현대적 원자 모형인 (가)에는 불확정성 원리가 적용되고, 보어의 원자 모형인 (나)는 불확정성 원리에 위배된다.

✗. 보어의 원자 모형과 현대적 원자 모형 모두 전자가 다른 에너지 준위로 전이할 때 두 에너지 준위의 차에 해당하는 에너지를 흡수하거나 방출되는 것을 설명한다. 따라서 두 모형 모두 수소 원자에서 방출되는 선 스펙트럼을 설명할 수 있다.

07 현대적 원자 모형

현대적 원자 모형에서 나타내는 수소 원자의 에너지 준위 $E_n = -\dfrac{13.6\,\text{eV}}{n^2}$와 전자가 다른 에너지 준위로 전이할 때 빛을 흡수하거나 방출하는 것은 보어 원자 모형에서와 같다.

○. 주 양자수 n에 의해 결정되는 수소 원자의 에너지 준위는 불연속적이다.

○. 수소 원자의 에너지 준위 $E_n = -\dfrac{13.6\,\text{eV}}{n^2}$로 n^2에 반비례하는 음$(-)$의 값을 가진다. 따라서 n이 증가할수록 E_n은 증가하므로 '증가'는 ㉠으로 적절하다.

○. 현대적 원자 모형은 불확정성 원리를 만족하지만 보어의 원자 모형은 불확정성 원리에 위배된다.

08 보어의 원자 모형과 현대적 원자 모형

보어의 원자 모형은 전자가 원자핵으로부터 전기적 인력을 받아 특정한 궤도를 운동하는 것으로 표현된 원자 모형이고, 현대적 원자 모형은 전자를 발견할 확률을 전자구름의 형태로 나타낸다. 따라서 (가)는 현대적 원자 모형, (나)는 보어의 수소 원자 모형이다.

○. (가)는 전자구름의 형태로 나타낸 현대적 원자 모형이다.

✗. (나)는 보어의 수소 원자 모형으로 불확정성 원리에 위배된다.

○. 원자핵은 양$(+)$전하, 전자는 음$(-)$전하를 띠므로 원자핵과 전자 사이의 전기력은 서로 당기는 방향이다.

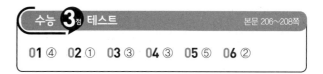

본문 206~208쪽

01 ④ **02** ① **03** ③ **04** ③ **05** ⑤ **06** ②

01 보어의 수소 원자 모형과 불확정성 원리

보어는 수소 원자 모형에 양자 가설을 적용하여 전자는 원자핵으로부터 반지름이 r인 원 궤도를 속력 v로 운동한다고 유도하였다. 양자수 n에 따른 전자의 속력 $v_n = \dfrac{2\pi k e^2}{nh}$, 궤도 반지름 $r_n = \dfrac{n^2 h^2}{4\pi^2 k m e^2}$($k$: 쿨롱 상수, h: 플랑크 상수, m: 전자의 질량, e: 전자의 전하량 크기)으로 h, k는 상수이고, m, e는 일정한 물리량이므로 전자의 궤도 반지름 $r_n = a_0 n^2$(a_0: 보어 반지름)으로 양자수 n^2에 비례한다.

④ 보어의 수소 원자 모형에서 전자의 궤도 반지름 r_n은 n^2(㉠)에 비례하고, 전자가 원자핵으로부터 떨어진 거리의 불확정성 $\varDelta r$와 중심 방향의 운동량의 불확정성 $\varDelta p_r$는 모두 0(㉡)이므로 $\varDelta r \varDelta p_r \geq$(㉢)$\dfrac{\hbar}{2}$라는 하이젠베르크의 불확정성 원리에 위배된다. 따라서 ㉠, ㉡, ㉢은 각각 n^2, 0, $\geq$이다.

02 전자의 회절과 불확정성 원리

전자의 물질파 파장 $\lambda = \dfrac{h}{p} = \dfrac{h}{mv}$($h$: 플랑크 상수, p: 전자의 운동량 크기, m: 전자의 질량, v: 전자의 속력)로 전자의 속력에 반비례하고, 슬릿의 폭은 전자가 슬릿을 통과하는 순간 전자의 위치 불확정성에 해당한다. 따라서 전자의 속력이 작을수록 전자의 물질파 파장이 길어져 회절이 잘 일어나고, 슬릿의 폭이 넓을수록 슬릿을 통과할 때 전자의 위치 불확정성은 커진다.

○. 슬릿에 입사하기 전 전자의 물질파 파장은 Ⅰ에서 $\lambda_\text{I} = \dfrac{h}{mv}$, Ⅲ에서 $\lambda_\text{III} = \dfrac{h}{2mv}$이므로 Ⅰ에서가 Ⅲ에서의 2배이다.

✗. Ⅱ, Ⅲ에서 슬릿의 폭이 같으므로 전자의 위치 불확정성은 Ⅱ와 Ⅲ에서 같다.

✗. 슬릿의 폭이 Ⅰ에서가 Ⅱ에서보다 작으므로 전자의 위치 불확정성이 Ⅰ에서가 Ⅱ에서보다 작고 스크린에 나타나는 전자의 회절 정도는 Ⅰ에서가 Ⅱ에서보다 크므로 전자의 y축 방향의 운동량 불확정성은 Ⅰ에서가 Ⅱ에서보다 크다.

03 하이젠베르크의 사고 실험과 불확정성 원리

하이젠베르크의 불확정성 원리에 따라 전자의 위치와 운동량을 동시에 정확하게 측정할 수 없다. 위치의 불확정성 $\varDelta x$와 운동량의 불확정성 $\varDelta p$를 불확정성 원리의 식으로 표현하면 다음과 같다.

$$\varDelta x \varDelta p \geq \dfrac{\hbar}{2}\left(\text{단, } \hbar = \dfrac{h}{2\pi}, \; h = 6.63 \times 10^{-34}\,\text{J}\cdot\text{s}\right)$$

즉, 전자의 위치를 정확하게 측정하기 위해 짧은 파장의 빛을 이용하면 운동량의 불확정성이 커진다.

㉠. 광자의 진동수를 크게 하면 광자의 파장이 짧아지므로 광자의 운동량의 크기 $p=\dfrac{h}{\lambda}$는 증가한다.

㉡. 진동수가 큰 광자, 즉 파장이 짧은 광자를 이용하면 전자에 충돌한 광자의 회절 정도가 작아지므로 전자의 위치 불확정성은 작아진다.

✗. 불확정성 원리에 따라 전자의 위치의 불확정성 Δx와 운동량의 불확정성 Δp를 곱하면 항상 특정한 값 $\dfrac{\hbar}{2}$보다 크거나 같다. 즉, $\Delta x \Delta p \geq \dfrac{\hbar}{2}$이 되므로 Δx와 Δp의 곱이 0이 될 수 없다.

04 보어의 수소 원자 모형과 현대적 수소 원자 모형

보어의 수소 원자 모형에서는 전자의 궤도 반지름과 운동량이 양자수 n에 따라 정확하게 정의되어 불확정성 원리가 적용되지 않는다. 현대적 원자 모형에서는 전자를 발견할 확률을 나타내어 보어 모형에서 기술한 것과 다르게 3차원으로 분포된 전자구름의 형태를 보인다.

㉠. 전자의 에너지 준위는 $E_n=-\dfrac{13.6\,\text{eV}}{n^2}$로 $n=2$일 때가 $n=1$일 때보다 크다. 따라서 (가)에서 $n=2$인 상태의 전자가 $n=1$인 상태로 전이할 때 에너지를 방출한다.

✗. (가)의 보어 수소 원자 모형에서는 불확정성 원리가 적용되지 않아 전자의 운동량을 양자수 n에 따라 정확하게 알 수 있다.

㉢. (가)에서는 전자의 궤도 반지름이 $a>a_0$이므로 원자핵으로부터 떨어진 거리가 a_0보다 작은 공간에서 전자가 발견될 확률이 0이다. 반면 (나)에서는 원자핵으로부터 떨어진 거리가 a_0보다 작은 공간에서 전자가 발견될 확률이 존재한다. 따라서 원자핵으로부터 떨어진 거리가 a_0보다 작은 공간에서 전자가 발견될 확률은 (나)에서가 (가)에서보다 크다.

05 현대적 원자 모형

현대적 원자 모형에서는 파동 함수에 의해 전자가 발견될 확률을 3차원의 전자구름 형태로 나타낸다. $n=1$일 때에 비해 $n=2$일 때의 전자구름 형태가 확률이 높은 부분이 복잡한 형태로 나타나므로 (가), (나)는 각각 $n=2$일 때, $n=1$일 때의 전자구름 형태이다.

㉠. 현대적 원자 모형은 전자가 발견될 확률을 3차원적 전자구름의 형태로 나타낸 것으로, 하이젠베르크의 불확정성 원리를 만족한다.

㉡. (가)는 $n=2$일 때, (나)는 $n=1$일 때이다.

㉢. $n=2$일 때인 (가)에서가 $n=1$일 때인 (나)에서에 비해 전자의 에너지 준위가 크다. 따라서 전자가 (가)에서 (나)로 전이할 때 에너지를 방출한다.

06 보어의 수소 원자 모형과 현대적 원자 모형

보어의 수소 원자 모형에서는 제1가설(양자 조건)에 의해 전자가 원운동하는 궤도 반지름을 정확하게 구할 수 있으므로 전자의 위치와 운동량을 정확하게 측정할 수 있다. 반면 현대적 원자 모형에서는 전자가 발견될 확률을 3차원의 전자구름 형태로 나타내며 불확정성 원리를 만족한다.

✗. (가)는 보어의 수소 원자 모형, (나)는 현대적 원자 모형이다. 따라서 파동 함수에 따른 전자의 발견될 확률을 전자구름 모형으로 설명할 수 있는 원자 모형은 (나)이다.

㉡. (가)에서 제1가설(양자 조건)에 의해 전자의 원 궤도 둘레는 $2\pi r=n\dfrac{h}{mv}$이고, 이때 전자의 물질파 파장은 $\lambda=\dfrac{h}{mv}$이다. 따라서 $n=2$일 때 원 궤도의 둘레 $2\pi r$는 그 궤도를 따라 운동하는 전자의 물질파 파장의 2배이다.

✗. (가), (나) 모두 양자수가 변하는 전자의 전이가 일어날 때, 에너지의 방출과 흡수가 일어난다. 양자수가 증가하는 전이에서는 전자의 에너지 준위가 커지므로 에너지의 흡수가 일어나고 양자수가 감소하는 전이에서는 전자의 에너지 준위가 작아지므로 에너지의 방출이 일어난다.

EBS와 **교보문고**가 함께하는 듄듄한 스터디메이트!

듄듄한 할인 혜택을 담은 **학습용품**과 **참고서**를 한 번에!

기프트/도서/음반 추가 할인 쿠폰팩

COUPON
PACK

+QR코드를 스캔하시면 듄듄문고 쿠폰팩을 다운받을 수 있는 이벤트 페이지로 연결됩니다+

한눈에 보는 인하대학교 2025학년도 대학입학전형

수시모집

전형명			모집인원 (명)	전형 방법	수능 최저	비고
학생부 종합		인하미래인재	961	• 1단계 : 서류종합평가 100 • 2단계 : 1단계 70, 면접평가 30 ※1단계: 3.5배수 내외 (단, 의예과 3배수 내외)	X	정원내
		고른기회	137	• 서류종합평가 100		
		평생학습자	11			
		특성화고 등을 졸업한 재직자	187			정원외
		농어촌학생	135			
		서해5도지역출신자	3			
학생부종합 소계			1,434			
학생부 교과		지역균형	613	• 학생부교과 100	O	정원내
논술		논술우수자	458	• 논술 70, 학생부교과 30 (단, 의예과는 수능최저 적용)	X	정원내
실기/ 실적	실기 우수자	조형예술학과(인물수채화)	15	• 실기 70, 학생부교과 30	X	정원내
		디자인융합학과	23			
		의류디자인학과(실기)	10			
		연극영화학과(연기)	9			
		체육특기자	26	• 특기실적 80, 학생부 20 (교과 10, 출결 10)		
실기 소계			83			
수시 합계			2,588			

정시모집

전형명		모집인원 (명)	전형 방법	비고
수능	일반	1,058	• 수능 100	정원내
	스포츠과학과	26	• 수능 60, 실기 40	
	체육교육과	12	• 수능 70, 실기 30	
	디자인테크놀로지학과	20	• 수능 70, 실기 30	
	특성화고교졸업자	51	• 수능 100	정원외
수능 소계		1,167		
실기/ 실적	조형예술학과(자유소묘)	12	• 실기 70, 수능 30	정원내
	디자인융합학과	12		
	의류디자인학과(실기)	10		
	연극영화학과(연기)	9		
	연극영화학과(연출)	9		
실기 소계		52		
정시 합계		1,219		

※ 본 대학입학전형 시행계획의 모집인원은 관계 법령 제·개정, 학과 개편 및 정원 조정 등에 따라 변경될 수 있으므로 최종 모집요강을 반드시 확인하시기 바랍니다.
본 교재 광고의 수익금은 콘텐츠 품질 개선과 공익사업에 사용됩니다. · 모두의 요강(mdipsi.com)을 통해 인하대학교의 입시정보를 확인할 수 있습니다.

서일대학교

서일에서 LEVEL UP

서일대학교 2025학년도
신입생모집

수시 1차	2024. 09. 09.(월)~10. 02.(수)
수시 2차	2024. 11. 08.(금)~11. 22.(금)
정시	2024. 12. 31.(화)~2025. 01. 14.(화)